U0385033

中华茯苓

主　编：张水寒　戴鑫汶

副主编：金　剑　戴甲木　谢　景　侯凤飞　周融融　王先有

编　委：（按姓氏笔画排列）

王勇庆　田　坤　刘　浩　吴展文　何　丹　邹蔓妹

沈冰冰　张　豪　张双双　陈贵明　罗红卫　钟　灿

袁榕凯　唐心文　梁雪娟　韩远山　曾　禹　谢珍妮

谭　丽　戴凯峰

CTS K 湖南科学技术出版社·长沙

图书在版编目（CIP）数据

中华茯苓 / 张水寒，戴鑫汶主编. -- 长沙 : 湖南科学技术出版社，2025. 1. -- ISBN 978-7-5710-3000-1

Ⅰ. S567.3

中国国家版本馆 CIP 数据核字第 20249UJ637 号

ZHONGHUA FULING

中华茯苓

主　　编：张水寒　戴鑫汶

出 版 人：潘晓山

责任编辑：欧阳建文　张蓓羽

出版发行：湖南科学技术出版社

社　　址：长沙市芙蓉中路一段 416 号泊富国际金融中心

网　　址：http://www.hnstp.com

湖南科学技术出版社天猫旗舰店网址：

http://hnkjcbs.tmall.com

邮购联系：0731-84375808

印　　刷：长沙超峰印刷有限公司

（印装质量问题请直接与本厂联系）

厂　　址：宁乡市金州新区泉洲北路 100 号

邮　　编：410600

版　　次：2025 年 1 月第 1 版

印　　次：2025 年 1 月第 1 次印刷

开　　本：787mm×1092mm　1/16

印　　张：18.5

字　　数：404 千字

书　　号：ISBN 978-7-5710-3000-1

定　　价：149.00 元

·目　录·

第一章　茯苓本草研究 …… 001

第一节　茯苓名称与基原考证 …… 002

一、名称考证 …… 002

二、基原考证 …… 002

第二节　古代对茯苓的认识 …… 007

第三节　茯苓的产地变迁 …… 008

第四节　茯苓的栽培、采收、加工炮制 …… 010

一、茯苓栽培历史 …… 010

二、茯苓采收 …… 011

三、茯苓加工炮制 …… 012

第五节　茯苓的性味功效 …… 014

一、茯苓性味 …… 014

二、茯苓功效 …… 014

参考文献 …… 018

第二章　茯苓的生物学特征 …… 020

第一节　茯苓生物学特点 …… 021

一、腐生真菌特性 …… 021

二、茯苓的遗传特性 …… 024

三、茯苓繁殖方式 …… 027

第二节　茯苓的形态特征 …… 029

一、菌丝与菌丝体 …… 029

二、菌核 …… 031

三、子实体 …… 034

四、原生质体 …… 035

第三节　茯苓的生态习性 ………………………… 039
一、茯苓地理分布和种群生态特点 ………………………… 039
二、寄生植物 ………………………… 040
三、海拔 ………………………… 040
四、土壤环境 ………………………… 040
五、温度 ………………………… 041
六、季节 ………………………… 041
七、地形地貌 ………………………… 041
第四节　茯苓的生长特性 ………………………… 041
一、营养条件 ………………………… 041
二、环境条件 ………………………… 043
三、菌丝体分泌黑色素 ………………………… 045
第五节　茯苓的组学研究 ………………………… 045
一、茯苓基因组学 ………………………… 046
二、茯苓转录组学 ………………………… 047
参考文献 ………………………… 052
第三章　茯苓的化学成分 ………………………… 057
第一节　茯苓多糖 ………………………… 058
一、结构 ………………………… 058
二、理化性质 ………………………… 062
三、分离分析方法 ………………………… 066
第二节　茯苓三萜 ………………………… 075
一、结构 ………………………… 075
二、理化性质 ………………………… 085
三、分离分析方法 ………………………… 087
第三节　其他成分 ………………………… 091
一、甾体类化学成分 ………………………… 091
二、挥发性成分 ………………………… 092
三、氨基酸类成分 ………………………… 093
四、微量元素 ………………………… 094
五、其他成分 ………………………… 094
第四节　茯苓化学成分的部位分布 ………………………… 096
一、茯苓皮 ………………………… 096

二、白茯苓 …… 097
三、茯神 …… 097
四、菌丝体 …… 098
参考文献 …… 099

第四章 茯苓的药理学研究 …… 102
第一节 对泌尿系统的作用 …… 103
一、利尿作用 …… 103
二、肾保护作用 …… 106
三、改善男性性功能 …… 111
第二节 对消化系统影响 …… 112
一、治疗胃肠疾病 …… 113
二、保肝 …… 118
第三节 对中枢神经系统的作用 …… 123
一、调节神经修复 …… 123
二、调节学习和记忆功能 …… 123
三、抗抑郁 …… 127
第四节 对代谢内分泌影响 …… 130
一、降血糖 …… 130
二、抗糖尿病肾病 …… 132
第五节 对免疫系统的作用 …… 133
一、茯苓调节非特异性免疫 …… 134
二、茯苓调节特异性免疫 …… 135
参考文献 …… 138

第五章 茯苓种质资源及良种繁育技术研究 …… 145
第一节 茯苓种质资源分布及现状 …… 146
一、野生茯苓分布现状 …… 146
二、野生茯苓分布特点 …… 146
第二节 我国茯苓主要菌种与繁育现状 …… 147
一、茯苓种质资源概况 …… 147
二、茯苓菌种繁育现状 …… 148
第三节 茯苓菌种制备与储存 …… 149
一、茯苓菌种 …… 149
二、菌种厂建设要求 …… 151

三、母种的分离与培育 …… 153
四、原种的制备与培育 …… 155
五、栽培种制备与培育 …… 157
六、菌种的储存与养护 …… 159
第四节　茯苓优良菌种技术创新研究现状 …… 160
一、菌种的研制与创新 …… 160
二、菌种保藏技术研究 …… 161
参考文献 …… 164

第六章　茯苓的生产工程学研究 …… 166
第一节　茯苓栽培产业发展现状 …… 167
一、主要栽培产区情况 …… 167
二、茯苓栽培技术的探索与变化 …… 170
三、茯苓生产发展现状及对策 …… 174
第二节　茯苓种植基地建设与规范化栽培技术 …… 177
一、茯苓栽培环境要求 …… 177
二、茯苓种植基地建设 …… 178
三、茯苓规范化栽培技术 …… 186
第三节　茯苓的栽培保护 …… 195
一、茯苓种植基地常态化田间管理 …… 195
二、病虫害防治 …… 196
三、茯苓菌类检疫 …… 199
第四节　茯苓的采收、初加工与包装储存运输 …… 200
一、采收 …… 200
二、产地初加工 …… 202
三、包装储存运输 …… 207
参考文献 …… 209

第七章　茯苓综合开发利用 …… 212
第一节　茯苓经典名方和成方制剂应用 …… 213
一、中药经典名方和成方制剂背景 …… 213
二、茯苓经典名方和成方制剂应用现状 …… 214
三、中药保护产品 …… 216
四、茯苓经典名方和成方制剂市场分析与展望 …… 217
第二节　茯苓保健食品 …… 218

一、中药保健食品背景 …… 218
二、茯苓保健食品现状 …… 219
三、茯苓保健食品市场分析与展望 …… 221
第三节　茯苓日化用品 …… 221
一、中药化妆品背景 …… 221
二、茯苓化妆品现状 …… 222
三、茯苓化妆品市场分析与展望 …… 224
第四节　茯苓特色食品 …… 225
一、茯苓药食两用背景 …… 225
二、茯苓特色食品现状 …… 226
三、茯苓特色食品市场分析与展望 …… 228
第五节　茯苓饲料添加剂和兽药 …… 228
一、中药饲料添加剂背景 …… 228
二、茯苓饲料添加剂现状 …… 229
三、茯苓饲料添加剂市场分析与展望 …… 230
第六节　茯苓产品专利技术 …… 231
一、茯苓保健食品专利 …… 231
二、茯苓化妆品专利 …… 231
三、茯苓特色食品专利 …… 232
四、茯苓饲料添加剂和兽药专利 …… 232
参考文献 …… 234

第八章　茯苓质量评价、标准与追溯体系 …… 236
第一节　茯苓传统质量评价与商品规格等级 …… 237
第二节　茯苓的现代质量研究 …… 245
一、来源 …… 246
二、性状 …… 246
三、鉴别 …… 246
四、检查 …… 248
五、浸出物 …… 250
六、重金属、农药残留等有害物 …… 251
七、特征/指纹图谱 …… 253
八、含量测定 …… 259
第三节　茯苓生产全链条标准体系 …… 267

一、茯苓菌种标准 …… 268
二、茯苓栽培技术标准 …… 268
三、茯苓药材标准 …… 269
第四节　茯苓质量追溯现状 …… 274
一、我国中药质量追溯的意义与法规要求 …… 274
二、现有中药质量追溯平台 …… 276
三、茯苓质量追溯现状 …… 282
参考文献 …… 285

·第一章·
茯苓本草研究

茯苓是我国传统中药材，药用历史悠久，有“十方九苓”之说，是《按照传统既是食品又是中药材物质目录》收录的药食同源食疗佳品。茯苓具有利水渗湿、健脾、宁心的功效，常用于治疗水肿尿少、痰饮眩悸、脾虚食少、便溏泄泻、心神不安、惊悸失眠等。现代研究显示，茯苓中主要化学成分为萜类、多糖类、甾醇类、脂肪酸类等，发挥抗肿瘤、抗炎、抗氧化、保肝、免疫调节等药理作用。本章从茯苓的名称与基原考证、古代对茯苓的认识、茯苓产地变迁、茯苓性味功效等方面阐释茯苓的本草学研究和历史沿革（图1-1）。

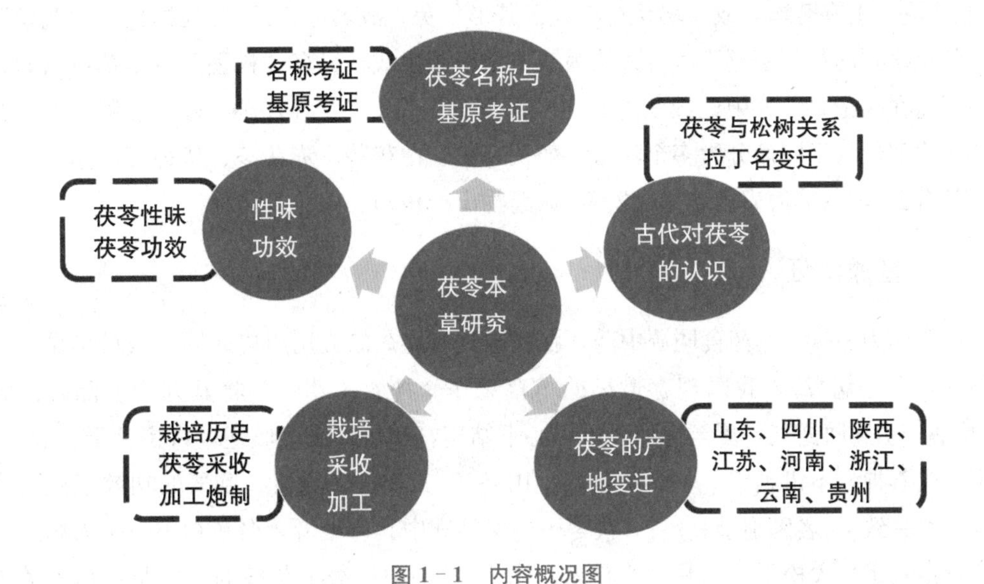

图1-1　内容概况图

第一节 茯苓名称与基原考证

一、名称考证

茯苓最早记载见于秦汉时期成书的《五十二病方》，记载为“服零”。西汉《史记·龟策列传》曰：“在菟丝之下……伏灵者，千岁松脂，食之不死”。《淮南子》曰：“菟丝生其上而无根，一名女萝也。”“茯苓”一名最早记载于东汉时期《神农本草经》，载有“一名茯菟”。汉魏时期《名医别录》补充：“其有抱根者，名茯神。”唐代《新修本草》作“伏菟”。北宋《本草衍义》认为茯苓是松根之气所生，“其津气盛者，方发泄于外，结为茯苓，故不抱根而成物。既离其本体，则有苓之义。茯神者，其根但有津气而不甚盛，故只能伏结于本根。既不离其本，故曰伏神”。《广雅》作“茯蕶”。“蕶”，“零”也。“零”通“灵”，也作“神灵”解。《本草纲目》曰：“俗作苓者，传写之讹尔。”或谓“苓”亦“零”之义。由此，服零、茯苓、茯灵、茯蕶诸名义同。而松根津气不盛时，只能伏结于松根，如神附于体，故名茯神。明代《本草纲目》中对茯苓、茯神、伏菟之名进行释义，其曰：“盖松之神灵之气，伏结而成，故谓之伏灵、伏神也……俗作苓者，传写之讹尔。”又云：“下有伏灵，上有菟丝，故又名伏菟。或云其形如兔，故名亦通。”此处提到的“菟丝”可能为其观察到的茯苓菌丝。因古人认为茯苓由松脂生成，又名“松腴”（《本草纲目》）；明代刘国翰在《记事珠》中记载茯苓又名“不死面”，因其生命力强，易于繁殖之故。茯苓因其入药部位的不同而分为多个药材，如茯苓皮、白茯苓、赤茯苓、伏神等。据其产地的不同又有云苓（《滇海虞衡志》）、安苓（《药物出产辨》）、闽苓等名称。

二、基原考证

茯苓作为一味常用药食同源中药，在我国具有悠久的应用历史。其记载最早见于秦汉时期《五十二病方》，我国现存最早的本草著作《神农本草经》将其列为上品，记载其“味甘平。主胸胁逆气，夏至惊邪恐悸，心下结痛，寒热烦满，咳逆，口焦舌干，利小便。久服安魂养神，不饥延年。一名茯菟，生山谷。”其安神、充饥、利尿的功效记载与今之茯苓基本一致。《名医别录》曰：“茯苓……保神守中其有根者，名茯神……生太山（今属山东省泰安市）大松下。二月、八月采，阴干。”书中记载了茯苓的生境与产地，关于茯神抱松根而生的记载，也与今之茯神药材特征基本一致。《本草经集注》曰：“今出郁州（今江苏灌云），彼土人乃故斫松作之，形多小，虚赤不佳。自然成者，大如三四升器，外皮黑细皱，内坚白，形如鸟兽龟鳖者良……白色者补，赤色者利。”《本草经集注》对茯苓外观形态的描述，与现今茯苓的形态特征一致。

宋代《本草图经》对茯苓有着较为详细的记载："生泰山山谷，今泰、华、嵩山皆有之。出大松下，附根而生，无苗、叶、花、实，作块如拳在土底，大者至数斤。似人形、龟形者佳。皮黑，肉有赤、白二种。或云是多年松脂流入土中变成，或云假松气于本根上生。"综合《本草图经》文字描述及其所附"西京茯苓、兖州茯苓"两幅图与《苏沈良方》记载茯苓"外黝黑以鳞皴，中洁白而纯密"的性状特征，可知宋代茯苓的形状及生长环境符合《中华本草》对茯苓的描述。

图1-2　北宋《本草图经》茯苓图

南宋《宝庆本草折衷》受陶弘景的观点影响，将茯苓分为赤、白两种分别记载，其功效不同。其研究认为，白茯苓与赤茯苓分化的原因是受松根之气的清浊程度不同。又提出赤茯苓与白茯苓的皮性状相同，功效也无差别。还记载了茯神及其"中心木梗"的性味功效，"所出与茯苓同……附：中心木梗，一名黄松节。艾氏云：一名松节黄。味甘、平，无毒。主辟不详，疗风眩风虚，五劳口干，止惊悸恚怒，善忘，开心益智，安魂魄，养精神。同前分。附：中心木梗。治中偏风，口面㖞斜，毒风筋挛，不语，心神惊掣，虚而健忘"。金代《洁古珍珠囊》认为茯苓"白入辛壬癸，赤入丙"。元代王好古在《汤液本草》中提出相似观点："白者，入手太阴经、足太阳经少阳经；赤者，入足太阴经、手太阳经少阴经……医云赤泻白补，上古无此说……色白者，入辛壬癸；赤者，入丙丁。"两人提出赤茯苓与白茯苓归经不同，皆根据五行配色、配位理论加以分析。明代《本草集要》则在前代“白色者补，赤色者利”及归经不同的基础上又提出“又赤者破结气”的功效。《医经大旨》又提出新的观点：“茯苓虽曰赤者向丙丁，白者向壬癸。又曰赤者能利水，白者能补脾。是知赤者而泻小肠之火，则能利水矣，不知白者润肺生津而能分利也。故此剂以分利为主，而莫如用白。”认为虽云“赤利白补”，但分利仍以白茯苓效果更佳。

明代《本草品汇精要》中记载茯苓为“寄生”，其所附“兖州茯苓”“西京茯苓”两幅药图转绘自《本草图经》，但可更为清晰地看出茯苓拳块状离体或抱根而生于松根下。《本草蒙筌》载：“小如鹅卵，大如匏瓜，犹类鱼鳖人形，并尚沉重结实。四五斤一块者愈佳。

图 1-3　明代《本草品汇精要》茯苓图

图 1－4　明代《本草原始》茯苓图

兖州茯苓

西京茯苓

图 1－5　晋代《南方草木状》茯苓图

图 1-6　明代《本草蒙筌》茯苓图

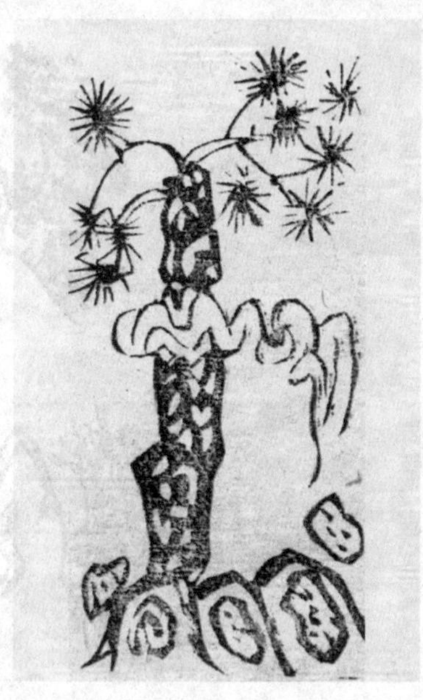

图 1-7　明代《本草纲目》(金陵版) 茯苓图

图 1-8　明代《本草汇言》茯苓图

久藏留自无朽蛀。”《本草纲目》记载：“茯苓有大如斗者，有坚如石者，绝胜。其轻虚者不佳，盖年浅未坚故尔。”清代《植物名实图考》记载：“附松根而生，今以滇产为上。岁贡仅二枚，重二十余斤。皮润细，作水波纹，极坚实。他处皆以松截断，埋于土中，经三载，木腐而茯成，皮糙黑而质松，用之无力。”根据文字描述及图可知明清时期所用茯苓与今之茯苓一致。

综上，可见茯苓的基原在历代本草典籍中传承有序（历代本草中茯苓图见图 1-2 至图 1-9），并未混淆，历版《中华人民共和国药典》一部皆收载其来源于多孔菌科真菌茯苓［*Poria cocos*（Schw.）Wolf］的干燥菌核。

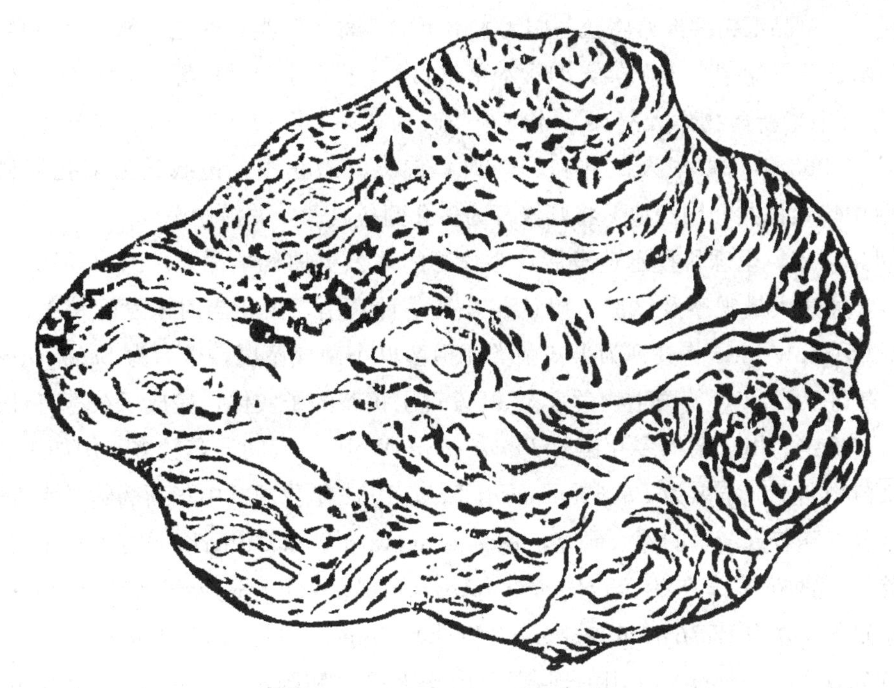

图 1-9 《植物名实图考》茯苓图

第二节 古代对茯苓的认识

早在宋代以前，我国先民就注意到了茯苓与松树的关系，但受限于科技水平，神化了茯苓形成过程，大多认为是“松之神灵之气，伏结而成”。如《史记·龟策列传》云：“茯灵，盖松之神灵之气，伏结而成。”《抱朴子》云：“老松余气结为茯苓，千年树脂化为琥珀。”也有基于朴素的唯物观认为是来源于松根、松之脂或松根之气，如《史记·龟策列传》云：“伏灵者，千岁松根也，食之不死。”《嘉祐本草》云：“茯苓，千岁松脂也。”并引《典术》云：“茯苓者，松脂入地，千岁为茯苓，望松树赤者下有之。”

《本草图经》曰：“或云是多年松脂流入土中变成，或云假松气于本根上生。”苏颂对茯苓产地进行观察后基于“茯苓拨大者茯苓亦大”的事实，认为“然则假气而生者，其说胜矣”。寇宗奭在《本草衍义》中记载了对茯苓基原新的认识，认为茯苓“乃樵斫讫多年松根之气所生。此盖根之气味，噎郁未绝，故为是物。……其津气盛者，方发泄于外，结为茯苓……茯神者，其根但有津气而不甚盛，故止能伏结于本根”。可见宋代以后多认为化生茯苓的“气”为松根的营养物质“津气”而非“神灵之气”。此外，寇氏解答“或曰松既樵矣，而根尚能生物乎?”的疑问，云：“如马勃菌、五芝、木耳、石耳之类，皆生于枯木、石、粪土之上，精英未沦，安得不为物也。”其所列举之物都是真菌类，与当今茯苓的分类相符。

明代《本草品汇精要》始将茯苓归为木部下的“寄生”类，在之后的多数本草籍中都将其归为木部项下的“寓木”类，如《本草纲目》《本草述钩元》等，也为寄生之义。直至1934年《中华新药物学大辞典》才将茯苓改为“菌类”，1960年《药材学》将其归为“真菌类”。1963年《中华人民共和国药典》首次收载茯苓，记载其为多孔菌科植物，1977年《中华人民共和国药典》将其修订为多孔菌科真菌，并沿用至今。

19世纪以来，全球科技迅速发展，对茯苓的认识更加科学深入。国内外医药学者和生物学者，通过大量观察及试验，确认茯苓是一种真菌，由于当时未发现茯苓的有性孢子，1822年Schweinitz将其列为半知菌类无孢菌群小菌核菌属，定名为*Sclerotium cocos* Schw.。直到1922年，德国生物学家Wolf发现了茯苓的子实体，完成了茯苓有性世代研究，才将其确定为担子菌纲多孔菌科*Poria cocos* Wolf.。其间异名较多，例如1921年日本《改订植物名汇》定名为*Phchyma cocos* Fr.，1934年我国《中华新药物学大辞典》也是采用该名。随着真菌学的深入研究，1984年Ryvarden和Gilbertson对多孔菌科分类系统进行修订，改茯苓学名为*Wolfiporia cocos*（F. A. Wolf）Ryvarden & Gilb.；同年，Ginus再次修订改为*Wolfiporia extensa*（Peck）Ginns.。目前国际上也存在*Wolfiporia cocos*和*Wolfiporia extensa*并用的现象。《中华人民共和国药典》自1963年版始，采用*Poria cocos*（Schw.）Wolf为茯苓基原拉丁学名，此后历版药典皆沿用此学名。

第三节　茯苓的产地变迁

关于茯苓的产地记载，最早见于魏晋《名医别录》所载：“生太山大松下。”其“太山”即“泰山”，地处今山东省泰安市。南北朝时期《本草经集注》载：“彼土人乃故斫松作之，形多小虚赤不佳。”可见彼时江苏也有茯苓产出，并已出现栽培品，但质量不佳。唐代《新修本草》谓：“今太山亦有茯苓，白实而块小，而不复采用。第一出华山，形极粗大。雍州南山亦有，不如华山者。”华山与雍州南山皆位于今陕西省，且以华山所产茯苓最佳。同时期《千金翼方》的“药出州土篇”中则记载茯苓出自雍州（陕西西安）、华州（陕西华州）、虢州（河南灵宝），三地分别为今陕西、河南二省所辖。宋代《本草图经》记载茯苓“生泰山山谷，今泰、华、嵩山（河南登封）皆有之”，并附有“兖州（山东兖州）茯苓、西京（陕西西安）茯苓”药图，可见当时茯苓的产区主要集中在山东、陕西、河南一带。且茯苓的产区变迁较大，由最初产于山东，至唐时迁移至陕西、河南等地，可能与气候或人为原因导致的松林资源迁移有关。

明代《本草品汇精要》载：“生泰山山谷，泰、华、嵩山，郁州（广西玉林）、雍州，南山（浙江建德）。[道地]严州（浙江建德）者佳。”《本草蒙筌》云：“近道俱有，云贵（云南、贵州）独佳。产深山谷中，在枯松根底。”《太乙仙制本草药性大全》《本草发明》

记载亦如是。《颐生微论》《本草汇》《本草从新》等均记载茯苓“产云南”。明代茯苓产地逐渐往南迁移，并以云贵所产者为佳，且野生“云苓”由明代至今一直为茯苓道地药材。由于茯苓野生资源数量较少，使得茯苓人工栽培技术在生产中逐步发展完善。明代《本草汇言》中记载了种苓法，云：“今浙江、温州、处州等处，山农以此法排种，四五年即育成。”清代《本经逢原》谓：“一种载莳而成者曰莳苓，出浙中，但白不坚，入药少力。”《药笼小品》曰：“茯苓滇产者色绀，坚实可入补药；其六安两浙所出者，多断松枝种成，数年可采，惟能利小便，不及滇产远甚。”此外，《麻城县志》记载湖北省麻城市当时也有茯苓药材的采收和栽培，由此可见，在茯苓栽培技术的推广过程中，安徽、浙江与湖北等地逐步成为茯苓栽培的主要地区。

近现代《增订伪药条辨》载：“惟云南产，天然生者为多，亦皮薄起皱纹，肉带玉色，体糯质重为最佳。惜乎出货不多。其他产临安、六安、於潜者，种苓为多。”《药物出产辨》云：“以云南产者为云苓，最正地道……产安徽省者名安苓……刨片者俱用安徽苓。”《药材资料汇编》谓：“人工栽培以来，安徽、湖北等地成为茯苓主产区。现时野生主产于云南丽江地区。”据《中国中药区划》载：“茯苓野生资源广泛地分布在我国北纬 20°～45°，东经 95°～130°范围内的吉林南部、辽宁南部、河北中南、山西东南、陕西南部、甘肃南端、四川中南、西藏东南端及山东、江苏、安徽、河南、湖北、福建、江西、湖南、贵州、云南、广东、广西、海南北部广大地区。”《中药材产销》载：“野生者以云南为著名，栽培者以安徽量大、质优。”可见“云苓”作为道地药材历史悠久，体糯质重，品质最佳，但野生资源短缺，产量不高。以安徽、江浙所产种苓为多，但品质较次。关于茯苓性状的品质评价，历代以皮薄、色白、质坚重者佳，无有争议。随着种植技术的发展，大别山产区成为我国茯苓主要产区之一，“安苓”也逐渐成为道地茯苓。历代本草产地梳理发现，茯苓的优质产区并非一成不变，从最初先秦的山东，唐代的陕西，到明清的浙江、云贵，再到现在新增“安苓”，可见茯苓的优质产区一直在变迁（表 1-1）。

表 1-1　历代本草记载茯苓产地历史沿革

朝代	出处	产地描述	今所在省份
秦汉	《神农本草经》	茯苓……生太山山谷	山东
魏晋	《吴普本草》	茯苓……或生茂州大松根下	四川
魏晋	《范子计然》	范子云：茯苓出嵩高三辅	陕西
南北朝	《本草经集注》	今出郁州，彼土人乃故斫松作之，形多小，虚赤不佳	江苏
五代	《蜀本草》	所在大松处皆有，惟华山最多	陕西
唐	《新修本草》	今太山亦有茯苓，白实而块小，不复采用。今第一出华山，形极粗大。雍州南山亦有，不如华山	山东、陕西、宁夏
宋	《本草图经》	茯苓，生泰山山谷，今泰、华、嵩山皆有之	山东、陕西
宋	《东原录》	真庙朝，汝州进茯苓一颗，重三十斤	河南

续表

朝代	出处	产地描述	今所在省份
宋	《宝庆本草折衷》	白茯苓……生太山山谷大松下，及嵩高、三辅、泰华、西京、郁、雍州。今所在有松处有之	山东、陕西、江苏
明	《本草品汇精要》	道地：严州（今杭州）者佳	浙江
明	《本草蒙筌》	近道俱有，云贵独佳。产深山谷中，在枯松根底	云南、贵州
明	《本草原始》	生大松下，今以云贵出者为佳	云南、贵州
清	《本经逢原》	一种栽莳而成者曰莳苓，出浙中，但白不坚，入药少力	浙江
清	《本草从新》	产云南，色白而坚实者佳，去皮。产浙江者，色虽白而体松，其力甚薄。近今茯苓颇多种者，其力更薄矣	云南、浙江
清	《药笼小品》	茯苓，滇产者色绀，坚实可入补药；其六安两浙所出者，多断松枝种成，数年可采，惟能利小便，不及滇产远甚	云南、安徽、浙江
清	《植物名实图考》	茯苓……今以滇（云南）产为上	云南
清	《增订伪药条辨》	惟云南产天然生者为多，亦皮薄起皱纹，肉带玉色，体糯质重为最佳，惜乎出货不多。其他产临安、六安、於潜者，种苓为多	云南、浙江、安徽

第四节　茯苓的栽培、采收、加工炮制

一、茯苓栽培历史

茯苓可补可利，不饥延年，受历代医家和方士推崇。三国曹丕《典论》描述“俭之至，市茯苓价暴数倍”。供不应求的市场关系催生了茯苓种植技术的发展。南北朝时期的《本草经集注》最早记录茯苓的种植，距今已有1 500余年的历史，云：“今出郁州，彼土人乃故斫松作之，形多小，虚赤不佳。”但未具体记载其种植方法。从“虚赤不佳”可见当时种植技术尚未成熟，人工种植茯苓容易老化。

宋代《癸辛杂识》谓：“近世村民乃择其小者，以大松根破而系于其中，而紧束之，使脂液渗入于内，然后择地之沃者，坎而瘗之。三年乃取，则成大苓矣。”可知宋时茯苓的种植技术已有很大的进步，其种植方法与20世纪中叶时仍然使用的“肉引栽培”方法较为相近。

明代《本草汇言》与《本草乘雅半偈》均记载：“亦可人力为之，就斫伐松林，根则听其自腐，取新苓之有白根者，名茯苓缆，截作寸许长，排种根旁，久之发香如马勃，则

茯苓生矣。”其中“取新苓之有白根者，名茯苓缆”一句显然是指茯苓的菌丝，表明了当时已经注意到培育菌丝对于茯苓种植的重要性。

清代《本草从新》云：“近今茯苓颇多种者。”《增订伪药条辨》载：“其他产临安、六安、於潜者种苓为多。其法：用本地天产鲜茯苓捣碎如泥，种于肥土山叶茂松根上，先将松根旁离根二尺余，掘去泥土至见松根，将茯苓屑每株约一两，以竹箬裹附松之支根上，约半年，施肥料一次，至三年起掘，则成二三斤重量之茯苓。然其生结不在原种根上，随气息止而结苓，往往有种于西杈根而结苓在东杈根，间有种有不结苓者。且松根下结苓，而叶必萎黄，或发红色，此即松之精气，收聚凝结为苓也。故土人望而知其为有苓。”

倪氏与曹氏所记载的茯苓种植方法与现代茯苓种植方法中的“种桩法”较为一致。即2—8月将采伐2～15天后的树桩旁土刨开，露出树根，然后选择1～2条粗壮的根，在其分叉间，削去宽10 cm、长15 cm的根皮，粘上鲜茯苓片即覆土，3～4年可收获。但“种桩法”所需苓场面积较大、树桩分散，不利于集中管理，且浪费资源，目前较为普遍的种植方法为“种筒法”，即冬季将松树砍倒，去枝皮，晒干，锯成80～90 cm长的短筒，称“茯苓筒”，6月份将鲜茯苓切成3 cm厚的片作引子（留外皮）粘贴于筒的两头，然后放于挖好的“茯苓窖”中，随即覆土，稍压紧，1年后收获。清代吴其濬在《植物名实图考》中对“种筒法”的弊端进行了叙述，认为“他处皆以松截断，埋于山中，经三载，木腐而茯成，皮糙黑而质松，用之无力。然山木皆以此翦薙，尤能竭地力，故种茯苓之山，多变童阜，而沙崩石陨，阻遏溪流，其害在远。闻新安人禁之。”此说颇有远见。为平衡庞大的市场需求与自然环境保护之间的关系，随着我国经济水平的提高与科学技术的发展，我国茯苓在继承传统经验的基础上，历经了3次栽培技术创新，分别为茯苓菌种的研制、菌核定点培育“诱引栽培”技术的研究与茯苓袋料栽培技术的探索。

二、茯苓采收

我国古代最初的茯苓以采挖野生资源为主，汉代已经开始记录了茯苓的采收技术，如宋《太平御览》引《典术》曰：“望松树赤者，下有之。”西汉时期《史记·龟策列传》曰：“伏灵在菟丝之下，状似飞鸟之形，新雨已，天清静无风，以夜烧菟丝去之，即篝烛此地……火灭即记其处，明则掘取，入地四尺至七尺得矣。”这些都是根据茯苓生长特征积累的采收经验。其中“望松赤取苓”之法于清代《增订伪药条辨》仍有记载，而“夜烧菌丝标记取苓”之法未能得到延续。宋代《图经本草》也记述了一种采挖方法：“今东人采之法：山中古松，久为人斩伐者，其枯折槎枿，枝叶不复上生者，谓之茯苓拨。见之，即于四面丈余地内，以铁头锥刺地。如有茯苓，则锥固不可拔，于是掘土取之。其拨大者，茯苓亦大。”根据寻找“茯苓拨”以铁锥刺地掘取茯苓的采收技术较为详细、准确，沿用至今。通过“其拨大着，茯苓亦大”明确阐述了茯苓与松木的生物转化关系。历代本草典籍关于茯苓的采收时期的记载基本一致，均为农历“二月、八月”，与历版《中华人民共和国药典》收载的7—9月采收时期较为相符。

三、茯苓加工炮制

茯苓的炮制历史悠久，其炮制记载可追溯至南北朝时期。公元588年，南北朝刘宋时期雷敩《雷公炮炙论》载："凡采得后，去皮、心、神，了，捣令细，于水盆中搅令浊，浮者去之，是茯苓筋。"梁代《本草经集注》载："作丸散者，皆先煮之两三沸，乃切，暴干。"其后，茯苓的炮制在此基础上多有继承和发挥，炮制方法达20种。唐代《新修本草》关于茯苓的炮制方法沿袭《本草经集注》，《外台秘要》载："去黑皮，擘破如枣大，清水渍，经一日一夜再易水出，于日中曝干为末。"对茯苓的切制规格有明确规定。宋代在前人基础上，在炮制工艺、辅料应用及剂型规格上有较大改进。新增了炒制方法，如《博济方》谓以水中澄去浮者，炒用。《太平惠民和剂局方》载："白茯苓，去黑皮锉焙。茯苓，凡使须先去黑皮，锉碎焙干用。"对茯苓"为末"的方法也有创新，如《洪氏集验方》载："茯苓木臼千下为末。"《传信适用方》云："白茯苓为末，水飞过，掠去筋膜，曝干。"此外，辅料制法则有"猪苓制"（《校注妇人良方》）和"乳拌"（《扁鹊心书》）两种。金元时期增加了糯米蒸（《儒门事亲》）、酒浸朱砂制法（《汤液本草》）、面裹煨（《卫生宝鉴》）等炮制方法。明清时期在历代炮制方法的基础上有了进一步发展，增加了天花粉制（《普济方》）、酒拌蒸（《景岳全书》）、砂仁制（《外科正宗》）、姜汁拌蒸（《幼幼集成》）、土炒制（《妇科玉尺》）、雄黄制（《时病论》）等多种制法（表1-2）。

表1-2　茯苓生产技术历史沿革

生产环节	出处	朝代	技术描述
种植	《本草经集注》	南北朝	今出郁州，彼土人乃故斫松作之，形多小，虚赤不佳
种植	《癸辛杂识》	宋	近世村民乃择其小者，以大松根破而系于其中，而紧束之，使脂液渗入于内，然后择地之沃者，坎而瘗之。三年乃取，则成大苓矣
种植	《本草汇言》	明	亦可人力为之，就斫伐松树，根则听其自腐，取新苓之有白根者，名茯苓缆，截作寸许长，排种根旁，久之发香如马勃，则茯苓生矣
种植	《神农本草经百种录》	清	今之茯苓，皆有蔓可种
种植	《增订伪药条辨》	清	用本地天产鲜茯苓捣碎如泥，种于肥土山叶茂松根上，先将松根旁离根二尺余，掘去泥土至见松根，将茯苓屑每株约一两，以竹箬裹附松之支根上。约半年，施肥料一次，至二三年起掘，则成二三斤重量之茯苓
采收	《史记·龟策列传》	汉	新雨已，天清静无风，以夜烧菟丝去之，即篝烛此地，火灭即记其处，明则掘取，入地四尺至七尺得以
采收	《吴普本草》	魏	二月、七月采
采收	《太平御览引典术》	宋	茯苓……望松树赤者，下有之
采收	《本草图经》	宋	山中古松，久为人砍伐者，其枯折槎枿，枝叶不复上生者，谓之茯苓拨。见之，即于四面丈余地内，以铁头锥刺地，如有茯苓，则锥复不可拔，于是掘土取之。其拨大着，茯苓亦大……二月、八月采者，良，皆阴干

续表

生产环节	出处	朝代	技术描述
采收	《宝庆本草折衷》	宋	白茯苓……二月、八月于枯折古松下掘采
采收	《本草品汇精要》	明	生：无时。采：二月、八月。收：阴干
加工	《雷公炮炙论》	南北朝	凡采得后，去皮、心、神，了
加工	《本草经集注》	南北朝	削除黑皮……作丸散者，皆先煮之两三沸，乃切，暴干。为末。研末丸服，赤筋尽淘，方益心脾，不损眼目
加工	《外台秘要》	唐	去黑皮，劈破如枣大，清水渍，经一日一夜再易水出，于日中曝干
加工	《本草图经》	宋	取白茯苓五斤，去黑皮，捣筛，以熟绢囊盛，于三斗米下蒸之，米熟即止，曝干又蒸，如此三过
加工	《宝庆本草折衷》	宋	白茯苓……或大者解割成板，阴干
加工	《苏沈良方》	宋	削去皮，切为方寸块
加工	《药性粗评》	明	白茯苓去皮切块……华山梃子茯苓，削如枣大，令四方有脚
加工	《本草蒙筌》	明	久藏留自无朽蛀，初收采需仗阴干。咀片水煎黑皮净削
加工	《本草汇言》	明	去皮，切片，或捣末，水淘去浮末赤筋用
加工	《本草备要》	清	去皮，乳拌蒸，多拌食
加工	《本草逢原》	清	入补气药，人乳润蒸；入利水要，桂酒拌晒；入补阴药，童便浸切
加工	《增订伪药条辨》	清	切之其片自卷

2020年版《中华人民共和国药典》中收载了茯苓的产地加工与炮制方法，产地加工方法为“发汗”，即挖出后除去泥沙，堆置“发汗”后，摊开晾至表面干燥，再“发汗”，反复数次至现皱纹、内部水分大部散失后阴干，称为“茯苓个”。炮制方法为切制，即取茯苓个，浸泡，洗净，润后稍蒸，及时削去外皮，切制成块或切厚片，晒干，分别称为“茯苓块”和“茯苓片”。此外，茯苓还有茯苓皮与赤茯苓两个不同的药用部位，从而有朱茯苓与茯苓个等炮制品。其中茯苓皮为《中国药典》收载，为茯苓加工时削下的外皮；赤茯苓为《中华本草》收载，来源于茯苓菌核近外皮部的淡红色部分。《全国中药炮制规范》载：“朱茯苓炮制方法为取净茯苓片或块，喷水少许，微润，用朱砂细粉拌匀，染成红色，干燥。每100 kg茯苓用朱砂2 kg。”《建昌帮中药传统炮制法》载：“茯苓的炮制方法为发汗，武火蒸，晾干。用切药刀将定形的茯苓切成平整成列的中片白茯苓；茯苓个炮制方法为大小分档，浸湿闷润，加食盐煮制，切削。”在传统茯苓加工炮制过程中，多数本草遵从《雷公炮炙论》，关于茯苓筋“若误服之，令人眼中童子并黑睛点小，兼盲目”的说法而去除茯苓筋，现代基于药理研究、成本考虑等原因已不再要求茯苓去筋膜。

第五节　茯苓的性味功效

一、茯苓性味

秦汉时期的《神农本草经》将茯苓列为上品，记载其性味为“甘，平”。魏晋时期《吴氏本草经》载：“茯苓通神。桐君：甘；雷公、扁鹊：甘、无毒。”唐代《新修本草》则沿袭《神农本草经》的观点。宋代诸如《图经本草药性总论》与《宝庆本草折衷》均记载“茯苓味甘，平，无毒”。由此可知，宋代以前茯苓的性味认识基本与《神农本草经》一致。

金元时期张元素《洁古珍珠囊》载有“茯苓甘淡纯阳”，《汤液本草》记载：“茯苓，气平，味淡。味甘而淡，阳也。无毒。”《珍珠囊补遗药性赋》云：“白茯苓味甘淡，性温无毒。降也，阳中之阴也。”可见茯苓“淡”味与“温”性的药性认识是从此时开始的。

明代《本草蒙筌》谓茯苓“甘、淡，气平”。《本草纲目》认为茯苓气味“甘，平，无毒”；《药性会元》载：“茯苓味甘、淡，性温，无毒。”《本草便》记载的性味归经与《汤液本草》同。清代《本草备要》记载：“茯苓甘温益脾助阳，淡渗利窍除湿。”《本草逢原》认为茯苓“甘淡平”。《本草崇原》则认为茯苓“气味甘平”。显然明清时期对于茯苓的药性认识已经基本达成共识，茯苓味甘、淡；性平而偏温。2020 年版《中华人民共和国药典》记载：“茯苓，甘、淡，平。”由此可见，现代茯苓的性味与古籍记载无太大差异。

二、茯苓功效

《古代经典名方目录（第一批）》收载的 100 首经典名方中，包含茯苓的方剂有 25 首，占比达 25%，可见茯苓功效明确，历代皆为常用中药材（表 1-3）。

表 1-3 《古代经典名方目录（第一批）》中含有茯苓药材的经典名方信息

序号	方名	出处	处方
1	真武汤	《伤寒论》（〔汉〕张仲景）	茯苓、芍药、生姜（切）各三两，白术二两，附子一枚（炮，去皮，破八片）
2	猪苓汤	《伤寒论》（〔汉〕张仲景）	猪苓（去皮）、茯苓、泽泻、阿胶、滑石（碎）各一两
3	附子汤	《伤寒论》（〔汉〕张仲景）	附子二枚（炮，去皮，破八片），茯苓三两，人参二两，白术四两，芍药三两
4	半夏厚朴汤	《金匮要略》（〔汉〕张仲景）	半夏一升，厚朴三两，茯苓四两，生姜五两，干苏叶二两

续表 1

序号	方名	出处	处方
5	苓桂术甘汤	《金匮要略》（〔汉〕张仲景）	茯苓四两，桂枝、白术各三两，甘草二两
6	甘姜苓术汤	《金匮要略》（〔汉〕张仲景）	甘草、白术各二两，干姜、茯苓各四两
7	开心散	《备急千金要方》（〔唐〕孙思邈）	远志、人参各四分，茯苓二两，菖蒲一两
8	实脾散	《严氏济生方》（〔宋〕严用和）	厚朴（去皮，姜制，炒）、白术、木瓜（去瓤）、木香（不见火）、草果仁、大腹子、附子（炮、去皮脐）、白茯苓（去皮）、干姜（炮）各一两，甘草（炙）半两
9	清心莲子饮	《太平惠民和剂局方》（〔宋〕太平惠民和剂局）	黄芩、麦门冬（去心）、地骨皮、车前子、甘草（炙）各半两，石莲肉（去心）、白茯苓、黄芪（蜜炙）、人参各七钱半
10	华盖散	《太平惠民和剂局方》（〔宋〕太平惠民和剂局）	紫苏子（炒）、赤茯苓（去皮）、桑白皮（炙）、陈皮（去白）、杏仁（去皮、尖，炒）、麻黄（去根、节）各一两，甘草（炙）半两
11	三痹汤	《妇人大全良方》（〔宋〕陈自明）	川续断、杜仲（去皮，切，姜汁炒）、防风、桂心、细辛、人参、茯苓、当归、白芍药、甘草各一两，秦艽、生地黄、川芎、川独活各半两，黄芪、川牛膝各一两
12	升阳益胃汤	《脾胃论》（〔金〕李东垣）	黄芪二两，半夏（汤洗）、人参（去芦）、甘草（炙）各一两，防风、白芍药、羌活、独活各五钱，橘皮（连穰）四钱，茯苓、泽泻、柴胡、白术各三钱，黄连二钱
13	厚朴温中汤	《内外伤辨惑论》（〔金〕李东垣）	厚朴（姜制）、橘皮（去白）各一两，甘草（炙）、草豆蔻仁、茯苓（去皮）、木香各五钱，干姜七分
14	地黄饮子	《黄帝素问宣明论方》（〔金〕刘完素）	熟地黄、巴戟（去心）、山茱萸、石斛、肉苁蓉（酒浸，焙）、附子（炮）、五味子、官桂、白茯苓、麦门冬（去心）、菖蒲、远志（去心）各等分
15	大秦艽汤	《素问病机气宜保命集》（〔金〕刘完素）	秦艽三两，甘草二两，川芎二两，当归二两，白芍药二两，细辛半两，川羌活、防风、黄芩各一两，石膏二两，吴白芷一两，白术一两，生地黄一两，熟地黄一两，白茯苓一两，川独活二两
16	清金化痰汤	《医学统旨》（〔明〕叶文龄）	黄芩、山栀各一钱半，桔梗二钱，麦门冬（去心）、桑皮、贝母、知母、瓜蒌仁（炒）、橘红、茯苓各一钱，甘草四分
17	金水六君煎	《景岳全书》（〔明〕张景岳）	当归二钱，熟地黄五钱，陈皮一钱半，半夏二钱，茯苓二钱，炙甘草一钱
18	暖肝煎	《景岳全书》（〔明〕张景岳）	当归二三钱，枸杞三钱，茯苓二钱，小茴香二钱，肉桂一二钱，乌药二钱，沉香一钱或木香亦可
19	托里消毒散	《外科正宗》（〔明〕陈实功）	人参、川芎、白芍、黄芪、当归、白术、茯苓、金银花各一钱，白芷、甘草、皂角针、桔梗各五分

续表 2

序号	方名	出处	处方
20	清肺汤	《万病回春》（〔明〕龚廷贤）	黄芩（去朽心）一钱半，桔梗（去芦）、茯苓（去皮）、陈皮（去白）、贝母（去心）、桑白皮各一钱，当归、天门冬（去心）、山栀、杏仁（去皮尖）、麦门冬（去心）各七分，五味子七粒，甘草三分
21	养胃汤	《证治准绳》（〔明〕王肯堂）	半夏（汤洗七次）、厚朴（去粗皮、姜汁炒）、苍术（米泔浸一宿，洗切，炒）各一两，橘红七钱半，藿香叶（洗去土）、草果（去皮膜）、茯苓（去黑皮）、人参（去芦）各半两，炙甘草二钱半
22	半夏白术天麻汤	《医学心悟》（〔清〕程国彭）	半夏一钱五分，天麻、茯苓、橘红各一钱，白术三钱，甘草五分
23	藿朴夏苓汤	《医原》（〔清〕石寿棠）	杜藿香二钱，真川朴一钱，姜半夏钱半，赤苓三钱，光杏仁三钱，生薏仁四钱，白蔻末六分，猪苓钱半，淡豆豉三钱，建泽泻钱半
24	清经散	《傅青主女科》（〔清〕傅山）	丹皮三钱，地骨皮五钱，白芍三钱（酒炒），熟地黄三钱（九蒸），青蒿二钱，白茯苓一钱，黄柏五分（盐水浸，炒）
25	除湿胃苓汤	《医宗金鉴》（〔清〕吴谦）	苍术（炒）、厚朴（姜炒）、陈皮、猪苓、泽泻、赤茯苓、白术（土炒）、滑石、防风、山栀子（生，研）、木通各一钱，肉桂、甘草（生）各三分

关于茯苓的功效记载最早见于《五十二病方》，写作“服零”，用于治疗“乾骚（瘙）”。《神农本草经》载：“主胸胁逆气，忧恚，惊邪，恐悸，心下结痛，寒热烦满，咳逆，口焦舌干，利小便。久服安魂养神，不饥延年。”陶弘景首次在《本草经集注》中记载茯苓有赤白之分，言：“白色者补，赤色者利。”这一观点的提出也为后世医家认识二者功效的不同产生了深远的影响。如《备急千金要方》载：“凡茯苓、芍药，补药须白者，泻药须赤者。”《药性论》曰：“茯苓，臣，忌米醋。能开胃止呕逆，善安心神，主肺痿痰壅，治小儿惊痫，疗心腹胀满，妇人热淋，赤者破结气。”《本草衍义》载有“此物行水之功多，益心脾不可阙也”，所述功效与今之茯苓相符。《医经大旨》载：“茯苓虽曰赤者向丙丁，白者向壬癸。又曰赤者能利水，白者能补脾。是知赤者而泻小肠之火，则能利水矣，不知白者润肺生津而能分利也。故此剂以分利为主，而莫如用白。”认为赤白茯苓均有利水作用，但用于分利时白茯苓效果更佳。《本草蒙筌》对赤白茯苓的归经与功效进行归纳后，认为“茯苓，种赤白主治略异，经上下行走自殊。赤茯苓入心脾小肠，属己丙丁，泻利专主；白茯苓入膀胱肾肺，属辛壬癸，补益兼能。甘以助阳，淡而利窍。通便不走精气，功并车前；利血仅在腰脐，效同白术。为除湿行水圣药，乃养神益智仙丹”。《神农本草经疏》载：“白者入气分，赤者入血分，补心益脾，白优于赤；通利小肠，专除湿热，赤亦胜白。”进一步对白茯苓与赤茯苓的功效异同进行了比较。明代李中梓《医宗必读》云：“茯苓，益脾胃而利小便，水湿都消；止呕吐而定泄泻，气机咸利。下行伐肾，

水泛之痰随降；中守镇心，忧惊之气难侵。保肺定咳喘，安胎止消渴。红者为赤茯苓，功力稍逊，而利水偏长。”《本草通玄》载：“赤茯苓但能泻热行水，并不及白茯苓之多功也。”明代《药品化义》卷五脾药载：“白茯苓属阳有土与金，体重而实，色白，气和，味甘而淡，性平，能升能降，力补脾肺，性气薄而味厚，入脾肺肾膀胱四经……其赤茯苓淡赤微黄，但不堪入肺，若助脾行痰，与白者同功。因松种不一，故分赤白，原无白补赤泻之分。”

魏晋时期的《名医别录》是最早记载茯神的本草典籍，云“其有抱根者名茯神”。南北朝时期《本草经集注》则最早记载了茯神的功效，认为“仙方唯云茯苓，而无茯神，为治既同，用之亦应无嫌”。可知此时茯神与茯苓的功效尚未有明确的区分。唐代《药性论》载：“茯神，君，味甘，无毒。主惊痫，安神定志，补劳乏，主心下急痛坚满人虚而小肠不利，加而用之。其心名黄松节，偏治中偏风，口面㖞斜，毒风筋挛不语，心神惊掣，虚而健忘。”不仅明确记载了茯神的功效，而且首次提出“黄松节”这一药用部位，并在功效上与其他药用部位进行了区分。宋代《证类本草》与《图经本草药性总论》对此均有引用。明代《本草纲目》在药性论的基础上新增“黄松节”有治脚气痹痛，诸筋牵缩的功效。《医宗必读》云：“抱根者为茯神，主用俱同，而安神独掌。”《本草通玄》亦云：“茯神，主用与茯苓无别。但抱根而生，有依附之义，故魂魄不安不能附体者，乃其专掌也。”

东汉《中藏经》卷六首次记载了以茯苓皮入药的“五皮散”。《本草纲目》首次将“茯苓皮”列为一味独立药材，并记载其主治：“水肿肤胀，开水道，开腠理。”后世《冯氏锦囊秘录》亦云：“茯苓皮，本性淡而能渗湿，色黑而像水，故入五皮汤中，以为利水消肿之剂。”但清代《本草崇原》提出茯苓皮与心木只因与茯苓同类，若按功效本不堪列于上品，云：“茯苓之皮与木，后人收用，各有主治，然皆糟粕之药，并无精华之气，不堪列于上品，只因茯苓而类载之于此。”

2020年版《中华人民共和国药典》收载茯苓的功能主治为利水渗湿，健脾，宁心。用于水肿尿少，痰饮眩悸，脾虚食少，便溏泄泻，心神不安，惊悸失眠。茯苓皮的功能主治为利水消肿。用于水肿，小便不利。《中华本草》记载茯神功能与主治为宁心、安神、利水，主治惊悸，怔忡，健忘失眠，惊痫，小便不利。茯神木功能与主治为平肝安神，主治惊悸健忘，中风语謇，脚气转筋。可见茯苓不同药用部位的古今功效较为一致。

参考文献

[1] 《马王堆汉墓帛书》整理小组. 马王堆汉墓帛书[M]. 北京：文物出版社，1979：120.
[2] 佚名. 神农本草经[M]. 尚志钧，校注. 北京：学苑出版社，2008：33－34.
[3] 陶弘景. 名医别录[M]. 尚志钧，校辑. 北京：人民卫生出版社，1986：16－17.
[4] 寇宗奭. 本草衍义[M]. 颜正华，常章富，黄幼群，点校. 北京：人民卫生出版社，1990：78－78.
[5] 李时珍. 本草纲目：下册[M]. 北京：华夏出版社，2008：1437－1441.
[6] 陶弘景. 本草经集注[M]. 尚志钧，尚元胜，校辑. 北京：人民卫生出版社，1994：188－190.
[7] 苏敬. 新修本草[M]. 尚志钧，校辑. 合肥：安徽科学技术出版社，1981：299－300.
[8] 掌禹锡. 嘉祐本草[M]. 尚志钧，辑复. 北京：中医古籍出版社，2009：276－277.
[9] 苏颂. 本草图经[M]. 尚志钧，校辑. 合肥：安徽科学技术出版社，1994：325－326.
[10] 沈括，苏轼. 苏沈良方[M]. 北京：人民卫生出版社，1956：41.
[11] 陈衍. 宝庆本草折衷[M]. 北京：人民卫生出版社，2007：501－502.
[12] 王好古. 汤液本草[M]. 张永鹏，校注. 北京：中国医药科技出版社，2011：94.
[13] 王纶. 本草集要[M]. 张瑞贤，李健，张卫，等，校注. 北京：学苑出版社，2011：100－101.
[14] 赵佳琛，王艺涵，金艳，等. 经典名方中茯苓的本草考证[J]. 中国实验方剂学杂志，2022，28（10）：327－336.
[15] 王宁. 茯苓的本草学研究[J]. 中医文献杂志，2007，25（3）：3.
[16] 张建逵，窦德强，王冰，等. 茯苓类药材的本草考证[J]. 时珍国医国药，2014，25（5）：3.
[17] 王克勤，黄鹤，苏伟，等. 我国茯苓栽培历史与现状[C]//中国菌物学会. 2014 首届全国茯苓会议论文集. 武汉：中国菌物学会，2014：11－18.
[18] 陈卫东，彭慧，王妍妍，等. 茯苓药材的历史沿革与变迁[J]. 中草药，2017，48（23）：7.
[19] 于彩娜，窦德强. 茯苓性味与效用源流考证[J]. 中华中医药杂志，2015，30（1）：3.
[20] 国家中医药管理局《中华本草》编委会. 中华本草：第一册[M]. 上海：上海科学技术出版社，1999：554－560.
[21] 郑金生. 中华大典·医药卫生典·药学分典：第3册[M]. 成都：巴蜀书社，2007.
[22] 王宁. 茯苓的本草学研究[J]. 中医文献杂志，2007，25（3）：23－25.
[23] 张建逵，窦德强，王冰，等. 茯苓类药材的本草考证[J]. 时珍国医国药，2014，25（5）：1181－1183.
[24] 刘文泰. 本草品汇精要：上册[M]. 陆拯，校点. 北京：中国中医药出版社，2013：385－387.
[25] 陈嘉谟. 本草蒙筌[M]. 周超凡，陈湘萍，王淑民，点校. 北京：人民卫生出版社，1988：184－186.
[26] 李中立. 本草原始[M]. 张卫，张瑞贤，校注. 北京：学苑出版社，2011：289－293.
[27] 缪希雍. 神农本草经疏[M]. 夏魁周，赵瑗，校注. 北京：中国中医药出版社，1997：183.
[28] 刘若金. 本草述[M]. 郑怀村，焦振廉，任娟莉，等，校注. 北京：中医古籍出版社，2005：587－590.

[29] 陈士铎. 本草新编[M]. 柳长华，徐春波，校注. 北京：中国中医药出版社，1996：242-245.
[30] 张志聪，撰. 高世栻，编订. 本草崇原[M]. 张淼，任悦，点校. 北京：学苑出版社，2011：62.
[31] 吴其濬. 植物名实图考：下册[M]. 北京：中华书局，1963：768.
[32] WOLF F A . The fruiting stage of the tckahoe，Pachyma cocos[J]. Journal of the Elisha Mitchell Scientific Society，1922，38：127-137.
[33] 赵继鼎. 中国真菌志：第三卷[M]. 北京：科学出版社，1998：411-414.
[34] HANBURY D. Notes on Chinese Materia Medica[M]. London：The Pharmaceutical Journal And Transactions，1862：37-38.
[35] SMITH F P. Contributions Towards the Materia Medica and Natural History of China[M]. 上海：美华书馆，1871：165-166.
[36] 松村任三. 改正增补植物名汇[M]. 东京：丸善株式会社，1895：201.
[37] 孔庆莱，杜就田，莫叔略，等. 植物学大辞典：第一册[M]. 北京：商务印书馆，1918：805.
[38] 邓叔群. 中国的真菌[M]. 北京：科学出版社，1963：444.
[39] 中尾万三，木村康一. 汉药写真集成：第一辑[M]. 上海：上海自然科学研究所，1929：13.
[40] 石户谷勉. 中国北部之药草[M]. 沐绍良，译. 上海：商务印书馆，1946：53.
[41] 陈存仁. 中国药学大辞典：下册[M]. 上海：世界书局，1935：1056-1061.
[42] 杨华亭. 药物图考：第二卷[M]. 南京：中央国医馆，1935：48.
[43] 木村康一. 和汉药名汇[M]. 东京：广川书店，1946：5.
[44] 中国医学科学院药物研究所，中医研究院中药研究所，中国科学院动物研究所，等. 中药志：第三册[M]. 北京：人民卫生出版社，1959：600.
[45] 第二军医大学药学系生药学教研室. 中国药用植物图鉴[M]. 上海：上海教育出版社，1960：936.
[46] 南京药学院. 药材学[M]. 北京：人民卫生出版社，1961：1133.
[47] 曹炳章. 增订伪药条辨[M]. 刘德荣，点校. 福州：福建科学技术出版社，2004：85-86.
[48] 陈仁山. 药物出产辨[M]. 广州：广东中医药专门学校，1930：118.
[49] 陈存仁. 中国药物标本图影[M]. 3版. 上海：世界书局，1935：214-215.
[50] 国家药典委员会. 中华人民共和国药典：2020年版一部[M]. 北京：中国医药科技出版社，2020：261-262.
[51] 孙思邈. 千金翼方[M]. 苏礼，任娟丽，李景荣，等，校释. 北京：人民卫生出版社，1998.
[52] 中国药学会上海分会，上海市药材公司. 药材资料汇编：上集[M]. 上海：科技卫生出版社，1959：222.
[53] 王惠清. 中药材产销[M]. 成都：四川科学技术出版社，2004.
[54] 雷敩. 雷公炮炙论[M]. 南京：江苏科学技术出版社，1985：3.
[55] 唐慎微. 经史证类备急本草[M]. 蒙古定宗四年张存惠晦明轩刻本. 北京：人民卫生出版社，1957：296-297.
[56] 张璐. 本经逢原[M]. 薛京花，牛春来，李东燕，等，点校. 太原：山西科学技术出版社，2015：233-234.

·第二章·

茯苓的生物学特征

茯苓是常用真菌类中药材。真菌是一种具真核的、产孢的、无叶绿体的真核生物，在自然界分布广泛，绝大多数对人类有利，如酿酒、制酱、发酵饲料、农田增肥、制造抗生素、食用蘑菇、食品加工及提供中药药源（如茯苓、灵芝、冬虫夏草等）。真菌独立于动物、植物和其他真核生物，自成一界，个体生长发育规律及其生长周期各阶段的性状表现与动植物有差异，通过无性繁殖和有性繁殖的方式产生孢子，对其形态特征、生长方式、繁殖方式、组学等进行研究有利于深入了解真菌，为真菌生物学研究、真菌的人工培育、遗传育种和产品研发等提供坚实的理论基础，对生产和科研均具有重要的指导意义。本章详细介绍了茯苓生物学特点、形态特征、生态习性、生长特性和组学等方面的研究工作（图 2-1）。

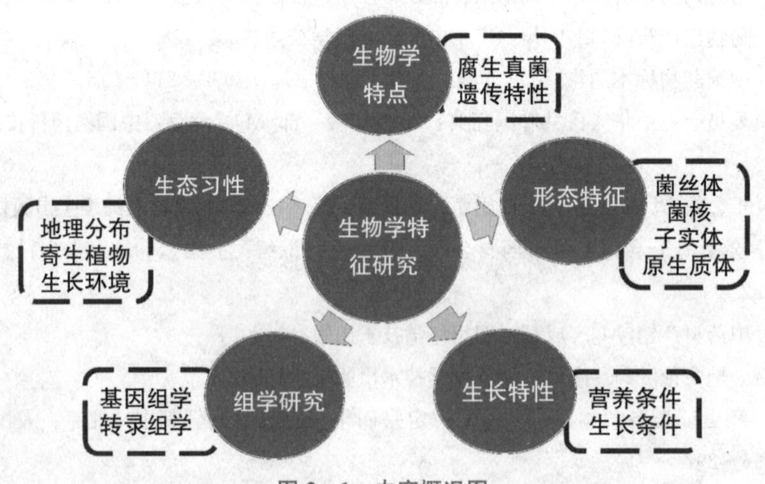

图 2-1　内容概况图

第一节 茯苓生物学特点

一、腐生真菌特性

1. 腐生真菌

腐生菌属于营腐生生活的微生物。它们从已死的动、植物或其他有机物吸取养料，以维持自身正常生活的一种生活方式。很多细菌和真菌属于此类，如茯苓、灵芝、枯草杆菌、根霉、青霉、蘑菇、木耳等。以腐生方式生活的微生物，如按其所需要的氮源、碳源来分，则属于化能异养型微生物，是一类靠动植物尸体和腐败物质的有机质为生的有机体。腐生菌分泌多种酶可从体外消化这些有机质，然后吸收所形成的低分子量化合物。腐生菌包括许多真菌和细菌，极其普遍地存在于石油、化工等工业领域的水循环系统中，其繁殖时产生的黏液极易因产生氧浓度差而引起电化学腐蚀，并会促进硫酸盐还原菌等厌氧微生物的生长和繁殖，有恶化水质、增加水体黏度、破坏油层和腐蚀设备等多重负效反应，对促进自然界的生物循环起了巨大的作用。

2. 腐生真菌的演替

真菌的演替现象在自然界中是普遍发生的。腐生真菌的种类繁多，但它们的营养需求差异较大，从而导致枯木、土壤、枯枝落叶等不同阶段的菌群也不一样。初始阶段，有些真菌分解基质内适宜的营养物质，营养充足时生长十分活跃，当这些特殊营养被消耗干净时，这类真菌的生长减弱，开始进入休眠。然而基质中还存在着许多其他真菌可利用的营养物质，那么这些真菌开始在基质上分解它们可利用的营养，生长进入活跃期，当营养物质耗尽时进入休眠。这样一直持续到基质被充分分解或消耗尽，这种真菌在基质上出现的演替现象代表了真菌的一种消长规律。

我们把能给真菌提供营养物质的土壤、枯木、枯枝落叶等统称为基质。在基质上最先生长的真菌为糖真菌，主要类群为毛霉目真菌，毛霉目真菌的特点是孢子萌发快，菌丝生长迅速，它们能吸收单糖和简单的多糖，以及 N、P、K 等营养物质。因此，在植物体死亡后，最先侵入基质并形成优势菌，然而它们对自身代谢副产物的积累较为敏感，尤其是环境中 CO_2 积累时会导致其停止生长。接下来代替糖真菌的是纤维素分解真菌，主要类群为孢子菌以及一些半知菌和子囊菌，其实在糖真菌活跃的最初阶段它们也存在于基质中，只是因为糖真菌的竞争性使得它们处于劣势，当糖分消耗尽糖真菌生长渐渐减弱时，它们开始分解纤维素成纤维二糖，再分解成葡萄糖，被自身吸收作为营养。分解纤维素需要产生胞外酶，因此菌丝体周围也存在一些单糖不能被纤维素分解真菌利用，一些次生的糖真菌虽然不能降解纤维素，但是依靠在分解纤维素真菌的周围利用单糖而生长，所以在纤维素分解真菌生长过程中同样伴随着次生糖真菌的生长。这一演替阶段随着真菌自身可利用营养物质的消耗而消失。在纤维素分解菌消亡之后，剩余的营养基质主要是腐殖质的组成成分木质素，在腐殖质中木质素的含量为30％～60％，在植物体中为10％～30％，能够降解木质素的真菌全部为高等担子菌，所以木质素分解真菌在自然界中相对较易积累，而这时的基质中可以利用的养料较为单一，导致其他真菌相对消亡，这也对担子菌的生长非常有利，从而可以在基质上形成繁茂的菌丝体，甚至可以形成菌索或菌丝束，在具有木质素的不同基质上延伸。

3. 分类

腐生真菌的种类很多，并对大自然的不同物质有分解作用，其中对落叶具有分解作用的包括灰葡萄孢、多主枝孢、毛菌、梨头菌、根菌、毛壳菌、镰刀菌、木霉、变色多孔菌等，对动物粪便具有分解作用的包括水玉霉、毛霉、倚囊霉、粪壳菌、鬼伞、弹球菌等，以及对木材具有分解作用的真菌。

茯苓主要通过分解松木获得营养，因此这里将重点介绍木腐菌，木腐菌能分解利用木质素、纤维素和半纤维素，使树木和木材形成白色或褐色腐朽。

有关真菌对木材分解作用的研究早在19世纪70年代就开始了，但到目前为止，有关分解生物学基础的理解和生态学定义的论述还不多见。近年来，有关木材微生物学的研究已经有所进展，人们对降解过程有了更多深入的了解。木材中木纤维复合体是由木质素、纤维素和半纤维素等通过不同比例组成，木材腐朽菌大多是担子菌和子囊菌。不同树种的木纤维在化学和形态上有很大的差异，这种差异也出现在木材不同种类的细胞，甚至出现在细胞壁的不同层次。当腐生真菌开始对木材产生分解作用时，将产生一系列的胞间降解作用，导致细胞结构发生改变。由于在化学和形态上的差异，可以将参与木材分解的真菌分成三类，即白腐菌（white-rot)、软腐菌（soft-rot）和褐腐菌（brown-rot)。

(1）白腐菌

白腐菌是一类变化很大的真菌群体，它们的降解能力很强，能降解包括木质素在内的所有细胞壁成分，可以说只要是白腐菌菌丝存在的地方就可以造成细胞壁的腐蚀，随着降解过程的进行，木材中的空隙被菌丝填充，引起这一类白色腐蚀的真菌常被认为是非选择性和兼性的白腐菌。使木材发生白色腐朽的白腐菌主要包括多孔菌属、云芝属、层孔菌等菌类。主要降解木材中的木质素，而对纤维素的降解较少，白腐菌腐蚀的木材会产生白色的脱木质素。其实木材受腐生真菌作用后，除了一些肉眼可见的形态上的特征变化外，还伴随着化学成分的变化，如木材在受到拟蜡菌的作用后，发现钙和锰在菌丝和木材表面积累。同时木质素的种类和浓度对白腐菌的降解有较大的影响，S型木质素比G型木质素更容易被分解，但是白腐菌更常出现在被子植物木材中，在裸子植物中出现较少。

(2）软腐菌

软腐菌最主要出现在潮湿的环境中。在潮湿的条件下分解木材，一般只能分解纤维素，木质素被完整地留下，软腐真菌大多数为子囊菌和半知菌。这一类真菌主要有两种形式，一种是对细胞壁进行攻击后，在次生壁上留下双锥体或圆柱状腔室，另一种则主要采取腐蚀的形式。

（3）褐腐菌

褐腐菌早期在木材中对纤维素产生弥散性的攻击，但对木质素的降解则非常有限，被降解的木材呈现褐色，主要含有的化学结构是被改变的木质素。褐腐菌在针叶林和成品的木材中都是较为普遍的分解者。引起木质褐色腐朽的有牛舌菌、桦剥管菌等，另外常见的伞菌类木腐菌有侧耳属、香菇属、猴头菌属等菌类。茯苓可以引起裸子植物松木褐化，故属于褐腐菌。

4. 腐生真菌的作用

白腐菌或褐腐菌引起树木或木材腐朽，可以说它们是有害的大型真菌，然而有害和有益往往是相对的。木腐菌和许多真菌同时也被视为森林清洁工，它们能使枯枝、落叶分解归还于大自然，参与物质循环中，以此促使森林树木天然的新陈代谢，维持生态平衡，同时腐生真菌也具有很重要的食用价值和药用价值，在农业生产上可以作为拮抗真菌起到抗病作用。

（1）腐生真菌在自然界物质循环中的作用

一棵普通的树木10年的落叶总量可高达2 t，一片普通的森林一年内每亩（1亩≈667 m^2）地的枯枝落叶约1.5 t，在茂盛的热带雨林这个数量将更大。农业生产上，如果农民每年收割庄稼的可食用部分后留下的大量秸秆，以及每年丢弃大量的废纸和生活垃圾这些有机物残体和垃圾不能被腐化，那么整个地球将被动植物遗体和垃圾掩埋。分解作用是有机质完全分解成无机物或者矿物质元素，使它们再返回自然环境中。腐生真菌能分泌消化酶进入外界环境，将木材中的一些特定大分子分解成简单的小分子，使之成为可溶性的物质，最终降解成二氧化碳、无机盐或以代谢产物的形式释放。植物光合作用所需 CO_2 的主要来源是大气，大气中有较低浓度的 CO_2，于是大气中的 CO_2 只有不断得到补充才能持久。大气中 CO_2 的主要来源是微生物呼吸产生的 CO_2，它供给陆地植物所需 CO_2 总量的80%左右，据估计，微生物每年产生 6.39×10^{10} t CO_2，其中真菌约占13%。生命所需要的其他物质，如氮、硫、磷、钾、钙、铁等，也都存在着从有机物经腐生真菌降解转化为无机物的循环。

（2）腐生真菌在农业生产上的应用

利用腐生真菌具有产生毒素和抗生素等特点，将其应用于生物农药，用于防治细菌、杀虫。农用抗生素是由真菌在生产代谢过程中产生的次级代谢产物可抑制农作物中的有害生物。例如，白僵菌、黄僵菌、绿僵菌等虫生真菌可被开发成真菌杀虫剂等。

（3）腐生真菌的食用价值

真菌中能形成大型肉质子实体或菌核组织的达6 000种，可供食用的有2 000余种，这些可食用的真菌称为食用菌。我国食用菌资源十分丰富，据卯晓岚统计，我国已知的食用菌为657种，它们分属于41个科、132个属，其中担子菌620种（占94.4%），子囊菌

39种（占5.6%）。2000年统计我国的食用蘑菇达938种，人工栽培的50余种。人工条件下驯化栽培的有香菇、木耳、金耳、银耳、草菇、金针菇、猴头菌、竹荪、蒙古口蘑，而野生食用菌如牛肝菌、羊肚菌、香杏丽蘑、铆钉菇、粘盖牛肝菌、正红菇等也可以大量采集。食用菌能提供丰富的营养物质如蛋白质、脂肪、糖类、矿物质、维生素和膳食纤维等，在我国被誉为山珍，在美国等西方国家更是被称为上帝的食品，在日本被推崇为植物性食品的顶峰，由此看来，真菌是很好的美味佳肴。茯苓是一种药食两用的大宗药材。我国常将茯苓磨粉与米粉等制成“茯苓饼”“茯苓糕”等食品，或制成“茯苓茶”“茯苓酒”等饮料；东南亚一带常将茯苓加入主食中（与稀饭共煮）食用，具有解暑、利尿、除湿之效；美洲南部的黑人及印第安人则直接将茯苓烧熟后食用，被称为“红人面包”。

（4）腐生真菌的药用

腐生菌（木腐菌）具有最有效的药用特性。原因在于它们独特的消化方式——溶养。它们生活在各种死去的有机物质上，分泌消化酶——胞外酶（溶酶）到这些物质中，消化过程发生在细胞外（体外）。胞外酶的连续活动将有机物分解成简单物质。细胞外腐化过程的最终产物是葡萄糖，然后葡萄糖被吸收到菌丝细胞中进行自身的新陈代谢，合成菌丝体和子实体生长所需的特定物质。然而，基质中的葡萄糖也可以被大量的其他微生物利用，这些微生物是真菌获取葡萄糖的竞争者。腐生真菌将次生代谢产物作为防御化合物释放到基质中以控制竞争对手。基质中竞争微生物种类的繁多反映在真菌次生代谢产物的多样性上。因此，真菌代谢产物复杂而高度多样化，包括多糖、蛋白质、萜类化合物、皂苷、甾醇类、聚酮类化合物（黄曲霉毒素B_1）、酚类、凝集素、他汀类药物、生物碱类等。药用菌的次生代谢物具有广泛的生物活性，摄入后对人体微生物有类似的作用。因此，药用菌的治疗作用很广泛，其次生代谢产物有助于治疗多种疾病。真菌虽然药效成分多，但是最主要的有效成分为多糖和三萜类，多糖具有抗肿瘤、免疫调节、降血压、降血脂、降血糖、抗胃溃疡和保肝作用，茯苓中的三萜类成分具有抗肿瘤、抗炎和提高免疫力等作用。茯苓菌核中主要含有甾醇类成分，以及氨基酸、脂肪酸、挥发油、微量元素、钾盐等其他成分也具有重要药理作用。

二、茯苓的遗传特性

1. 真菌的遗传特性

遗传一般是指亲代的性状在子代表现的现象，遗传学上是指遗传物质从亲代传给后代的现象。特性是指某人或某事物所特有的性质。遗传特性是指亲代某个特征在后代中明显表现出来的性质。

真菌的性状保持相对稳定，世代间相似，且代代相传，这就是真菌遗传。变异是指在一定条件下，子代与父代、子代与子代的生物学特性不同的现象。在菌株的保存和生产过程中，菌丝的生长速度、菌落特征和生产特性发生了变化，即发生了变异。变异可分为遗传性变异和非遗传性变异。

遗传性变异是真菌的遗传物质发生了不可逆的改变，产生了可以稳定遗传的性状改变。遗传性变异是基因突变的结果。在真菌的生长和繁殖过程中，细胞会进行分裂，即使在保存过程中，细胞也会进行缓慢地分裂。当细胞分裂时，DNA 遗传物质就会复制。在 DNA 复制过程中，难以修复或不能完全修复的 DNA 结构发生改变是不可避免的。在自然条件下，一般认为遗传物质结构的改变是随机发生的。当控制真菌生长和发育的基因突变累积到一定程度时，某些生长和发育的特征就会发生改变。基因自发突变的概率很低(10^{-6}～10^{-9})。采用紫外线照射、亚硝酸盐等化学诱变剂等促进基因突变的措施，可大大提高基因突变的概率，通过改变多个性状，包括生产性状的正负变化，从群体中分离出少数性状良好的菌株。变异的另一个机制是重组。不同亲本菌株的染色体片段发生重组和交换，产生不同于亲代的 DNA 结构的改变。

非遗传性变异又称表型变异，是真菌在一定环境条件影响下产生的非基因结构改变的变异。另外，菌株的优良特性应该得到充分展示。菌株除了具有优良的基因外，还应具备适合基因表达的外部环境条件，如采取优化的栽培管理措施，才能使优良菌株真正获得高质量、高产量。为了充分发挥其遗传优势，开发其高产优质的生产潜力，有必要对其生物学特性及生产管理措施进行重新研究。

2. 茯苓的交配型系统

真菌交配型的研究对于阐明其生活史及杂交育种有重要价值，然而大型担子菌交配型系统相当复杂。根据单孢子萌发生成的菌丝能否单独完成生活史将真菌分为同宗结合与异宗结合。属于异宗结合的真菌，其单孢子萌发的同核菌丝不能形成子实体，只有不同性因子单核菌丝所形成的异核体才可结实，而同宗结合的真菌，其单孢子萌发的菌丝多数可以形成子实体，例如草菇和双孢菇。世界上约有 5 000 种担子菌，已研究过有性生殖的 500 个真菌中，约有 90%为异宗结合，仅有 10%为同宗结合。研究者在茯苓的交配系统方面开展了一系列研究，但不同的研究者得到的结论不同。

据文献调研，仅有李霜等认为在荧光染色的基础上首次提出茯苓菌丝体为具有明显隔膜无锁状联合的多核菌丝。担孢子中双核孢子占 75.3%，单核孢子占 2.4%，无核孢子占 22.3%，且有约 18%的单孢菌株具单孢结实现象，故为同宗结合真菌。但未进一步研究茯苓为初级同宗结合还是次级同宗结合。熊杰对茯苓的配对模式进行了系统研究。单孢配对试验结果表明，同一菌株及不同菌株原生质体分离株间的配对均能和谐生长，同一菌株担孢子间的配对均产生拮抗线，但其中有少数配对在交接区形成扇形区域，拮抗线随后消失，而不同菌株担孢子间的配对全部形成稳定的栅栏形菌落。暗示茯苓担孢子中的两个细胞核具有遗传互补性，能形成独立个体的异双核，茯苓可能是一种次级同宗结合菌。熊杰报道，对菌丝体和担孢子的荧光染色观察表明，茯苓菌丝为有隔膜无锁状联合的多核菌丝，担孢子多数为双核，与李霜等的报道一致，与无照片和其他实验结果支持的情况下作出的茯苓为有锁状联合的双核菌丝的异宗结合菌之类的表述大有出入。

然而更多的学者认为茯苓为异宗结合真菌，杨新美在《中国食用菌栽培学》中提出，茯苓是具有锁状联合的异宗结合真菌，国内学者大多认同该说法，但是并未给出实物照片等有力证据。余元广等认为茯苓担孢子也有正负性表现，单孢菌株的初生菌丝，细胞核不一定是单个，可能是多个，茯苓为异宗结合担子菌。日本菌物学者富永保人通过实验观察，认为茯苓菌丝体为无隔膜、无锁状联合结构的双核菌丝，担孢子为单核，是一种异宗结合真菌。然而异宗结合根据交配型的不亲和性因子是一对还是两对，异宗结合又分为二极性异宗结合（单因子系统）和四极性异宗结合（双因子系统），而二极性约占25%，四极性约占75%。早期的研究认为茯苓是具有锁状联合的二极性异宗结合真菌，但茯苓是二极性异宗结合真菌这一观点存在一些值得商榷的地方。假设茯苓为二极性异宗结合真菌，则表明其交配型由一对A因子所控制，子实体产生的担孢子分成两种不同的交配型，其单孢子间的理论交配反应为“+”（可亲和）占50%、“－”（不亲和）占50%。有学者发现，茯苓菌丝无典型的锁状联合现象，难以用常规的镜检来辨别菌丝是否为“单核”或“双核”菌丝，且难以验证单孢间是否发生了亲和。然而茯苓菌的单孢株与出发株在细胞核的分布上无差异。颜新泰曾提到茯苓为四极性异宗结合，但并未进行单孢分离交配实验。

茯苓同其他食药用菌相比，相关的基本生物学特性研究较为落后。对茯苓菌丝有无锁状联合及菌丝核相一直存在争议。双重荧光染色既能够清晰观察到细胞核，又能明显观察到菌丝隔膜，是确证菌丝核相及有无锁状联合的有力手段。因异宗结合、同宗结合两种交配类型的育种方法截然不同，明确其交配类型对于其生活史和育种工作都至关重要，交配型的确认需要结合组学研究和结实表现。为明确茯苓的交配系统，董彩虹等在实验条件下培养子实体，分离担孢子后，对比不同担孢子的生长特性和SSR分子标记，建立茯苓同核体区分方法，首次在茯苓中发现获得了同核体，为茯苓的杂交育种和交配型系统研究奠定了基础。进一步通过同核体配对实验，结合子实体形成和rpb2特异性发现了来自日本的菌株775 rpb2序列存在一个C/T杂合位点，但是其位置在国内菌株杂合位点下游3 bp处，即5′端449 bp处。采用基于rpb2杂合位点鉴定同核体的方法，对775单孢菌株进行了鉴定，共筛选到同核体菌株13株，在5′端449 bp处为纯合C或者纯合T，代表两个不同交配型的同核体菌株，C菌株和T菌株。挑取CC、CT和TT菌株分别进行子实体诱导，发现只有CT菌株能够形成子实体，CC和TT菌株不能形成子实体。结合孢子核荧光原位染色和子实层担子组成，确定了茯苓的交配型系统为二极性异宗交配系统。

3. 茯苓的生活史

担子菌的生活史大致可以分为3个阶段，一是孢子和孢子萌发后的同核体阶段，二是交配后的异核体阶段，三是减数分裂前短暂的二倍体阶段。传统的研究普遍认为，在四极性异宗结合的担子菌中，担孢子大多为单核担孢子，而同宗结合的担孢子大多为双核担孢子。近代研究发现事实并非如此，许智勇等以3个不同的金针菇菌株为材料，通过荧光染色观察显示，发现担孢子核相以双核为主，双核孢子、单核孢子和无核内子分别占80.2%、7.5%和12.3%；担孢子中的两个核是同质的，具有相同的交配型。因此，应以异核体和同核体来区分担孢子和菌丝体的倍数性，而非双核体和单核体。

富永保人等将茯苓的生活史归结如下：茯苓子实体的菌褶上形成孢子，孢子萌发形成单核菌丝，两个异性的单核菌丝相融合形成双核菌丝，双核菌丝在松根表皮与老枯死皮层间繁殖生成菌核，菌核长大后在其上面长出子实体。另外，也可培养菌丝直接形成子实体。

茯苓食用与药用部位均为菌核，栽培上以获得菌核为目的。其中，子实体是茯苓进行有性繁殖的重要结构，也是完成生活史的重要部分。在外界条件适宜的情况下，子实体双核进行核配，完成减数分裂，形成担孢子，茯苓的担孢子具有两种交配型，且担孢子有单核、双核和无核三种类型，不同交配型的担孢子融合后形成多核菌丝，在适宜条件下形成菌核，也可以直接培养成子实体（图 2-2）。

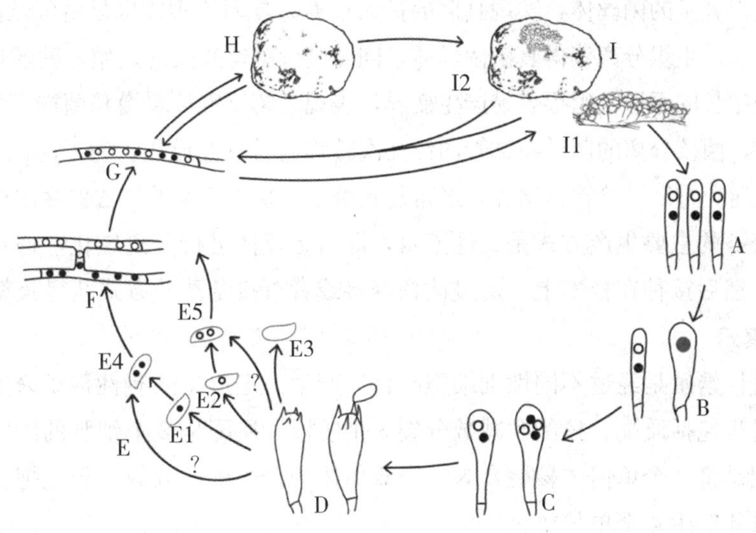

A. 双核期；B. 核配；C. 减数分裂；D. 形成担孢子；E. 担子孢子（E1. 具有交配型Ⅰ的单核孢子；E2. 具有交配型Ⅱ的单核孢子；E3. 无核孢子；E4. 具有交配型Ⅰ的双核孢子；E5. 具有交配型Ⅱ的双核孢子）；F. 原生质融合；G. 多核异核菌丝；H. 菌核；I. 子实体（I1. 在人工培养基上形成的子实体；I2. 菌核上形成的子实体）。图中的？表示暂时没有证据。

图 2-2　茯苓的生活史

图片引自：LI S，WANG Q，DONG C，et al. Bipolar system of sexual incompatibility and heterothallic life cycle in the basidiomycetes Pachyma hoelen Fr. （Fuling）[J]. Mycologia. 2022，114（1）：63-75.

三、茯苓繁殖方式

大多数真菌存在无性繁殖和有性繁殖两种方式。无性繁殖主要通过异核体菌丝的培养和可育孢子萌发生长等方式实现；而有性生殖则伴随着减数分裂和有性孢子的产生。有性繁殖生活史被分为同宗结合和异宗结合两大类。同宗结合被定义为在完全隔离的状态下单个同核体孢子能够独立进行有性生殖的过程，而异宗结合的交配和有性生殖则发生在携带不同交配型因子的两个孢子之间。大多数真菌的生活史为异宗结合类型，如平菇、香菇、杏鲍菇和金针菇等，而双孢蘑菇存在多个变种，*Agaricus bisporus* var. *eurotetrasporus* 为同宗结合类型，*A. bisporus* var. *bisporus* 为次级同宗结合类型，而 *A. bisporus* var. *burnetti* 则为异宗结合类型。因此，通常以同宗异宗结合（amphithallic）定义双孢蘑菇（*A. bisporus*）的生活史。

1. 无性繁殖

无性繁殖不经过两性细胞的配合就能产生新的个体。它的特点是能反复进行，产生的个体多。大多数真菌通过无性孢子进行无性繁殖，如节孢子、孢子、厚垣孢子、分生孢子等。这些孢子萌发后能形成新的个体。此外，菌丝片段通过菌丝尖端生长，成为大量菌丝体，也属于无性繁殖方式。

真菌生长表现为菌丝顶端生长和分枝生长。含有完整菌丝细胞的一段菌丝可以通过顶端和分枝生长发育成菌丝团。在真菌的制种和培养中，通过将菌丝体碎片接种到新的培养基中，培养后获得大量的菌丝体，实现真菌的扩大培养。真菌子实体也是由菌丝体组成的。从子实体出发，通过组织分离获得真菌菌丝体，同时进行菌丝片段的繁殖。菌丝体的碎片是无性繁殖。长期生长的无性生殖很容易产生变异，表现为菌丝生长缓慢和菌株产量下降。颜新泰的实验表明，菌核分离的菌种在试管内经几次转移后易衰老退化。为了避免大量负突变的发生，菌株应避免重复试管转移培养，经常复壮繁殖，采用科学的方法保存菌株。

目前，茯苓的主要生产方式是无性繁殖，即对菌丝体进行分离纯化，通过袋培获得足够的菌丝体，然后接种在松木上，通过菌核嫁接或者直接结苓的方式获得茯苓菌核。

2. 有性繁殖

真菌的有性繁殖是经过不同性别细胞配合后产生一定形态的有性孢子来实现的。真菌的有性繁殖过程包括质配、核配和减数分裂 3 个阶段。质配是 2 个细胞的细胞质发生融合的现象；核配是将 2 个单倍体核融合为一个双倍体的合子核；减数分裂是把合子核的染色体减半，又重新产生 4 个单倍体核。

真菌通过形成有性的子囊孢子和担孢子来实现其有性生殖。茯苓属于担子菌，接下来主要介绍担孢子的特点和有性繁殖方式。担孢子是担子菌特有的特征，它外生在担子上。担子由双核菌丝细胞末端（呈棍棒状）发育而成。棍棒状的担子细胞经核配和二次细胞分裂，其中一次为减数分裂，染色体减半，形成 4 个单倍体的子核。每个子核分别进入担子上部所生出的 4 个小梗，之后 4 个梗发育成为 4 个担孢子。当担子内的核进行减数分裂时，性基因发生分离。异宗结合的真菌形成两种或两种以上的交配型，由于不同交配型的细胞核分别进入担孢子，构成了不同性别的担孢子。前面也提到茯苓的交配型存在争议，且生产上茯苓尚未采取有性繁殖方式，课题组就茯苓交配型和有性繁殖方面正在开展相关研究工作。

3. 准性繁殖

真菌除了有性繁殖和无性繁殖外，还有一种特殊的繁殖方式，是指准性繁殖，是指单倍型菌丝在没有减数分裂的情况下融合，进行质配、核配和遗传物质的交换和重组。菌丝融合过程中，菌丝细胞中的细胞核互相迁移。除细胞核外，线粒体也是遗传物质的重要载体。核迁移速度通常比菌丝长速快，核迁移过程中菌丝细胞中的线粒体保持静止不变。这种交配方式使得菌落中每个菌丝细胞含有相同的来自双亲的细胞核基因型。

目前，我国茯苓传统的栽培方法主要是在室外以干松木坑埋腐生，使用茯苓“肉引”或纯菌丝种进行无性繁殖，需经过挖坑、开沟、埋苓、接种、覆土、喷洒药物等工序。该方法复杂，易产生菌种降解，占用耕地面积大，木材消耗多，易受气候条件影响，成本高，产量低，土壤中杂菌和害虫多，需要药物控制，污染环境，严重影响茯苓的生产和质量，制约了茯苓生产的长期可持续发展。温度、湿度、光照、通气及菌核的品质等都与子实体形成有关。应用“空中捕捉法”和“子实体悬挂弹射法”是采集孢子的理想方法。有性繁殖比无性繁殖具有菌丝传引力强、结苓率高、品质好、不易退化等优点。具体表现为：①有性繁殖的菌种比无性繁殖的菌种接种后菌丝传引力强，成活率高。接种后一个月抽样检查，无性繁殖菌种成活率为87.3%，有性繁殖菌种为92%；②用有性繁殖的菌种接种后空窖少、产量高，平均结苓率达86.2%，而用无性繁殖菌种平均结苓率仅为75.2%；③有性繁殖的茯苓菌核质地优良、粉红色、浆水多；④孢子萌发的菌种在试管里经多次转移，不易衰老退化，可以连续使用3～5年，优良性状可以较长期保存下来。而菌核分离的菌种在试管内经转移几次后易衰老退化。

由此可见，有性繁殖对提高茯苓种植成活率，改善茯苓品质，减少菌种退化，方便菌种长期保存等方面具有重要意义，应该加强茯苓子实体的研究，特别是担孢子的分离和配子型的研究，为茯苓的有性繁殖、新品种繁育提供研究基础。

第二节　茯苓的形态特征

茯苓在不同的发育阶段，表现出菌丝体、菌核、子实体3种不同的形态特征。

一、菌丝与菌丝体

1. 菌丝与菌丝体的概念

菌丝是指单细胞连接成的管状、透明的丝状结构。

真菌的生长和发育先是经过一定时期的营养生长阶段，然后进入繁殖阶段，营养生长阶段的菌体称为营养体，典型的营养体为纤细和多枝丝状体，常交织成团，称菌丝体。菌丝体是指许多单根菌丝组成的群体。

2. 菌丝的外观体征

茯苓菌丝体均为白色，绒毛状，气生菌丝较多。用试管或平板分离、扩大培养时，可见菌丝体初期菌落呈现多个同心环纹特征，菌丝洁白，粗壮浓密，气生菌丝旺盛。在试管中气生菌丝还有向试管口生长的趋势。该特征随着菌丝的迅速繁衍而逐渐消失。菌丝体是茯苓的营养器官，包括单核菌丝体和双核菌丝体两种形态。菌丝体幼嫩时呈白色绒毛状，衰老时为棕褐色。接种在松木块上的菌丝体不断分解木材，茯苓聚糖积累日益增多，结果袋囊越来越大，形成菌核。

3. 菌丝的显微特征

茯苓菌丝体呈管状，具有明显隔膜，分枝较多，每个细胞含有多数细胞核。在光学显微镜下观察，茯苓菌由 2 种菌丝及小囊状体组成，其中生殖菌丝透明，薄壁与厚壁之间具简单隔膜，直径 3～5 μm，有少量膨大菌丝直径达 13～15 μm 或更宽；骨架菌丝无色或微带黄褐色，厚壁与实心之间少分支，直径 3～6 μm 或更宽，王昭等发现安徽岳西茯苓菌丝直径为 2.5～7.5 μm，但直径 5 μm 左右的较多；英山石镇菌丝直径为 2.5～8.8 μm，而直径 7.5 μm 左右的较多，如图 2-3 所示。普通光学显微镜下品红染色观察，茯苓菌丝同其他担子菌菌丝相比，粗壮，分支少，无锁状联合。荧光显微镜下茯苓菌丝体为有隔膜、无锁状联合的多核菌丝，核数目不定，一般为 6～30 个，同一细胞中往往表现为两个核较为靠近（图 2-4）。

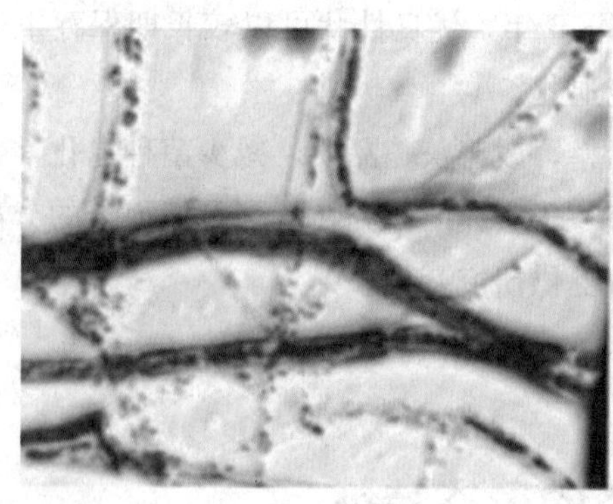

AH（安徽岳西）　　Ts（英山石镇）

图 2-3　茯苓菌丝显微形态

图片引自：王昭，潘宏林，黄雅芳，等．茯苓菌丝的显微特征研究［J］．湖北中医药大学学报，2012，14（6）：45-46.

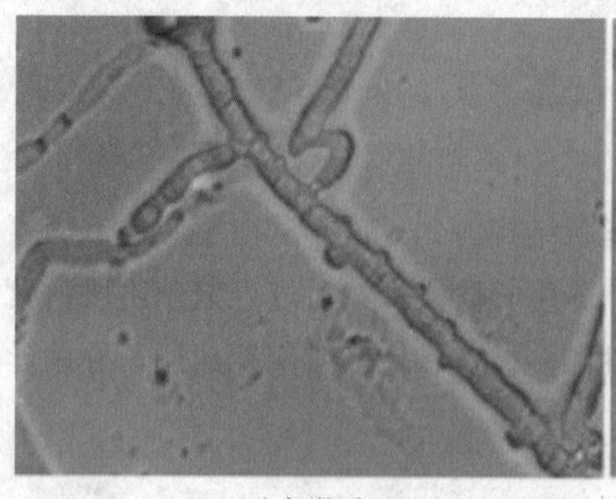

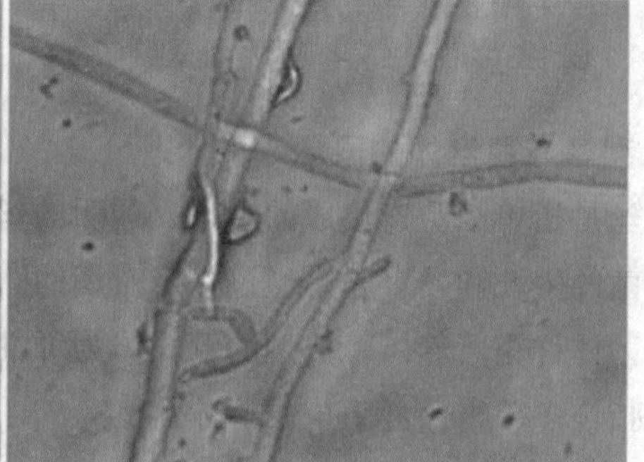

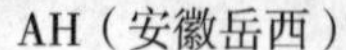

AH（安徽岳西）　　Ts（英山石镇）

图 2-4　供试菌株水装片显微形态

图片引自：王昭，潘宏林，黄雅芳，等．茯苓菌丝的显微特征研究［J］．湖北中医药大学学报，2012，14（6）：45-46.

宁平和程水明对茯苓菌丝的核相及染色技术进行研究，分别用吉姆萨染料(Giemsa)、番红O-KOH、结晶紫、石炭酸碱性复红以及Hoechest 33258染料对茯苓菌丝进行染色，研究其核相及锁状联合现象。结果发现吉姆萨染料染色效果最好，番红O-KOH和Hoechest 33258次之，结晶紫和石炭酸碱性复红效果最差。在普通光学显微镜以及荧光显微镜下，用吉姆萨染料和Hoechest 33258染色发现茯苓菌丝为多核菌丝体，但难以辨别茯苓是否具有锁状联合。经吉姆萨染料、番红O-KOH、结晶紫、石炭酸碱性复红以及Hoechest 33258这5种染料的染色效果对比后发现，吉姆萨染料染色效果最好，细胞核清晰可数。该结论与李霜等的结果不同，番红O-KOH和Hoechest 33258的染色效果次之。在番红O-KOH染色过程中，看到某些菌丝的2个细胞之间的隔膜处有1个小小的突起，难以判断茯苓是否为锁状联合，这或许是单毅生等认为茯苓具有锁状联合，而富永保人认为茯苓是不产生锁状联合的原因。茯苓是否具有锁状联合还有待进一步研究。

4. 菌丝的培养条件及其特征变化

在原种和人工琼脂培养基上，茯苓菌丝生长旺盛而均匀，能够分泌乳白色乳珠。气生菌丝绒毛状，分支浓密而粗壮，菌丝色泽洁白，老后变成淡黄色，具有浓厚茯苓聚糖香味。熊杰等通过实验得出，28 ℃条件下茯苓菌丝体在培养皿中生长迅速，在PDA培养基上接种边长0.5 cm的小块，5～6天菌丝可长满9 cm培养皿。菌丝洁白，粗壮浓密，气生菌丝旺盛。在试管中气生菌丝还有向试管口生长的趋势，蔓延生长的气生菌丝“爬瓶”现象明显。

茯苓的生长从孢子在适宜条件下萌发开始。孢子萌发后产生菌丝，此时菌丝内仅有1个细胞核，称为单核菌丝。菌丝进行分裂，不断延伸，历时较短，很快两菌丝细胞壁融合，但细胞核仍保持独立，形成双核菌丝。双核菌丝洁白粗壮，交织在一起形成白色棉绒状的菌丝体，分解和利用营养物质的能力更强，同时菌丝不断产生分支，以通过锁状联合方式进行分裂，生长更为迅速。这些双核菌丝扩大与寄主的接触面，提高吸收能力。这种菌丝体在朽木组织和活的组织中迅速生长，继续侵入松根的木质部。当温度为26～32 ℃、湿度为80%～95%、通气条件良好时，菌丝体依靠自己所具有的酶将木材中的纤维素、半纤维素等分解为相对分子质量低的化合物，通过进一步转化为所需要的营养物质，并繁殖出大量的营养菌丝体。营养菌丝体在呼吸过程中产生水分，有些水分凝成水珠滴入周围松软的沙土中，形成潮湿的小穴，菌丝沿着小穴生长，形成环状的小袋囊。

二、菌核

1. 菌核

某些菌类在休眠期中，由许多菌丝形成的球状或块状物，表面坚硬，多为黑色。由菌丝体形成的一种组织体，为一种坚硬的核状体（图2-5)。茯苓菌核主要由三部分组成，最外层叫茯苓皮，坚韧、棕褐色；近皮层叫赤茯苓，茎肉淡红色，由多糖粒和双核菌丝组成；中心叫白茯苓，是多糖积累的一层，白色，有少量菌丝。菌核的形成经过下面几个阶段：20～30 天菌丝长满菌材，乳白色逐渐变成褐色；100～120 天开始结苓，形成浆汁（菌丝、菌丝呼吸产生的水分，菌丝分解纤维素产生的糖类），流出形成潮湿的小穴，菌丝沿小穴生长 2～3 天形成豆粒状的小核（表面为薄而白或淡黄色菌膜，内部为乳状浆汁和菌丝扭结团），内含物流出后与表面菌丝粘连形成茯苓皮，向内逐渐积累多糖类物质形成白茯苓。茯苓菌核是茯苓药材的入药部位，具有重要的研究价值（图 2－5）。

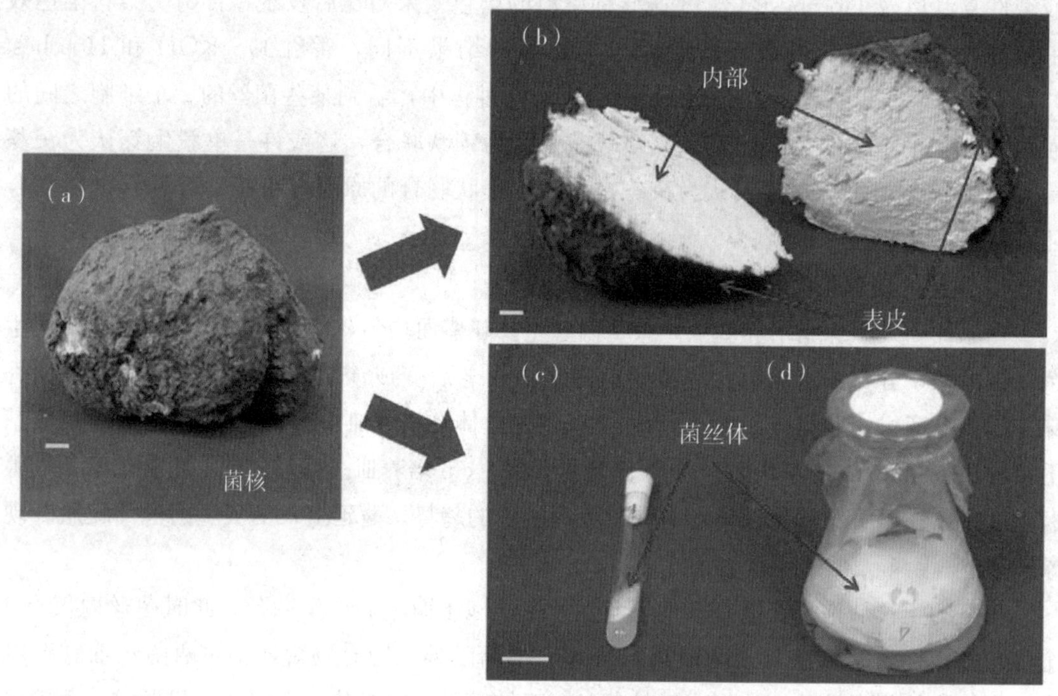

(a) 菌核；(b) 切开的茯苓菌核；(c) 分离菌株保存在试管中；(d) 在液体培养基中发酵的菌丝体。

图 2－5　茯苓菌核的组成

图片引自：JIN J，ZHOU R R，XIE J，et al. Insights into triterpene acids in fermented mycelia of edible fungus poria cocos by a comparative study [J]. Molecules，2019，24 (7)：1330－1331.

2. 菌核的外观特征

菌核（sclerotium）是茯苓的储藏器官，由无数菌丝及储藏物聚集而成。茯苓菌核的形态各异，有球形、椭圆形、扁圆形、长圆形，还有的呈不规则块状、板状等。直径 10～30 cm，重 2～3 kg，甚至达 10～60 kg，是真菌中最大的菌核。刚挖出不久的潮茯苓表面浅棕褐色，粗糙多皱，内部为白色粉末状至颗粒状菌肉，质地较松，容易剖开，有淡淡的中药气味。干燥的茯苓菌核表面黑褐色或棕褐色，有龟裂，菌肉白色或灰白色，质地坚硬，有裂缝。茯苓菌核体重，质坚硬，不易破开；断面不平坦，呈颗粒状或粉状，外层淡棕色或淡红色，内层全部为白色，少数为淡棕色，细腻，可见裂隙或棕色松根与白色绒状块片嵌镶在中间。气味无，嚼之粘牙。以体重坚实、外皮呈褐色而略带光泽、皱纹深、断面白色细腻、粘牙力强者为佳。

茯苓菌核剖开时为白色，渐变为粉红色，最终则变成深褐色、黑色。菌膜由初始的柔韧状态变成坚硬的皮壳，其内部的糊状物逐渐浓稠，变得黏密坚实，最后变成白色或淡红色的粉状物。气温达到 22～26.5 ℃，湿度为 70%～85%，这时菌核渐渐破土而出，菌核暴露于空气中时，在菌核向地一侧产生蜂巢状的繁殖器官，即为子实体。

3. 菌核的显微和电镜特征

菌核外层皮壳状，表面粗糙、有瘤状皱缩，新鲜时淡褐色或棕褐色，干后变为黑褐色；皮内为白色及淡棕色。在显微镜下观察，通常菌核内部白色部分的菌丝多呈藕节状或相互挤压的团块状，而近皮处为较细长且排列致密的棕色菌丝。茯苓干燥菌核粉末和市售“立方体”样茯苓粉末的显微特征包括：颗粒状团块、分枝状团块、有色/无色菌丝和新发现的球形颗粒，具体如图 2-6 所示。

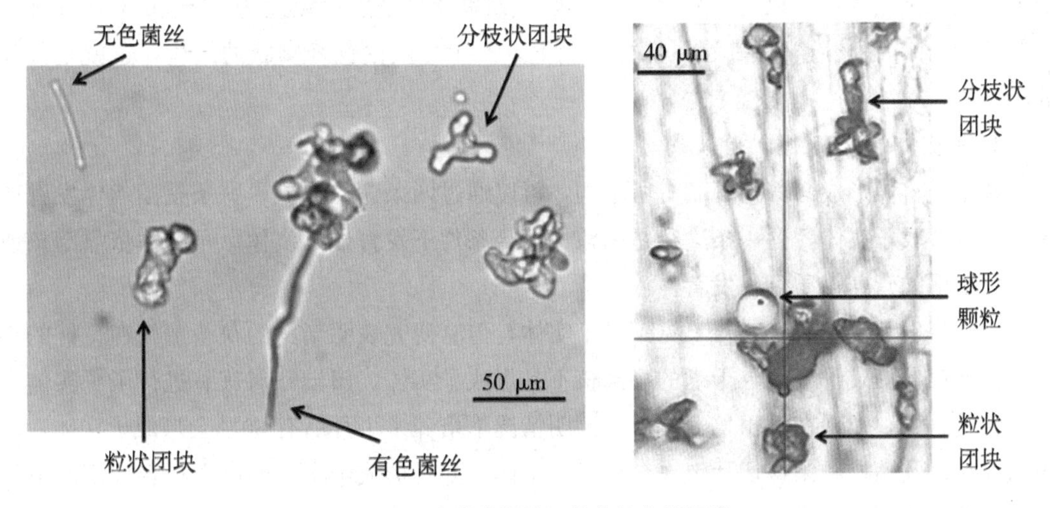

图 2-6　光学显微镜下茯苓粉末特征图

图片引自：CHEN JB，SUN SQ，MA F，et al. Vibrational microspectroscopic identification of powdered traditional medicines：chemical micromorphology of Poria observed by infrared and Raman microspectroscopy [J]. Spectrochim Acta A Mol Biomol Spectrosc. 2014，128：629-37.

4. 菌核的生长发育环境

传统的茯苓接种方式主要包括木引和浆引（肉引）。木引是指将长有茯苓菌丝的松木和普通松木放在一起，使其传播菌丝的方法；浆引是指将嫩茯苓切片，内流白浆，将带浆茯苓片接种在松木上发菌的方法。目前使用菌种袋一头划口直接接触松木段从而实现菌丝从菌种袋向木段生长的方法接种，袋料栽培则是使用木腐菌将菌种转接至栽培袋中的方法进行接种。为了加快结苓，防止跑苓以及提高茯苓质量等，目前栽培时常在松木一端接种袋料茯苓菌丝，并在其另一端“肉引”。茯苓的种植范围广泛，云南、广东、广西、贵州、湖南、湖北、安徽、四川和福建等地均有种植。温度会影响茯苓菌核的生长快慢，昼夜温差较大时有利于菌核的形成，其生长期需要避光黑暗栽培，土壤以透气性、透水性较好的砂壤土或者沙土较适宜。

三、子实体

1. 子实体的定义

子实体（fruiting body）是高等真菌的产孢构造，即果实体，由已组织化的菌丝体组成。在担子菌中又叫担子果，在子囊菌中又叫子囊果。无论是有性生殖还是无性生殖，无论结构简单还是复杂，都称其产孢结构为子实体。大多数真菌中，子实体是食用菌、药用菌的主要食用、药用的部分。茯苓是一个特例，它以菌核作为食用和药用部分，因此在生产上主要以获得菌核为目的，很少有人关注其子实体，但是子实体是茯苓进行有性繁殖的重要结构，也是其完成生活史的重要部分。

茯苓菌核在土壤中发育到一定程度的时候，有向上膨大增长并使菌核上部露出土面的现象，群众称之为“冒风”。“冒风”出土后，如果环境适宜（温度为 24～26 ℃，湿度为 70%～85%），菌核就常在其冒风部分的侧下方产生一层白色蜂窝状的结构，这就是茯苓的子实体。

2. 子实体的培育

茯苓子实体形成与其他真菌有所不同，可以通过两条途径形成，一条是菌丝体发育成菌丝节后形成子实体，另一条途径是菌核在适合条件下发育成子实体。子实体依靠菌核或菌丝体获得的营养物质生长发育。

生产基地几乎没有在菌核上见到过子实体，但有研究表明新鲜的茯苓菌核在良好的空气条件下较易形成子实体，干缩的小菌核不易形成子实体。田端守对茯苓进行了子实体形成的相关研究，发现在滨田培养基上，照明情况下培养 1 个月后有 30%会形成子实体，滨田培养基以及菌核和菌核切片上也会形成子实体，并且形成子实体的能力在转代情况下仍然可以维持 10 年以上。熊杰等发现茯苓菌核分离获得的菌丝体分别在试管、培养皿和三角瓶中用 PDA 培养基 28 ℃培养 20 天后开始形成子实体，并观察到了担孢子；以马铃薯、麦麸、酵母膏、葡萄糖、麦粒为基质，30 ℃、160 r/min 培养 3 天，28 ℃放置 2 天，后于 20～26 ℃、光照 1 600～2 000 lx 培养 15～25 天也可以形成子实体。子实体的形成除了与菌株相关外，温度也有较重要的作用。Xu 等报道黑暗培养超过 30 天时，22 ℃为子实体最佳形成条件；Jo 等发现在 25 ℃培养 5 天后转移至 12 小时光照/12 小时黑暗的条件下，在 28 ℃时均形成子实体，16 ℃和 22 ℃条件下没有子实体形成。另外，划伤处理更容易产生子实体，子实体的形成能力和田间菌核形成能力呈负相关。本课题组在实验条件下通过调节光照、温度和培养基营养条件等成功获得了茯苓子实体。结果发现子实体在黑暗条件下很难形成，子实体的形成要有光照的刺激，而温度在 22～30 ℃之间均能促使菌丝形成子实体，温度的高低与子实体形成的快慢相关，子实体的培育将为茯苓生活史的研究及杂交育种提供依据。

3. 子实体的外观特征

子实体大小不定、无柄，平伏贴生在老的茎干或菌核表面，厚 3～8 mm。最初由圆形小块逐渐扩展成片状，初为白色，老后或干后变成浅褐色，管孔不规则形或呈角形，深2～3 mm，直径0.5～2 mm，孔壁薄，孔洞起初呈迷宫状，以后变成齿状。管口多角形或不规则形，直径0.5～2 mm。菌管壁薄，长2～3 mm。菌丝层厚1～2 mm。管孔周围产生许多棍棒状的担子，构成子实层。每个担子上有小梗，上面各带一个长椭圆形，有时略呈弯曲的担孢子。

4. 子实体的显微特征

孢子在普通光学显微镜下呈瓜子形或椭圆形，大小为（6～11）μm×（2.5～3.5）μm，其中一端有弯曲的尖嘴。电镜扫描可观察到担孢子无色，透明、近球形或类球形，壁薄，孢纹瘤状，表面凹凸不平，有一歪尖大小为（1.9～2.3）μm×（2.4～2.8）μm。

荧光显微镜下茯苓担孢子呈一端较细且稍微弯曲的不规则瓜子形或椭球形，大小为（2～3）μm×（4～5）μm。统计发现，双核孢子占87.2%，单核孢子占4.7%，无核孢子占8.1%。担孢子萌发从一端开始形成芽管，从芽管上出现分枝，菌丝比较细，分枝多，为有隔膜的多核菌丝。

子实体成熟时，在管孔内侧的子实层上产生数以万计的担孢子，担孢子从管孔中喷射出来。个体很轻，随风飘扬到处安家落户。小部分落到适合它萌发的环境中，孢子才能获得生存，孢子在温度、湿度、营养、空气等条件成熟时开始新的生命周期。茯苓子实体的外观及显微特征如图2-7所示。

5. 担孢子特征

担孢子呈长椭圆形或近圆柱形，有一歪尖，其大小仅有（6×2.5）μm～(11×3.5）μm，肉眼不能觉察，只有在显微镜下才能辨认其形态构造，但其颜色在显微镜下也是无法判明的。因此，人们常把茯苓的担孢子描述为无色、透明。在实验过程中，尤其在收获茯苓时，常可以看到茯苓担孢子的释放有如一阵阵的轻烟，形成所谓“孢子云”。当这些“孢子云”降落在黑色的物体上，可以收集到大量灰白色的担孢子粉末。因此，茯苓担孢子颜色上的特征应该是灰白色的才比较恰当。茯苓担子及担孢子的电镜扫描图及其形态描述如图2-8所示。

四、原生质体

1. 原生质体的定义

原生质体（protoplast）是指细胞壁完全消除后余下的那部分由质膜包裹的裸露的细胞结构。原生质体包括细胞膜（cell membrane）、细胞质（cytoplasm）、细胞核（nucleus）和细胞器（organelle）等。原生质体虽然失去了细胞壁的保护，但它仍是一个具有细胞全能性的独立的生理单位。原生质体化学成分十分复杂，其组分随着细胞不断的新陈代谢活动也在不断变化，相对成分比例为水85%～90%，蛋白质7%～10%，脂类物1%～2%，其他有机物（包括核酸）1%～1.5%，无机物1%～1.5%。其中蛋白质（protein）与核酸（nucleic acid）为主的复合物，是与生命活动相关最主要的成分。

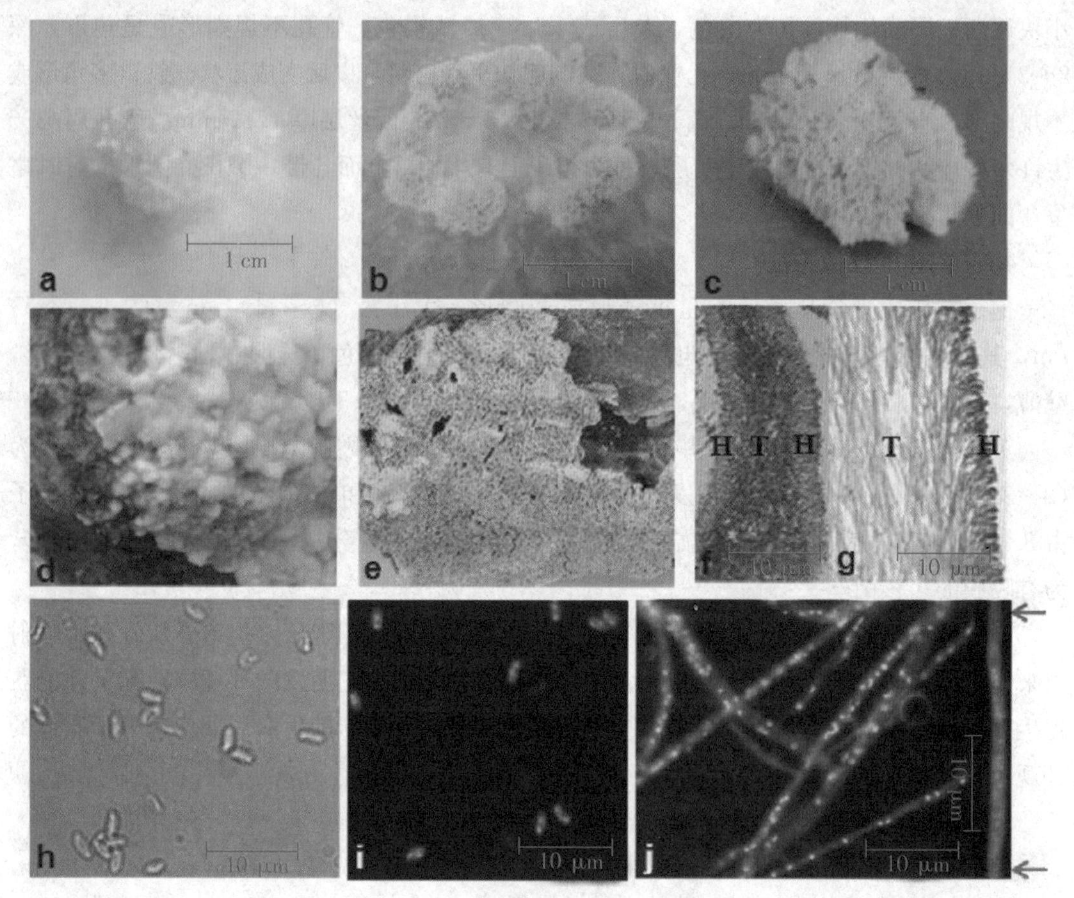

a. 在黑暗中光照 30 天，后用 12 小时光照（600 lx）/12 小时黑暗光周期，诱导了茯苓的体外形态发生；b. 由创伤处理诱导的延展线虫的体外形态发生；c. 蜂窝状子实体；d. 在菌核上自然形成的子实体；e. 在腐烂的树干上自然形成的子实体；f. 在光学显微镜下看到的子实层（超薄冰冻切片）的位置；g. 在光学显微镜下看到的子实层（石蜡切片）的排列；H. 子实层；T. 膜囊肿；h. 在可选显微镜下看到的孢子形态；i. 荧光核染色显示的双核担子孢子；j. 荧光核染色显示的多核隔膜初级菌丝体；红色箭头表示隔膜。

图 2－7　茯苓子实体的外观及显微特征

图片引自：XU Z，HU M，XIONG H，et al. Biological characteristics of teleomorph and optimized In vitro fruiting conditions of the hoelen medicinal mushroom，wolfiporia extensa（higher basidiomycetes）[J]. International Journal of Medicinal Mushrooms，2014，16（5）：421.

1972 年荷兰的 De Vries 和 Wessels，用从绿色木霉（*Trichodema viride*）中制备的裂解酶分离了裂褶菌的原生质体，随后又分离了双孢蘑菇和草菇的原生质体。1980 年以后，由于商品溶壁酶的出现，开始有大量的关于从真菌中分离原生质体的报道。

2. 原生质体的制备

原生质体的制备实质上是利用酶溶液对细胞壁进行裂解，其关键在于酶液的选择。现在的研究表明，通过适当的酶处理，几乎能从任何种植物或任何类型的植物组织中有效地游离出原生质体。酶解法是制备原生质体最常使用的方法，菌龄、酶复配体系、酶解时间、稳渗剂等因素均会对原生质体的制备产生影响。2013 年，弭宝彬等通过优化菌龄、酶解体系、酶解时间、酶解温度及转速等条件，获得了尖孢镰刀菌辣椒专化型（*Fusarium*

A. 子实体外层菌丝体顶部生长的担子；B. 担子顶部的突触；C. 突触顶部的担子茎；D. 一个年轻的、近乎球形的担孢子；E. 具有轻微皱纹表面的担孢子；F. 成熟的椭圆形担孢子；G. 担孢子排出后，菌斑开始断裂；H. 担孢子排出后杂菌和担子塌陷的中期过程；I. 担孢子排出后，菌子和担子彻底塌陷。

图 2-8　扫描电子显微镜下茯苓发育中的担子和担孢子

图片引自：XU Z，HU M，XIONG H，et al. Biological characteristics of teleomorph and optimized In vitro fruiting conditions of the hoelen medicinal mushroom，wolfiporia extensa（higher basidiomycetes）[J]. International Journal of Medicinal Mushrooms，2014，16（5）：421.

oxysporum f sp. *sapsicum*）原生质体制备的最佳条件。2015 年，Ramamoorthy 等通过单因素试验对拟轮枝镰刀菌（*F. verticillioides*）原生质体制备条件进行优化，获得的最大原生质体产量为 4.2×10^{6} 个/mL。2016 年，贺薇等通过优化培养基、菌龄、β-巯基乙醇预处理、酶解体系、酶解时间等条件，获得尖孢镰刀菌唐菖蒲专化型（*F. oxysporum f* sp. *gladioli*）原生质体的最大产量为 1.4×10^{7} 个/mL，再生率为 57.4%。

原生质体制备与再生是两个相互联系的过程，原生质体的产量和再生率是评价原生质体制备质量的评价指标。闫思远通过单因素试验，证明菌龄、酶质量浓度、酶解时间、稳渗剂浓度等条件对枸杞内生真菌 NQ8GⅡ4 菌株原生质体制备和再生均有影响。单因素条件下 NQ8GⅡ4 菌株原生质体制备的最佳条件为：菌龄 16 小时的菌丝 0.05 g 于 1 mL 的

30 g/L 崩溃酶+10 g/L 溶壁酶的混合酶液中反应 2.5 小时；以 0.7 mol/L NaCl 作为稳渗剂，原生质体平均产量为 6.71×10^{7} 个/mL，再生率平均为 5.85%，有效原生质体量平均为 3.93×10^{6} 个/mL。其中，菌龄主要影响细胞壁的结构、菌体代谢水平和菌体活力。菌龄过短，菌丝细胞壁太薄，产生的原生质体易破碎，导致原生质体产量和再生率都较低；当菌龄过长时，细胞壁增厚，不易酶解，导致原生质体产量及再生率下降。当酶质量浓度较低时，酶解能力较弱，得不到大量的原生质体；酶质量浓度过高时，过量的酶会继续降解原生质体，导致原生质体产量和再生率降低。酶解时间短，菌丝不能充分酶解产生的大量原生质体；而酶解时间过长，已形成的原生质体被酶解，原生质体上失去再生的细胞残壁引物，导致原生质体产量和再生率下降。稳渗剂不仅会维持原生质体细胞膜的渗透压保护原生质体，对酶的活性也有促进作用。稳渗剂浓度过高，不利于原生质体产生，且会使生成的原生质体失水皱缩；而当稳渗剂浓度过低时，则会使原生质体吸水膨胀，体积变大，易于破裂。

从酶解条件来看，不同文献中酶解液的组分及比例有一定的差异，无法直接比较分离效果，已有的文献中主要使用纤维素酶、果胶酶和离析酶对原生质体进行分离，由于材料的差异性，存在多种不同的最适组合，需要综合考虑酶解时间、产量和活力等多个因素，因此尚未有可参考的标准。

酶是分离原生质体的关键成分，已应用的酶主要有纤维素酶 R-10、半纤维素酶、果胶酶 Y-23、离析酶 R-10 及崩溃酶等，其中纤维素酶 R-10 和果胶酶 Y-23 最为常用。

茯苓原生质体主要是优化菌龄、酶质量浓度、酶解时间、稳渗剂浓度等条件来进行原生质体的制备。朱泉娣等首次报道用原生质体融合技术对茯苓开展生物工程育种，取得融合菌种，在安徽霍山县域内进行野外栽培试验，但并未对茯苓菌丝体适宜原生质体化条件进行研究。梁清乐等对茯苓原生质体制备与再生条件进行初探，发现不同菌龄、酶液浓度、酶解时间、稳渗剂对茯苓原生质体产率及再生产生不同影响；其中，菌龄对原生质体的影响很明显，菌龄过小或者过大都将影响原生质体的形成，一般以对数生长期的幼嫩菌丝酶解制备原生质体效果最好，但不同菌种由于其生理生化及生长速度不同，适宜分离原生质体的菌龄也不同。茯苓菌丝原生质体的制备需要在一定浓度的酶液中进行，但酶液浓度并非与原生质体产率成正比关系，相反，如果酶液浓度过高，还会造成原生质体变形，但酶液浓度过低酶解效果也不理想。熊杰等对酶解温度、酶解时间两个因素对茯苓原生质体制备进行考察，发现随着温度的上升原生质体产量的趋势为先上升后下降，综合考虑后确定最合适的酶解温度为 32 ℃。随着酶解时间的延长，茯苓菌丝体逐渐完全酶解，然后原生质体再生率开始有所下降。最终综合考虑酶解 3.5 小时为最合适的酶解时间长度。

王伟霞等认为，茯苓原生质体制备的最佳条件为：纤维素酶（1.5%）和蜗牛酶（1.5%）的等量混合酶系统，酶解 2 小时，菌丝 7 天菌龄，产量可达 1.77×10^{7} 个/mL。以甘露醇为稳渗剂，采用 CYM 再生培养基，酶解 3 小时，菌丝 7 天菌龄，原生质体再生率达到 0.164%。汪琪等人分别从菌丝菌龄、酶种类及浓度、酶解时间、酶解温度 4 个方面优化了原生质体的制备条件，从再生培养基的成分、原生质体涂布方法、酶解时间 3 个方面优化原生质体的再生条件。结果表明：采用培养 6 天的茯苓菌丝，在 3.5%溶壁酶＋1%崩溃酶的混合酶液中，36 ℃酶解 2.5～3 小时，获得的原生质体产量最高，可达到 3.94×10^8 个/mL，双层涂布再生率可达 32.7%。

3. 原生质体的外观特征

无细胞障碍，能摄取 DNA 质粒病毒细菌细胞器等外源物质，是细胞工程进行遗传操作基因转移的良好材料；具有全能性可再生细胞壁并再生成完整植株；适合进行融合形成杂种细胞，能克服不同种细胞间的不亲和障碍，培育新品种。

4. 原生质体的显微特征

普通光学显微镜下，孢子原生质体呈圆球形，荧光染色后的孢子原生质体在荧光显微镜下难以发出足够明亮的荧光，偶尔能观察到原生质体，但是不能清晰分辨原生质体内细胞核数目。原生质体悬液放置 2～3 天后，染色后观察，偶尔能观察到原生质体再生情况。

5. 原生质体的作用

原生质体是一种非常好的瞬时表达系统。近年来，原生质体瞬时表达技术被广泛应用于基因功能研究、植物生理生化过程研究和分子机制的研究（包括研究细胞信号转导过程、离子转运、细胞壁合成、蛋白质分泌以及细胞程序化死亡等生物学过程），以及生产有用的代谢产物、构建植物融合细胞、创制多倍体等。

裘娟萍等以原生质体融合技术构建广谱抗噬菌体菌株。肖在勤等将热灭活的凤尾菇原生质体与金针菇原生质体融合，选出双亲细胞质和细胞核都融合的无锁状联合菌株，经融合核分裂技术处理后，融合核分裂成为具有锁状联合的双核菌株。通过原生质体融合技术还可对耐热机制进行研究。如有一株耐高温酵母一旦经溴化乙锭（EB）诱变失去线粒体变为小菌落后，即失去耐高温特性，说明耐热性与线粒体有关系，因而应用原生质体技术对耐热性的转移和耐热机制进行研究将是一条可行的途径。

第三节 茯苓的生态习性

一、茯苓地理分布和种群生态特点

茯苓适应能力强，野生茯苓分布广泛。分布于中国、日本、韩国、印度、澳大利亚、新西兰，东南亚、北美洲等国家和地区。

我国茯苓资源丰富，分布较为广泛，黄河以南大部分省区均有分布，主要分布在河北、四川、云南、山西、陕西、山东、江西、江苏、湖北、浙江、福建、安徽、河南、湖南、广东、广西、云南、贵州、西藏等省区。家种、野生均有，以家种产量大，商品种类多。其中以云南的产品"云苓"质量最佳，主要产于丽江地区。安徽的产品"徽苓"产量最大。家种茯苓历史产区集中在湖北、安徽、河南三省接壤的大别山区，主产于安徽金寨、霍山、岳西、太湖，湖北罗田、英山、麻城，河南商城、新县、固始等地。新产区主要在广东信宜、新丰、高州，广西岑溪、苍梧、玉林，福建尤溪、三明、沙县，云南禄功、武定等县。

二、寄生植物

茯苓是一种以腐生为主兼营寄生的褐腐真菌，野生在赤松、云南松、黄山松、黑松、马尾松等树种的根际。茯苓多生活在松科松属植物的根部，以生长在马尾松根部的茯苓品质最好；其他植物如桑树、杉、柏、垂柳等的根际上偶见生长，但多数不结核，有的即使结核也很小。茯苓既可寄生在活的松树根上，也可在伐下的腐木段上生长。储存在菌核中的茯苓多糖是由木质纤维素转化而来的。结果表明，茯苓的产量受段木的质和量的影响，以20～40年生、胸径10～40 cm的中龄松树最佳。老龄树心大松脂多，幼龄树质疏松，不宜茯苓寄生。

三、海拔

野生茯苓通常腐生或寄生在海拔500 m以上，地下20 cm左右的腐朽或活的松科植物赤松和马尾松根部或树干上，人工栽培腐生于埋在土中的松木段或松枝上。

产区大多选择海拔300～900 m的山坡地。据张大成的报道，在四川海拔2 400 m苓场种植茯苓，产量稳定，质量好，无白蚁虫害，单个苓重达1 000 g。这说明茯苓对环境的适应范围较广。

茯苓除了在高海拔地区引种成功外，还有相关的学者报道曾在小兴安岭地区引种成功。当地寒冷，植物生长期短，山场以海拔600 m低矮土山为佳，选择南坡，坡度宜陡，最好有较高的山头作为天然挡风屏障，以排水良好的沙土和黄沙土为好。避免洼地和含松土较多、排水不良的平地。为适应茯苓的生长，采取塑料薄膜覆盖以提高温度。当年可收获茯苓15 kg以上，最大的可收获2.9 kg，菌核椭圆，浆汁充沛，菌粉洁白细腻，符合药用标准。

四、土壤环境

野生茯苓生长于排水良好、疏松通气、土层30～90 cm厚、弱酸性反应的土壤内，或生长于干燥向阳的松木根上。

茯苓生长在排水良好、通风松散、土层30～90 cm厚、弱酸性反应的土壤中，或生长在松树干燥的向阳根上。茯苓菌丝体在pH值为3～7的酸性土壤中能正常生长，其中pH值为5～6.5最佳，茯苓是一种好气性腐生真菌。栽培茯苓时，以含沙量在70%左右的砂壤土为最佳，必须保持适宜的土壤水分。土壤含水量在20%～60%之间，可满足茯苓对水分和氧气的需求。

五、温度

茯苓菌丝生长期和菌核生长期对温度的要求不同。茯苓担孢子在24～32 ℃条件下可萌发并生成菌丝，但萌发速度和萌发率存在差异，在26～28 ℃条件下萌发速度较快，8天后可出现肉眼可见的小菌落。而在26 ℃时，茯苓担孢子的萌发率最高，为47.2%。菌丝体在24～30 ℃条件下生长发育，最适温度为28 ℃，在28～30 ℃生长迅速、强壮，在10 ℃以下生长缓慢，在35 ℃时生存，但容易衰老。据报道，菌核生长白天必须有高温(32～36 ℃)，夜间气温必须在26 ℃以下，昼夜温差大有利于松木的分解和茯苓聚糖的积累，促进了菌核形成。但是，昼夜温差有利于菌核形成和发育的观点有待进一步证实。茯苓菌核的形成必须经过暗刺激和温度刺激，否则不易形成正常的、坚固的菌核。

孢子在22～28 ℃条件萌发，菌丝在18～35 ℃条件下生长，在26～28 ℃条件下生长迅速，子实体在22～30 ℃条件下分化生长并能产生孢子。段木以含水量50%～60%，土壤含水量25%左右，pH值为3～7，坡度10°～35°的山地砂壤土较适宜。在昼夜温差大的条件下有利茯苓的生长。茯苓栽培一定要将菌丝体埋入沙土中，经土沙机械刺激，才会形成正常的、坚实的菌核。

六、季节

在四川凉山彝族州海拔1 600 m以下多为水稻、小麦轮作的农耕地，在4—5月将大麦、小麦收割后，即可种植茯苓，到11—12月便可收获干苓。收完茯苓后，可再种植毛大麦、油菜、小麦、马铃薯等作物，长势和产量都很理想。

七、地形地貌

产区大多选在海拔600～900 m的山坡地，坡度15°～35°，以背风向阳的南坡为好，土质以中性及酸性沙土为好，切不可选凹陷谷地。种过茯苓的场地需隔5～10年才可再作苓场。

第四节 茯苓的生长特性

一、营养条件

1. 碳源

不同碳源下茯苓菌丝体的生长速度、密度和形态差异显著，葡萄糖、玉米粉、蛋白胨均有利于菌丝的生长。茯苓利用葡萄糖、果糖、松木屑的效率高，菌丝体洁白，浓密粗壮，生命力强；在可溶性淀粉、玉米粉为碳源的培养基上，菌丝生长速度较快，但菌丝稀疏、纤弱；对麦芽糖的利用效果也较差；分解微晶纤维素乳糖、苹果酸以异山梨醇的能力最弱，生长速度与葡萄糖相比，差异显著；草酸严重抑制茯苓菌丝体生长，接种块不能萌动。从总体上来看，对单糖、多糖、双糖、糖醇及部分有机酸类有一定利用能力。

2. 氮源

茯苓对氨基酸、有机氮、硝态氮和氨态氮的利用程度不同。以玉米浆为氮源最好，菌丝浓密，洁白，粗壮，菌丝生长速度显著高于（$(NH_4)_2SO_4$），且菌丝不分泌色素。无机氮中对（$(NH_4)_2SO_4$）的利用效果较好，其次为 KNO_3，对（$(NH_4)_2HPO_4$）、酒石酸铵、$Ca(NO_3)_2$ 的利用能力差，但所有无机态氮源均未使菌丝产生色素，菌丝洁白。以豆粉、蛋白胨作氮源，菌丝密度较大，生长速度较快；利用酵母膏、酪氨酸的能力差。有机氮中除了玉米浆外，均有色素产生，使菌丝发黑，培养基质也发黑。

以有机态氮作氮源易使菌丝分泌黑色素，以无机态氮作为氮源均未出现菌丝发黑现象，可能是因为有机态氮源中普遍含有酪氨酸。所有供试氮源中玉米浆是最适宜的氮源，不但生长速度快，菌丝密度大，且无黑色素产生，可能是因为在玉米浆加工过程中酪氨酸遭到了破坏，使黑色素形成受阻。

3. 碳氮比

碳氮比对茯苓菌丝生长的影响很大。茯苓菌株在碳氮比（5～50）∶1 范围内都可以生长，碳氮比为（25～35）∶1 时，菌丝生长速度快，菌丝密度大，分支多，生命力强。碳氮比 10∶1 以下及 50∶1 时，不但菌丝生长速度慢，而且菌丝稀疏，长势较差。碳氮比（5～50）∶1 范围内，茯苓菌丝都没有分泌黑色素。

4. 矿质元素

不同矿质元素对茯苓菌丝生长的影响很大。与对照相比，茯苓菌丝体显著需要 KH_2PO_4；不加入 $MgSO_4$，菌丝生长速度比对照慢，菌丝密度减小。加入 $CuSO_4$ 可使菌丝生长速度加快，NaCl 对茯苓菌丝有促进作用，$Fe_2(SO_4)$、$MnCl_2$、$ZnCl_2$ 对菌丝生长有抑制作用。这些常用矿质盐均未使菌丝产生色素。

钾和镁等矿物元素是必不可少的。钠和铜可以促进菌丝生长。其他矿物元素抑制茯苓菌丝体的生长，可能是根本不需要，也可能是浓度过高的原因。这些常用矿质元素与菌丝发黑无关，高浓度的碘会抑制菌丝生长，且诱发菌丝分泌大量色素。

5. 生长因子

在缺乏维生素 B_1 的情况下，菌丝生长受到影响，菌丝密度小，生长速度缓慢，添加对氨基苯甲酸可显著抑制菌丝生长；添加肌醇可抑制菌丝体生长；添加生物素、维生素 B_2、叶酸、维生素 B_6、维生素 C 可以促进菌丝生长。但与对照相比，菌丝生长速度差异不显著，菌丝密度没有差异。所有供试生长因子均不刺激菌丝产生色素。

二、环境条件

1. 温度

温度是影响茯苓生长和结苓的一个重要因素，对孢子、子实体、菌核、菌丝的影响都很明显。菌种培养中孢子在22～28 ℃下经24小时就会萌发，经48小时肉眼可见到菌丝。菌丝在18～35 ℃下均能生长发育，以26～28 ℃时生长较快。

温度降至10 ℃或上升到35 ℃以上时，菌丝发育受到抑制，生长十分缓慢，在0 ℃以下处于休眠状态。菌核的形成要求昼夜温差大，如持续高温或温差小，菌丝生长缓慢，分解木纤维的能力弱，不利于茯苓聚糖的积累，菌核难以长大。只有白天高温（32～36 ℃）、夜间低温的条件，才有利于菌核的形成。在北方，菌核在－3 ℃条件下窖存也可越冬。窖存后，菌核经组织分离得到母种，扩展成原种已栽培成功。东北有些地区用塑料薄膜覆盖以提高地温，窖下气温要求在25 ℃以上，土温23～25 ℃，每年6—7月接种，次年6—7月收获。由于冬季采用了在窖上覆土防冻的方法，在高寒的小兴安岭引种也获成功。但北方的茯苓生长期比南方短，产量不如南方的高。子实体在26 ℃左右分化发育迅速，能产生大量的担孢子；20 ℃以下子实体生长受限制，产生的孢子也不能散落。

在28 ℃条件下，分别在PDA、PDPA、CM培养基上接种大小相同的茯苓菌丝体接种块，测定平均生长速度。结果表明PDPA培养基上菌丝生长最快，为1.47 cm/d，菌丝洁白，气生菌丝也最为浓密。孢子在PDA培养基上22～28 ℃下即可萌发，菌丝在26～28 ℃时生长较快。菌核的形成要求昼夜温差大的变温条件，有利于松木的分解和茯苓聚糖的积累。在适宜温度下，茯苓接种20～30天，菌丝可长满木段，100～120天开始结苓。

2. 水分与空气湿度

茯苓生长的段木要求含水50%～60%，土壤湿度以25%左右为好。段木含水50%～60%，茯苓菌丝生长快，分解纤维素能力强，在呼吸过程中产生的水分可变为菌丝生长发育所需的水分，土壤湿度维持为25%。如遇秋天天气干燥，土壤湿度低于15%，或菌核已龟裂时，应加强培土，并浇水抗旱，维持土壤湿度25%。水分过多会将茯苓淹死，雨水过多时要注意排水。在无琼脂条件下，用松木屑培养茯苓母种也可获得成功。在气温24～26 ℃，空气湿度70%～85%时，孢子易大量散出。

3. 空气

分别在普通棉塞、脱脂棉塞、硅胶塞封口的试管PDA斜面培养基上，接种大小相同的茯苓菌丝体接种块，测定平均生长速度。结果表明，透气性最好的普通棉塞封口的试管中菌丝生长最快，为1.36 cm/d，菌丝洁白，气生菌丝也最为浓密，透气性最差的硅胶塞封口的试管中菌丝生长最慢，为0.93 cm/d。

茯苓是好气性真菌，在生长过程中要不断进行呼吸作用。茯苓场应选择空气流通、排水良好的砂壤土，覆土不能过厚，土壤板结时要及时松土，才能满足菌丝正常发育的要求。下雨天或雨后茯苓场地未干时不能接种。

4. 光照

茯苓子实体的形成必须在有散射光的条件下才能完成，菌核在土中是不能形成子实体的。茯苓菌丝在完全黑暗条件下可以正常生长，被阳光照射反而容易老化甚至焦枯死亡。一般栽培茯苓的目的是收获菌核，不需要光照。要结出较大的茯苓应适当地增加一些光照，光照与温度的提高有密切关系。充足的阳光可通过土壤来调节温度和湿度，因此，茯苓场地要选择全日照或至少半日照的阳坡，白天利用太阳的热量，加热苓场的砂砾土，使菌丝得到适宜的温度，促进其生长发育；夜间砂砾土降温快，形成较大的温差，有利于茯苓聚糖的积累和菌核的增大。在完全没有阳光，地势荫蔽，苓场温度低，湿度大，通风不良的条件下菌丝不易蔓延。

5. pH 值

茯苓菌丝体在 pH 值 2.38～7.10 范围内均可生长，适宜 pH 值 3.17～6.05。pH 值高于 6.05，菌丝生长速度慢，菌丝密度小，但没有分泌黑色素；pH 值为 7.1 时，出现菌丝发黑现象，菌丝生长速度受到明显的抑制；pH 值高于 8.13 时，接种块不能萌动，分泌大量的黑色素，接种块及其周围培养基变黑。

6. 土壤

培育茯苓的土壤虽然不直接提供养分，但它对于茯苓的生长发育却有着很大影响。宜选择含砾砂多的砂壤如红沙土、黄沙土、黄泥等，一般含砾砂约 70%。含砾砂多，土壤通透性好，晚间散热快，能形成昼夜温差大的良好条件，有利于结苓。土壤过黏，通透性差，易发生积水瘟窖。土壤厚度应选 1 m 以上，最薄不得少于 0.5 m。土壤过薄，保温、保湿能力差，不利于结苓。最好是土壤上层疏松，下层较紧实，这样既利于通气排水，又利于保温、保湿和采挖。土壤板结时应经常松土，才能满足菌丝正常发育对水、气的要求。茯苓菌丝适宜在微酸性或中性的土壤中生长，以 pH 值 3～7 为宜，pH 值在 4～6 范围内生长最好（在配制琼脂培养基时 pH 值要调至 5～7 之间，pH 值在 4 以下灭菌后不易凝固）。此时，茯苓分泌出的纤维素酶能发挥出最大的活性。土壤酸度过高或过低，都会影响茯苓生长。

7. 外源刺激

茯苓菌丝体比较容易培养，但形成菌核需要一定条件。据报道，菌丝体需经受一定压力与机械刺激作用，如经土沙的机械刺激，才能形成正常的外皮棕褐色的坚实菌核。

8. 地势

栽培茯苓宜选择向阳、通风、排水良好的坡地，以南、东、西向为好，北向较差。坡度以 10°～35°为宜。多数产区海拔高度在 600～1 000 m。一般说来，凡是能生长赤松、马尾松、黄山松、云南松的地方，都能栽培茯苓。此外，茯苓忌连作，栽培过茯苓的土壤在 2～4 年内不宜再种植茯苓，连作易发生瘟窖，而且白蚁危害严重。白蚁危害严重的土壤也不宜栽培茯苓。

9. 茯苓担孢子萌发的适宜条件

用悬挂法收集茯苓担孢子，涂布于 PDA 培养基上，分别置于 24 ℃、26 ℃、28 ℃、

30 ℃、32 ℃条件下培养。8 天后在 26 ℃、28 ℃条件下的培养皿中开始出现肉眼可见的细小的星芒状小菌落，10 天后其他 3 种温度下的培养皿中也开始出现单个小菌落。26 ℃条件下孢子萌发率最高，为 47.2%。担孢子萌发形成的菌丝较为浓密，呈白色短绒状，气生菌丝不明显，生长缓慢。单孢萌发菌丝形成的菌落形态差异明显，菌丝生长速度、气生菌丝浓密程度均有明显差异。

三、菌丝体分泌黑色素

菌丝体分泌黑色素是一种特殊的生理现象。如生长不正常的泡松菌核分离得到的菌株在培养时更容易产生黑色素，并且生长速度缓慢。连续进行 5 次菌丝尖端培养，第 5 次有菌丝没有出现发黑现象，说明菌丝尖端培养可以部分抑制菌丝发黑，但效果不明显。据黄为一研究，感染病毒的凤尾菇（*Pleurotus plumonarius*）菌丝体经尖端培养后，未能消除病毒。茯苓菌丝体是否含有病毒，病毒与菌丝发黑的关系有待进一步研究。

菌丝发黑与 pH 值、氮源、温度、高浓度碘及菌种来源有关。另外，在试验过程中发现，转接菌种时，如果接种块被灼烧，周围分泌大量黑色素，难以萌动。由此推测生长条件不适宜可诱发黑色素产生，菌丝发黑也可能是菌种退化的表现。茯苓的褐色菌丝有时可恢复为白色正常菌丝。在试验中也观察到这种现象，即茯苓菌丝发黑是一种不稳定现象。有时，尽管已经具备产生褐变反应的条件，但仍能保持白色。可能是由于酪氨酸和酪氨酸酶都被分隔在菌丝的亚细胞组织中，菌丝老化时，出现自溶现象，从而产生色素。也可能是酪氨酸酶的表达符合诱导型表达机制，即酪氨酸酶仅以一种半活性状态存在，激活它需要一种特定的化学信号，生长条件不适宜，或者有大量病毒粒子存在，或者菌种老化时，可以激活酪氨酸酶。菌丝发黑程度不一，可能与酪氨酸酶的酶活性有关。有黑色素产生的菌株一般不要使用。

第五节　茯苓的组学研究

组学（omics）主要包括基因组学（genomics）、蛋白质组学（proteomics）、代谢组学（metabolomics）、转录组学（transcriptomics）、脂类组学（lipidomics）、免疫组学（immunomics）、糖组学（glycomics）、RNA 组学（RNomics）、影像组学（radiomics）、超声组学（ultrasomics）等。Omics 是组学的英文称谓，它的词根“-ome”是一些种类个体的系统集合，例如 genome（基因组）是构成生物体所有基因的组合，基因组学（genomics）这门学科就是研究这些基因以及这些基因间的关系。随着分子技术的发展和测序技术的更新换代，茯苓的组学研究近年来也开展了相关工作，但是主要包括茯苓基因组学和转录组学的研究，而茯苓蛋白质组学和代谢组学研究尚未见报道。

一、茯苓基因组学

基因组（genome）是1942年提出用于描述生物的全部基因和染色体组成的概念。1986年由美国科学家Thomas Roderick提出的基因组学（genomics）是指对所有基因进行基因组作图（包括遗传图谱、物理图谱、转录本图谱）、核苷酸序列、基因定位和基因功能分析的一门科学。自从1990年人类基因组计划实施以来，基因组学发生了翻天覆地的变化，已发展成了一门生命科学的前沿和热点领域。

王亚之等利用流式细胞仪测定了茯苓、黑曲霉基因组大小，通过比较G0/G1期的峰值，二倍体茯苓基因组略大于黑曲霉，是黑曲霉的1.64倍，由此估测出茯苓基因组大小为（55.79±3.03）Mb。在流式分析中，茯苓6次流式细胞仪检测结果均出现了双峰现象，且双峰出峰位置比例保持稳定。通过计算，发现第二个峰的出峰位置为第一个峰的2倍。由此可知，第一个峰值为GJG期的DNA含量，第二峰值为G2/M期DNA含量。黑曲霉的G2/M期与茯苓的GJG期相对DNA含量相近，黑曲霉的G2/M期峰被茯苓的G/G期峰掩盖，故未能观察到黑曲霉的G2/M期峰。Floudas使用Illumina二代测序技术完成了茯苓的基因组测序工作，共组装出1 288个Contig和348个Scaffold，基因组大小为50.5 Mb，预测基因12 746个，并着重分析了与木材腐朽相关的氧化酶类和碳水化合物分解酶系。褐腐菌茯苓中缺少与纤维素晶体降解相关的糖苷水解酶家族的GH6和GH7，与木质素降解相关的过氧化物酶类也显著减少（白腐菌中过氧化物酶平均为5～26个，茯苓中仅有1个）；同时发现茯苓转座子较丰富，占比为28.01%，高于多数担子菌种类，可能与其生长在松树根部有关。该基因组的研究侧重于与木材腐朽相关的酶系，没有对其进行全面分析和挖掘。Floudas开展基因组测序的茯苓来源于美国佛罗里达州，经过序列比对分析，与国内栽培的茯苓菌株存在较大差异，鉴于茯苓在中药配伍中的重要性，其对木质纤维素的强大利用能力及我国茯苓产业的规模，本课题组正在进行我国栽培菌株的基因组三代测序分析，为更多生物学问题的研究奠定基础。

同时，Sae Hyun Lee等对茯苓线粒体全基因组进行了报道，茯苓线粒体全基因组是一个136 067 bp的环状结构，由5个蛋白质编码基因、25个tRNA基因和2个rRNA基因组成，另外6个蛋白质编码基因（*cob*、*cox1*、*cox2*、*cox3*、*nad2*、*nad6*）被内部终止密码子截短或假化。将茯苓与其他真菌的完整线粒体基因组进行系统发育分析，表明其与灵芝菌科、皱孔菌科等4个科的5个真菌亲缘关系较远（图2-9），但并没有与其他多孔菌科的真菌的线粒体基因组进行系统进化分析。

Shou Cao等对中国采集的茯苓进行单倍体基因组测序，中国采集的茯苓单倍体基因组共62 Mb，包含了11 906个预测蛋白质编码基因。单倍体基因组中，包含了44.2%的重复序列，其中48.0%为转座因子（TEs）。与其他担子菌线粒体基因组相比，茯苓*cox1*出现两个缺失，一个是23-amino acid（aa）缺失，另一个是11-aa缺失，*cox2*有一个5-aa缺失。美国茯苓栽培菌株（WCFL）和中国茯苓野生菌株（WCLT）比较发现，美国

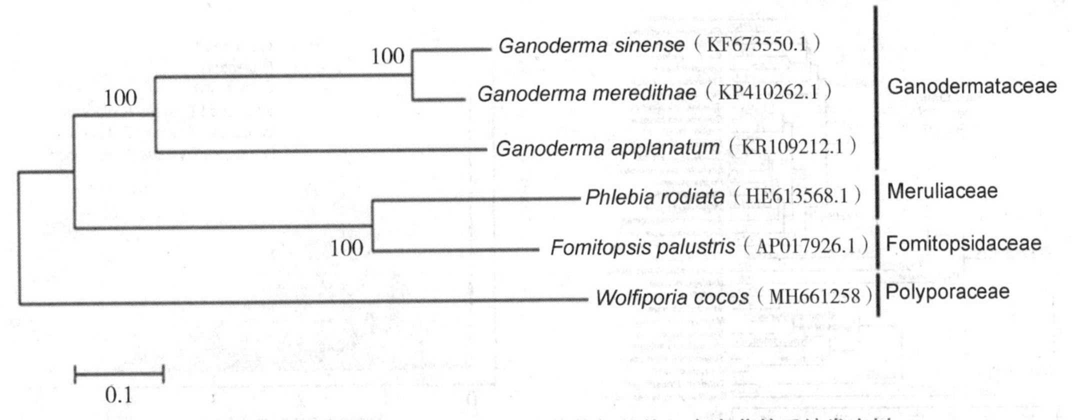

图 2-9 基于线粒体基因组构建的茯苓与其他 5 个真菌的系统发育树

注：Ganodermataceae—灵芝科；Meruliaceae—皱皮菌科；Fomitopsidaceae—拟层孔菌科；Polyporaceae—多孔菌科；*Ganoderma sinense*—紫灵芝；*Ganoderma meredithiae*—梅瑞狄斯氏灵芝；*Ganoderma applanatum*—树舌灵芝；*Phlebia radiata*—射脉齿菌；*Fomitopsis palustris*—癞拟层孔菌；Wolfiporia cocos—茯苓。

图片引自：LEE SH，LEE HO，PARK HS，et al. The complete mitochondrial genome of Wolfiporia cocos (Polypolales：Polyporaceae) [J]. Mitochondrial DNA Part B，2019，4 (1)：1010-1011.

菌株 2 号染色体上的 1 Mb 片段与中国菌株任意区域都无法匹配，该区域蛋白编码的 242 个基因功能主要为催化活性、细胞过程和代谢过程，并且有 146 个被预测没有任何特定的功能域（图 2-10），代表着这些基因可能是相对新进化的。

二、茯苓转录组学

转录组是功能基因组的一个重要方面，首先由 Velculescu 等提出。转录组是指特定细胞在某一功能状态下全部表达的基因总和，代表了每一个基因的身份和表达水平。同一细胞在不同的生长时期和生长环境下，基因表达情况是不完全相同的，具有特定的空间性和时间性特征。基因组具有静态实体的特点，而转录组会受内源和外源因子的调控。由此可以看出，转录组是物种基因组和外部物理特征的动态联系，是反映生物个体在特定器官、组织或某一特定发育、生理阶段细胞中所有基因表达水平的数据。转录组学是通过对特定生理状态的细胞中整套不同数量的转录本进行测序，一起解释抗逆、抗病生理、生长发育、生物合成等机制。转录组学从一个细胞或组织基因组的全部 mRNA 水平研究基因的表达情况，它能够提供全部基因的表达调节系统和蛋白质的功能、相互作用的信息。转录组学研究作为一种整体的方法，改变了单个基因的研究模式，将基因组学研究带入了高速发展的时代。

随着分子生物学向各个学科领域的渗透和生物信息学的应用，以及测序技术的更新换代，转录组学研究已经成为植物、真菌基因组研究中最活跃的领域之一。茯苓的转录组学目前已有一些报道，主要是基于茯苓菌核生长发育机制和茯苓主要活性物质三萜物质生物合成代谢路径中的关键酶展开研究，其主要成就如下。

1. 基于转录组学研究茯苓菌核生长发育相关调控基因

胡炳雄基于 Illumina HiSeq 2000 高通量测序获得了茯苓生长 7 天的菌丝，分别生长

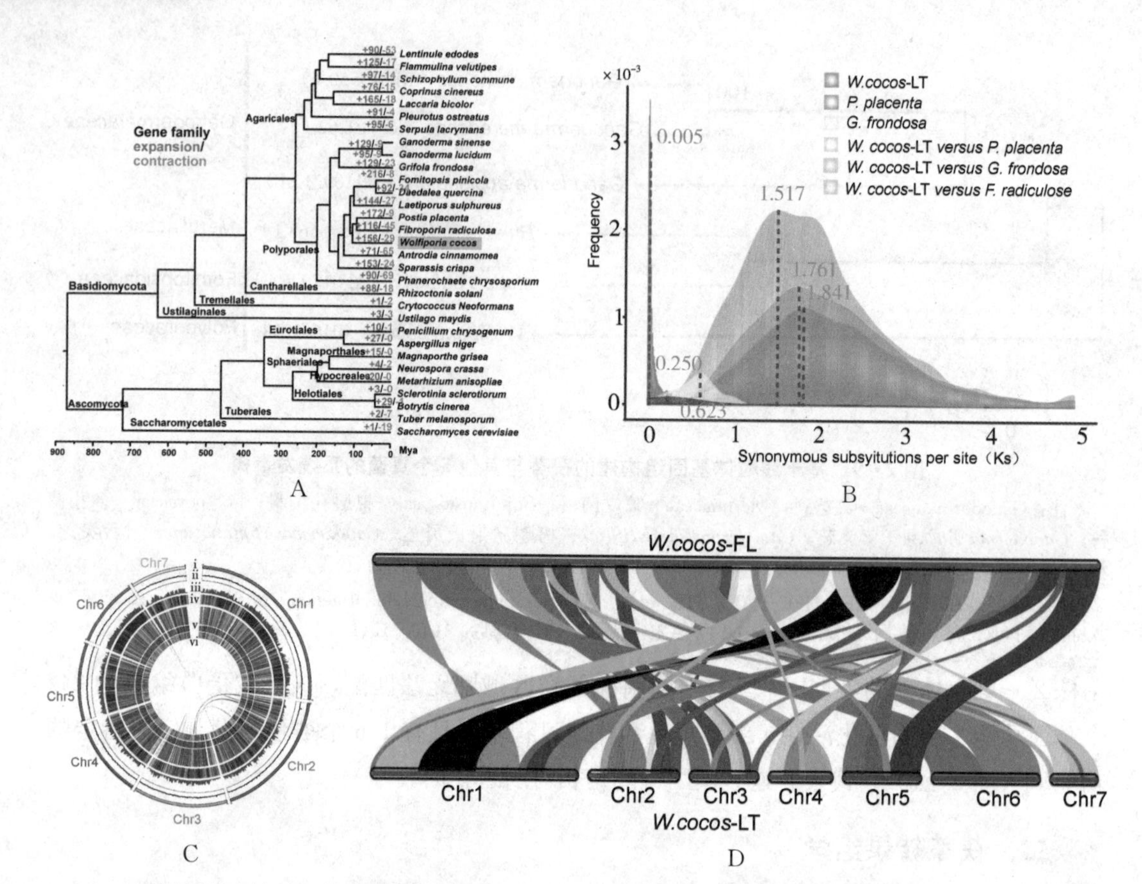

A. 31种真菌发育树；B. 核苷酸同义替换数（Ks）同源基因对，显示基因组内和组间的Ks分布；C.（ⅰ）茯苓基因组的七个染色体，（ⅱ）GC含量，（ⅲ）基因密度，（ⅳ）转座因子（TE）内容，（ⅴ）菌丝体、菌核内部和菌核表皮从外到内的基因表达水平，（ⅵ）同线链接；D. 栽培茯苓和野生茯苓基因组之间的共线区域比较。

图2-10　茯苓基因组图谱及染色体特征

注：Basidiomycota—担子菌门；Ascomycota—子囊菌门；Agaricales—伞菌目；Polyporales—多孔菌目；Cantharellales—鸡油菌目；Tremellales—银耳目；Ustilaginales—黑粉菌目；Eurotiales—散囊菌目；Magnaporthales—巨座壳目；Sphaeriales—球壳目；Hypocreales—肉座菌目；Helotiales—柔膜菌目；Tuberales—块菌目；Saccharomycetales—酵母目；Lentinule edodes—香菇；Flammulina velutipes—金针菇；Schizophyllum commune—裂褶菌；Coprinus cinereus—灰盖鬼伞；Laccaria bicolor—双色蜡蘑；Plcurotus ostreatus—糙皮侧耳；Serpula lacrymans—伏果干腐菌；Ganoderma sinense—紫灵芝；Ganoderma lucidum—灵芝；Grifola frondosa—贝叶奇果菌；Fomitopsis pinicola—红缘拟层孔菌；Daedalea quercina—栎迷孔菌；Laetiporus sulphureus—硫黄多孔菌；Postia placenta—绵皮卧孔菌；Fibroporia radiculosa—根状纤维孔菌；Wolfiporia cocos—茯苓；Antrodia cinnamomea—樟薄孔菌；Sparassis crispa—绣球菌；Phanerochaete chrysosporium—黄孢原毛平革菌；Rhizoctonia solani—立枯丝核菌；Crytococcus Neoformans—新型隐球菌；Ustilago maydis—玉米黑粉菌；Penicillum chrysogenum—产黄青霉菌；Aspergillus niger—黑曲霉菌；Magnaporthe grisea—稻瘟病病菌；Neurospora crassa—粗糙脉孢菌；Metarhizium anisoplie—黑僵菌；Sclerotinia sclerotiorum—核盘菌；Botrytis cinerea—灰霉菌；Tuber melanosporum—黑松露；Saccharomyces cerevisiae—酿酒酵母。

图片引自：CAO S，YANG Y，BI GQ，et al. Genomic and transcriptomic insight of giant sclerotium formation of wood-decay fungi [J]. Frontiers in Microbiology，2021，12：2824－2839.

2个月、4个月、6个月菌核转录组数据，发现碳水化合物活性酶中GH家族的部分基因在菌核中显著上调对茯苓菌核的形成起着关键作用；脂肪酸生物合成酶可加速菌核的生长，激活促分裂活化的蛋白质激酶（mitogen-activated protein kinases，MAPK）途径，从而调控菌核的发育，蛋白质消化酶在成熟菌核中高表达，可筛选出与菌核形成及发育的相关功能基因。

Wu 等分析了茯苓菌核发育不同阶段的转录组，结果发现菌核成熟阶段（S3）与菌核起始阶段（S1）和菌核发育阶段（S2）存在明显不同的表达谱，如 MAPK 信号途径中，*Ras-GTPase* 基因在 S3 阶段显著高表达，以及蛋白酶、水解酶在菌核成熟阶段高表达。

蔡丹凤等采用转录组对茯苓菌落褐变机制进行了研究，在正常茯苓与褐变菌丝体中共发现 336 个差异表达显著的基因，部分基因的表达量倍数差异达到了数百倍至上千倍，但是没有进一步经功能验证。

Luo 等比较了菌丝体和菌核组织的转录组，*Gα subunit*、*RasGEF*、*RhoGEF*、*RhoGAP*、*MAPK* 和 *MAPKK* 在菌核中高表达，而 *STE3*、*Gα subunit*、*RGS* 和 *RhoGEF* 在菌核中低表达，从而推测这些基因可能是调节菌核生长的关键基因。

Zhang 分析比较了菌丝阶段与菌核形成早期（生长 2 个月）转录组，并侧重分析了碳水化合物分解酶系基因的表达差异，发现在菌核形成早期，69 个碳水化合物分解酶系基因显著上调表达，其中一半以上属于糖苷水解酶家族，表明糖苷水解酶家族在降解松木中的重要性。

Gaskell 比较了分别以葡萄糖、结晶纤维素、美洲山杨木（*Populus grandidentata*）和美国黑松（*Pinus contorta*）为唯一碳源条件下的转录组和分泌蛋白组。发现相较于葡萄糖作为碳源，在以结晶纤维素、美洲山杨木和美国黑松为唯一碳源的情况下，分别有 30 个、183 个和 207 个基因上调表达 4 倍以上，质谱分析显示 17 糖苷水解酶类蛋白在一个或多个木材基质中上调表达，同时观察到与铁稳态、铁还原和胞外过氧化物酶相关基因上调表达，这种表达特点和同为褐腐菌的鲑色波斯特孔菌［*Postia placenta*（Fr.）M. J. Larsen & Lombard］基因表达模式显著不同。

2. 基于转录组学研究茯苓酸合成酶基因

王维皓通过对白茯苓和茯苓皮中三萜酸化学成分进行定性、定量比较，发现开环型三萜酸在茯苓皮中分布更为广泛，这预示着茯苓不同药用部位活性成分的差异，并首次对白茯苓和茯苓皮的转录组进行测序分析，从分子生物学的角度探讨茯苓皮和白茯苓成分差异的原因，预测了多孔菌酸 C 在开环型三萜酸合成中的重要作用，推测生产 3,4 -开环型的潜在关键酶基因，但并未对基因进行命名和功能验证。

Zeng 等分别对两株高产和低产菌株进行转录分析，结果发现与三萜合成途径的相关酶，（羟甲基）中戊二酰辅酶 A 还原酶（HMGCR）、法尼基二磷酸合酶（FDPS）、4 -羟基苯甲酸聚异戊二烯基转移酶（COQ2）、C－8 甾醇异构酶（ERG2）、甾醇 O -酰基转移酶（ACAT）、酪氨酸氨基转移酶（TAT）、甲苯二加氧酶（CAO2）、甾醇- 4α -羧酸酯 3 -脱氢酶（erg26）的基因表达促进三萜类合成；而戊二酰辅酶 A 还原酶（HMGCR）、法尼基二磷酸合酶（FDPS）、4 -羟基苯甲酸聚异戊二烯基转移酶（COQ2）、C－8 甾醇异构酶（ERG2）、甾醇 O -酰基转移酶（ACAT）、酪氨酸氨基转移酶（TAT）、甲苯二加氧酶（CAO2）、甾醇- 4α -羧酸酯 3 -脱氢酶（erg26）是限速酶，并绘制了茯苓三萜合成的代谢路径图。

Shu 对菌丝和菌核阶段转录组差异表达基因结合萜类合成途径进行分析，推测茯苓通过 MVA 途径合成萜类，构建了茯苓中萜类骨架的合成途径，为萜类代谢的相关机制研究提供了基础。

陈对杰通过药化分析发现茯苓菌丝中总三萜和茯苓酸含量显著高于菌核，通过代谢通路分析发现茯苓酸的前体物质羊毛甾醇的生物合成途径。通过荧光定量验证，得出在菌丝阶段表达量上调的酶的编码基因为 Unigene 12366、二磷酸甲羟戊酸脱羧酶 unigene 20430、法尼基二磷酸合成酶（unigene 14106、unigene 21656)、羟甲基戊二酸辅酶 A 还原酶（unigene 6395)。

总体而言，基于转录组数据，进一步通过基因定量验证等研究工作预测茯苓三萜类化合物经甲羟戊酸途径（MVA）合成，而不同于细菌、藻类和植物通过 2-甲基赤藓醇磷酸（MEP）途径。其中，MVA 途径由乙酰辅酶 A 起始，经 6 个酶促反应产生异戊烯焦磷酸（IPP)。这 6 个酶分别是乙酰辅酶 A 硫解酶、羟甲基戊二酸单酰辅酶 A 合成酶、羟甲基戊二酸单酰辅酶 A 还原酶、甲羟戊酸激酶、磷酸甲羟戊酸激酶、甲羟戊酸 5-焦磷酸脱羧酶。从 IPP 进一步经过 3 个酶促反应生成三萜类化合物的前体物质法尼基磷酸：异戊烯焦磷酸异构酶（IDI)、香草二磷酸合成酶和法尼基焦磷酸合成酶。之后还有一系列酶促反应，催化酶包括鲨烯合酶、鲨烯环氧酶、2,3-氧化鲨烯环化酶、P450 单加氧酶、糖基转移酶和糖苷酶等。然而，影响茯苓酸形成途径的催化酶种类繁多、作用机制复杂，其形成过程中关键酶还有待明确，对其调控机制的研究尚未深入开展。

3. 其他方面

Yang 等通过转录组测序研究了茯苓多糖的合成途径，对多个糖代谢相关酶编码基因进行了验证，为进一步研究茯苓的多糖代谢机制奠定了基础。

何海等利用 MISA 软件搜索茯苓菌核、菌丝两个样本中转录组 Unigene 及基因组 scaffold 中简单重复序列（SSR)，对含 SSR 的 Unigene 使用 BlastX 比对 nr 及 KEGG 数据库，注释其功能，根据 GO 分类及 KEGG 代谢通路注释结果可推知，茯苓转录组中含 SSR 的 Unigene 主要为生物体的基础代谢相关的功能。总体来说，茯苓转录组 SSR 的类型丰富、多态性潜能较高，关联功能相关基因的 SSR 的开发对茯苓目的性状的分子标记辅助育种研究具有巨大潜力。

李洪波等分别以纤维素和葡萄糖为唯一碳源，液体培养基中菌丝纯培养，利用差异转录组学和蛋白组学分析纤维素酶基因的转录与表达水平差异，共获得了 7 个在转录和蛋白水平都有很高丰度的新茯苓纤维素酶及其基因，其中 5 个为纤维素内切酶，1 个为纤维素外切酶，1 个为葡萄糖苷酶。利用大肠埃希菌表达系统，获得其中 4 种基因的重组表达并纯化得到了高纯度的重组酶。另外，建立 2 种重组内切酶的酵母高密度发酵体系，高密度发酵条件下重组内切酶的表达量达 3 g/L，获得的重组蛋白经质谱进行了验证并利用 HPLC 证实了重组酶具有生物活性。本研究为挖掘酶活性强且稳定性高的茯苓纤维素酶基因并实现高效重组酶的生产奠定了基础。

唐娟通过分析 5.78、湘靖 28 和靖航一号 3 个菌种的转录组数据，结果发现在淀粉和蔗糖代谢通路中控制半乳糖醛酶合成的 gene-10432 以及半乳糖代谢通路中控制半乳糖甘酶合成的 gene-542 在靖航一号的表达量显著高于另外两个品种，控制 α-葡糖苷酶合成的 gene-2561、gene-3259 在靖航一号的表达量高于湘靖 28，并采用 RT-PCR 对这 4 个与茯苓多糖代谢相关的基因进行基因表达水平的验证试验，推测靖航一号鲜茯苓多糖含量高于 5.78 和湘靖 28 两个菌种，这可能与两条通路中的 4 个基因表达差异有关。

参考文献

[1] 于淑玲，赵静．腐生真菌的消长规律[J]．生物学通报，2006（9）：24－25.

[2] 李承森．植物科学进展[M]．北京：高等教育出版社，1998.

[3] AINA，PO．Contribution of earthworms to porosity and water infiltration in a tropical soil under forest and long-term cultivation[J]．Pedobiologia，1984，26（2）：131－136.

[4] ZOBEL B Z，TALBERT J A．Applied forest tree improvement[J]．Plant Population Genetics Breeding Genetic Resources，1984（6）：232.

[5] NAMKOONG G，KANG H．Quantitative genetics of forest trees[J]．Plant Breeding，1990（8）：139－188.

[6] 于淑玲．土壤真菌在生态系统中物质分解作用的研究进展[J]．邢台学院学报，2006（4）：126－128.

[7] 戴玉成，崔宝凯，袁海生，等．中国濒危的多孔菌[J]．菌物学报，2010，29（2）：164－171.

[8] 卯晓岚．中国经济真菌[M]．北京：科学出版社，1998.

[9] 徐怀德．药食同源新食品加工[M]．北京：中国农业出版社，2002.

[10] POHLEVEN F．为什么腐生真菌具有极好的药用特性[J]．食药用菌，2019，27（6）：363－365.

[11] SUN J，ZHANG J，ZHAO Y，et al．Determination and multivariate analysis of mineral elements in the medicinal hoelen mushroom，Wolfiporia extensa（Agaricomycetes），from China[J]．International Journal of Medicinal Mushrooms，2016，18（5）：433－444.

[12] 黄年来，林志彬，陈国良．中国食药用菌学[M]．上海：上海科学技术文献出版社，2010.

[13] 李霜，刘志斌，陈国广，等．茯苓交配型的初步研究[J]．南京工业大学学报（自然科学版），2002，24（6）：81－83.

[14] 熊杰．茯苓性模式的研究[D]．武汉：华中农业大学，2006.

[15] 杨新美．中国食用菌栽培学[M]．北京：中国农业出版社，1988.

[16] 余元广，胡廷松，梁小苏，等．茯苓单个担孢子培养和配对试验[J]．微生物学通报，1980，7（3）：3－5.

[17] 单毅生，王鸣岐．中药茯苓菌的研究[J]．中国食用菌，1987，4（3）：5－6.

[18] 颜新泰．茯苓有性繁殖研究初报[J]．中药材，1992，15（2）：6－7.

[19] LI S，WANG Q，DONG C．Distinguishing homokaryons and heterokaryons in medicinal polypore mushroom Wolfiporia cocos（Agaricomycetes）based on cultural and genetic characteristics[J]．Frontiers in microbiology，2021，11：596715.

[20] LI S，WANG Q，DONG C．Bipolar system of sexual incompatibility and heterothallic life cycle in the basidiomycetes Pachyma hoelen Fr.（Fuling）[J]．Mycologia，2022，114（1）：63－75.

[21] 许智勇，林范学，熊杰，等．金针菇担孢子核相及遗传属性的研究[J]．菌物学报，2007，26（3）：369－375.

[22] 张金霞，赵永昌．食用菌种质资源学[M]．北京：科学出版社，2016.

[23] RAPER C A, RAPER J R, MLLER R E. Genetic analysis of the life cycle of agaricus bisporus[J]. Mycologia, 1972, 64 (5): 1088 - 1117.

[24] MAY G, TAYLOR J W. Patterns of mating and mitochondrial DNA inheritance in the agaric Basidiomycete Coprinus cinereus[J]. Genetics, 1988, 118 (2): 213 - 220.

[25] 王昭，潘宏林，黄雅芳. 茯苓菌丝的显微特征研究[J]. 湖北中医药大学学报，2012，14 (6): 45 - 46.

[26] 宁平，程水明. 茯苓菌丝的核相及染色技术的研究[J]. 安徽农业科学，2006 (19): 4887 - 4888.

[27] 富永保人，王波. 茯苓生活史的研究[J]. 国外农学：国外食用菌，1991 (1): 29 - 32.

[28] 杨静. 茯苓（*Wolfiporia cocos*）胞外酶活性生理特性与菌种质量的相关性研究[D]. 重庆：西南大学，2015.

[29] 李益健. 茯苓生物学特征和特性的研究[J]. 武汉大学学报（自然科学版），1979 (3): 110 - 118.

[30] 熊杰，林芳灿，王克勤，等. 茯苓基本生物学特性研究[J]. 菌物学报，2006，25 (3): 446 - 453.

[31] 胡天放. 安徽茯苓的培植法[J]. 中药通报，1957，3 (6): 257 - 258.

[32] 田端守，平冈升. 日本产的茯苓子实体和菌核形成研究[J]. 日本生物药学杂志，1994，48 (1): 18 - 27.

[33] 侯军，胡梅，张建祥，等. 一种培养茯苓子实体的培养方法：CN201210009630 [P]. 2012 - 07 - 04.

[34] XU Z, HU M, XIONG H, et al. Biological characteristics of teleomorph and optimized in vitro fruiting conditions of the hoelen medicinal mushroom, Wolfiporia extensa (higher basidiomycetes) [J]. International Journal of Medicinal Mushrooms, 2014, 16 (5): 421 - 429.

[35] JO W S, LEE S H, KOO J, et al. Morphological characteristics of fruit bodies and basidiospores of Wolfiporia extensa[J]. Journal of mushrooms, 2017, 15 (1): 54 - 56.

[36] 黄年来. 中国大型真菌原色图鉴[M]. 北京：中国农业出版社，1998.

[37] 赵永昌，张树庭. 食用菌原生质体研究的发展史[J]. 中国食用菌，1995 (4): 3 - 7.

[38] 刘祖同，罗信昌. 食用蕈菌生物技术及应用[M]. 北京：清华大学出版社，2002.

[39] MURALIDHAR R V, PANDA T. Fungal protoplast fusion: a revisit[J]. Bioprocess Engineering, 2000, 22 (5): 429 - 431.

[40] CHANG S T, MILES P G. Edible mushrooms and their cultivation[M]. Carabas: CRC press, 1989.

[41] CHANG A C. Genetics and breeding of edible mushrooms[M]. Carabas: CRC Press, 1992.

[42] LOU H W, YE Z W, Yu Y H, et al. The efficient genetic transformation of Cordyceps militaris by using mononuclear protoplasts[J]. Scientia Horticulturae, 2019, 243: 307 - 313.

[43] 弭宝彬，张吉祥，杨宇红，等. 尖孢镰刀菌辣椒专化型原生质体制备条件优化[J]. 生物技术通报，2013 (4): 96 - 100.

[44] RAMAMOORTHY V, GOVINDARAJ L, DHANASEKARAN M, et al. Combination of driselase and lysing enzyme in one molar potassium chloride is effective for the production of protoplasts from germinated conidia of Fusarium verticillioides[J]. Journal of microbiological methods, 2015,

111：127-134.

[45] 贺薇，张佳诗，张正坤，等. 尖孢镰刀菌唐菖蒲专化型原生质体制备优化及再生性能[J]. 吉林农业大学学报，2016，38（2）：158-163.

[46] 王金斌，李文，张俊沛，等. 草菇原生质体制备、再生条件的响应面法优化及诱变效应[J]. 分子植物育种，2017（10）：4110-4119.

[47] 韩小路. PEG介导的苹果果生刺盘孢 Colletotrichum fructicola 原生质体转化体系的研究[D]. 咸阳：西北农林科技大学，2015.

[48] 赵小强，陈志荣，何芳，等. 大丽轮枝菌原生质体的制备及再生[J]. 生物技术通报，2018，34（7）：166-173.

[49] 谭文辉，李燕萍，许杨. 微生物原生质体制备及再生的影响因素[J]. 现代食品科技，2006，22（3）：263-265.

[50] 朱泉娣，唐荣华. 茯苓原生质体融合种栽培试验初报[J]. 中草药，1995，26（5）：261-262.

[51] 梁清乐，王秋颖，曾念开，等. 茯苓原生质体制备与再生条件初探[J]. 中草药，2006，37（5）：773-775.

[52] 王伟霞，李福后. 茯苓原生质体制备与再生条件的研究[J]. 菌物研究，2006，4（4）：65-68.

[53] 汪琪，赵小龙，陈平. 茯苓原生质体制备与再生条件的优化[J]. 武汉轻工大学学报，2015，34（4）：11-15.

[54] 裘娟萍，周宁一. 以原生质体融合技术构建广谱抗噬菌体菌株[J]. 中国病毒学，1995（4）：362-366.

[55] 肖在勤，谭伟，彭卫红. 金针菇与凤尾菇科间原生质体融合研究[J]. 食用菌学报，1998，5（1）：6-12.

[56] 蔡丹凤，陈丹红，黄熙，等. 茯苓种质资源的研究进展[J]. 福建轻纺，2015（11）：36-41.

[57] 蔡丹凤，陈美元，郭仲杰，等. 茯苓菌株生物学特性的研究[J]. 中国食用菌，2009，28（1）：23-26.

[58] 吕作舟. 食用菌栽培学[M]. 北京：高等教育出版社，2006.

[59] 温思萌，王亚冬，昝立峰，等. 响应面优化酶法提取茯苓多糖工艺[J]. 中国食品添加剂，2021，32（8）：36-43.

[60] 吴宸印，徐彦军，田浩原. 不同碳氮源培养基对茯苓菌丝生长和产量的影响[J]. 种子，2021，40（2）：104-105.

[61] 成群. 茯苓人工栽培技术[J]. 陕西农业科学，2018，64（6）：99-100.

[62] 黄为一. 凤尾菇病毒性质的研究[J]. 南京农业大学学报，1988（4）：53-56.

[63] WEI L I，HUANG Y，ZHUANG B W，et al. Multiparametric ultrasomics of significant liver fibrosis：a machine learning-based analysis[J]. J European Radiology，2018，29（3）：1496-1506.

[64] 李伟，印莉萍. 基因组学相关概念及其研究进展[J]. 生物学通报，2000，35（11）：1-3.

[65] 王亚之，李秋实，陈士林，等. 基于流式细胞分析技术的茯苓基因组大小测定[J]. 世界科学技术：中医药现代化，2010，12（3）：452-456.

[66] FLOUDAS D，BINDER M，RILEY R，et al. The paleozoic origin of enzymatic lignin decomposi-

tion reconstructed from 31 fungal genomes[J]. Science，2012，336 (6089)：1715 - 1719.

[67] LEE S H，LEE H O，PARK H S，et al. The complete mitochondrial genome of Wolfiporia cocos (Polypolales：Polyporaceae) [J]. Mitochondrial DNA Part B，2019，4 (1)：1010 - 1011.

[68] CAO S，YANG Y，BI G，et al. Genomic and transcriptomic insight of giant sclerotium formation of wood-decay fungi[J]. Frontiers in microbiology，2021，12：2824 - 2839.

[69] VELCULESCU V E，ZHANG L，ZHOU W，et al. Characterization of the yeast transcriptome [J]. Cell，1997，88 (2)：243 - 251.

[70] LANDER E S，LINTON L M，BIRREN B，et al. Initial sequencing and analysis of the human genome[J]. Nature，2001，409 (6822)：860 - 921.

[71] 廉洁，张喜春，谷建田. 转录组学及其在蔬菜学上应用研究进展[J]. 中国农学通报，2015，31 (8)：118 - 122.

[72] 吴琼，孙超，陈士林，等. 转录组学在药用植物研究中的应用[J]. 世界科学技术：中医药现代化，2010，12 (3)：457 - 462.

[73] 胡炳雄. 基于转录组对茯苓菌核形成发育相关功能基因分析[D]. 武汉：武汉轻工大学，2017.

[74] WU Y，ZHU W，WEI W，et al. De novo assembly and transcriptome analysis of sclerotial development in Wolfiporia cocos[J]. Gene an international journal focusing on gene cloning & Gene structure & Function，2016，588 (2)：149 - 155.

[75] 蔡丹凤，蔡志欣，陈美元，等. 茯苓菌落褐变的转录组测序分析[J]. 广州中医药大学报，2017，34 (2)：245 - 249.

[76] LUO H，QIAN J，XU Z，et al. The Wolfiporia cocos genome and transcriptome shed light on the formation of its edible and medicinal sclerotium[J]. Genomics，proteomics & bioinformatics，2020，18 (4)：455 - 467.

[77] ZHANG S，HU B，WEI W，et al. De novo analysis of Wolfiporia cocos transcriptome to reveal the differentially expressed carbohydrate-active enzymes (CAZymes) genes during the early stage of sclerotial growth[J]. Frontiers in microbiology，2016，7：83.

[78] GASKELL J，BLANCHETTE R A，STEWART P E，et al. Transcriptome and secretome analyses of the wood decay fungus Wolfiporia cocos support alternative mechanisms of lignocellulose conversion[J]. Applied and environmental microbiology，2016，82 (13)：3979 - 3987.

[79] 王维皓. 基于LC-MSn和基因转录组分析的白茯苓、茯苓皮三萜酸类成分差异及机理研究[D]. 北京：中国中医科学院，2015.

[80] ZENG G，LI Z，ZHAO Z. Comparative analysis of the characteristics of triterpenoid transcriptome from different strains of Wolfiporia cocos[J]. International journal of molecular sciences，2019，20 (15)：3703 - 3718.

[81] SHU S，CHEN B，Zhou M，et al. De novo sequencing and transcriptome analysis of Wolfiporia cocos to reveal genes related to biosynthesis of triterpenoids[J]. PLoS One，2013，8 (8)：e71350.

[82] 陈杰. 基于转录组测序的茯苓酸生物合成途径研究[D]. 武汉：华中农业大学，2013.

[83] YANG L，TANG J，CHEN J J，et al. Transcriptome analysis of three cultivars of Poria cocos reveals genes related to the biosynthesis of polysaccharides[J]. Journal of Asian natural products re-

search，2019，21（5）：462－475.

［84］ 何海，郭继云，马毅平，等. 茯苓转录组SSR序列特征及其基因功能分析[J]. 中草药，2015，46（23）：3558－3563.

［85］ 李洪波，胡兴. 基于组学数据的茯苓纤维素酶基因挖掘[C] //中国菌物学会. 中国菌物学会2018年学术年会论文汇编，中国菌物学会，2018.

［86］ 唐娟. 三个茯苓品种的品质特性及转录组分析[D]. 长沙：湖南农业大学，2017.

·第三章·

茯苓的化学成分

据报道，茯苓及茯苓皮的化学成分包括三萜类、多糖类、甾体类、二萜类、挥发油类、蛋白质、脂肪酸类化合物及微量元素等，其中三萜和多糖是茯苓菌核的主要化学成分，三萜是茯苓皮的主要成分。其中，茯苓多糖含量高，占菌核干重的80%左右，主要包括碱溶性多糖和水溶性多糖。另外，茯苓富含羊毛甾烷型类化合物，包括羊毛甾-8-烯型三萜、羊毛甾-7,9(11)-二烯型三萜、3,4-开环-羊毛甾-8-烯型三萜和3,4-开环-羊毛甾-7,9(11)-二烯型三萜。根据不同药用部位，在加工过程中将茯苓分为白茯苓、赤茯苓、茯苓皮以及茯神4种类型。白茯苓为茯苓菌核白色部分，具有补脾利窍的功效；赤茯苓为干燥菌核近外皮部的淡红色部分，甘淡渗泄，尤能清利湿热，为湿热诸证所常用；茯苓皮为茯苓菌核的外皮，味甘淡，功能渗湿，长于利水消肿；部分茯苓中间抱有松根被称为茯神，有宁心安神的作用。本章节主要针对茯苓化学成分的结构、理化性质、分离分析方法和不同部位化学成分的差异等方面进行详细描述（图3-1）。

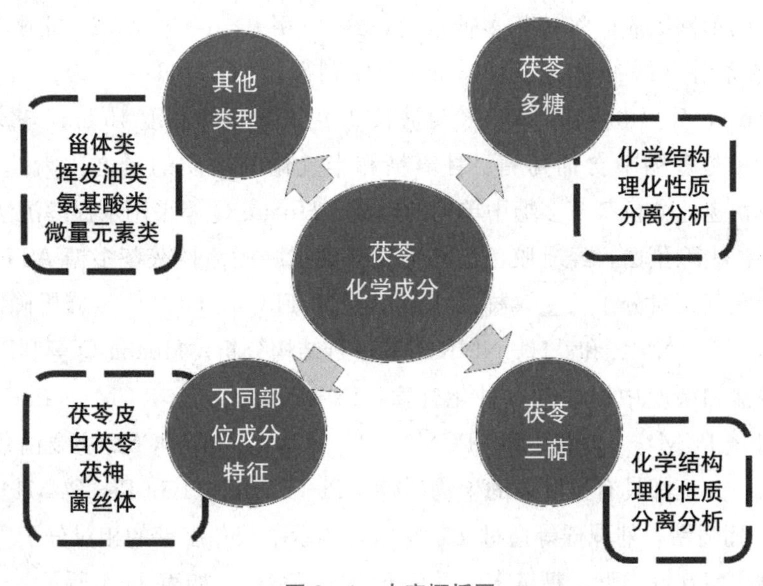

图3-1 内容概括图

第一节 茯苓多糖

一、结构

茯苓多糖是茯苓的主要成分，占茯苓干重的80%左右，包括水溶性和碱溶性多糖。茯苓多糖的组成和结构比较复杂，根据组成方式不同，可以将茯苓多糖分为两大类：一类主要是葡聚糖，其结构是50个β-(1→3) 结合的葡萄糖单位，每个β-(1→5) 结合的葡萄糖基支链与1～2个β-(1→6) 结合的葡萄糖基间隔，水溶性较差，相对分子质量为2.33～4 486 kDa。衍生化后的茯苓聚糖，水溶性和生物活性明显提高。衍生手段主要有羧甲基化、羟乙基化、羟丙基化和硫酸酯化等，而羧甲基化茯苓多糖最为常见。另一类茯苓多糖主要是由果糖、半乳糖、甘露糖、葡萄糖等组成的杂多糖，水溶性良好，相对分子质量为10.6～208 kDa。

茯苓多糖在不同溶剂和条件中溶解性和聚集情况不同，高级结构会存在差异。茯苓葡聚糖能溶于碱液和二甲基亚砜 (DMSO)，在0.5 mol/L NaOH和0.2 mol/L尿素溶液中呈柔性线性链。茯苓多糖经过改性后在水溶液中可形成三螺旋、球状和类球状等高级结构。丁琼等利用0.9% NaCl、热水、0.5 mol/L NaOH、甲酸分级提纯，并结合红外光谱、气相色谱、核磁共振等手段，从茯苓液体发酵后的菌丝中分离并鉴定4种化合物：PCM1、PCM2、PCM3和PCM4。Wang Y等用同样的方法提取了6种化合物：PCS1、PCS2、PCS3-Ⅰ、PCS3-Ⅱ、PCS4-Ⅰ和PCS4-Ⅱ。郑春英等利用高效毛细管电泳法分析茯苓多糖中的单糖组成，将茯苓多糖水解，经3-甲基-1-苯基-2-吡唑啉酮 (PMP) 衍生化。电泳条件：缓冲体系为80 mmol/L硼砂溶液 (pH=9.5)；石英毛细管柱 (25 μm×42 cm)，分离电压18 kV，检测波长254 nm，进样高度10 cm，进样时间25 s。分析后发现，茯苓多糖中含葡萄糖、甘露糖和半乳糖的物质的量之比为2.65∶1.00∶2.36，可简单快速地分析茯苓多糖中单糖的组成。Huang Q等采用水提醇沉法提取茯苓多糖，三氯乙酸法去除蛋白，经凝胶色谱柱纯化得到抗肿瘤活性茯苓多糖ATPCP，高效液相凝胶色谱法测其相对分子质量，样品水解后经过TLC及GC-MS分析确定单糖组成，通过FT-IR、^{13}C-NMR和^{1}H-NMR对其进行结构分析。Huang Q等利用盐碱浸提法从茯苓的发酵液和菌丝中提取到5种化合物：Pi-PCM0、Pi-PCM1、Pi-PCM2、Pi-PCM3-1和Pi-PCM4-1，其中Pi-PCM0、Pi-PCM1、Pi-PCM2主要由葡萄糖、甘露糖和乳糖组成，并且都具有抗肿瘤的生物活性，Pi-PCM3-1和Pi-PCM4-1主要结构是1,3-α-D-葡萄糖。刘珮瑶等通过文献总结，揭示了茯苓多糖的相对分子质量、单糖组成、糖环类型、糖苷键类型、糖链末端及分支组成等特征，如表3-1所示。

表 3-1　茯苓中多糖类的主要化学成分

茯苓多糖名称	来源	相对分子质量	单糖组成	结构特征	结构分析方法/仪器
PCP	菌核	NA	Glu-Fru-Rha-Xyl-Gal-Man	NA	HPLC
PCP-1		2.33	Glu Ara	β-(1→3)-D-葡聚糖	UV、FT-IR
PCP-2	菌核	3.20			SEC-RI-MALL
PCP-3		2.85			HPLC
PCS	菌核	251	Glu	β-(1→3)-D-葡聚糖；水中呈球形致密结构	
PCS10	菌核	104	Glu	β-(1→3)-D-葡聚糖；水中呈网状结构	SEC-MALLS
PCS90	菌核	43	Glu	β-(1→3)-D-葡聚糖；呈线性链	GC-MS、FT-IR、NMR、TEM
PCS1	菌核	116	Fuc-Man-Gal-Glu	在 0.2 mol/L NaCl 中以随机卷曲的形式存在	
PCS2	菌核	208	Fuc-Man-Gal-Glu	在 0.2 mol/L NaCl 中以随机卷曲的形式存在	
PCS3-Ⅰ	菌核	171	Fuc-Xyl-Man-Gal-Glc	蛋白质结合的杂多糖在 0.2 mol/L NaCl 中以随机卷曲的形式存在	
PCS3-Ⅱ	菌核	91	Glu	β-(1→3)-D-葡聚糖；Me_2SO 中以相对膨胀的柔性链形式存在	UV、TF-IR、GC、GC-MS、NMR、黏度法
PCS4-Ⅰ	菌核	123	Fuc-Man-Glc	β-(1→3)-D-葡聚糖含少数 β-(1→6) 分支	EA、SEC-LLS、LS
PCS4-Ⅱ	菌核	211	Glu	含少量 β-(1→2) 和 β-(1→6) 分支；Me_2SO 中以相对膨胀的柔性链形式存在	
PCP-Ⅱ	菌核	29	Man-Glu-Gal	NA	HPGPC
PCP-1C	菌核	17	Gal-Glc-Man	β-(1→3)-D-半乳糖为主链，分支为 1,3-β-D-Glcp、1,4-β-D-Glcp、1,6-β-D-Glcp、T-β-D-Glcp、T-α-D-Manp、T-α-l-Fucp、1,3-α-L-Fucp	FT-IR、IC、UV、SEC-RI-MALLS、1D/2D NMR
PCP-C3	NA	4	NA	羧基含量 16.22%	FT-IR、NMR、SEM

续表 1

茯苓多糖名称	来源	相对分子质量	单糖组成	结构特征	结构分析方法/仪器
PCP-DL	NA	20.5	Man-Glc-Gal	存在α和β吡喃糖和5种α-D-Galp糖苷键 不规则球形、疏松多孔非晶态聚集体	HPLC 1D/2D NMR FT-IR SEM
PCP-H	菌核	21.5	Man-Gal-Glu-Ara	NA	HPLC　FT-IR
PCP-U	菌核	21.2	Man-Gal-Glu-Ara		GPC
PCP-E	菌核	10.6	Man-Gal-Glu-Ara		
PCP-M	菌核	15.1	Man-Gal-Glu-Ara		
PCM3-Ⅱ	菌丝	NA	NA	β-(1→3/4)-D-葡聚糖	NA
PCWPW	菌核	37.154	Man-Glc-Gal-Fuc		HPGPC
PCWPS	菌核	186.209	Man-Glc-Gal-Fuc	NA	FT-IR
PPO	NA	NA	Glu	NA	GC
PPs	菌核	NA	Man-Glc-Gal-Rib-Ara	NA	HPLC
Pi-PCM0	菌丝	64.6	Ara-Xyl-Man-Gal-Glc	水溶液中呈紧密的随机螺旋状，接近球形	FT-IR
Pi-PCM1	菌丝	304	Fuc-Ara-Xyl-Man-Gal-Glc	水溶液中呈紧密的随机螺旋状，接近球形	GC NMR
Pi-PCM2	菌丝	103	Fuc-Man-Gal-Glc	NA	黏度法、LLS
FMGP	发酵液	31.7	Glc-Gal-Man-Fuc	具有1,4-α-Glc和两个1,4-α-Gal分支，并以α-L-focusyl为端的β-(1→3)-甘露聚糖	SEC、NMR、FT-IR、HPAEC
WIP	菌核	4 486	NA	β-(1→3)-D-葡聚糖	NMR FT-IR SEC-RI-MALLS
WSP	菌核	175	Glu		
WSP-1	菌核	1 860	Glu	β-(1→3)-D-葡聚糖有三螺旋结构	UV、FT-IR、刚果红反应、TLC、GPC
WSP-2	菌核	35.8	Glu		
wc-PCM0	发酵液		Fuc-Ara-Xyl-Man-Gal-Glc		
wc-PCM1	菌丝		Fuc-Man-Gal-Glc		FT-IR
wc-PCM2	菌丝	NA	Fuc-Man-Gal-Glc	NA	NMR　GC

续表 2

茯苓多糖名称	来源	相对分子质量	单糖组成	结构特征	结构分析方法/仪器
ac-PCM1	菌丝		Fuc-Man-Gal-Glc		SEC-MALL
ac-PCM2	菌丝		Fuc-Man-Gal-Glc		
WP	菌核	NA	Man-Glu-Gal	NA	HPLC
AP	菌核		Glu		
ab-PCM3-IS1-S5	菌丝	113		β-(1→3)-D-葡聚糖；取代度（DS）为 0.67	SEC-LLS、FT-IR
ac-PCM3-I-S1-S5	菌丝	400	Glu	β-(1→3)-D-葡聚糖；DS 为 0.96；结合蛋白质、链刚度较高	黏度法
Sample 1	菌核	38	Glu	β-(1→3)-D-葡聚糖；C6、C4、C2 的 DS 分别为 0.44、0.24、0.34；水溶液呈延伸柔性链，链刚度较高	NMR、EA
Sample 2	菌核	189	Glu	β-(1→3)-D-葡聚糖；C6、C4、C2 的 DS 分别为 0.71、0.35、0.21；水溶液呈延伸柔性链，链刚度较高	黏度法、LLS、SEC-LLS
PC-PS	NA	160	NA	NA	NA
P7-PCS3-Ⅱ	菌核	268	Glu	β-(1→3)-D-葡聚糖；DS 为 0.068；0.15 mol/L NaCl 中呈相对延伸柔性链	NMR、MALLS、黏度法
PCS3-Ⅱ	菌核	275	Glu	β-(1→3)-D-葡聚糖	
C-PCS3-Ⅱ	菌核	185	Glu	β-(1→3)-D-葡聚糖；DS 为 1.05；	FT-IR、NMR
CS-PCS3-Ⅱ	菌核	100	Glu	羧甲基 DS 为 1.05；硫酸盐 DS 为 0.36；0.15 mol/L NaCl 呈延伸柔性链形式	SEC-LLS、黏度法
CMP	菌核	154.9	NA	DS：0.827	UV、FTIR、DSC、XRD 光学微流变仪、荧光探针 MST、SEM、SEC-MALLS
CMP	菌核	3 440～3 990	Glu	β-(1→3)-D-葡聚糖；DS 为 0.26～0.91	FT-IR、GPC
CMP-1	NA	126.1	Glu	β-(1→3)-D-葡聚糖；羧甲基 DS 为 0.666；有三螺旋结构；在蒸馏水呈不规则球体	FT-IR、NMR、SEC-RI-MALLS

续表 3

茯苓多糖名称	来源	相对分子质量	单糖组成	结构特征	结构分析方法/仪器
CMP-2		172.6	Man-Glu 0.03∶1	β-(1→3)-D-葡聚糖；羧甲基DS为0.673；有三螺旋结构；在水溶液呈球体	刚果红反应、TEM
CMP-1		609			GC、NMR、UV
CMP-1-1	菌核	106.9	Glu	β-(1→3)-D-葡聚糖含少量β-(1→6)、β-(1→2)和β-(1→4)糖苷键；有三螺旋结构	黏度法、FT-IR、GPC高碘酸氧化、Smith降解、刚果红反应
CMP-1-2		32.2			
CMP-1-3		10.9			
CMP5	菌核	360	NA	DS为0.88	FT-IR、SEC-LLS
CMP11	菌核	313.8		β-(1→3)-D-葡聚糖，含少量β-(1→6)和β-(1→2)糖苷键；无三螺旋结构	HPGPC、UV、FT-IR、高碘酸氧化和Smith降解
CMP44	菌核	209.6	Glu	β-(1→3)-D-葡聚糖，含少量β-(1→6)和β-(1→2)糖苷键；有三螺旋结构	刚果红反应、GC-MS、NMR
CMP33	菌核	152.3	Glu	β-(1→3)-D-葡聚糖，含有少量β-(1→6)和β-(1→2)侧链；有三螺旋结构	HPGPC、UV、FT-IR、高碘酸氧化和Smith降解
CMP-y1		4 019		β-(1→3)-D-葡聚糖；DS分别为0.781 8；紧密的类球形	UV、FT-IR、GPC
CMP-y2	NA	147.4	NA	β-(1→3)-D-葡聚糖；CMP-y2和CMP-g的DS分别为0.647 4、0.574 2；紧密的线形多糖	相对分子质量和均方半径
CMP-g		43.73			分析分子构型

注：NA—文中无提及；Xyl—木糖；Man—甘露糖；Glu—葡萄糖；Gal—半乳糖；Ara—阿拉伯糖；Fuc—岩藻糖；Fru—果糖；HPLC—高效液相色谱；UV—紫外/可见光分光光度计；FTIR—傅里叶红外光谱仪、SEC—分子排阻色谱；RI—示差检测器；MALLS—多角度激光光散射仪；GC—气相色谱；MS—质谱；TEM—透射电子显微镜；NMR—核磁共振；EA—元素分析仪；IC—离子色谱仪；SEM—扫描电子显微镜；HPGPC—高效凝胶渗透色谱法；LLS—激光光散射仪；HPAEC—高效阴离子交换色谱；TLC—薄层色谱；GPC—凝胶渗透色谱仪；DSC—差示扫描量热仪；XRD—X射线衍射仪；MST—微量热泳动仪。

二、理化性质

1. 多糖的物理性质

茯苓多糖为无定形粉末，白色或类白色，无甜味和还原性，不溶于冷水，可溶于热水成胶体溶液，不溶于乙醇等有机溶剂，能被酸或酶水解，水解后生成的单糖或低聚糖多有旋光性和还原性。

羧甲基茯苓多糖（CMP）呈白色絮状，研细后成白色粉末，无臭无味，略有引湿性，无明显的熔点。CMP溶于水，不溶于乙醇、乙醚和丙酮等有机溶剂。2% CMP水溶液能被3倍体积的无水乙醇醇析成白色絮状物，这是多糖的特征表现。

2. 多糖的化学性质

（1）糠醛形成反应

多糖及苷类在无机酸的作用下先水解成单糖，再脱水生成相应的产物。各类糖形成糠醛衍生物的难易程度不同，生成的产物不同，产物的挥发性不同，由五碳醛糖生成的是糠醛，甲基五碳醛糖生成的是5-甲基糠醛，六碳糖生成的是5-羧基糠醛，在此条件下往往脱羧，并最终形成糠醛。

糠醛衍生物和许多芳胺、酚类以及具有活性亚甲基的化合物可缩合成有色物质。许多糖类的显色剂就是根据这一原理配制而成的。如用于糖苷类检测的Molish反应试剂是浓硫酸和α-萘酚，糖纸色谱常用的显色剂是邻苯二甲酸和苯胺。这些显色试剂所用的酸有无机酸如硫酸、磷酸等，有机酸如三氯乙酸、草酸、邻苯二甲酸等。所用的酚如苯酚、间苯二酚；所用芳胺如苯胺、二苯胺、联苯胺、氨基酚，以及一些具有活性亚甲基的化合物，如蒽酮等。

（2）羟基反应

1）醚化反应：糖类最常应用的醚化反应有甲醚化（甲基化）、三甲基硅醚化和三苯甲基化反应。

糖类化合物的甲基化反应过去多用Haworth法和Purdic法，但这两种方法要达到全甲基化往往要反复多次进行。Purdic法用CH_3I为试剂，Ag_2O为催化剂，因Ag_2O有氧化作用，该法不宜用于还原糖的甲基化。目前糖类甲基化最常用的Kuhn法是以二甲基甲酰胺（DMF）为溶剂，用CH_3I和Ag_2O进行反应，使其甲基化能力大大增强，后处理也相对简单。而箱守法（Hakomori法）是在二甲基亚砜（DMSO）中用NaH和CH_3I进行反应，一次反应即可获得全甲基化物。应注意由于箱守法有DMSO和NaH参与反应，会断裂乙酰基和酯苷键，因此在推测复杂的糖类结构时，Kuhn法和箱守法常配合进行。

2）酰化反应：糖的酰化反应最常用的是乙酰化和对甲苯磺酰化。羟基酰化反应的活性与醚化类似，如对甲苯磺酰化和前述的三苯甲醚一样，空间要求高，作用在伯醇上。乙酰化反应在糖类的分离和结构鉴定时最常用。反应常以醋酐为试剂，以乙酸钠、氯化锌、吡啶为催化剂，通常室温下放置即可得全乙酰化的糖，必要时也可加热。若将糖做成缩醛（酮）后则可进行部分乙酰化。

（3）化学修饰

常用的修饰方法有羧甲基化修饰、硫酸化修饰、磺酰化修饰、磷酸化修饰、烷基化修饰等。

1）羧甲基化

制备羧甲基茯苓多糖（CMP）传统工艺一般采用水媒法和溶媒法（异丙醇法）。水媒法是把多糖用稀碱溶液溶解，再加入一定量的氯乙酸水溶液，适当温度下进行醚化反应；溶媒法则是把多糖悬浮在有机溶剂（如异丙醇、丙酮、甲醇、乙醇等）中，碱化一段时间，再加入氯乙酸。在适当温度下进行醚化反应，得到羧甲基茯苓多糖。溶媒法有机溶剂为反应介质，反应体系在碱化、醚化过程中传热、传质迅速，反应均匀、稳定，主反应快，副反应少。醚化剂利用率高；而水媒法副反应多，造成醚化剂利用率低，而且后处理困难。因此，一般采用溶媒法。

1971 年，Hamuro 等采用液固两相振荡半合成工艺首次合成了水溶性的 CMP，工艺过程是将茯苓聚糖悬浮于水中，$NaIO_4/NaBH_4$ 选择性氧化还原并水解，得到的茯苓多糖以有机试剂异丙醇为介质，在碱性条件下与氯乙酸反应制得 CMP，并且通过改变合成条件可以得到不同取代度的 CMP。陈春霞采用液相不振荡半合成工艺制备了羧甲基茯苓多糖。液相不振荡半合成工艺不用昂贵的多重振荡设备，使 CMP 大规模生产成为可能。液固相振荡半合成工艺化学过程则共用 82 小时，而液相不振荡半合成工艺化学过程共用 10 小时，显然大大缩短生产周期。并且液相不振荡半合成工艺制取 CMP 的收得率还略高于液固相振荡半合成工艺。石清东和蒋先明采用二次加减法以乙醇代替异丙醇为反应介质合成了取代度为 1.07 的羧甲基茯苓多糖，收率达到 87.4%。该新工艺缩短了反应时间，克服了异丙醇作介质时制备羧甲基茯苓多糖的特点。说明了制备羧甲基茯苓多糖时，用乙醇完全能代替异丙醇作反应介质。以乙醇代替异丙醇作反应介质，二次碱化法制备质量符合要求的羧甲基茯苓多糖。胡玉涛等以茯苓全粉为原料，通过单因素试验研究羧甲基化改性获得最大产物取代度的条件，并对改性产物的水溶性进行评价。当反应介质为 85%乙醇溶液，反应温度 50 ℃，先碱化反应 2 小时，后醚化反应 6 小时，酸碱用量摩尔比控制在（2.5∶1）～（3∶1）时，反应产物达到最大取代度，且改性粉水溶性有很大提高，为扩大茯苓在中药制剂中的应用范围奠定了基础。

2）硫酸酯化

常用的硫酸酯化修饰方法有氯磺酸-吡啶法、氯磺酸-二甲基甲酰胺法、三氧化硫-吡啶法和哌啶-N-磺酸-二甲亚砜法等。Huang 等对从茯苓菌丝中提取得到的茯苓多糖进行硫酸酯化分子修饰，采用非溶剂加入法对改性茯苓多糖分级纯化得到不同相对分子质量的多糖组分［相对分子质量为（2.65×10^4）～（1.45×10^5）的 6 个组分］，并且研究发现改性茯苓多糖的抗肿瘤活性增强。在多糖的衍生物中引入第二个甚至第三个取代基团，能使衍生化多糖具有较理想的生物活性。Chen 等对从茯苓中得到的多糖进行羧甲基化和硫酸酯化改性得到的衍生物羧甲基-硫酸酯 β-(1→3)-D 葡聚糖，证明具有免疫增强和抗肿瘤活性的特性。Wang 等人对茯苓菌核中的多糖进行改性得到的羧甲基-硫酸酯 β-(1→3)-D 葡聚糖进行体内免疫研究，结果证明该衍生物具有较强的免疫调节作用。

①氯磺酸-吡啶法

此法是先将吡啶在冰盐浴条件下滴入氯磺酸溶液，得到试剂，进而加入多糖，通过改变试剂与多糖的比例、反应温度及反应时间制备多糖硫酸化衍生物。刘燕琼采用此法制备了4种不同取代度的硫酸酯化多糖并未酯化之前的香菇多糖进行了理化性质和红外光谱分析的比较。比较几种硫酸化试剂和溶剂对菊糖硫酸化改性的影响来看，氯磺酸吡啶法因其收率好，取代度高，成为最常用的硫酸化方法。

②浓硫酸法

分别量取浓硫酸7.5 mL、正丁醇2.5 mL置于带干燥管和搅拌装置的三颈瓶中，再加入浓硫酸12.5 mL，搅拌，冰浴冷却至0 ℃，徐徐加入多糖粉末0.5 g。于0 ℃反应30分钟左右；反应液用NaOH中和、离心后，用蒸馏水透析24小时，减压浓缩至20 mL左右，加入95%乙醇，静置后离心，收集沉淀物，将沉淀物溶解于水，再透析24小时，透析液经冷冻干燥后得到多糖硫酸酯。

③三氧化硫吡啶法

将30 mL吡啶加入附有冷凝管和搅拌装置的100 mL三颈瓶中，边搅拌边加入三氧化硫吡啶2.5～3.0 g，在热水浴中加热至90 ℃再加入多糖粉末恒温搅拌，冷却至室温；反应液用3 mol/L的NaOH溶液调至中性，加入95%乙醇，析出多糖硫酸酯；离心，收集沉淀，将沉淀溶于水，透析72小时，过滤，冷冻干燥得到多糖硫酸化产物。

3）磷酸酯化

将多糖或寡糖样品溶于二甲基亚砜中，加入磷酸，在水浴中加热反应。根据多糖的性质可改变反应的温度和时间。Williams等用此法对葡聚糖进行了磷酸化，收率70%，磷含量为2.23%，取代度为0.13。此法最大的缺点是容易引起水解，由于一般糖苷键在酸性条件下极易水解，此法随反应的进行有水生成，形成了质子酸，同时又需要高温的条件。磷酸盐虽然易得、廉价，但反应活性低，不易得到高取代产物，不会引起多糖的降解，常用的试剂有磷酸氢钠、磷酸氢二钠、三聚磷酸钠、偏磷酸钠或它们的混合盐等。将一定量的磷酸盐置于烧杯中，加入少量的水，搅拌使其完全溶解。用酸调节所需pH值，边搅拌边加入糖样品，加热反应。用此法得到的取代度极低，不到0.05。Chen等对茯苓多糖进行磷酸酯化修饰，并研究了衍生物的链构象和其抗肿瘤活性。

4）酰化茯苓多糖的制备

在冰盐浴条件下，苯酰氯滴加入三乙胺中，滴加时要注意搅拌的速度，以防生成物结块，同时也要使用滴液漏斗以控制一定的滴加速度，过快时会因放热造成反应的温度难以控制。反应在0 ℃以下进行，反应容器要密封性良好。多糖磺酰化的反应：精确称取一定量的茯苓次聚糖，加20 mL DMSO溶液溶解后，冰水浴下加入磺酰化试剂，搅拌混匀后，在30～60 ℃反应4～6小时，反应完毕后撤去热源，冰水浴冷却至0 ℃以下，再加入20% NaOH溶液调pH值至7.0～8.0，加水至总体积为120 mL，减压浓缩，乙醇沉、丙酮洗后，把样品转移至透析袋中，用自来水流水透析72小时，过滤，所得滤液再用去离子水透析36小时，干燥，待用。将上述实验中的DMSO溶剂分别换成THF、DMF，各重复一遍实验步骤，制备3份样品。

5）其他化学修饰方法

其他化学修饰方法如甲基化、羟乙基化、羟丙基化等在茯苓多糖的改性中均有应用。

三、分离分析方法

1. 提取分离

在多糖的提取工作之前，首先需要用乙醚、丙酮、石油醚等有机溶剂进行原料脱脂以去除脂溶性杂质，然后根据多糖的溶解性并结合原料的具体特点确定适宜的提取方法。目前，提取多糖最常用方法是水提醇沉法。此法具有操作简便、多糖溶出率高、有机试剂用量少，对多糖活性破坏程度小等优点，其缺点是提取时间较长、提取率较低且不能应用于水溶性较差的多糖的提取。如有的多糖可溶于热水而难溶于冷水，可以用水进行加热提取，提取液经冷却处理、过滤得到粗品，再经热水溶解、冷处理沉淀的反复操作可得到初步纯化的糖类化合物。此外，在提取多糖时宜采取抑酶措施，如利用沸水、沸烯醇、石灰水、盐水等进行药材处理。且应避免使用酸碱以防止多糖水解损失。近年来可利用超声波、微波、酶解、超高压、高压脉冲电场等辅助手段，来提高多糖的收率，但应注意其是否会引起多糖结构的破坏。另外，茯苓多糖主要分为水溶性茯苓多糖和碱溶性茯苓多糖，因此可用热水浸提法和碱液浸提法分别来提取茯苓多糖。

（1）水提醇沉法

称取一定量茯苓粉末，热水浸提（或加水回流提取），抽滤，滤液减压浓缩（浸提液∶浓缩液=10∶1）；然后将95%乙醇沉淀（含醇量达80%）于冰箱中静置过夜，离心，沉淀物用无水乙醇洗涤，真空干燥即可得茯苓多糖粗品。该法采用水作为溶剂，具有价廉、无毒、操作安全等优点，其缺点是浸提时间长，且提取率较低（图3-2）。

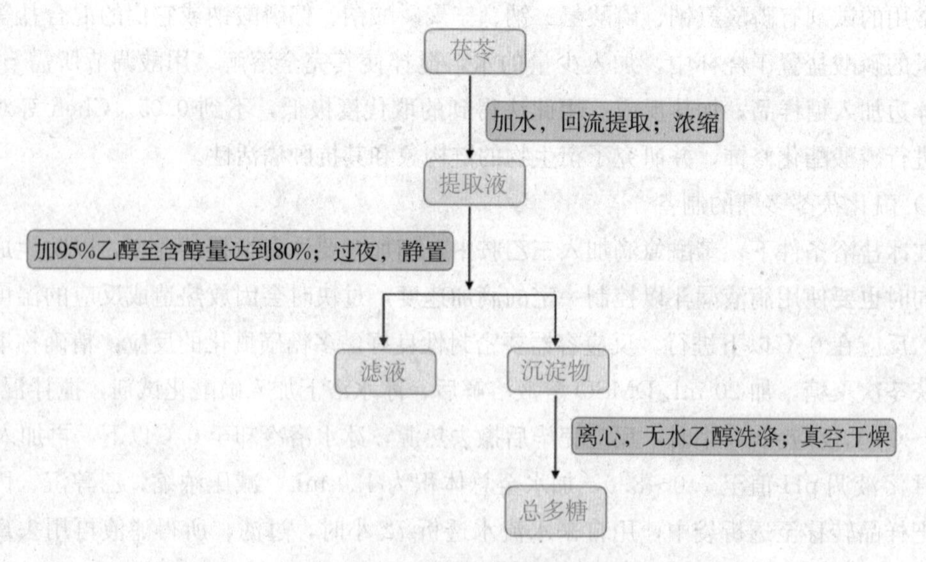

图3-2 水提醇沉法提取茯苓多糖

（2）稀碱浸提法

稀碱浸提法浸提碱溶性茯苓多糖时应注意在提取结束后迅速用醋酸中和，以免多糖活性受影响。取一定量茯苓粉末溶于 0.5 mol/L 稀碱液中，4 ℃放置过夜，滤液以 10%醋酸中和至中性，再加入 95%乙醇沉淀，以下步骤同水提醇沉法。该法提取率较水提醇沉法高，但浸提程序较烦琐，浸提条件较剧烈，极易破坏多糖的立体结构，使其生物活性受到限制（图 3－3）。

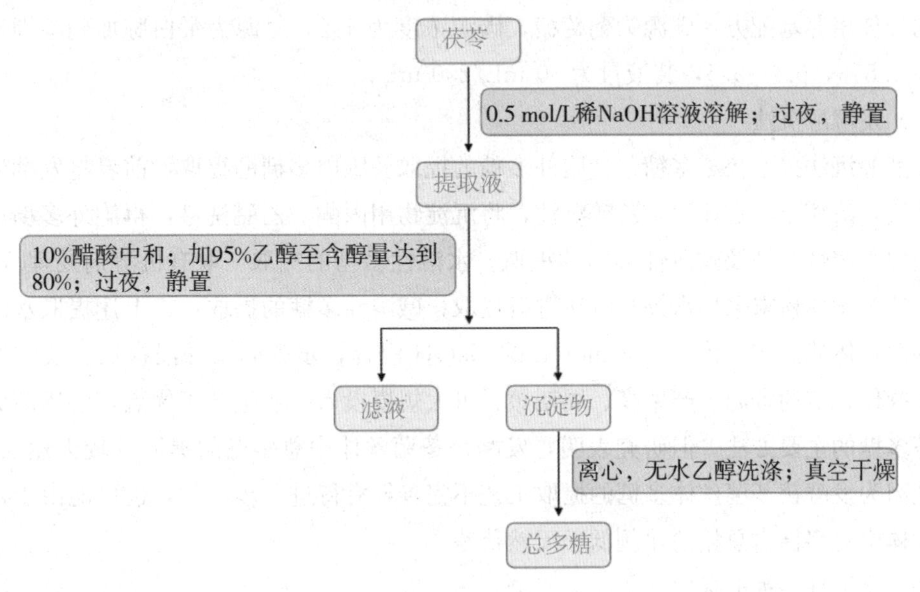

图 3－3　稀碱浸提法提取茯苓多糖

（3）酶＋热水浸提法

该法通过外加酶降解茯苓的细胞壁，从而促进茯苓多糖的浸出。通常加入蛋白酶或植物复合酶，后者主要是由纤维素酶、中性蛋白酶、果胶酶等组成的混合酶系。陈莉等采用植物精提复合酶＋热水浸提法提取茯苓多糖，在普通热水浸提基础上加入酶解步骤，通过改变酶加入量、酶解温度、酶解时间等因素，将茯苓多糖的浸出率提高到热水浸提法的 2.32 倍。酶解法可以在较低的温度下提高多糖的提取率，与传统的热水浸提法相比，浸提时间缩短，收率提高，是水溶性茯苓多糖提取的好方法。

（4）微波、超声波辅助提取法

微波提取法利用加热导致细胞内的极性物质，尤其是水分子吸收微波能，从而使胞内温度迅速上升，液态水汽化产生的压力将细胞膜和细胞壁冲破，形成微小的孔洞，进而出现裂纹，从而使胞外溶剂容易进入细胞内，溶解并释放出胞内产物。聂金媛等利用微波辅助法提取茯苓多糖，在微波占空比 42%，固液比为 1∶50，提取时间 18 min 条件下，提取率达 2.792%，为传统水回流提取法的 2 倍。提取时间明显缩短，提取率也相当或略高，不论在节能、高效还是在实验操作方面微波辅助提取都优于酶法提取。该法具有受热均匀、快速、高效、安全、节能等优点，近年来，普遍应用于多糖的提取。超声波提取技术也是近年来发展起来的一种提取生物活性物质的方法，具有方便、快速、提取物活性高的特点。赵声兰等采用超声波法提取茯苓多糖，但提取率不高，最高达到1.6%，其提取率较传统回流法相比也得到提升。此外，王永江等利用超声波辅助，响应曲面法优化提取工艺，大幅度提升了碱溶性茯苓多糖的收率，高达82.3%。张艳和孔彦通过茯苓液体发酵培养条件的实验，研究结果表明适合于茯苓菌株液体发酵培养的最佳条件是发酵温度26 ℃，摇瓶转速150 r/min，种子液接种量6%。并且通过正交试验得到了适合茯苓菌株液体发酵培养的最佳培养基配方：碳源为葡萄糖，碳源浓度为4%，氮源为蛋白胨加硝酸钾，氮源浓度为1.5%，pH=5.5，装液量为80 mL/250 mL。

(5) 发酵醇沉法

发酵醇沉法提取茯苓多糖包括胞外多糖的提取及胞内多糖的提取，前者将发酵液离心得上清液，浓缩至一定体积，乙醇沉淀，将沉淀物用丙酮、乙醚洗涤，得胞外多糖。后者包括胞内水溶性多糖及碱溶性多糖的提取。水溶性多糖的提取：取有机溶剂处理（脱脂）后的茯苓菌丝体粉末采用水提醇沉法进行提取；碱溶性多糖的提取：将上述提取水溶性多糖后的菌丝体滤渣用5倍量0.5 mol/L的NaOH浸提，步骤同稀碱浸提法。液体发酵具有易于操作、节约资源、产率高、周期短、可大规模投入工业生产等优点，已逐渐成为获取茯苓多糖的主要方法。但研究表明，发酵茯苓菌丝体中总多糖的提取率较天然茯苓低，这可能因为发酵茯苓菌丝体多糖的提取工艺不完善，有待进一步优化，也可能由于发酵茯苓菌丝体中总多糖占总糖的比例低于天然茯苓。

(6) 水溶性多糖的提取

称取一定量的茯苓，将其粉碎，按正交设计的用酶量加入适量的蛋白酶，加入5倍量的水提取。开始先升温至60 ℃，在60～70 ℃保持40分钟，后在沸水中提取1小时，离心，得到上清液，再用5倍量的水提取一次，合并两次的提取液减压浓缩至原体积的1/10，用Severge法除去蛋白，至少得重复6次；清液再减压浓缩，继而用3倍量的乙醇沉淀多糖，于冰箱中静置过夜，离心，得沉淀物，干燥，用Smith降解，透析，真空干燥，备用。

(7) 碱溶性多糖的提取

用稀碱（0.5 mol/L、0.75 moL/L、1.0 mol/L NaOH的水溶液）分别处理水提后的茯苓渣，把水提后的茯苓渣分别用5倍量的碱液置于不同的温度下浸泡4小时，此时溶液呈黏稠状，离心得上碱液，把茯苓渣再用3倍量的碱液提取一次，所得碱液合并，抽滤，滤液以10%醋酸液中和至pH=6，再加入3倍量的95%乙醇，于4 ℃放置过夜，离心得沉淀物，用Smith降解，透析2天，再依次用蒸馏水、无水乙醇、丙酮、乙醚洗涤后，真空干燥，备用（图3-4）。

2. 纯化

糖类的分离纯化较其他天然产物困难，多糖类常需要综合采取多种方法进行纯化。多糖提取液中往往含有色素、无机盐、高分子量的蛋白质等多种杂质而影响纯化效果，需逐一分离去除。多糖中游离蛋白质除去过程是非常必要的步骤之一。目前，Sevag 法是除蛋白的主要方法，该法具有反应条件温和，操作简便，去除效果较好，对多糖的结构和活性影响小等特点，在多糖除蛋白过程中应用最为广泛。无机离子、氨基酸、核酸及低聚糖等小分子量物质一般可用半透膜透析法，在大体积蒸馏水中去除。多糖的提取液，尤其是碱提取液，呈褐色、红色或黄色等较深颜色，需要进行除色素处理。由于这些色素物质主要为负性离子的小分子物质，一般采用大孔树脂吸附或者 DEAE -纤维素层析柱去除。DEAE -纤维素层析法是目前最常用的色素去除方法，另外还可以达到纯化多糖的目的。

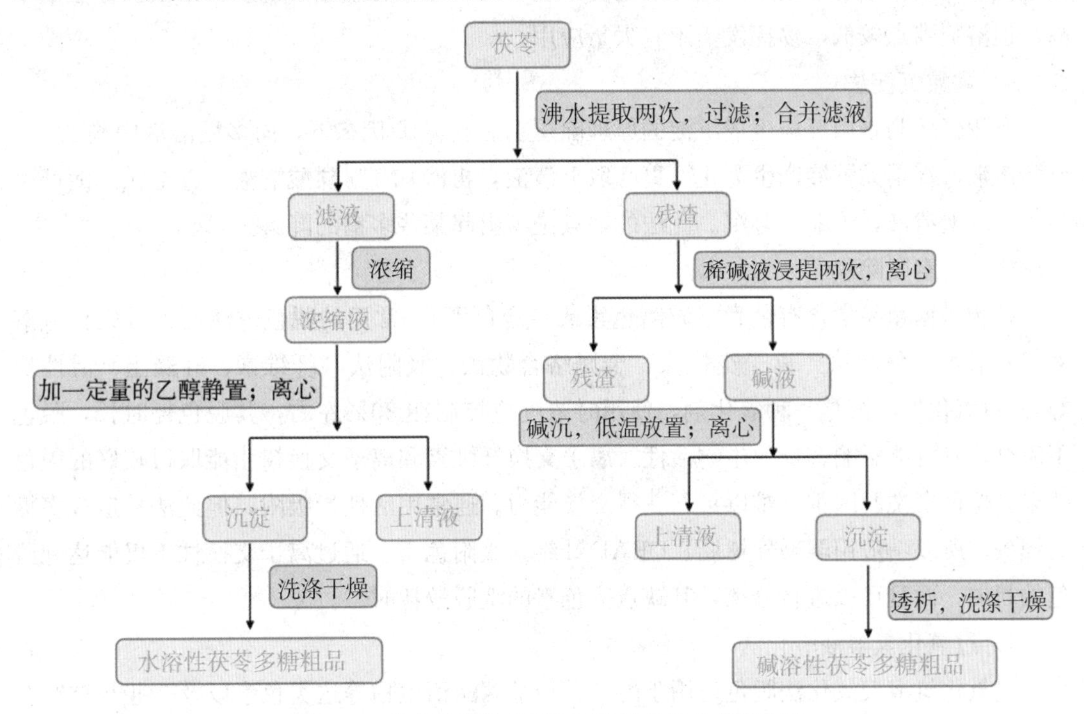

图 3－4　茯苓水溶性多糖和碱溶性多糖的提取方法

（1）蛋白质去除法

蛋白质在水、醇中的溶解性与多糖相似，但蛋白质在特定条件下会变性，利用这一特点可以去除粗多糖中的大部分蛋白质。最常用的方法是 Sevag 法、三氟三氯乙烷法、三氯乙酸法，前两者多用于微生物多糖，后者多用于植物多糖。

1）Sevag 法

根据蛋白质在氯仿等有机溶剂中变性的特点，从而去除蛋白质。按多糖水溶液 1/4～1/3 体积加入氯仿，再加入氯仿体积 1/5 的正丁醇或戊醇混合，剧烈振荡 20～30 分钟，离心，蛋白质与氯仿和正丁醇（或戊醇）生成凝胶物而分离，去除水层和溶剂层交界处的变性蛋白质。该法条件温和，可避免多糖的降解，但除蛋白质效率不高。需重复 5 次左右才能除去蛋白质。如先用蛋白质水解酶使多糖粗品的蛋白质部分降解，与 Severge 法结合脱蛋白质，效果较好。

2）三氯乙酸法

向多糖溶液加入 1/5 体积 10%三氯乙酸溶液，磁力搅拌 30 分钟，离心去除沉淀，用 3 倍体积的 95%乙醇沉淀，3 000 r/min 离心 15 分钟，沉淀后加原来多糖溶液体积的 1/5 水溶解，加入 1/5 体积 10%三氯乙酸溶液，方法同上，处理 3 次，所得溶液用 95%乙醇沉淀。此法缺点是易引起某些多糖的降解。

3）三氟三氯乙烷法

按多糖溶液与三氟三氯乙烷 1∶1 比例混合，在低温下搅拌约 10 分钟，离心，过滤除去蛋白质沉淀，水层继续用上述方法重复处理 2 次，即得无蛋白质的多糖溶液。此法效率高，但溶剂沸点较低，易挥发，不宜大量应用。

4）鞣酸沉淀法

利用鞣酸与蛋白反应生成沉淀的原理除蛋白。在微沸状态下，向多糖溶液中滴加 1%鞣酸溶液，直至无沉淀产生为止。离心取上清液，再滴加 1%鞣酸溶液，直至无沉淀产生为止，取上清液，浓缩，醇沉。此法的缺点是易引起某些多糖的降解。

（2）色素脱除法

植物多糖粗品常含有色素（游离色素或结合色素）。常用的脱色方法有：过氧化氢溶液（双氧水）氧化法、离子交换法、金属络合物法、吸附法（纤维素、硅藻土、活性炭等）。过氧化氢溶液是一种氧化剂，使用时浓度应控制在 30%左右，其脱色耗时长，脱色不完全，有可能影响多糖的生物活性。离子交换纤维素和离子交换树脂能取得较好的脱色效果，但色素洗脱困难，难以重新获得交换能力。通常用活性炭吸附，但此法易造成多糖的损失，所以一般用弱碱性树脂、DEAE 纤维素吸附色素。通过离子交换柱不仅能达到脱色的目的，而且可以进行分离，其缺点为色素的洗脱较耗时。

1）过氧化氢溶液氧化法

过氧化氢溶液氧化法脱色适用于酚类、羟基蒽醌衍生物等这类色素以及一些与糖结合的色素，这种色素用吸附法脱色效果较差。

2）树脂法

树脂法脱色是近几年新发展起来的脱色技术，常用的树脂有大孔树脂、离子交换树脂、DEAE-纤维素树脂等。DEAE-纤维素是目前最常用的树脂脱色方法，通过离子交换柱不仅达到脱色的目的，而且可以分离多糖。但根据研究发现该树脂对茯苓多糖的脱色效果并不显著，且对酸性多糖的吸附力强。

3）活性炭吸附法

活性炭吸附量大，脱色效率高，但对多糖也有较强的吸附作用，使多糖损失很大。

（3）分级沉淀法

分级沉淀法是利用不同分子量的多糖在溶解性方面的差异进行分级，常用的包括有机溶剂沉淀法和季铵盐沉淀法。有机溶剂沉淀法常采用的沉淀剂有乙醇、甲醇、丙酮等。先将多糖溶解于水中，通过加入无水乙醇或者甲醇来逐级改变溶液极性，再收集沉淀，最后可得到分级的多糖。Huang 等用乙酸乙酯、丙酮、热水、NaCl 水溶液、NaOH 等分级提取得到 6 种茯苓多糖。铵盐沉淀法常用于酸性多糖的分离，常用的季铵盐是十六烷基三甲基胺溴化物（CTAB）及其氢氧化物（CTAOOH）和十六烷基吡啶。

（4）透析法

利用半透膜允许小分子、无机离子通过，而大分子的多糖被截留的特性，将多糖溶液盛载于乙酸纤维等半透膜中，通过逆向流水透析除去单糖、氨基酸、无机离子等小分子杂质，使茯苓多糖中的无机盐或小分子糖透过从而达到分离的目的。透析在逆相流水中进行，pH 值保持在 6.0～6.5。操作时将需要处理的茯苓多糖于双蒸水中过夜溶胀后，置于半透膜透析袋中，双蒸水透析，透析液浓缩后用乙醇沉淀多糖。

（5）膜分离

膜分离是指以选择性透过膜为分离介质，当膜两侧存在某种推动力（如压差、浓度差、电位差等）时，原料侧组分可选择透过膜，从而达到分离提纯的目的。由于膜分离工艺设备简单，生产周期短，工艺稳定，生产成本低，且在分离过程中没有化学处理，可以保持多糖的生物活性，因而逐步开始运用于多糖的工业生产。膜分离在多糖上的应用主要分两种：一种是多糖除杂，即利用膜分离技术将多糖与杂质分开，如浸提液中的微尘、粗纤维、胶质等大分子物质或者色素类的小分子；另一种是多糖分级，即用不同截留分子量的膜对多糖进行组分分离。屈贺幂等采用超滤法对茯苓多糖进行分级纯化，将其微滤后分别用截留分子量 100 000、5 000、10 000 Da 的聚砜膜进行反复超滤。分别得到不同分子量的茯苓多糖四段。虽然膜分离法只能将多糖按其分子量大小粗略的分段，但由于其进样量大、分离快速，为多糖的进一步纯化提供了极大的便利。

膜分离操作：称取 2.0 g 经除杂后的茯苓多糖，溶解于 1 L 去离子水中，用布氏漏斗对溶液过滤得样液，将样液先通过 0.2 μm 的膜进行微滤，再将透过液通过 10 kDa 的膜进行超滤，由此分段得到三组分溶液，分别将其浓缩冻干。

（6）柱色谱法

目前，柱色谱技术已越来越多地应用于多糖的分离纯化。按分离原理主要有离子交换、分子筛和吸附三种类型。

1）阴离子交换凝胶柱色谱法

常用的阴离子交换凝胶有 DEAE-纤维素（即二乙氨基乙基纤维素）、ECTEOLA-纤维素、DEAE-Sepharose FF 等。DEAE-纤维素和 ECTEOLA-纤维素，分为硼砂型和碱型两种，洗脱剂多为不同浓度的碱溶液、硼砂溶液、盐溶液，适合于分离酸性多糖、中性多糖和黏多糖。在 pH=6 时酸性多糖能吸附于交换剂上，中性多糖不能吸附，然后用 pH 相同、离子强度不同的缓冲液可将酸性不同的酸性多糖分别洗脱出来。中性多糖用硼砂型柱色谱分离，洗脱剂可用不同浓度的硼砂溶液。DEAE-Sepharose FF 常用各种盐溶液作为洗脱剂。

2）分子筛凝胶柱色谱法

分子筛凝胶柱色谱法又称分子排阻凝胶色谱法、凝胶过滤色谱法，是根据凝胶的分子筛性质利用多糖的分子量大小差别进行分离。常用的凝胶有葡聚糖凝胶、琼脂糖凝胶、聚丙烯酰胺凝胶、DEAE-葡聚糖凝胶、聚丙烯酰胺等。一般使用小孔隙的葡聚糖凝胶 G-25、G-10 等除去无机盐和小分子化合物，使用葡聚糖凝胶 G-200 等进行不同分子量多糖的分离，洗脱剂多为各种浓度的盐溶液及缓冲液，凝胶柱色谱法不宜用于黏多糖的分离。阴离子交换凝胶柱色谱法和分子筛凝胶柱色谱法的结合使用是获得均一多糖最为通用的实验手段。

3）纤维素柱色谱法

纤维素对多糖的分离，是利用混合糖的溶液，流经预先以另一种溶剂（如乙醇）混悬的纤维素柱，多糖在此多孔支持介质上析出沉淀，再以递减醇浓度的烯醇逐步洗脱，溶出各种多糖。流出柱的先后顺序通常是水溶性大的先出柱，水溶性差的最后出柱，与分级沉淀法正好相反。此法较分级沉淀法为优，因为其接触面大。纤维素柱层析还可用丙酮、水饱和丁醇、异丙醇、水饱和甲乙酮等，或用丁醇：乙酸：水（9：2：1）、乙酸乙酯：乙酸：水（7：2：2）等系统。

（7）季铵盐沉淀法

阳离子型清洁剂如十六烷基三甲铵盐（CTA 盐）和十六烷基吡啶盐（CP 盐）等和酸性多糖阴离子可以形成不溶于水的沉淀，使酸性多糖自水溶液中沉淀出来，中性多糖留存在母液中而分离。中性多糖也可沉淀，或在高 pH 的条件下，增加中性醇羟基的解离度而使之沉淀。

（8）制备性区域电泳

分子大小、形状及所负电荷不同的多糖其在电场的作用下迁移速率是不同的，故可用电泳的方法将不同的多糖分开，电泳常用的载体是玻璃粉。具体操作是用水将玻璃粉拌成胶状，装柱，用电泳缓冲液（如 0.05 mol/L 硼砂水溶液，pH=9.3）平衡 3 天，将多糖加于柱上端，接通电源，胶柱的上端为正极（多糖的电泳方向是向负极的），下端为负极，电泳柱单位厘米的电压为 1.2～2 V，电流 30～35 mA，电泳的时间为 5～12 小时。电泳完毕后将玻璃粉载体推出柱外，分割后分别洗脱、检测。该方法分离效果较好，但只适合于实验室小规模使用，且电泳柱中必须有冷却夹层。

（9）金属离子沉淀法

铜盐沉淀多糖，可用 $CuCl_2$、$CuSO_4$、$Cu(OAc)_2$ 的溶液或是费林试剂、铜乙二胺试剂。通常需加过量的试剂用于沉淀，但费林试剂不可太多过量，因其有使多糖铜复合物沉淀重新溶解的危险。沉淀分解恢复可用酸的醇溶液或用螯合试剂。常用的铜盐分级沉淀法是费林试剂法和醋酸铜乙醇法。饱和 $Ba(OH)_2$ 溶液可使树胶类多糖沉淀，特别容易使 β(1,4)-D-甘露聚糖沉淀而和木聚糖分离。

（10）其他方法

在多糖分离的纯化中，超滤、超速离心等方法均有使用。

3. 分析

茯苓多糖类成分主要为β-茯苓聚糖以及羧甲基茯苓多糖、木聚糖、茯苓次聚糖、μ-

茯苓多糖、f-茯苓多糖、(1，3)-(1，6)-β-D-葡聚糖、纤维素等。

（1）分子量测定

测定多糖分子量及其分布的方法很多，有端基分析法、拉乌尔法、凝胶渗透色谱法、气相渗透法等，其中高效分子排阻色谱法（high performance size exclusion chromatography，HPSEC）具有设备和操作简单、分辨率高、分离效率高、重复性好等优点，HPSEC法测定的是高分子物质分子量（molecular weight，Mw）的相对值，MALLS法测定的是高分子物质Mw的绝对值，两者联用可实现不同Mw高聚物的快速分离分析。近年来，高效尺寸分子排阻色谱-十八角激光散射仪联用法以快速、高效、稳定等特点被WHO推荐纳入多糖质控体系。高效尺寸排阻色谱-多角度激光光散射-示差折光联用（HPSEC-MALLS-RI）能够直接测出样品的绝对分子量，不需要相同结构的对照品绘制标准曲线，能准确地测定物质的重均、数均和Z均分子量及分子量分布。测定的分子量范围很广，可以从几十万到几百万道尔顿，同时还可获得样品的聚集态信息（棒状、无规则线团或球形）。

利用排阻色谱-示差折光法对所得的活性多糖进行分子量测定，对照品使用右旋糖酐Dextran（Fluca）的分子量依次为1 000、5 000、12 000、25 000、50 000、80 000、150 000、410 000、670 000，用三蒸水溶解，经0.45 μm滤膜滤过，以对照品的保留时间为横坐标，分子量的对数值为纵坐标制作GPC的标准曲线。根据样品的保留时间，计算出样品的分子量。

多糖衍生物分子量的测定采用尺寸排阻色谱与激光光散射联用仪（size exclusion chromatography with laser light scattering）。尺寸排阻色谱（size exclusion chromatography，SEC）基本原理是利用样品分子中的不同孔径的颗粒经过多孔径的凝胶色谱填料颗粒（填料颗粒之间间隙/填料颗粒孔内部），致使不同孔径的颗粒流经路程不同，即在色谱中停留时间不同而依次洗脱出来。激光光散射（LLS）与尺寸排阻色谱（SEC）联用技术可以直接测定高分子的绝对分子量，应用更广泛。样品测定前仪器先用分子量为10 000的聚乙二醇进行校正，检测温度设定为25 ℃，多角度激光光散射仪检测波长调至658 nm，设定折射率增量（dn/dc）为0.135 mL/g。将待测样品溶于1 mL磷酸缓冲液（pH=7.40）中，配成浓度为3.0 mg/mL的溶液。进样前经0.2 μm的水相微孔滤膜过滤，进样量为500 μL。其他步骤同高压液相色谱测定方法。刘颖等采用HPSEC-MALLS-RI联用技术测定茯苓分子量及分布，图谱分析显示茯苓多糖含有两种组分，依次称为组分A、组分B，组分A的Mw为4.671×10^{6}（±1.003%），占总量的12.3%，而组分B的Mw为6.144×10^{4}（±2.466%），含量较高，占总量的87.7%，两组分的分子量分布宽度（Mw/Mn）皆小于2，说明其均一性良好。

（2）TLC分析单糖组成

样品水解液制备：称取APPC 20 mg，加入2 mol/L的硫酸4 mL于具塞试管中，105 ℃水解10小时，$Ba(OH)_2$中和，离心，取上清液，浓缩至1 mL，备用。

对照品溶液制备：配制各单糖对照品质量浓度为 2 mg/mL，备用。

显色剂制备：称取 0.93 g 苯胺和 1.66 g 邻苯二甲酸溶于 100 mL 水饱和正丁醇中，备用。

展开系统：以展开剂 1（正丁醇∶醋酸乙酯∶异丙醇∶无水乙醇∶水=7∶16∶12∶10∶9），展开剂 2（正丁醇∶醋酸乙酯∶异丙醇∶乙酸∶吡啶∶水=7∶20∶12∶7∶6∶5），采用上行法 2 次展开，展开距离相同，晾干后均匀喷上显色剂，置 105 ℃烘箱 20 分钟。由 R_f 值确定单糖组成。

1）完全酸水解：取多糖 10 mg 加 1 mol/L H_2SO_4 溶液，封管 100 ℃下水解，再用碳酸钡中和，浓缩后点样于层析滤纸上进行纸层析。

2）纸层析（PC）：采用新华慢速滤纸，葡萄糖、半乳糖、果糖为标准样品作为对照品。展开剂：正丁醇∶冰醋酸∶水=4∶1∶5，显色剂为硝酸银与氢氧化铵，室温下上行 48 小时。

3）薄层层析（TLC）：单糖标准品与纸层析同，0.1 mol 比硼酸调制硅胶成糊状，平铺在玻璃板上，110 ℃活化 1 小时。展开剂为正丁醇∶乙酸乙酯∶异丙醇∶乙醇∶水=7∶20∶12∶7∶6，显色剂为苯胺-邻苯二甲酸，室温下上行 2 小时。

（3）红外波谱分析以及核磁共振波谱分析

红外光谱分析采用 KBr 压片法在 400～4 000 cm^{-1} 测定。核磁共振分析采用 Bruker AV600 型超导核磁共振谱仪，温度 300 K，溶剂为 D_2O，DMSO 定标。

在 3 448 cm^{-1} 处有一强吸收峰，是由于茯苓多糖中羟基的伸缩振动，吸收峰的峰形宽展圆滑说明多糖分子内或分子间存在氢键；2 930 cm^{-1} 处有一弱吸收峰，是由于 C—H 的不对称伸缩振动；1 642 cm^{-1} 处的强吸收峰是由于 C═O 的伸缩振动；1 419 cm^{-1} 处有一种强吸收峰，是由于多糖中 C—H 的变角振动；光谱在 1 200～1 000 cm^{-1} 区域中有几个弱峰，这是由于环振动与（C—OH）侧基的拉伸振动及 C—O—C 糖苷键的振动重叠。红外光谱符合茯苓多糖的结构特征。

（4）GC-MS 分析单糖组成

色谱条件：柱温 100 ℃，进样口温度 280 ℃，分流比 30∶1。程序升温：100 ℃保持 3 分钟，14 ℃/min 升温至 163 ℃，保持 9 分钟；20 ℃/min 升温至 210 ℃，保持 3 分钟；25 ℃/min 升温至 280 ℃，保持 3 分钟。

对照品乙酰化处理：精密称取单糖对照品各 2 mg，加入盐酸羟胺吡啶溶液（20 mg/mL）1 mL，混匀后 90 ℃水浴 30 分钟，冷却至室温后加入 1 mL 醋酸酐，混匀，90 ℃水浴 30 分钟，冷却，15 000 r/min 离心 15 分钟，取上清液 1 μL 进样。

水解样品乙酰化处理：精密称取水解 ATPCP 10 mg，加入盐酸羟胺吡啶溶液（20 mg/mL）0.5 mL，混匀后于 90 ℃水浴 30 分钟，冷却至室温后加入 0.5 mL 醋酸酐，混匀，90 ℃水浴 30 分钟，冷却，15 000 r/min 离心 15 分钟，取上清液 1 μL 进样。

（5）HPLC 分析单糖组成

取 6 mg 茯苓多糖样品于安瓿瓶中，加入 2 mol/L TFA 2 mL，使其充分溶解。封管后在 120 ℃的烘箱中水解 4 小时，冷却至室温，加入适量甲醇在 40 ℃下减压旋蒸至干，重复此操作 7～8 次，除去过量的 TFA，得到水解产物，用双蒸水溶解后备用。配制 1 mg/mL 的混合单糖标准液，取水解后的样品和单糖标准液各 0.5 mL，加入 0.6 mol/L NaOH 溶液 0.5 mL，混合均匀后，再加入 0.5 mol/L PMP 的甲醇溶液 1 mL，置于 70 ℃烘箱中反应 100 分钟。冷却至室温后用盐酸溶液中和，最后将中和后的溶液用氯仿萃取 3 次，弃去氯仿相，水相用 0.45 μm 微孔膜过滤后供 HPLC 进样分析。采用 Agilent 1260 HPLC 仪进行分析，色谱柱为 Agilent Eclipse XDB－C18 柱（4.6 mm×250 mm，5 μm），柱温 35 ℃，进样量为 10 μL，流动相为乙腈和 0.1 mol/L 磷酸盐缓冲液（pH=6.8），其体积比为 18∶82；检测器为二级阵列管检测器（DAD），检测波长 250 nm。

（6）含量测定

茯苓中多糖含量的检测一般采用紫外分光光度法（苯酚-硫酸比色法）测定茯苓中总糖含量。另有采用 3,5－二硝基水杨酸（DNS）比色定糖法检测还原糖含量，相减得到多糖含量。原理：粗多糖在硫酸的作用下，水解成单糖，并迅速脱水生成糖醛衍生物，与苯酚缩合成棕红色化合物，在一定的浓度范围内，糖的含量和反应液的颜色深度成正比例的关系，用分光光度法测定样品在 490 nm 处的 OD 值可测定样品中的含糖量。5%苯酚试剂的配制：取苯酚加热蒸馏收集 182 ℃的馏分，吸取此馏分 10 mL 加水至 200 mL 置棕色瓶内，放冰箱备用。

第二节 茯苓三萜

一、结构

羊毛甾烷型四环三萜是四环三萜类化合物中数量较多的一类化合物，其在植物中多以苷元的形式存在，少数以苷的形式存在。富含有羊毛甾烷型类化合物的茯苓等在我国具有悠久的药用历史，在我国卫生事业的发展中起着非常重要的作用。

茯苓中三萜类化合物包括羊毛甾烷三萜烯型和 3,4－开环羊毛甾烷三萜烯型两大类，根据母核上双键的个数和位置可分为羊毛甾－8－烯型三萜（lanosta－8－ene type triterpenes）、羊毛甾－7,9(11)－二烯型三萜［lanosta－7,9(11)－diene type triterpenes］、3,4－开环-羊毛甾－7,9(11)-二烯型三萜［3,4-seco-lanostan-7,9(11)-diene type triterpenes］和 3,4－开环-羊毛甾－8－烯型三萜（3,4-seco-lanostan-8-ene type triterpenes）等四类。

1. 羊毛甾烷三萜烯型（表 3－2）

羊毛甾－8－烯型三萜，母核主要结构特征：环内双键在 C8 位上。侧链特征：①侧链双键在C24(25)或C24(31)位上(7β-羟基-3,11,15,23-四酮基-羊毛甾-8-烯-26-酸除外);②C3位基团不同,一般为羟基、乙酰氧基、酮基或无基团,具有α或β的旋光异构;③C16位基团不同,可能为羟基、乙酰氧基或无基团,一般为α构型;④C21位具有羧基,差异在于是否甲酯化(7β-羟基-3,11,15,23-四酮基-羊毛甾-8-烯-26-酸除外);⑤C25位是否有羟基或甲氧基,C31位是否有羟基;⑥该类型的化合物大多数为二烯酸,一般在210 nm处有最大紫外线吸收。

羊毛甾-7,9(11)-二烯型三萜,母核主要结构特征:环内双键在C7和C9(11)位上。侧链特征:①侧链双键在C24(25)或C24(31)位上;②C3位基团不同,一般为羟基、乙酰氧基、酮基或无基团,偶见其他基团(如对-羟基苯甲酰氧基、苯甲酰氧基、丙二酸甲酯基、3-羟基-3-甲基戊二酰基等),具有α或β的旋光异构;③C16位基团不同,可能为羟基、乙酰基或无基团,一般为α构型;④C21位具有羧基,差异在于是否甲酯化;⑤C6位是否有羟基或乙酰氧基,C15、C25、C27及C29是否有羟基,C5和C8位是否具有氧桥,C24是否有酮基;⑥该类型的化合物为三烯酸,一般在240 nm或242 nm处有最大紫外线吸收。

表3-2 羊毛甾烷三萜烯型化合物

序 号	化 合 物
羊毛甾-8-烯型三萜(lanosta-8-ene type triterpenes)(图3-5):	
1	25-羟基茯苓酸(25-Hydroxypachymic acid)
2	土莫酸(Pachymic acid)
3	16α-羟基伯利康素酸(16α-Hydroxyeburiconic acid)
4	松苓酸(Trametenolic acid)
5	16α-羟基松苓酸(16α-Hydroxytrametenolic acid)
6	齿孔酸(Eburicoic acid)
7	乙酰依布里酸(Acetyleburicoic acid)
8	茯苓酸甲酯(Pachymic acid methy ester)
9	土莫酸甲酯(Tumulosic acid methy ester)
10	松苓酸甲酯(Trametenolate methy ester)
11	16α-羟基松苓酸(16α-Hydroxytrametenolic acid)
12	3-O-乙酰基-16α-羟基松苓酸(3-O-Acetyl-16α-hydroxytrametenolic acid)
13	4-O-乙酰基-16α-羟基松苓酸甲酯(4-O-Acetyl-16α-hydroxytrametenolic acid methy ester)
14	16-O-乙酰茯苓酸(16-O-Acetylpachymic acid)
15	26-羟基-16-O-乙酰茯苓酸(26-Hydroxy-16-O-acetylpachymic acid)

续表 1

序 号	化 合 物
16	3-O-乙酰基茯苓酸甲酯 (3-O-Acetyl-pachymic acid methy ester)
17	3-O-乙酰基茯苓酸-31-醇 (3-O-Acetylpachymic acid-31-ol)
18	15α-羟基去氢土莫酸 (15α-Hydroxydehydrotumulosic acid)
19	25-羟基去氢土莫酸 (25-Hydroxydehydrotumulosic acid)
20	29-羟基去氢土莫酸 (29-Hydroxydehydrotumulosic acid)
21	16α-乙酰氧基-羊毛甾-8,24-二烯-21-酸 (16α-Acetoxy-lanosta-8,24-dien-21-oic acid)
22	16α-乙酰氧基-25,25-二甲氧基-羊毛甾-8,24(31)-二烯-21-酸 [16α-Acetoxy-25,25-dimethoxyl-lanosta-8,24(31)-dien-21-oic acid]
23	25-羟基土莫酸 (25-Hydroxy-tumulosic acid)
24	25-羟基-3-差向土莫酸 (25-Hydroxy-3-epi-tumulosic acid)
25	3-酮基-16α,25-二羟基-羊毛甾-8,24(31)-二烯-21-酸 [3-Oxo-16α,25-dihydroxy-lanosta-8,24(31)-dien-21-oic acid]
26	松苓酸 A (Pinicolic acid A)
27	过氧茯苓酸 (Peroxypachymic acid)
28	16α-羟基-羊毛甾-8,24-二烯-21-酸 (16α-Hydroxy-lanosta-8,24-dien-21-oic acid)
羊毛甾-7,9(11)-二烯型三萜 [lanosta-7,9(11)-diene type triterpenes] (图 3-6):	
29	去氢茯苓酸 (Dehydropachymic acid)
30	3-差向去氢茯苓酸 (3-epi-Dehydropachymic acid)
31	3-O-乙基-16α,26-二羟基松苓酸 (3-O-Acetyl-6α,26-dihydroxydehydrotrametenolic acid)
32	6-乙酰氧基-16α-羟基松苓新酸 (6-Acetoxy-16α-dihydroxydehydrotrametenolic acid)
33	6α-羟基去氢茯苓酸 (6α-Hydroxydehydropachymic acid)
34	29-羟基去氢茯苓酸 (29-Hydroxydehydropachymic acid)
35	去氢土莫酸 (Dehydrotumulosic acid)
36	4-差向去氢土莫酸 (4-Epidehydrotumulosic acid)
37	猪苓酸 C (Polyporenic acid C)
38	16α-乙酰氧基猪苓酸 C (16α-acetoxypolyporenic acid C)
39	松苓新酸 (Dehytrotrametenolic acid)
40	3-表-氢化去氢松苓酸 (3-epi-Dehytrotrametenolic acid)
41	去氢齿孔酸 (Dehytroeburicoic acid)
42	16α-羟基-羊毛甾-7,9(11),24(31)-三烯-21-酸 [16α-Hydroxy-lanosta-7,9(11),24(31)-trien-21-oic acid]
43	去氢依布里酸甲酯 (Dehytroeburicoic acid methy ester)

续表 2

序号	化合物
44	3-O-乙酰基去氢依布里酸（3-O-acetyl-dehydroeburicoic acid）
45	6α-羟基去氢土莫酸（6α-Hydroxydehydrotumulosic acid）
46	15α-羟基去氢土莫酸（15α-Hydroxydehydrotumulosic acid）
47	25-羟基去氢土莫酸（25-Hydroxydehydrotumulosic acid）
48	29-羟基去氢土莫酸（29-Hydroxydehydrotumulosic acid）
49	3α,16α,25-三羟-羊毛甾-7,9(11)，24(31)-三烯-21-酸［3α,16α,25-Trihydroxy-lanosta-7,9(11),24(31)-trien-21-oic acid］
50	5-羟基猪苓酸 C（5-Hydroxypolyporenic acid C）
51	6α,16β-二羟基猪苓酸 C（6α,16β-Dihydroxypolyporenic acid C）
52	7-乙酰氧基猪苓酸 C（7-Acetoxy-polyporenic acid C）
53	3β-乙酰氧基-16α-羟基-羊毛甾-7,9(11),24-三烯-21-酸［3β-Acetoxy-16α-hydroxylanosta-7,9(11),24(31)-trien-21-oic acid］
54	3α-乙酰氧基-16α-羟基-羊毛甾-7,9(11),24-三烯-21-酸［3α-Acetoxy-16α-hydroxy-lanota-7,9(11),24-trien-21-oic acid］
55	3-酮基-羊毛甾-7,9(11),24(31)-三烯-21-酸［3-keto-lanosta-7,9(11)，24(31)-trien-21-oic acid］
56	3β,16α-二羟基-羊毛甾-7,9(11),24-三烯-21-酸［3β,16α-Dihydroxy-lanosta-7,9(1),24-trien-21-oic acid］
57	16α-乙酰氧基-羊毛甾-7,9(11),24-三烯-21-酸［16α-Acetoxy-lanosta-7,9(11),24-trien-21-oic acid］
58	3β,16α,27-三羟基-羊毛甾-7,9(11),24-三烯-21-酸［3β,16α,27-Trihydroxy-lanosta-7,9(11),24-trien-21-oic acid］
59	3,16α-二羟基-羊毛甾-7,9(11),24-三烯-21-酸甲酯［3,16α-Dihydroxy-lanosta-7,9(11),24-trien-21-oicacid methy ester］
60	松苓新酸甲酯（Dehytrotrametenolic acid methy ester）
61	6α-羟基去氢茯苓酸（6α-Hydroxydehydropachymic acid）
62	3β-对-羟基苯甲酰基去氢土莫（3β-Hydroxybenzoyl dehydrotumulosic acid）
63	3α-苯甲酰基去氢土莫酸（3α-epi-benzoyldehydrotumulosic acid）
64	3α-丙二酸甲酯基-16α-羟基-羊毛甾-7,9(11),24(31)-三烯-21-酸［3α-Methyl-malonyl-16α-hydroxy-lanosta-7,9(11),24(31)-trien-21-oic acid］
65	3α-(3-羟基-3-甲基戊二酰基)-16α-羟基-羊毛甾-7,9(11),24(31)-三烯-21-酸［3α-Epi-(3-Hydroxy-3-methylglutaryloxyl)-16α-hydroxy-lanosta-7,9(11),24(31)-trien-21-oic acid］
66	5α,8α-过氧化-16α-羟基-羊毛甾-7,9(11),24(31)-三烯-21-酸［5α,8α-Peroxy-16α-hydroxy-lanosta-7,9(11),24(31)-trien-21-oic acid］

续表 3

序号	化合物
67	O-乙酰基去氢土莫酸（O-Acetyldehydrotumulosic acid）
68	3β-羟基-16α-乙酰氧基-羊毛甾-7,9(11),24-三烯-21-酸［3β-Hydroxy-16α-acetoxy-lanosta-7,9(11),24-trien-21-oic acid］
69	16α-乙酰氧基-羊毛甾-7,9(11),24-三烯-21-酸［16α-acetoxy-lanosta-7,9(11),24-trien-21-oic acid］
70	16α-乙酰氧基-25,25-二甲氧基-羊毛甾-7,9(11)，24(31)-三烯-21-酸［16α-Acetoxy-25,25-dimethoxyl-lanosta-7,9(11),24(31)-dien-21-oic acid］
71	3α,16α,27-三羟基-羊毛甾-7,9(11),24-三烯-21-酸［3α,16α,27-Trihydroxy-lanosta-7,9(11),24-trien-21-oic acid］
72	3-酮基-16α,25-二羟基-羊毛甾-7,9(11),24(31)-三烯-21-酸［3-Oxo-16α,25-dihydroxy-lanosta-7,9(11),24(31)-trien-21-oic acid］
73	3-酮基-16α,29-二羟基-羊毛甾-7,9(11),24(31)-三烯-21-酸［3-Oxo-16α,29-dihydroxy-lanosta-7,9(11),24(31)-trien-21-oic acid］
74	3α,16α-二羟基-24-酮基-羊毛甾-7,9(11)-二烯-21-酸［3α,16α-Dihydroxy-24-oxo-lanosta-7,9(11)-dien-21-oic acid］
75	3-酮基-羊毛甾-7,9(11),24-三烯-21-酸［3-Oxo-lanosta-7,9(11),24-trien-21-oic acid］
76	3β,16α-二羟基-24-酮基-羊毛甾-7,9(11)-二烯-21-酸［3β,16α-Dihydroxy-24-oxo-lanosta-7,9(11)-dien-21-oic acid］
77	16α-羟基-羊毛甾-7,9(11),24-三烯-21-酸［16α-Hydroxy-lanosta-7,9(11),24-trien-21-oic acid］

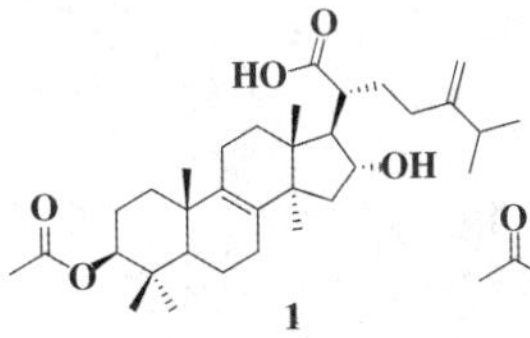

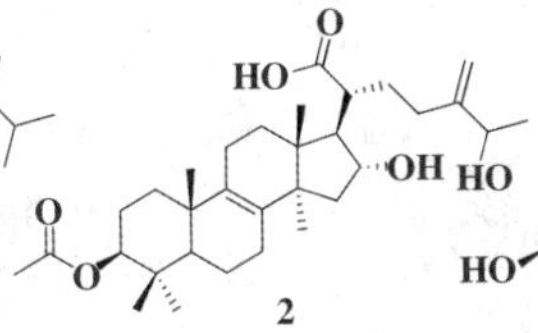

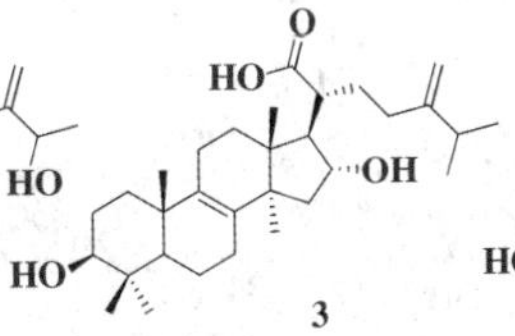

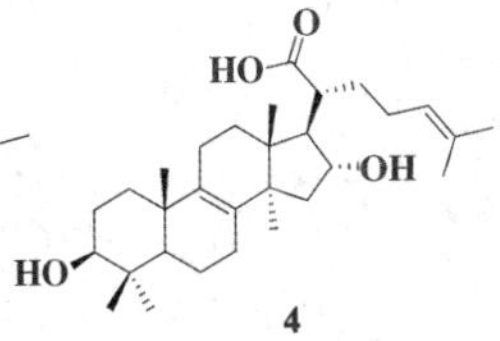

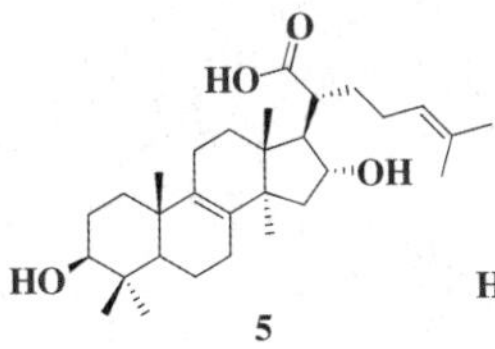

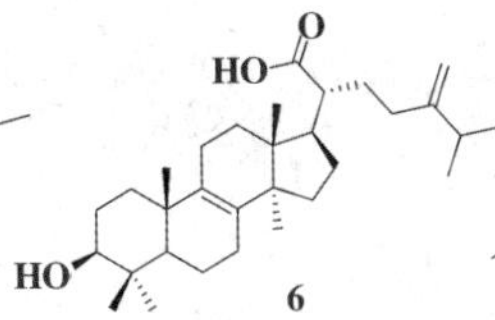

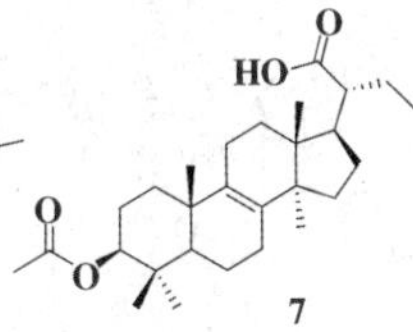

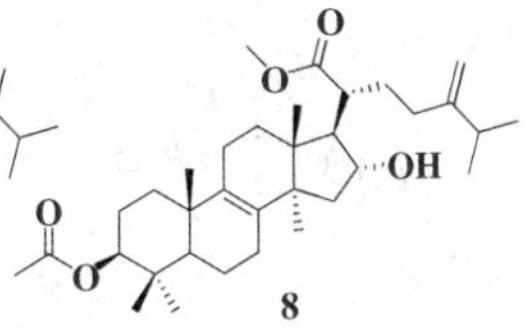

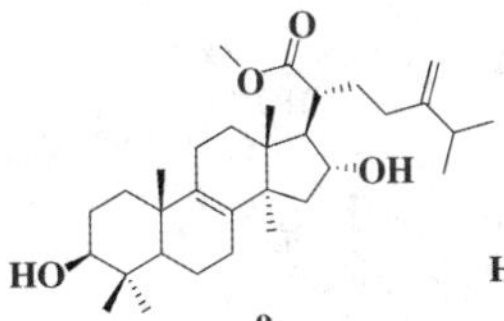

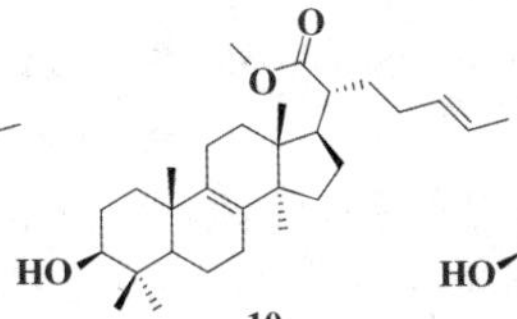

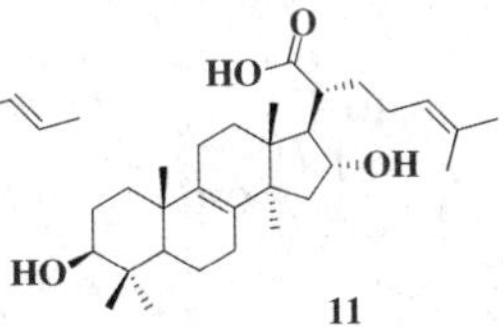

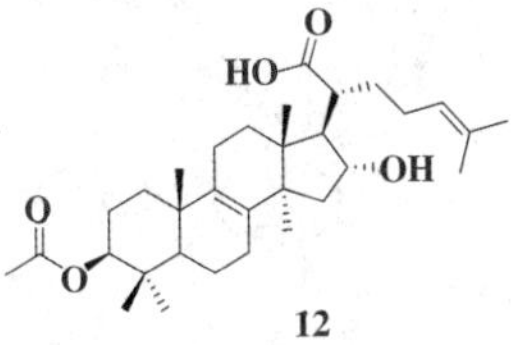

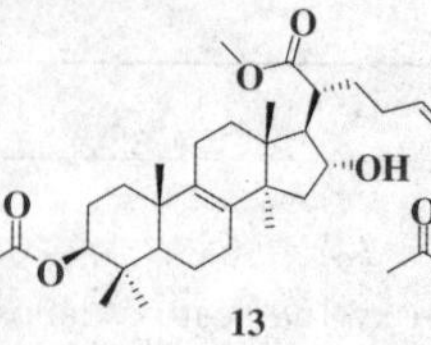

13 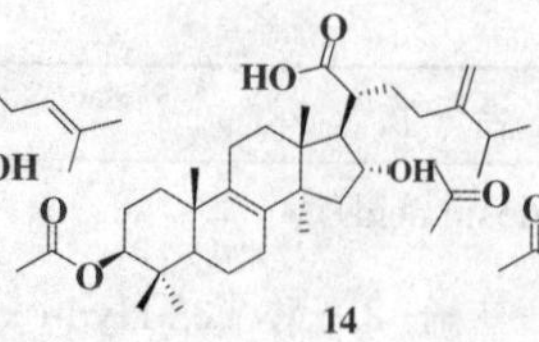 14 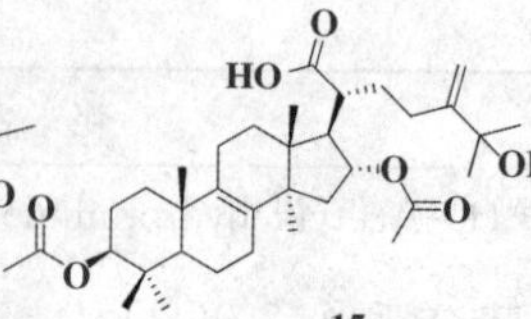 15 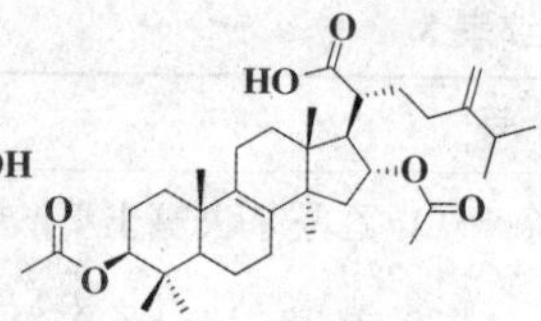 16

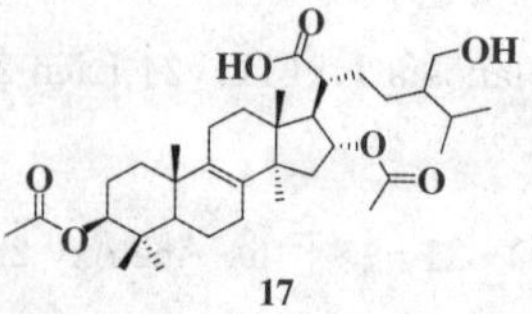

17 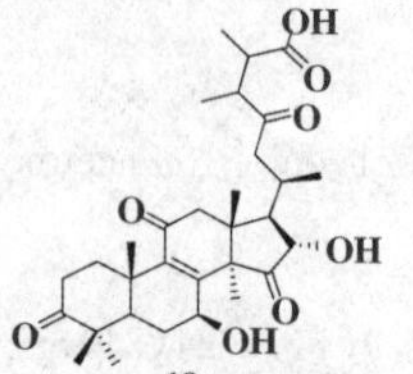 18 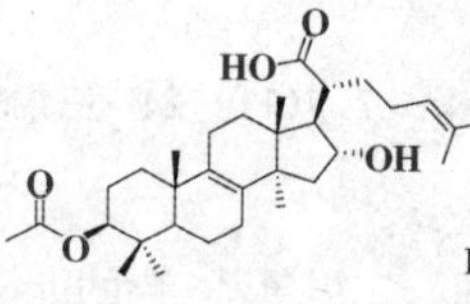 19 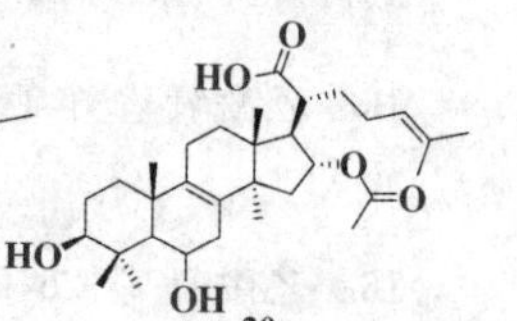 20

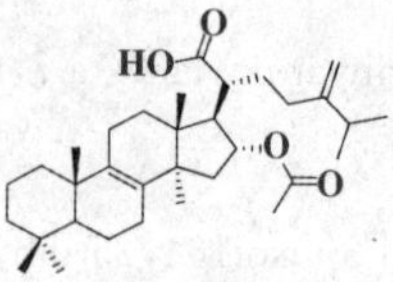

21 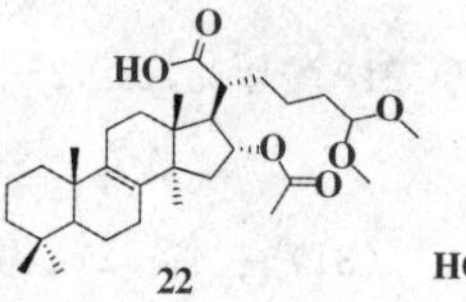 22 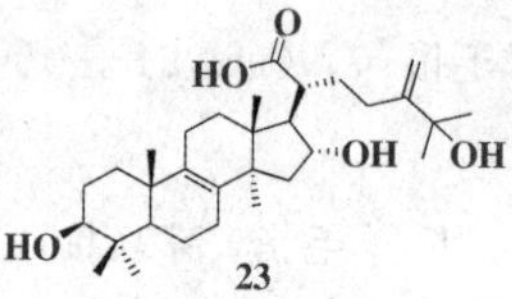 23 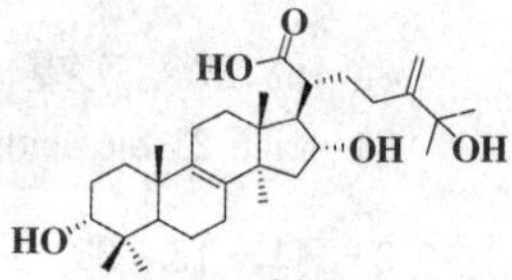 24

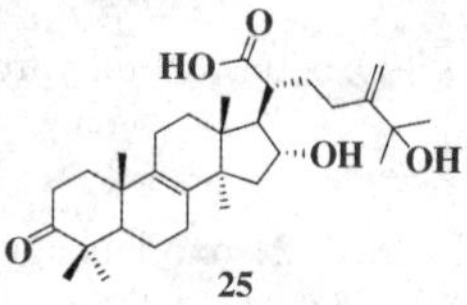

25 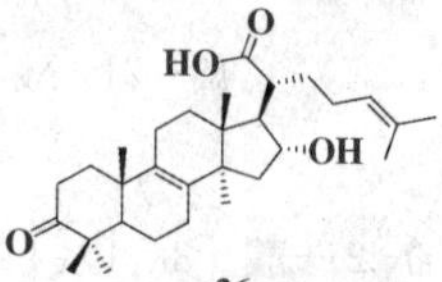 26 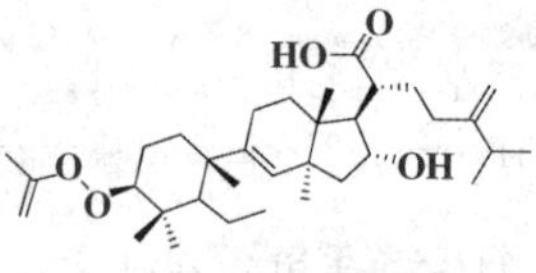 27 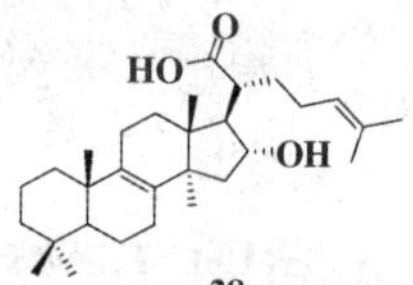 28

图 3-5 茯苓中羊毛甾-8-烯型三萜类（1~28）结构图

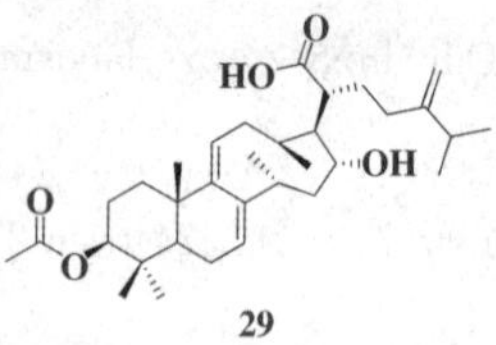

29 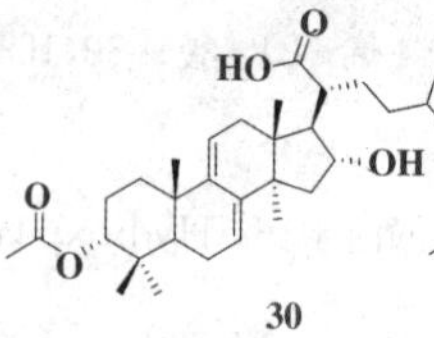 30 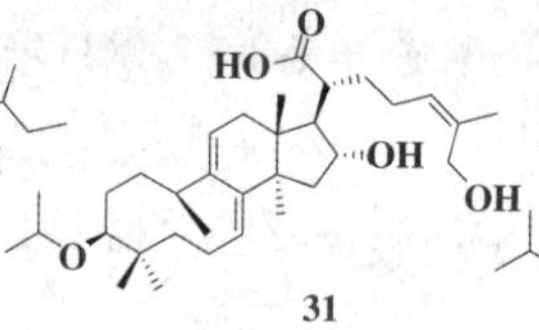 31 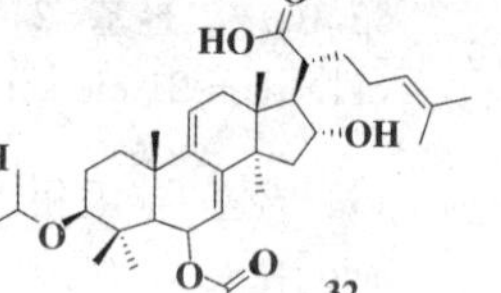 32

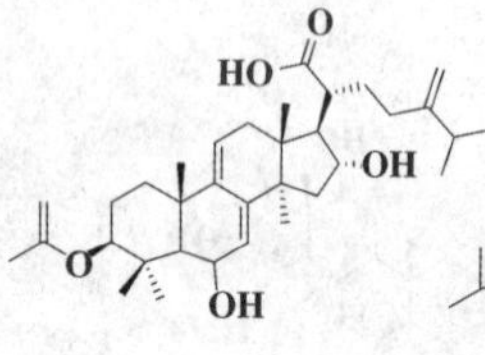

33 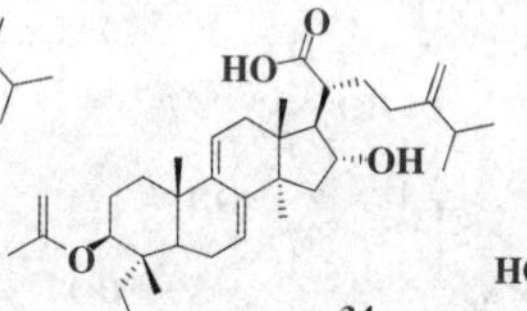 34 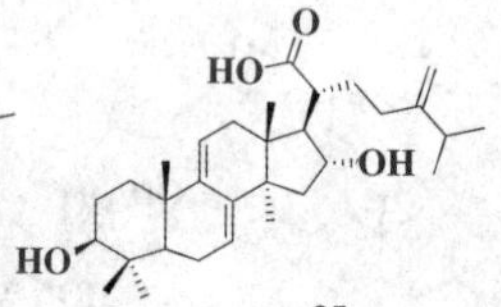 35 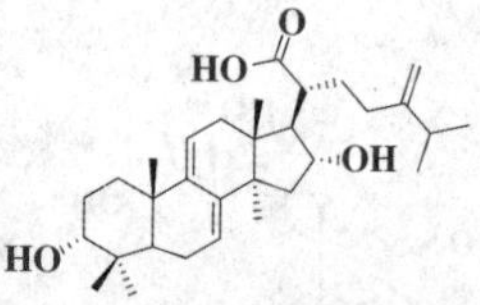 36

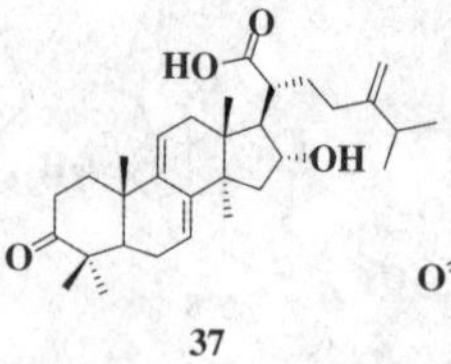

37 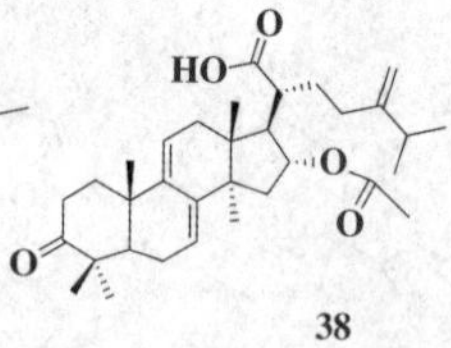 38 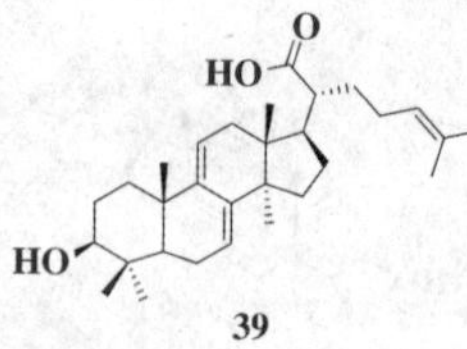 39 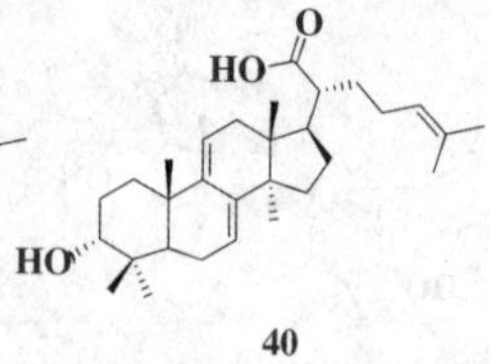 40

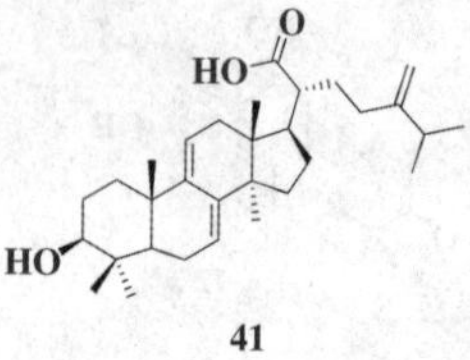

41 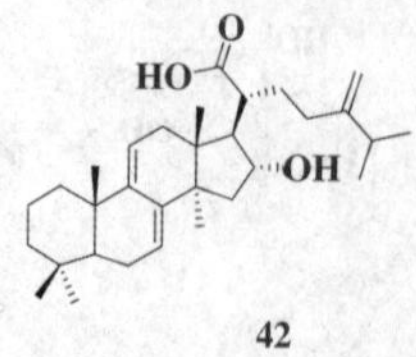 42 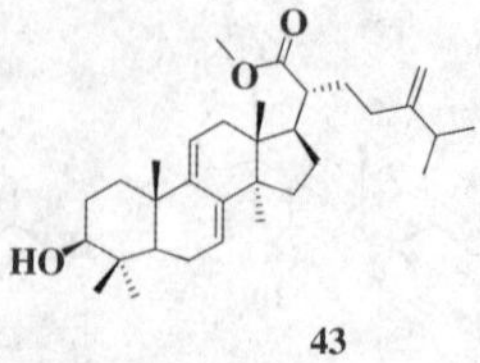 43 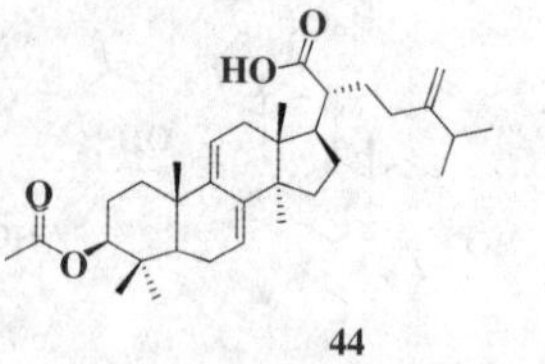 44

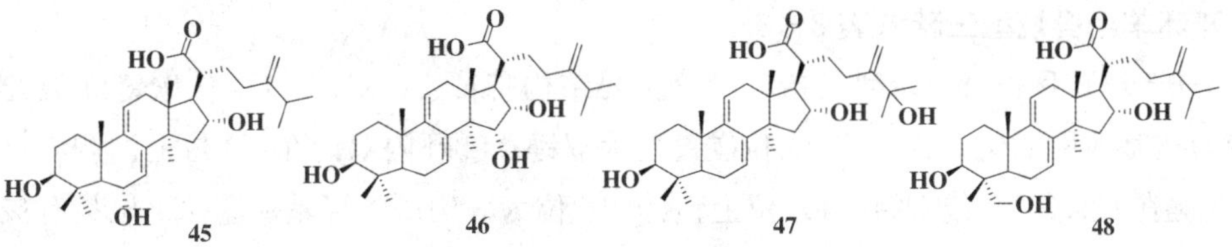

45　46　47　48

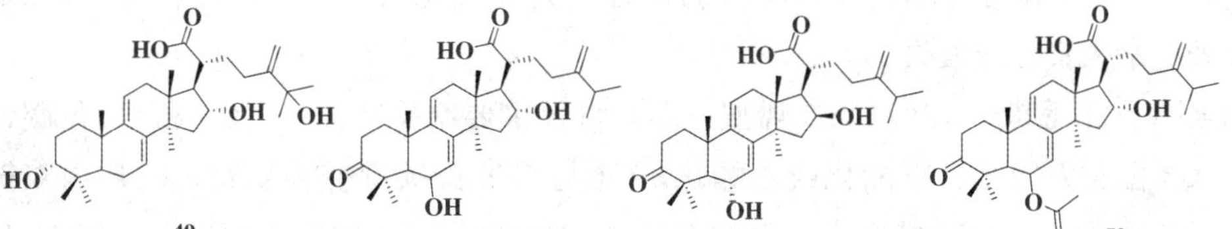

49　50　51　52

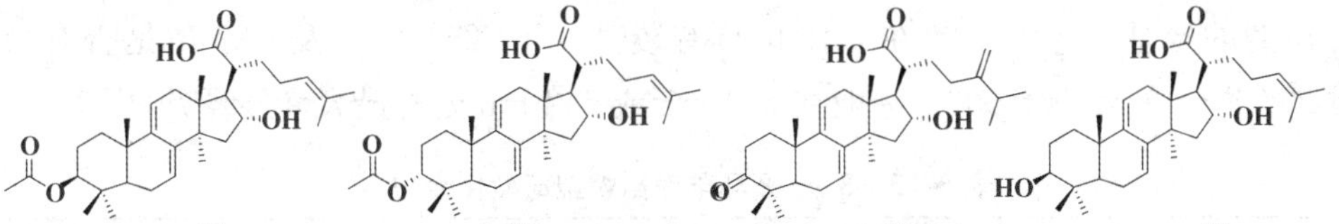

53　54　55　56

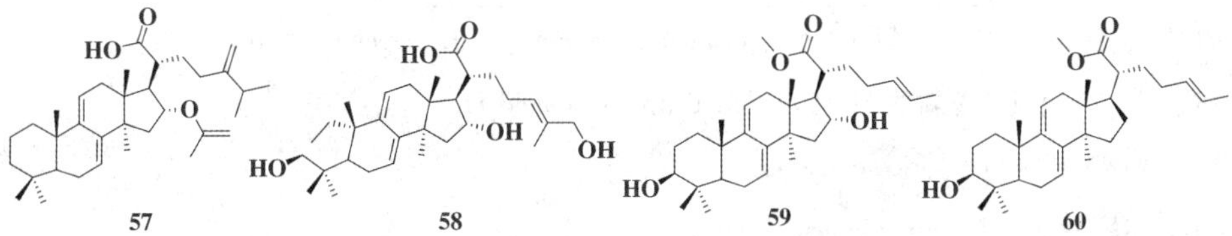

57　58　59　60

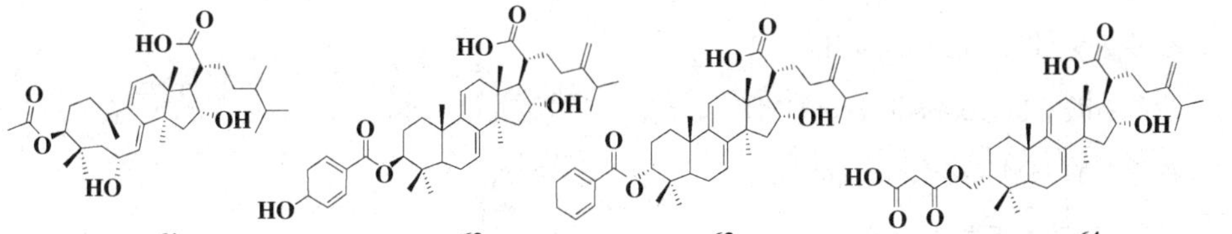

61　62　63　64

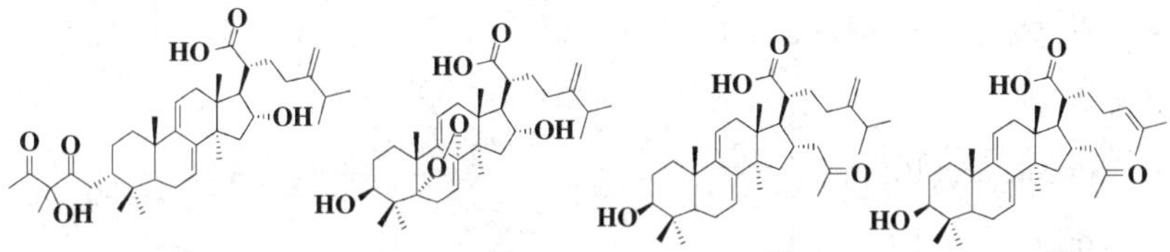

65　66　67　68

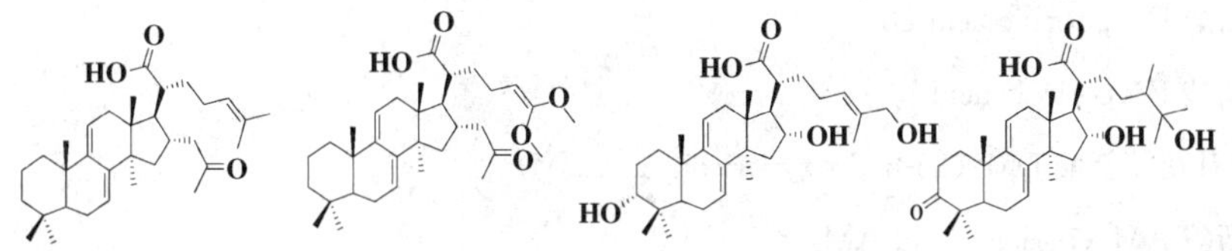

69　70　71　72

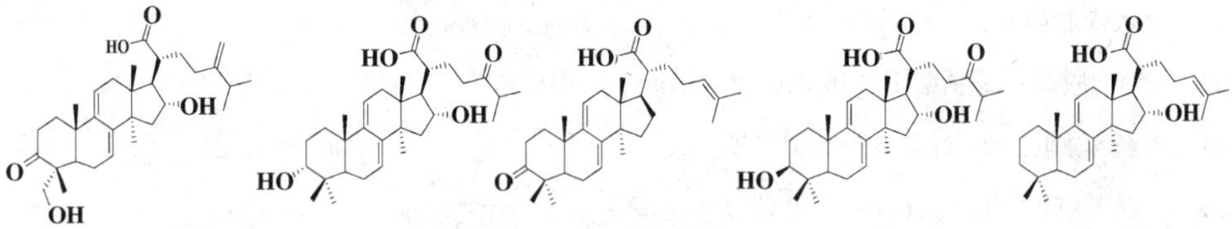

73　74　75　76　77

图 3-6　茯苓中羊毛甾-7,9(11)-二烯型三萜类（29～77）结构图

2. 开环羊毛甾烷型三萜（表 3-3）

3,4-开环-羊毛甾-8-烯型三萜，母核主要结构特征：①C3 和 C4 位碳键断裂开环，C3 位变为羧基或甲酯化，C4 与 C28 位碳键变为双键；②环内双键在 C8 位上。侧链特征：①侧链双键在 C24(25) 或 C24(31) 位上；②C16 位为 α 构型的羟基；③C21 位具有羧基；④C25 和 C26 位是否有羟基；⑤该类型的化合物大多数为三烯二酸，一般在 205 nm 或 210 nm 处有最大紫外线吸收。

3,4-开环-羊毛甾-7,9(11)-二烯型三萜，母核主要结构特征：①C3 和 C4 位碳键断裂开环，C3 位变为羧基、甲酯化或乙酯化，C4 与 C28 位碳键变为双键；②环内双键在 C7 和 C9（11）位上。侧链特征：①侧链双键在 C24(25) 或 C24(31) 位上；②C16 位是否有 α 构型的羟基；③大多数在 C21 位具有羧基；④C25、C26 及 C27 位是否有羟基；⑤该类型的化合物为四烯二酸，一般在 240 nm 或 242 nm 处有最大紫外线吸收。

表 3-3　3,4-开环羊毛甾烷型三萜化合物

序号	化 合 物
3,4-开环-羊毛甾-8-烯型三萜（3,4-seco-lanostan-8-ene type triterpenes）（图 3-7）：	
78	6,7-脱氢茯苓新酸 H（6,7-dehydroporicoic acid H）
79	茯苓新酸 G（poricoic acid G）
80	茯苓新酸 H（poricoic acid H）
81	茯苓新酸 GE（poricoic acid GE）
82	茯苓新酸 GM（poricoic acid GM）
83	茯苓新酸 HM（poricoic acid HM）
84	25-羟基茯苓新酸 H（25-hydroxy poricoic acid H）
3,4-开环-羊毛甾-7,9(11)-二烯型三萜（3,4-seco-lanostan-7,9(11)-diene type triterpenes）（图 3-8）：	
85	茯苓新酸 A（poricoic acid A）
86	茯苓新酸 B（poricoic acid B）
87	茯苓新酸 E（poricoic acid E）
88	茯苓新酸 D（poricoic acid D）
89	茯苓新酸 F（poricoic acid F）
90	26-羟基茯苓新酸 DM（26-hydroxyporicoic acid DM）
91	茯苓新酸 AM（poricoic acid AM）
92	茯苓新酸 C（poricoic acid C）
93	16-脱氧茯苓新酸 B（16-deoxyporicoic acid B）
94	茯苓新酸 AE（poricoic acid AE）
95	茯苓新酸 CE（poricoic acid CE）
96	茯苓新酸 BM（poricoic acid BM）

续表

序号	化 合 物
97	25-甲氧基茯苓新酸 A（25-methoxyporicoic acid A）
98	茯苓新酸 DM（poricoic acid DM）
99	25-羟基茯苓新酸 C（25-hydroxyporicoic acid C）
100	茯苓新酸 CM（poricoic acid CM）
101	3,4-开环羊毛甾-4(28),7,9,24-四烯-3,26 二酸［3,4-secolanosta-4(28),7,9,24-tetraen-3,26-dioic acid］
102	16α-(27)-戊烷-3,21 二酸［16α-(27)-pentaene-3,21-dioic acid］
103	16α-羟基-3,4 开环羊毛甾-4(28)-7(9),11,24-四烯-3,21-二酸-3,21 二酸［16α-hydroxy-3,4-seco-lanosta-4(28),7(9),11,24-tetraene-3,21-dioic acid-3-ethyl ester］
104	16α-羟基-3,4-开环羊毛甾-4(28),7,11(9),24(31),25(27)-五烯-3,21-二酸［16α-hydroxy-3,4-secolanosta-4 (28),7,11 (9),24(31),25 (27)-pentaene-3,21-dioic acid］
105	茯苓新酸 I（poricoic acid I）
106	茯苓新酸 J（poricoic acid J）
107	茯苓新酸 JM（poricoic acid JM）
108	茯苓新酸 K（poricoic acid K）
109	茯苓新酸 M（poricoic acid M）
110	茯苓新酸 N（poricoic acid N）
111	16-去氧茯苓新酸 BM（16-deoxyporicoic acid BM）

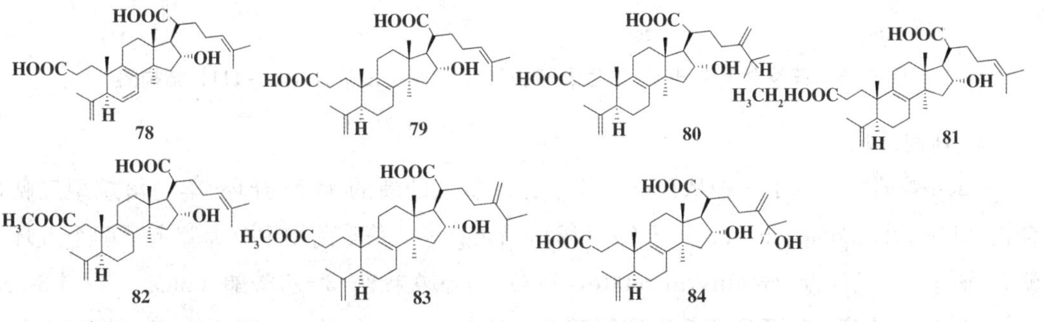

图 3-7　茯苓中 3,4-开环-羊毛甾-8-烯型三萜类（78～84）结构图

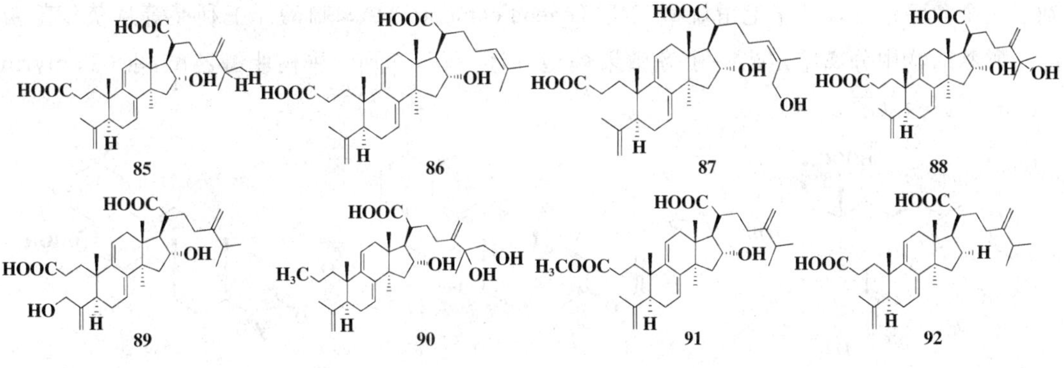

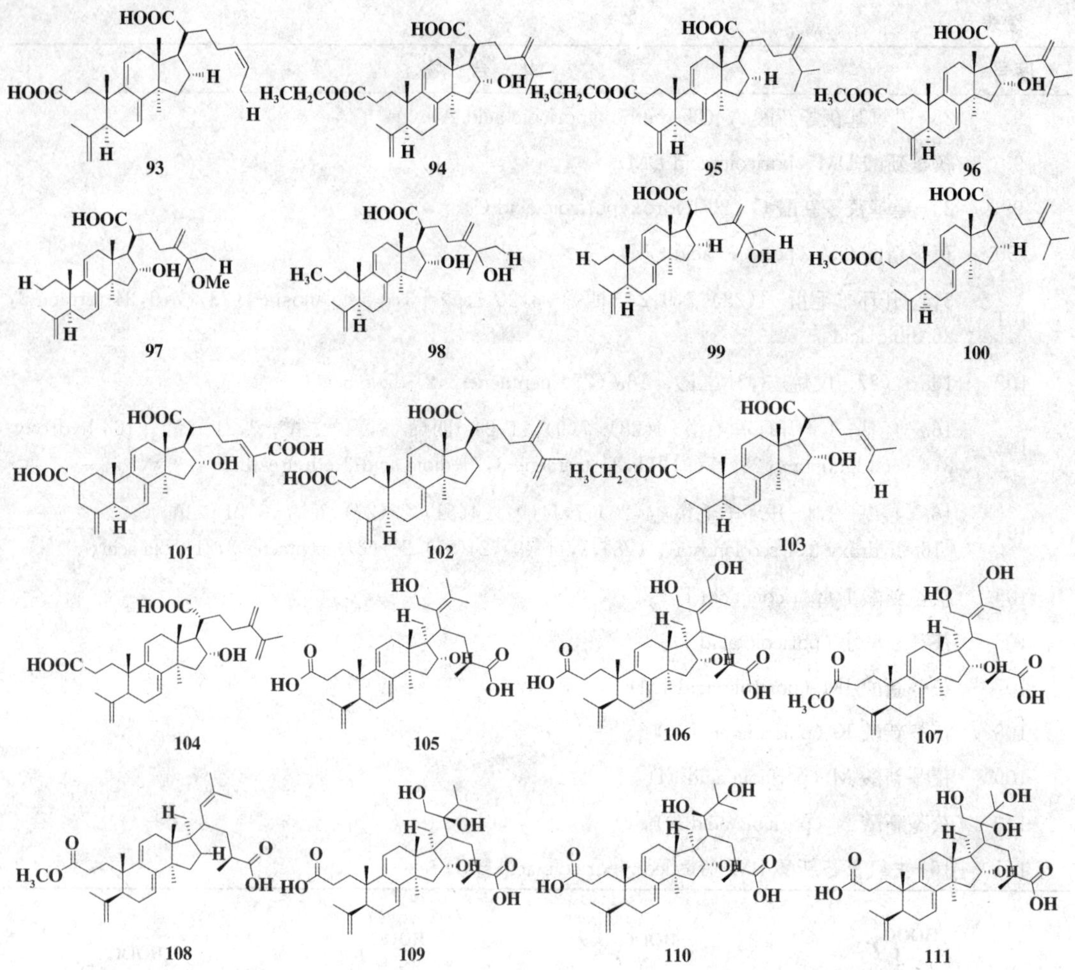

图 3-8　茯苓中 3,4-开环-羊毛甾-7,9(11)-二烯型三萜类（85～111）结构图

3. 其他三萜

Chen 等研究发现了一种从茯苓菌核中分离鉴定的新的 4,5-开环-羊毛甾烷型三萜化合物（11β-ethoxydaedaleanic acid A，112）。Yang 等从茯苓菌核中分离鉴定了两个五环三萜α-香树脂醇乙酸酯（α-amyrin cetate，113）和齐墩果酸-3-乙酸酯（oleanic acid 3-acetate，114）。茯苓中的开环羊毛甾烷型三萜一般都是 3,4 位开环，而 Lin 等从茯苓中分离到了一个 4,5 位开环的羊毛甾烷型三萜（daedaleanic acid A，115）。王利亚等从茯苓菌粉的乙醚萃取物中分离鉴定出一个齐墩果烷型五环三萜，即 β-香树脂醇乙酸酯（β-amyrin acetate，116）（图 3-9）。

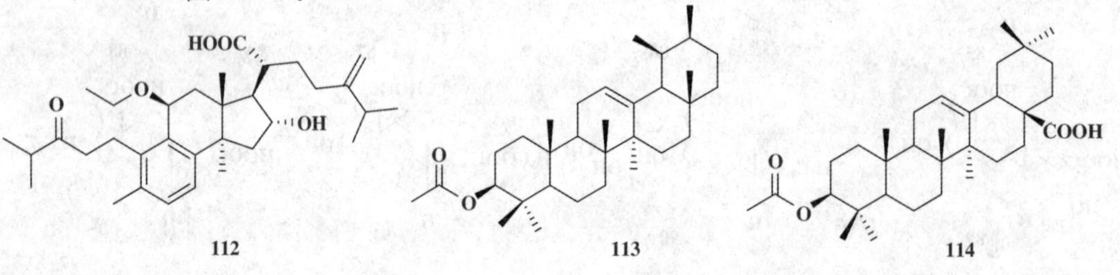

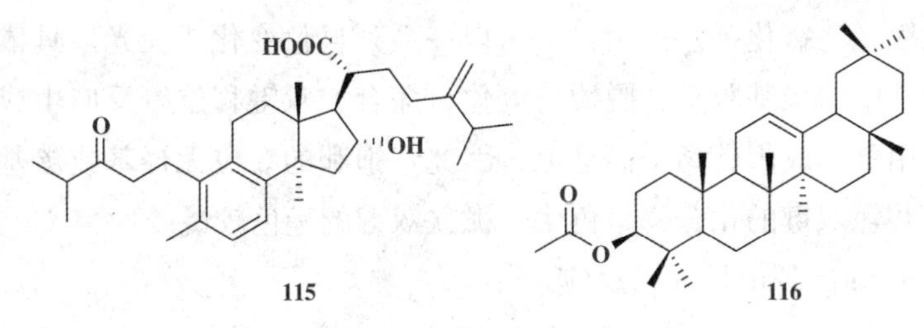

图 3-9　茯苓中其他三萜类（112～116）结构图

二、理化性质

1. 三萜的物理性质

（1）性状

游离三萜类化合物多为无色或白色结晶，而三萜皂苷类化合物由于糖分子的引入，极性增大，不易结晶，大多数为白色或乳白色无定形粉末，仅少数为结晶体。皂苷多数具有苦味和辛辣味，其粉末对人体黏膜有强烈刺激性，且多具有吸湿性。

（2）熔点与旋光度

游离三萜类化合物多有固定的熔点，有羧基者熔点较高。三萜皂苷的熔点都很高，常在熔融前分解，分解点多在 200～300 ℃之间。因此无明显熔点，一般测得的大多是分解点。三萜类化合物均有旋光性。

（3）溶解性

大多数皂苷极性较大，一般可溶于水，易溶于热水、含水烯醇、热甲醇和热乙醇中，几乎不溶或难溶于苯、乙醚、丙酮等极性较小的有机溶剂，皂苷在含水正丁醇或戊醇中溶解度较好，可使之与亲水性杂质分离，因此实验室中常用含水正丁醇作为提取皂苷的溶剂。次级苷在水中溶解度降低，易溶于低级醇、丙酮、乙酸乙酯中。皂苷元极性较小，不溶于水而易溶于石油醚、苯、三氯甲烷、乙醚等极性小的溶剂中。皂苷具有助溶性，可促进其他成分在水中的溶解。

（4）发泡性

三萜皂苷有降低水溶液表面张力的作用，其水溶液经常强烈振摇能产生持久性泡沫，不因加热而消失，可与其他物质产生的泡沫进行区别。有些皂苷可作为清洁剂和乳化剂应用。皂苷是表面活性与其分子内部亲水性和亲脂性结构的比例相关，只有当两者比例适当，才能较好发挥出这种特性。某种皂苷由于亲水性强于亲脂性或亲脂性强于亲水性，就不呈现这种活性或只有微弱的泡沫反应。

（5）光谱特征

大多数三萜类化合物无明显的紫外线吸收或仅在 210 nm 附近有末端吸收。

2. 三萜的化学性质

（1）颜色反应

三萜类化合物在无水条件下，与强酸（硫酸、磷酸、高氯酸）、中等强酸（三氯乙酸）

或路易斯酸（氯化锌、三氯化铝、三氯化锑）作用，会出现一系列显色变化或荧光。具体作用原理还不清楚，可能是分子中的羧基脱水、脱羧、氧化、缩合、双键移位等反应生成共轭双烯系统，在酸的继续作用下形成阳碳离子而呈色。因此，饱和的3位无羟基或羰基的化合物多呈阴性反应。具有共轭双键的化合物呈色快，孤立双键的呈色较慢。

1）乙酸酐-浓硫酸（Liebermann-Burchard）反应

将样品溶于三氯甲烷或醋酐溶液中，加乙酸酐-浓硫酸（1∶20）数滴，呈黄→红→紫→蓝等系列颜色变化，最后褪色。

2）五氯化锑（Kahlenberg）反应

将样品溶于氯仿或醇溶液中，毛细管点样于滤纸上，喷以20%五氧化锑氯仿溶液。该反应试剂也可用三氯化锑饱和氯仿溶液替代（不含水或乙醇），于60～70 ℃加热，可显蓝色、灰蓝色或灰紫色等多种颜色。因为五氯化锑属Lewis酸类试剂，与五烯碳正离子反应生成盐而发生显色反应。

3）三氯乙酸（Rosen-Heimer）反应

此反应可区分三萜皂苷和甾体皂苷。将样品溶液滴于滤纸上，再加入25%三氯乙酸-乙醇溶液1滴，加热至60 ℃，反应最初呈红色，继而渐变成紫色。在相同条件下，三萜苷则必须加热到100 ℃才可显色。

4）三氯甲烷-浓硫酸（Salkowski）反应

将样品溶于三氯甲烷中，加入浓硫酸后，硫酸层呈红色或蓝色，氯仿层有绿色荧光。此反应适用于含共轭双键或在一定条件下能生成共轭双键系统的不饱和三萜皂苷类化合物。

5）冰乙酸-乙酰氯（Tschugaeff）反应

将样品溶于冰乙酸溶液中，再加入数滴乙酰氯及氯化锌数粒，稍加热后便呈现紫红色或淡红色。

凡具有三萜母核结构的物质，均能产生上述5种反应，如三萜苷元和三萜皂苷。

（2）沉淀反应

三萜皂苷的水溶液可与一些金属盐类，如铅盐、钡盐、铜盐等产生沉淀。酸性皂苷水溶液，加入中性盐类即生成沉淀；中性皂苷水溶液则需加入碱式醋酸铅或氢氧化钡等碱性盐类才能产生沉淀。

（3）水解反应

三萜皂苷可采用酸水解、酶水解、乙酰解、Smith降解等方法进行水解。选择合适的水解方法或通过控制水解的具体条件，可以使皂苷完全水解，也可使皂苷部分水解。

1）酸水解

皂苷酸水解的速度与苷元和糖的结构有关，对于含有2个以上糖单元的皂苷，由于各个苷键对酸的稳定性不同，因而可通过改变酸的浓度或水解反应的温度和时间得到不同的次级皂苷。有些三萜皂苷在酸水解时，易引起皂苷元发生变化而得不到原始苷元，此时可采用两相酸水解、酶水解或 Smith 降解等方法以获得原苷元。

2）乙酰解

将化合物的全乙酰化物在 BF_3 催化下用乙酸酐使苷键裂解，得到全乙酰化糖和全乙酰化苷元。

3）Smith 降解

Smith 降解条件很温和，许多在酸水解条件下不稳定的皂苷元都可以用 Smith 降解获得真正的苷元。

4）酶水解

某些皂苷对酸碱均不稳定，用 Smith 降解也易被破坏，可采用酶水解。

5）糖醛酸苷键的裂解

对难水解的糖醛酸苷除常规方法外，需采用一些特殊的方法，如光解法、四乙酸铅-乙酸酐法、微生物转化法等。

6）酯苷键的水解

含有酯苷键的皂苷，可用于碱水解方法选择性地断裂酯苷键，而不影响醇苷键。皂苷的酯苷键一般可在 $NaOH/H_2O$ 中回流一定时间使其水解，但在此条件下，水解得到的糖常伴有分解反应，因此一些较容易水解的酯苷键可以用 5 mol/L 的氨水水解。

（4）三萜类检识反应

1）泡沫试验

皂苷水溶液经强烈振摇能产生持久性泡沫，此性质可用于皂苷的鉴别。方法是取中药粉末 1 g 加水 10 mL，煮沸 10 分钟后滤出水液振摇后产生持久性泡沫（15 分钟以上），则为阳性。有的皂苷没有产生泡沫的性质，而有些化合物如蛋白质的水溶液等也有发泡性，但其泡沫加热后即可消失或明显减少。因此，利用此法鉴别皂苷时应该注意可能出现的假阳性或假阴性反应。

2）显色反应

通过 Liebermann-Burchard 等颜色反应和 Molish 反应，可初步推测化合物是否为三萜或三萜皂苷类化合物。利用显色反应检识皂苷虽然比较灵敏，但其专属性较差。

3）溶血试验

取供试液 1 mL 于水浴上蒸干后用 0.9%氯化钠溶液溶解，加入数滴 2%红细胞悬浮液，如有皂苷类成分存在，则发生溶血现象，溶液由混浊变为澄明。

此性质不仅可用于皂苷的检识，还可以推算样品中皂苷的粗略含量。例如，某药材浸出液测得的溶血指数为 1∶1 M，所用对照标准皂苷的溶血指数为 1∶100 M，则药材中皂苷的含量约为 1%。

三、分离分析方法

1. 提取分离

目前茯苓三萜的分离主要采用醇类溶剂提取法、酸水解有机溶剂萃取法、碱水提取法等。最常用的是甲醇或者乙醇提取，但提取到的三萜为粗提物，还需要辅助技术对粗提物进一步提纯。传统提取的溶剂主要有氯仿、乙酸乙酯等有机溶剂，但其提取效率较低，有溶剂残留，且毒性较大。超临界流体萃取（supercritical fluid extraction，SFE）是近年快速发展起来的新型提取分离技术，具有无毒性、选择性强、不易燃、溶剂可循环利用等优点。它特别适合不稳定、易氧化的挥发性成分和脂溶性成分的提取分离，为中药有效成分的提取提供了更好的办法。

由于三萜皂苷的极性较大，亲水性较好，不易与杂质分离，且有些皂苷结构比较相似，因此目前普遍采用色谱分离法以获得三萜皂苷类化合物的单体。用色谱法分离三萜类化合物通常采用多种色谱法组合的方法，即一般先通过硅胶柱色谱进行分离，再结合低压或中压柱色谱、薄层制备色谱、制备高效液相色谱或凝胶色谱等方法进一步分离。在进行硅胶柱色谱分离前，多先用大孔树脂柱进行初步分离。对于连接糖链较多的皂苷，多用凝胶柱色谱，如 SephadexLH-20 等。

此外，还可用分段沉淀法、胆甾醇沉淀法、干柱快速色谱、高速逆流色谱（HSCCC）等方法进行分离。仲兆金等利用衍生法分离茯苓三萜，用重氮烷和卤代烃的化学衍生法制备酯化衍生物，再通过水解后获得茯苓三萜化合物：3β-乙酰氧基-16α-羟基羊毛甾-8,24(31)-二烯-21 酸、3-酮基-16α-羟基羊毛甾-7,9(11),24(31)-三烯-21-酸、3β,16α-二羟基羊毛甾-7,9(11),24(31)-三烯-21-酸，此法不需要特殊仪器，操作简单，条件温和，不改变三萜骨架结构。Bing 等利用 LC-QTOF-MS 分离技术，用水和甲醇为流动相进行梯度洗脱，收集各分离组分之后再进行质谱鉴定，准确快速高效地将 7 种茯苓三萜化合物进行了分离并定量。Akihisa T 等利用醇提、盐提、氯仿、凝胶层析、高效液相色谱等逐步提取的方法，从茯苓皮中提取到 18 种茯苓三萜类化合物，其中 9 种是新的三萜类化合物。Zheng Y 等用光谱分析法从茯苓的菌核中提取到 10 种茯苓三萜，其中 2 种是新的三萜类物质：茯苓多糖 A 和茯苓多糖 B。Dong HJ 等利用 pH 区带逆流色谱法和高速逆流色谱法，分离得到具有抗肿瘤活性的茯苓新酸 A 和茯苓新酸 B。

2. 分析

(1) 液相分析

茯苓中的三萜化合物种类很多，但含量只占茯苓干重的 2%左右。其中主要的液相方法如表 3-4 所示。

表 3-4　三萜成分的液相分析方法

指标成分	方法	色谱柱	柱温/℃	波长/nm	流动相	流速/(mL/min)
去氢土莫酸、猪苓酸 C、3-差向去氢土莫酸和去氢茯苓酸	HPLC	Agilent Zorbax SB-C18 3.0 mm×100 mm, 3.5 μm	40	243	乙腈-0.05%磷酸水溶液	0.6

续表

指标成分	方法	色谱柱	柱温/℃	波长/nm	流动相	流速/(mL/min)
去氢土莫酸、去氢茯苓酸、茯苓酸、松苓新酸	HPLC	Wonda Cract C_{18} ZORBAX Eclipse 150 mm×4.6 mm，5 μm	32	222	乙腈-0.2%甲酸溶液（76∶24）	1.0
茯苓酸、去氢土莫酸	UPLC-MS	Plus C_{18} 2.1 mm×100 mm，1.8 μm	40	—	乙腈-1.0 mmol/L乙酸铵（80∶20）	0.3
茯苓酸	HPLC	Diamonsil-C_{18} 4.6 mm×250 mm，5 μm	30	210	乙腈-0.1%磷酸水溶液（75∶25）	1.0
16α-羟基松苓新酸、去氢土莫酸、猪苓酸C、3-O-乙酰-16α-羟基松苓新酸、去氢茯苓酸、茯苓酸、松苓新酸、茯苓新酸B、茯苓新酸A、茯苓新酸AM	HPLC	Welch ultimate XB C_{18} 4.6 mm×250 mm，5 μm	30	243，201（茯苓酸）	乙腈（含3%四氢呋喃）-0.1%甲酸水	1.0
去氢土莫酸、猪苓酸C、3-表去氢土莫酸、去氢茯苓酸、茯苓酸	RP-HPLC	Kromasil C_{18} 250 mm×4.6 mm，5 μm	35	241，210（茯苓酸）	乙腈-0.05%磷酸水溶液	1.0
去氢土莫酸、猪苓酸C、3-表去氢土莫酸、去氢茯苓酸	RP-HPLC	Agilent ZORBAX SB-C_{18} 3.0 mm×100 mm，3.5 μm	40	243	乙腈-0.05%磷酸水溶液	0.6
茯苓酸、去氢茯苓酸、去氢土莫酸、松苓新酸	一测多评	Wonda Cract ODS-2 150 mm×4.6 mm，5 μm	30	222	乙腈-0.2%甲酸溶液（76∶24）	1.0
去氢土莫酸、土莫酸、猪苓酸C、3-表去氢土莫酸、去氢茯苓酸、茯苓酸	UPLC	HSS T3 2.1 mm×100 mm，1.8 μm	30	210	乙腈-0.05%磷酸水溶液	0.5
茯苓酸、去氢依布里酸	HPLC	Diamonsil-C_{18} 4.6 mm×250 mm，5 μm	30	210	乙腈-0.2%醋酸水溶液（82∶18）	1.0

（2）质谱分析

王宏侠等建立 UPLC - Q 和 TOF - MS/MS 同时鉴定、定量茯苓三萜类化合物的方法，比较茯苓不同药用部位茯神、茯苓、赤茯苓及茯苓皮的成分差异。通过电喷雾离子源，将 8 种茯苓三萜类化合物对照品储备液用针泵到进样到质谱仪，在正负离子模式下，在不同的 CE 水平上分析 $[M+H]^+$、$[M-H]^-$ 离子碎片行为，总结其质谱裂解规律；基于 UPLC - Q 和 TOF - MS/MS 技术，Phenomenex - C_{18} 色谱柱（150 mm×2 mm，3 μm），以乙腈和水- 0.1%甲酸- 2 mmol/L 乙酸铵溶液流动相，流速 0.3 mL/min，梯度洗脱，同时鉴定、定量茯苓不同药用部位茯神、茯苓、赤茯苓及茯苓皮中茯苓三萜类化合物，应用 PeakView 2.1 和 MultiQuant 3.0 软件分别对数据进行定性及定量分析；应用 MarkerView 1.2.1 软件对数据进行 PCA 聚类分析及 t 检验。总结了 8 种茯苓三萜类化合物的质谱裂解规律，据此推断 3,4 -开环-羊毛甾- 8 -烯型三萜质谱裂解规律；鉴定出茯苓三萜类化合物有 51 个，其中茯神有 44 个化合物，茯苓有 46 个化合物，赤茯苓有 40 个化合物，茯苓皮有 39 个化合物；49 种茯苓三萜类化合物含量总和和大部分单一茯苓三萜类化合物在不同药用部位中的含量均是茯苓皮＞赤茯苓＞茯神＞茯苓；通过 PCA 法寻找的茯神、茯苓、赤茯苓、茯苓皮差异化合物为茯苓新酸 D、松苓酸，通过 t 检验寻找的茯神与茯苓、赤茯苓、茯苓皮的差异化合物为 26 -羟基茯苓新酸 G、16α -乙酰氧基-羊毛甾- 8, 24 -二烯- 21 酸、羊毛甾- 7,9(11),24 -三烯- 21 -酸，茯苓与茯神、赤茯苓、茯苓皮间无差异化合物，赤茯苓与茯神、茯苓、茯苓皮的差异化合物为茯苓新酸 B、羊毛甾- 7,9(11),24 -三烯-21 -酸，茯苓皮与茯神、茯苓、赤茯苓差异化合物为松苓酸、茯苓新酸 B；按形态学由里及表的顺序，茯神、茯苓、赤茯苓、茯苓皮中 3,4 -开环-羊毛甾三萜类化合物含量相对增高，而闭环羊毛甾三萜类化合物含量相对降低。

方潇等采用高效液相色谱串联二维线性离子阱-静电轨道阱组合式高分辨质谱（HPLC - LTQ - Orbitrap）法对茯苓皮甲醇提取物中的三萜类化学成分进行定性分析。使用 HPLC 分离，结合电喷雾线性离子阱轨道阱质谱，正、负离子全扫描模式获取的化合物精确分子量与碎片信息，并结合对照品比对，辅以特征诊断离子判别和文献数据复核，鉴定茯苓皮提取物中的三萜类成分。共鉴定出 17 个三萜类化学成分。

（3）薄层检识

对于三萜皂苷类化合物，常采用薄层色谱法进行检识。常用的展开剂有氯仿-甲醇-水（6∶3∶1，下层）、正丁醇-乙酸-水（4∶1∶5，上层）、乙酸乙酯-乙酸-水（8∶2∶1）等。

第三节　其他成分

一、甾体类化学成分

甾体类是广泛存在于自然界中的一类天然化学成分，包括植物甾醇、甾体皂苷、胆汁酸、C21 甾类、昆虫变态激素、强心苷、甾体生物碱等。尽管种类繁多，但它们的结构中有其共同点，都具有环戊烷骈多氢菲的甾体母核。杨鹏飞等发现了 7 个甾体类成分，即麦角甾醇（117）、过氧麦角甾醇（118）、3β,5α-二羟基麦角甾-7,22-二烯-酮（3β,5α-Dihydroxyergosterol-7,22-diene-6-one，119）、3β,5α,9α-三羟基麦角甾-7,22-二烯-6-酮（3β,5α,9α-Trihydroxyergosterol-7,22-diene-6-one，120）、麦角甾-7,22-二烯-3β,5α,6β-三醇（Ergosterol-7,22-diene-3-one，121）、麦角甾-7,22-二烯-5,6-环氧-3-醇（Ergosterol-7,22-diene-5,6-epoxy-3-ol，122）、麦角甾-4,6,8（14),22-四烯-3-酮（123）。还有谷甾醇（β-Sitosterol，124）、麦角甾-7,22-二烯-3-酮（ergot sterone，125）、9,11-去氢麦角固醇（9,11-dehydroergosterol peroxide，126）等甾体类化学成分被报道。

邬兰从茯苓中首次分离到了薯蓣皂苷（127）和三角叶薯蓣皂苷（128）。胡斌分离到了 4 个孕甾-7-烯骨架的新化合物，即 pregn-7-ene-2β,3α,15α,20(S)-tetrol（129）、pregn-7-ene-3α,15α,20(S)-triol（130）、pregn-7-ene-3α,11α,15α,20(S)-tetrol（131）和 pregn-7-ene-2β,3α,15α-trial-20-one(132)，此外还有麦角甾-7,22-二烯-3β-醇（133）和β-胡萝卜苷（134）（图 3-10）。

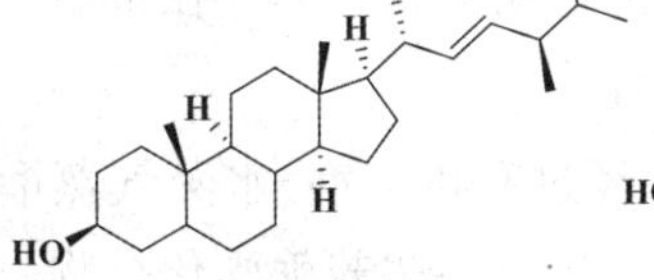
117

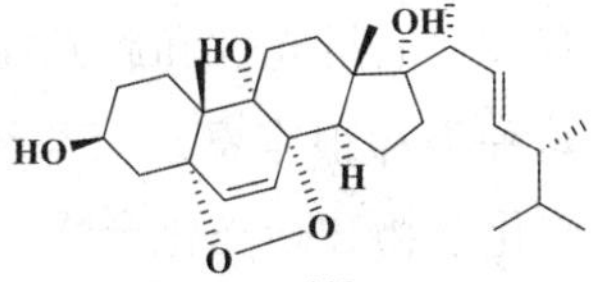
118

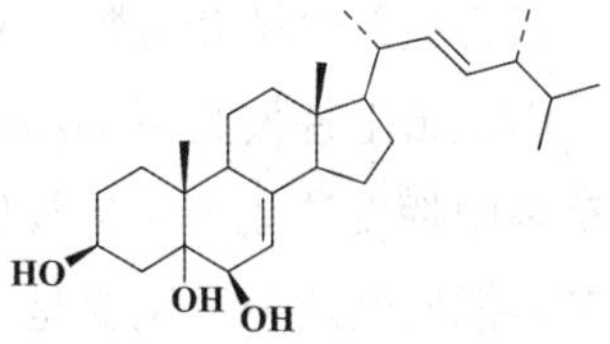
119

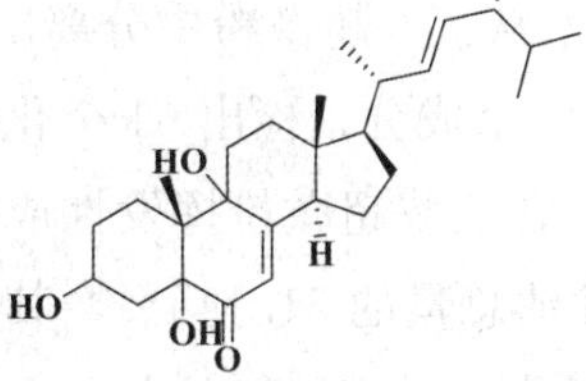
120

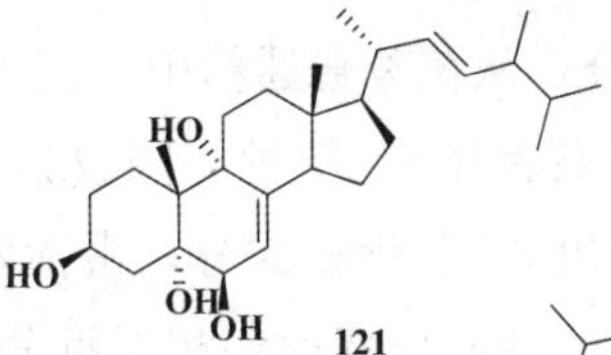
121

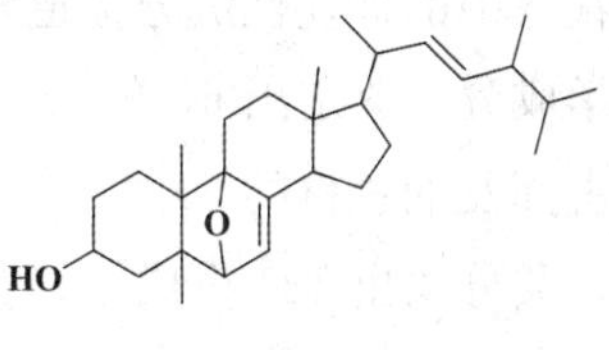
122

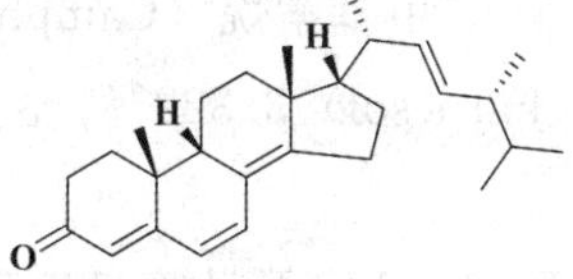
123

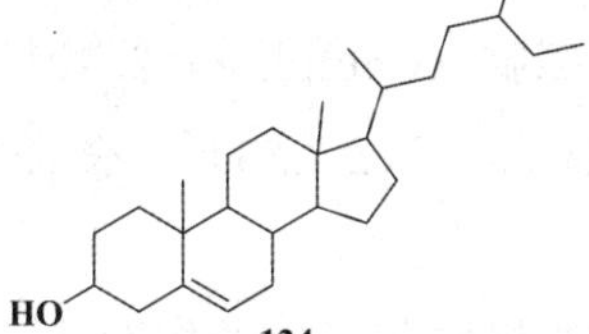
124

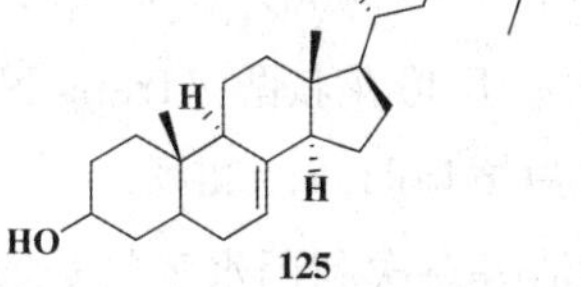
125

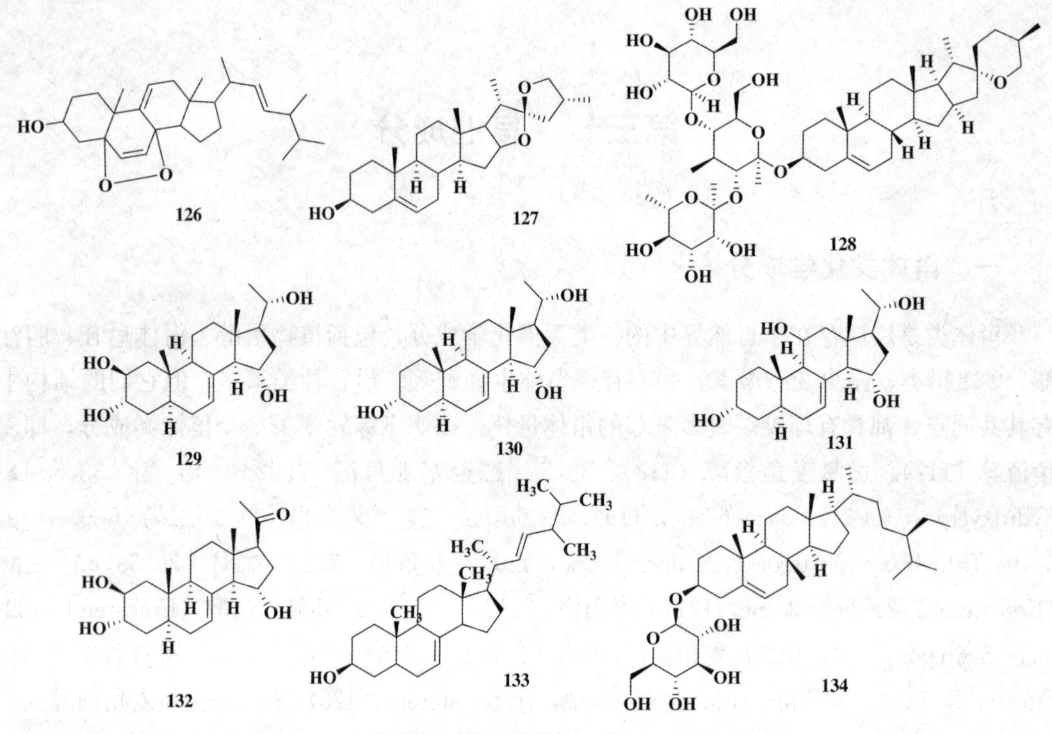

图 3-10　茯苓中甾体类化合物（117～134）结构图

二、挥发性成分

挥发油又名精油，是一类可随水蒸气蒸馏得到的与水不相混溶的挥发性油状成分的总称。它广泛地存在于植物体中，凡是有气味的植物均含有多少不等的挥发油。挥发油主要是由萜类和芳香族化合物以及它们的含氧衍生物如醇、醛、酮、酚、醚、内酯等组成，此外还包括含氮及含硫化合物。它是一种无色或淡黄色大量的透明油状液体，在常温下就能挥发，涂在纸上挥发且不留油迹，有较强的折光性和旋光性。

茯苓中挥发油成分含量较低，其种类却很丰富。茯苓经过有机溶剂-水蒸气蒸馏分离得到多种挥发性成分，主要是脂肪族化合物和萜类化合物，还有一些芳香族化合物。目前有关茯苓中的挥发性成分报道较少，廖川等利用 GC-MS 技术从茯苓超微粉中分离出 131 个化学成分，鉴定出 67 个化学成分；从茯苓普通粉中分离 103 个成分，检出 61 个化学成分，占挥发油总量的 59.223%。两样品中有 57 种相同成分。在茯苓超微粉挥发性成分研究中，共分离出 131 个成分，鉴定出 67 个化学成分，占挥发油总量的 51.145%，其中相对百分含量（按峰面积归一法求出的各成分峰面积相对百分含量）大于 2%的共 6 个，分别为壬醛（Nonanal）2.058%；樟脑（Camphor）2.401%；2,3-二甲基萘烷（Camphor）3.819%；反橙花叔醇（trans-Nerolidol）2.266%；金合欢醇（Farnesol）3.322%；α-柏木醇（α-Cedrol）7.936%。

张洁等首次利用水蒸气蒸馏法提取茯苓皮的挥发油，并采用 GC-MS 及计算机检索技术，按峰面积归一化法进行计算，对提取的挥发性成分进行定性定量的分析。共分离出104个化学成分，鉴别出67个化学成分，占挥发油总量的79.69%，其主要成分为d-杜松烯（9.360%）、α-衣兰油烯（6.780%）、α-紫穗槐烯（4.898%）、1-β-红没药烯（4.756%）、橙花叔醇（3.479%）、长叶烯（3.243%）、α-二去氢菖蒲烯（3.041%）。

三、氨基酸类成分

蛋白质是生命的物质基础，是有机大分子，是构成细胞的基本有机物，是生命活动的主要承担者。没有蛋白质就没有生命。氨基酸是蛋白质的基本组成单位。氨基酸是含有碱性氨基和酸性羧基的有机化合物，羧酸碳原子上的氢原子被氨基取代后形成的化合物。与羟基酸类似，氨基酸可按照氨基连在碳链上的不同位置而分为α-氨基酸、β-氨基酸、γ-氨基酸、ω-氨基酸，但经蛋白质水解后得到的氨基酸都是α-氨基酸，而且仅有22种，包括甘氨酸、丙氨酸、缬氨酸、亮氨酸等。

茯苓是一种药食同源药材，其含有较丰富的蛋白质和氨基酸成分，因而蛋白质和氨基酸种类的测定对其质量评价具有一定的意义。胡朝暾等对茯苓发酵液中的蛋白质进行分离，并采用质谱鉴定得到51种蛋白质，如过氧化氢酶、甘露醇脱氢酶、蛋白激酶、糖化酶、溶菌酶等。此外，柱前衍生-高效液相色谱法可以测定茯苓中氨基酸的含量，其中包括天冬氨酸（135）、谷氨酸（136）、丝氨酸（137）、甘氨酸（138）、组氨酸（139）、精氨酸（140）、苏氨酸（141）、丙氨酸（142）、脯氨酸（143）、酪氨酸（144）、缬氨酸（145）、蛋氨酸（146）、异亮氨酸（147）、亮氨酸（148）、苯丙氨酸（149）、赖氨酸（150）、胱氨酸（151）、色氨酸（152）共18种氨基酸（图3-11）。杨岚等采用凯氏定氮法和考马斯亮蓝测定蛋白质和氨基酸含量；结果发现有3个品种的茯苓所含蛋白质、氨基酸种类齐全，辐射一号中人体所需的8种必需氨基酸含量最具明显优势，其游离氨基酸和总蛋白含量高于湘靖28，蛋白质与游离氨基酸含量高低为野生型＞辐射一号＞湘靖28。

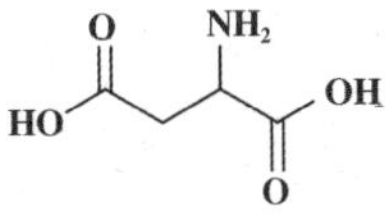

135 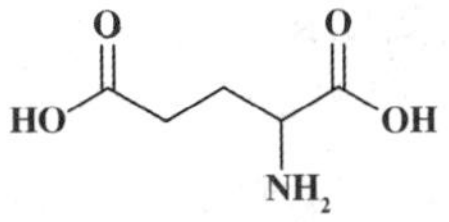　136 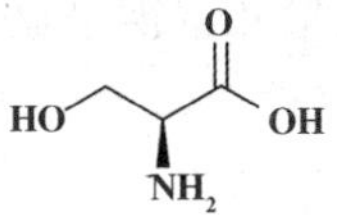　137 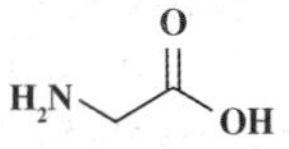　138

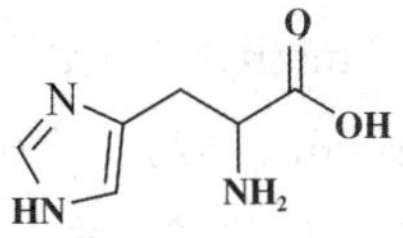

139 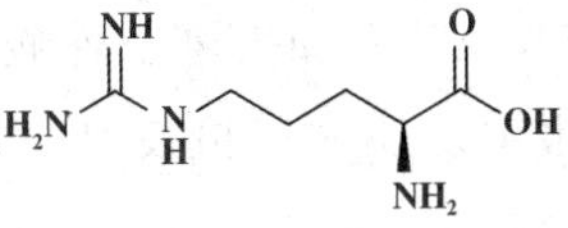　140 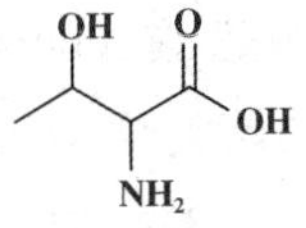　141 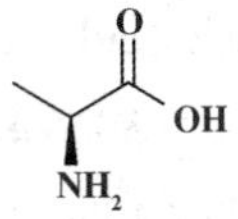　142

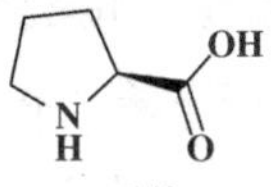

143 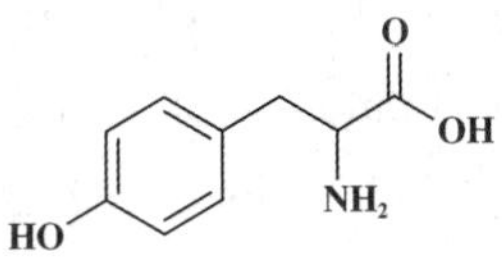　144 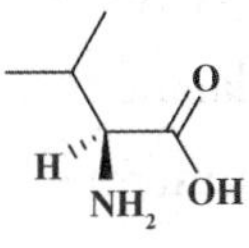　145 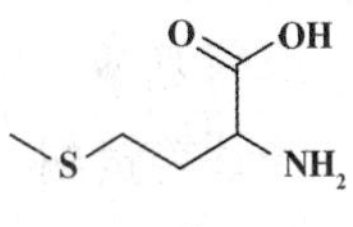　146

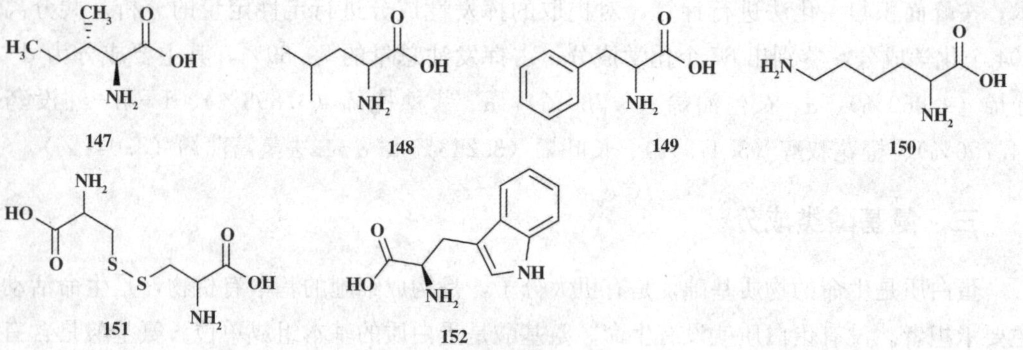

图 3-11　茯苓中氨基酸类化合物（135～152）结构图

四、微量元素

微量元素也是中药药效物质基础之一，对中药的药理药效及质量控制研究起着重要的作用。茯苓中所含微量元素与人体健康密切相关，其中含有丰富的 Cr、Mn、Cu、Zn 等矿物质元素。丁泽贤等测定茯苓的白茯苓、赤茯苓及茯苓皮 3 个部位的 16 种微量元素含量，分析茯苓不同部位元素分布规律。采用微波消解-电感耦合等离子体质谱测定茯苓不同部位 16 种元素的含量，并对其进行非参数检验、因子分析及相关性分析，研究发现大部分元素在茯苓皮中含量较高；不同部位中 V、Cr、Mn、Fe、Zn、Rb、Sr、Mo、Cd、Cs、Ba、Pb 元素含量差异具有统计学意义（$P<0.05$），Co、Ni、Cu、As 含量差异无统计学意义（$P>0.05$）；Cu、Cd、Zn、Ba 元素是茯苓 3 个部位的特征性元素；大多数元素含量之间存在正相关关系（$P<0.05$）。高晓明等通过分析茯苓药材中的有效成分与微量元素的关系，采用 HPLC 法测定茯苓样品中茯苓酸含量，以及电感耦合等离子质谱法（ICP-MS）测定 Cu、Zn、Mn、Ni、Cd、Fe、Co、Ca 等含量，采用 SPSS 19.0 对微量元素与有效成分含量进行相关性分析。相关性分析表明，茯苓酸的含量与微量元素锌、锰呈显著正相关关系，与微量元素镍呈显著负相关关系。

五、其他成分

另外，茯苓中还有去氢松香酸（dehydroabietic acid，153）、7-氧-脱氢枞酸（7-oxo-callitrisic acid，154）、海松酸（pimaric acid，155）和去氢松香酸甲酯（methyl dehydroabietate，156）等 4 个二萜类化学成分被报道。还含有橙皮苷（hesperidin，157）、β-胡萝卜苷（β-daucosterol，158）、原儿茶酸（Protocatechuic acid，159）、原儿茶醛（protocatechualdehyde，160）、棕榈酸（palmitic acid，161）、柠檬酸三甲酯（trimethyl citrate，162）、苯丙氨酸（henylalanine，163）、松脂素（pinoresinol，164）、组氨酸（histidine，165）、芳基姜黄酮（ar-turmerone，166）、腺苷（adenosine，167）、孕甾-7-烯-2β,3α,15α,20-呋喃（pregn-7-ene-2β,3α,15α,20-tetrol，168）、(5-甲酰基呋喃-2-甲基)-2 羟基丙酸甲酯［(5-formylfuran-2-yl) methyl 2-hydroxypropanoate，169］、4-羟基苯乙酸-

2′醛基-5′-呋喃甲酯［(5-formylfuran-2-yl) methyl 2-(4-hydroxyphenyl)-acetate（170）］及异赤霉素酮（sohiracillinone，171）等其他小分子化合物。林夏等从茯苓中鉴定出常春藤皂苷（172）、棕榈酸乙酯（173）、棕榈油酸甲酯（174）等成分。胡斌等从茯苓中分离出L-尿苷（175）、乙基-β-D-吡喃葡萄糖苷（176）、(R)-苹果酸二甲酯（177）。此外，茯苓中还含有7-酮基-15-羟基脱氧枞酸（7-oxo-15-hydroxydehydroabietic acid，178）、邻苯二甲酸二-(2-乙基-己基）酯（179）、硬脂酸（octadecanoic acid，180）、辛酸（octacosyl acid，181）、二十五烷酸（pentacosanoic acid，182）等（图3-12）。

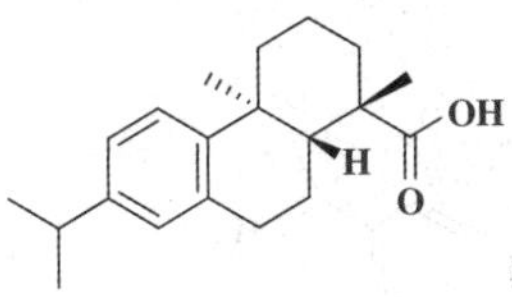
153

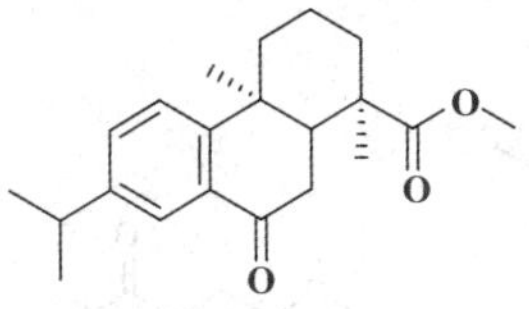
154

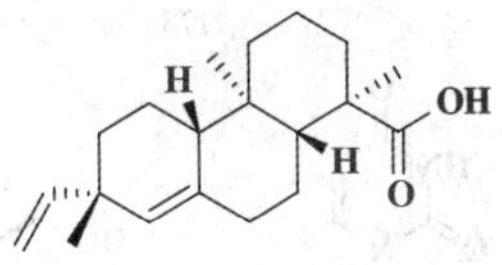
155

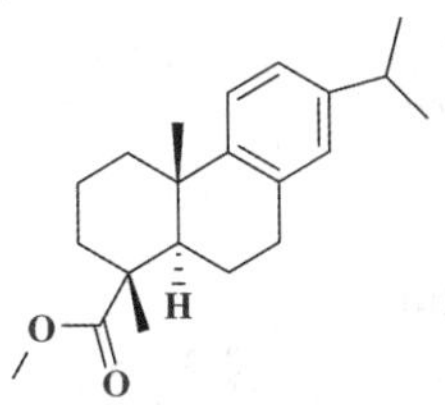
156

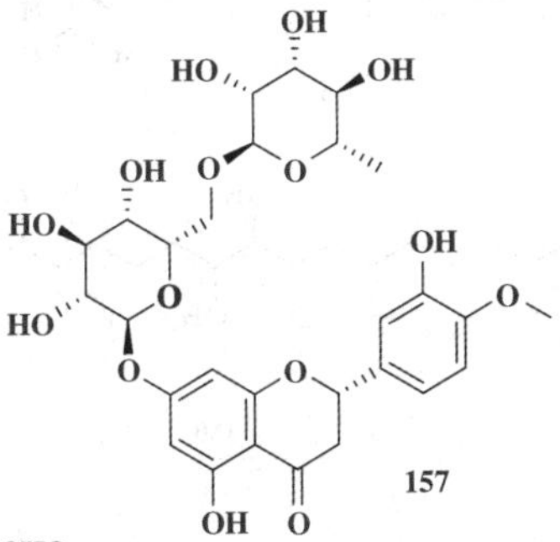
157

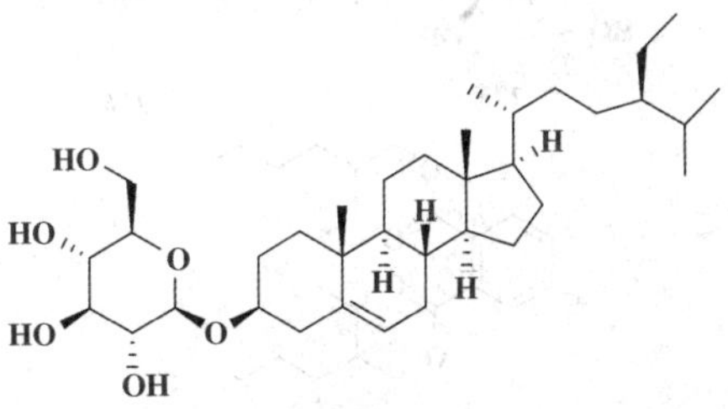
158

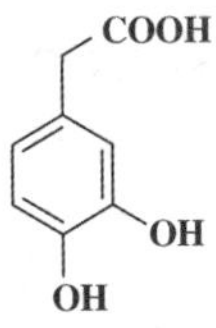
159

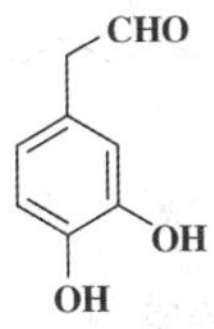
160

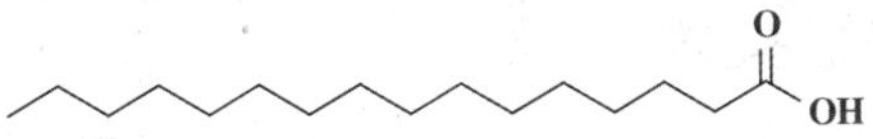
161

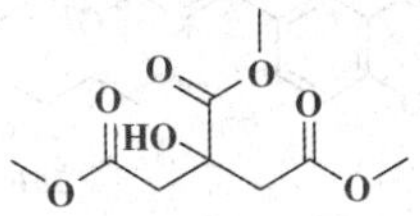
162

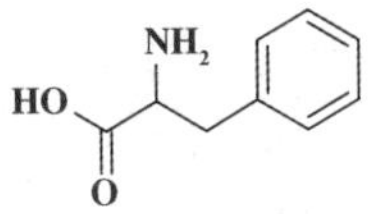
163

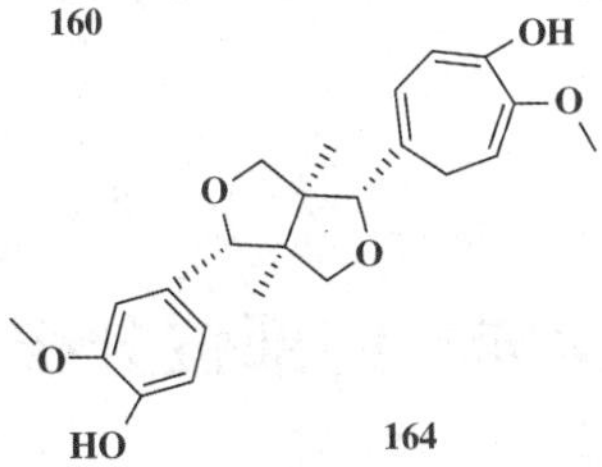
164

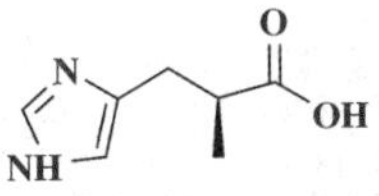
165

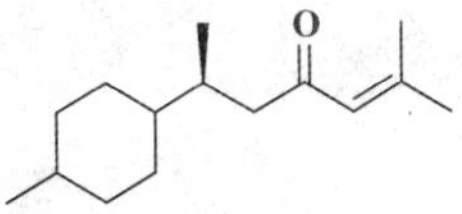
166

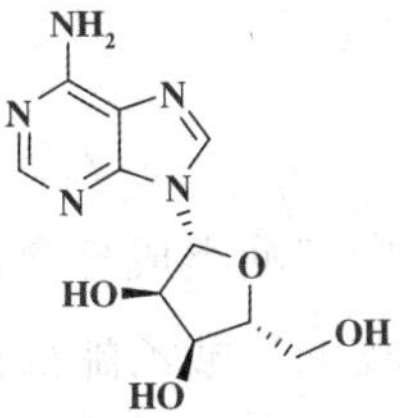
167

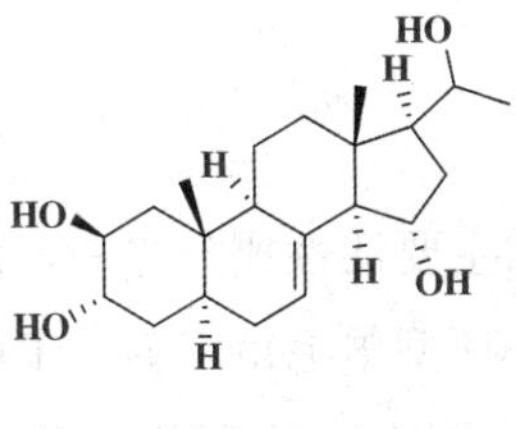
168

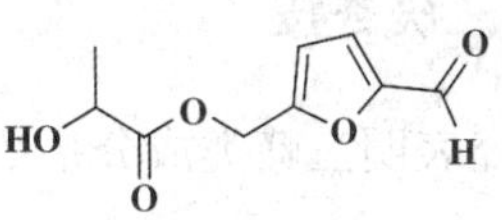
169

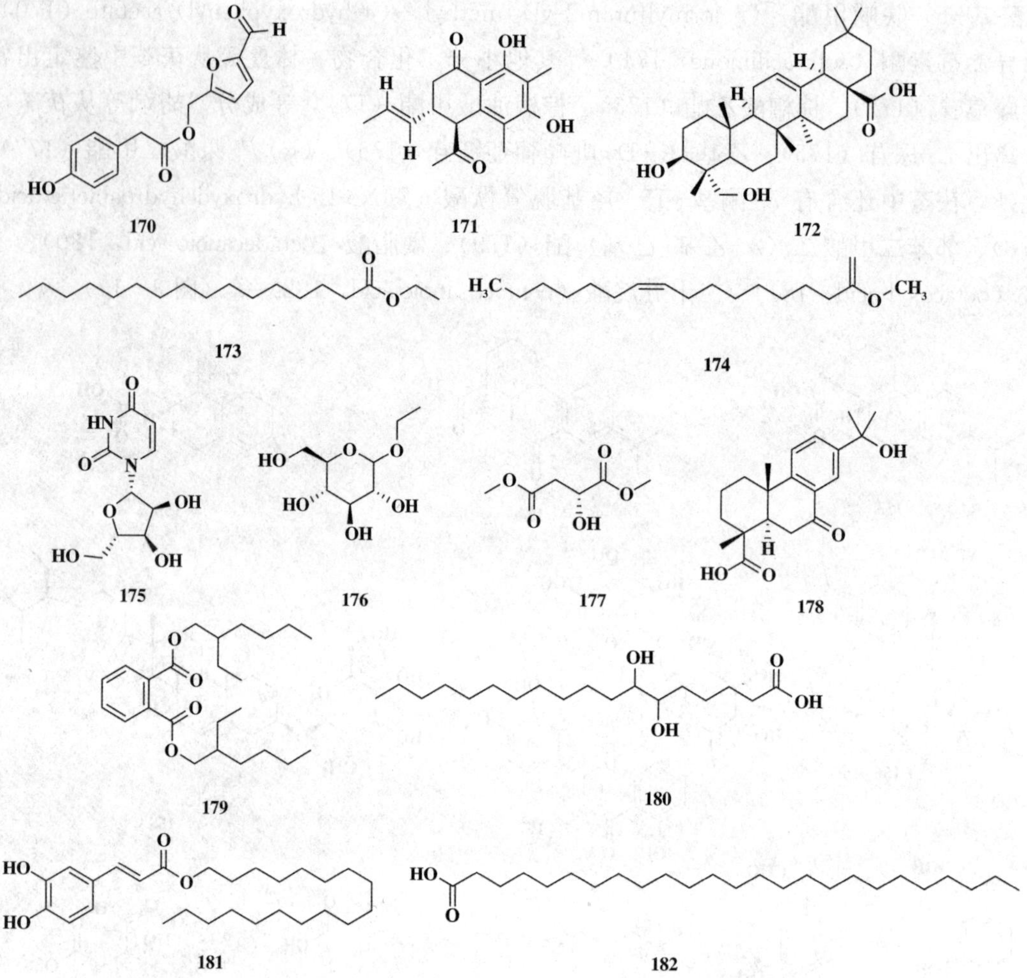

图 3-12　茯苓中其他类化合物（153～182）结构图

第四节　茯苓化学成分的部位分布

一、茯苓皮

研究表明三萜类成分是茯苓的主要活性成分之一，而茯苓皮中三萜类成分含量高于茯苓且种类丰富，还含有特征性的开环型羊毛甾三萜。王明对茯苓皮的乙酸乙酯部位的化学成分进行了提取分离、结构鉴定。应用 MCI GEL、硅胶、Sephadex LH-20、ODS RP-18 等色谱方法，分离得到 100 个化合物，其中有 25 个新化合物。通过 HRESIMS、IR、^{1}H-NMR、^{13}C-NMR、DEPT、^{1}H-^{1}H COSY、HSQC、HMBC 及 NOESY 等波谱学方法，鉴定了化合物的结构。化合物类型主要包括三萜类、二萜类、黄酮类、甾体类、蒽醌类及木质素类等成分，分离鉴定的25个新化合物分别为：3,4-开环羊毛甾烷型三萜（15个）、羊毛甾烷型三萜（7个）、其他三萜（1个）、多酚（2个）；分离鉴定的75个已知化合物：3,4-开环羊毛甾烷型三萜（21个）、羊毛甾烷型三萜（31个）、甾体（3个）、二萜（5个）、黄酮（5个）、木脂素（1个）、蒽醌（1个）、其他（8个）。

二、白茯苓

白茯苓为药材茯苓块切去赤茯苓后的白色部分。白茯苓的化学成分主要为多糖、三萜和氨基酸等，其中，多糖和三萜类成分被认为是白茯苓的药效成分；多糖和氨基酸成分被认为是白茯苓作为功能食品的功能因子。王维皓等通过建立白茯苓中游离氨基酸的定量方法测定白茯苓中4种游离氨基酸的含量。以6-氨基喹啉基-N-羟基琥珀酰亚氨基-甲酸酯（6-quinolyl-N-hydroxy-succinimidyl-carboxylate，AQC）作为衍生试剂，建立超高效液相色谱柱前衍生法，测定3个省24批白茯苓中游离苏氨酸、丙氨酸、赖氨酸及酪氨酸的含量。经偏最小二乘法（partial least squares discrimi-nation analysis，PLS-DA）分析，安徽省和云南省收集的样本可以较好地聚类，湖北省收集的氨基酸含量差异较大。

李习平等比较不同加工方法对白茯苓及茯苓皮中多糖含量的影响，为茯苓饮片的规范化加工和质量控制提供参考。采用苯酚-硫酸法测定茯苓多糖吸光度，检测波长为487 nm。得出白茯苓的多糖含量比茯苓皮高，经过蒸制后，白茯苓和茯苓皮所含的多糖含量均明显降低，尤其是高压蒸影响更大。

三、茯神

研究表明，茯神除了含有一般的营养素，如碳水化合物、蛋白质外，还含有多种生物活性成分。对茯神化学成分的研究已有二十多年的历史，近年来有了较大的突破。目前已分离鉴定的茯神特征性化合物有50余种，包括多糖、三萜、脂肪酸、甾醇、酶等。其中多糖是茯神的主要成分，其含量可达茯神干重的84.2%，纤维素含量为2.84%。从茯神内提取的多糖统称茯苓聚糖，它是多糖的主成分，约占干燥品的93%，茯苓聚糖是以β-(1→3）糖苷键为主链和β-(1→6）糖苷键为支链结合而成的葡聚糖，由于分子量过大，不溶于水。此外，尚含有茯苓冉聚糖和木聚糖。

聂磊等通过对茯苓、茯神和茯苓皮三种饮片的不同成分及含量进行比较研究，为完善和提高三种饮片的质量标准奠定坚实基础。同时为临床更好地辨证选用茯苓不同部位饮片提供更多依据，有助于更好地发挥三种饮片药性和功用，提高临床疗效，分别对相关成分进行如下研究：参照《中华人民共和国药典》分别对三种饮片水分、灰分和浸出物进行测定及比较研究。多糖和总三萜含量比较研究：采用分光光度法分别对三种饮片的多糖和总三萜进行含量测定及比较研究。茯苓酸含量比较研究：采用HPLC法分别对三种饮片的茯苓酸含量进行测定和比较。指纹图谱比较研究：采用HPLC法建立了三种饮片的指纹图谱并进行了相关成分比较。茯神木初步研究：对茯神木中茯苓酸、总三萜含量和HPLC特征图谱进行测定和对比分析。从而建立了茯苓、茯神和茯苓皮三种饮片不同成分含量测定方法和指纹图谱，能有效控制三种饮片的质量。发现茯苓不同部位饮片成分含量不同，并具有一定规律性，即水分含量：茯苓＞茯神＞茯苓皮；灰分和醇溶性浸出物含量：茯苓皮＞茯神＞茯苓；碱溶性多糖含量：茯苓＞茯神＞茯苓皮；茯苓酸含量：茯苓皮＞茯神＞茯苓；总三萜含量：茯苓皮＞茯神＞茯苓。茯神三萜类成分高于茯苓，这是与其含有茯神木有关。而未长茯苓的松木不含茯苓酸。

四、菌丝体

茯苓在不同的阶段，表现出三种不同的形态特征，即菌丝体、菌核和子实体。茯苓菌丝体由分枝的菌丝组成，在基质表面，菌丝间纵横交错并蔓延生长。邓波侠等首次报道了茯苓子实体中的总萜含量，研究结果表明，茯苓总萜含量：茯苓皮＞茯苓发酵菌丝＞子实体＞菌核，茯苓皮和茯苓发酵菌丝体中茯苓萜类化合物的含量显著高于茯苓块，说明茯苓菌丝体和茯苓皮是茯苓萜类化合物的重要来源。

张扬等通过考察茯苓发酵菌丝体中三种主要三萜酸类成分动态积累变化，建立茯苓菌的液体培养方法，采用RP-HPLC测定茯苓发酵菌丝体中去氢土莫酸（DTA）、3-表去氢土莫酸（eDTA）和猪苓酸C（PAC）三种主要三萜酸类成分的含量，在培养后的第8天，生物量达到最大值，但是三种主要三萜酸类成分（DTA、eDTA、PAC）的含量在培养周期内呈持续上升趋势，第17天测得三种成分质量分数分别为1.2％（DTA）、0.4％（eDTA）、1.0％（PAC），均显著高于栽培茯苓中对应成分0.2％（DTA）、0.12％（eDTA）、0.16％（PAC）。另外这三种成分含量比例的线性回归分析结果表明，DTA与eDTA和PAC的含量比例呈显著负相关。该结果表明DTA为茯苓中三萜酸类成分合成途径中的重要中间体。发酵培养17天的茯苓菌丝体中DTA、eDTA、PAC含量之和为栽培茯苓中的5.55倍，说明在本发酵培养条件下，发酵培养生产茯苓中三萜酸类有效成分的技术可行。

参考文献

[1] 林标声. 茯苓多糖的发酵、提取及其理化、结构性质鉴定的研究[D]. 郑州：河南大学，2008.

[2] 丁琼，张志强. 茯苓菌丝体多糖的分离及结构分析[J]. 高分子学报，2000 (2)：224 - 227.

[3] WANG Y，ZHANG M，DONG R，et al. Chemical components and molecular mass of six polysaccharides isolated from the sclerotium of *Poria cocos*[J]. Carbohydrate Research，2004，339 (2)：327 - 334.

[4] 郑春英，牛雯颖，吴优. 高效毛细管电泳法分析茯苓多糖中的单糖组成[J]. 中国食品学报，2013，13 (5)：254 - 258.

[5] HUANG Q，YONG J，ZHANG L，et al. Structure，molecular size and antitumor activities of polysaccharides from *Poria cocos* mycelia produced in fermenter[J]. Carbohydrate Polymers，2007，70 (3)：324 - 333.

[6] 刘珮瑶，王琨，梁杉，等. 茯苓多糖组成结构及生物活性研究进展[J]. 食品科学，2023，44 (1)：380 - 391.

[7] HAMURO J，YAMASHITA Y，OHSAKA Y，et al. Carboxymethylpachymaran，a New Water Soluble Polysaccharide with Marked Antitumour Activity[J]. Nature，1971，233 (5320)：486 - 488.

[8] 陈春霞. 羧甲基茯苓多糖（CMP）的制取及鉴定[J]. 食用菌学报，1996 (3)：33 - 38.

[9] 石清东，蒋先明. 二碱化法制备羧甲基茯苓多糖[J]. 天然产物研究与开发，1996，8 (2)：78 - 81.

[10] 胡玉涛，梅光明，刘莹，等. 茯苓全粉羧甲基化改性工艺研究[J]. 中草药，2010，41 (12)：1977 - 1981.

[11] HUANG Q L，ZHANG L N，CHENG P C. Evaluation of sulfated α-glucans from *Poria cocos* mycelia as potantial antitumor agent[J]. Carbohydrate Polymers，2001，64：337 - 344.

[12] WILLIAMS D L，MCNAMEE R B，JONES E L，et al. A Method for the solubilization of α (1→3)-β-D-glucan isolatal from saccharmyces cerevisiae[J]. Carbohydrate Research，1991，219：203 - 213.

[13] CHEN X，XU X，ZHANG L，et al. Chain conformation and anti-tumor activities of phosphorylated (1→3)-β-d-glucan from *Poria cocos*[J]. carbohydrate polymers，2009，78 (3)：581 - 587.

[14] 陈莉，郁建平. 茯苓多糖提取工艺的优化[J]. 食品科学，2007，28 (5)：136 - 139.

[15] 聂金媛，吴成岩，吴世容，等. 微波辅助提取茯苓中茯苓多糖的研究[J]. 中草药，2004，35 (12)：1346 - 1348.

[16] 赵声兰，赵荣华，陈东，等. 茯苓皮中茯苓多糖的提取工艺优化[J]. 时珍国医国药，2006，17 (19)：1730 - 1732.

[17] 王永江，吴学谦，成忠，等. 响应面法优化超声提取茯苓多糖的工艺研究[C] //中国菌物学会，中国食用菌协会，中国农学会食用菌分会. 第二届全国食用菌中青年专家学术交流会论文集. 杭

州：中国菌物学会，2008.

[18] 张艳，孔彦．茯苓真菌液体发酵产多糖培养条件优化的研究[J]．中国酿造，2009（7）：101-104.

[19] HUANG Q L，ZHANG L N．Solution properties of (1>3)-alpha-D-glucan and its sulfated derivative from *Poria cocos* mycelia via fermentation tank[J]．Biopolymers，2005，79（1）：28-38.

[20] 屈贺幂．茯苓多糖提取纯化及指纹图谱研究[D]．长沙：湖南大学，2007.

[21] WHO Expert Committee on Biological Standardization．Recommendations to assure the quality，safety and efficacy of pneumococcal conjugate vaccines[R]．WHO Tech Rep Ser，2013，977：91-153.

[22] 刘颖，王文晞，姜红．茯苓多糖的提取及其分子量测定[J]．中国现代应用药学，2016，33（11）：1402-1405.

[23] 王坤凤．茯苓化学成分及质量控制方法研究[D]．北京：北京中医药大学，2014.

[24] CHEN T，HUA L，CHOU G，et al．A Unique Naphthone Derivative and a Rare 4,5-seco-Lanostane Triterpenoid from *Poria cocos* [J]．Molecules，2018，23（10）：2508-2518.

[25] YANG C X．The extraction technology of oleanic acid from Chaenomeles sinensis（Thouin）Koehne[J]．Food Science and Technology，2011（7）：206-209.

[26] LIN H J，SONG Y Y，HUANG Y C，et al．A 4,5-Secolanostane Triterpenoid from the Sclerotium of *Poria cocos*[J]．Journal of Medical Sciences，2010，30（6）：237-240.

[27] 王利亚，万惠杰．茯苓乙醚萃取物化学成分研究[J]．中国中药杂志，1993，18（10）：613-614.

[28] 仲兆金，刘浚．衍生法分离茯苓三萜[J]．中药材，2002，25（4）：247-249.

[29] BING X B，YAN Z，HONG S，et al．Advanced ultra-performance liquid chromatography-photodiode array-quadrupole time-of-flight mass spectrometric methods for simultaneous screening and quantification of triterpenoids in *Poria cocos*[J]．Food Chemistry，2014，152：237-244.

[30] AKIHISA T，NAKAMURA Y，TOKUDA H，et al．Triterpene Acids from Poria cocos and Their Anti-Tumor-Promoting Effects[J]．Journal of Natural Products，2007，70（6）：948-953.

[31] ZHENG Y，YANG X W．Two new lanostane triterpenoids from *Poria cocos*[J]．Journal of Asian Natural Products Research，2008，10（4）：289-292.

[32] DONG H J，WU P P，YAN R Y，et al．Enrichment and separation of antitumor triterpene acids from the epidermis of *Poria cocos* by pH-zone-refining counter-current chromatography and conventional high-speed counter-current chromatography[J]．Journal of Separation Science，2015，38（11）：1977-1982.

[33] 王宏侠．茯苓不同药用部位化学成分分析及赤茯苓质量标准研究[D]．石家庄：河北医科大学，2016.

[34] 方潇，丁晓萍，陈林霖，等．茯苓皮中三萜类化学成分的 HPLC-LTQ-Orbitrap 分析[J]．时珍国医国药，2019，30（9）：75-79.

[35] 杨鹏飞，刘超，王洪庆，等．茯苓的化学成分研究[J]．中国中药杂志，2014，39（6）：1030-1033.

[36] UKIYA M，AKIHISA T，TOKUDA H，et al．Inhibition of tumor-promoting effects by poricoic acids G and H and other lanostane-type triterpenes and cytotoxic activity of poricoic acids A and G

from *Poria cocos*[J]. Journal of Natural Products，2002，65（4）：462－465.

[37] 邬兰. 茯苓乙酸乙酯提取物抗肿瘤活性成分研究[D]. 武汉：湖北中医药大学，2012.

[38] 胡斌. 茯苓化学成分的研究[D]. 上海：中国科学院上海生命科学研究院，2004.

[39] 廖川，杨迺嘉，刘建华，等. 茯苓超微粉与普通粉挥发性成分的研究[J]. 时珍国医国药，2008，12：3024－3026.

[40] 张洁，刘建华，武晨，等. 茯苓皮的挥发性成分[J]. 中国实验方剂学杂志，2014，20（18）：66－69.

[41] 胡朝暾. 茯苓发酵液中蛋白质的电泳分离与质谱分析[J]. 中草药，2016，47（13）：2269－2276.

[42] 杨岚，尹火青，唐娟，等. 三个茯苓品种氨基酸与蛋白质的含量比较[J]. 中国食物与营养，2018，24（6）：44－46.

[43] 丁泽贤，姜悦航，范小玉，等. 茯苓不同部位16种元素分布规律研究[J]. 安徽中医药大学学报，2021，40（4）：83－88.

[44] 高晓明，谢若男，杨满琴，等. 茯苓药材中有效成分与微量元素含量的相关性研究[J]. 广东化工，2020，47（3）：66－67，7.

[45] AKIHISA T，UCHIYAMA E，KIKUCHI T，et al. Anti-tumor-promoting effects of 25-methoxyporicoic acid A and other triterpene acids from *Poria cocos*[J]. Journal of Natural Products，2009，72（10）：1786－1792.

[46] 林夏，何艳梅，李家春，等. 桂枝茯苓胶囊中三萜类成分UPLC指纹图谱研究[J]. 中草药，2016，47（16）：2857－2862.

[47] 胡斌，杨益平，叶阳. 茯苓化学成分研究[J]. 中草药，2006，37（5）：655－658.

[48] 仲兆金，许先栋. 茯苓三萜化学成分及其光谱特征研究进展[J]. 中国药物化学杂志，1997（1）：71－78.

[49] 王明. 茯苓皮抗肾纤维化物质基础及其作用机制研究[D]. 西安：西北大学，2019.

[50] WONG K H，CHEUNG P，WU J Z. Biochemical and Microstructural Characteristics of Insoluble and Soluble Dietary Fiber Prepared from Mushroom Sclerotia of Pleurotus tuber-regium，Polyporus rhinocerus，and Wolfiporia cocos[J]. Journal of Agricultural & Food Chemistry，2003，51（24）：7197－7202.

[51] 王维皓，杨滨. UPLC柱前衍生测定白茯苓中游离氨基酸的含量[J]. 中国药学杂志，2017，52（5）：372－376.

[52] 李习平，张琴，周逸群，等. 不同加工方法对白茯苓及茯苓皮中多糖含量的影响[J]. 时珍国医国药，2014，25（12）：2902－2903.

[53] 聂磊. 茯苓、茯神和茯苓皮成分比较研究[D]. 武汉：湖北中医药大学，2014.

[54] 聂磊，盛昌翠，宋世伟，等. 茯苓、茯神及茯苓皮多糖的含量比较研究[J]. 时珍国医国药，2014，25（5）：1075－1076.

[55] 邓波侠，姚川威，邹娟，等. 茯苓菌丝体、菌核、子实体及茯苓皮中总萜含量比较[J]. 怀化学院学报，2018，37（5）：20－23.

[56] 张杨，胡高升，韩志福，等. 茯苓发酵菌丝体中3种主要三萜酸类成分积累动态研究[J]. 中国中药杂志，2013（9）：1355－1359.

·第四章·
茯苓的药理学研究

茯苓作为重要的食药同源功能性原料，以茯苓菌核及茯苓干燥外皮入药，具有利水渗湿、健脾、宁心的临床作用。早在两千多年前我国的《淮南子》中就有“千年之松，下有茯苓”的记载，茯苓药性缓和，补而不峻，利而不猛，既可扶正，又能去邪，是历代医家广为应用的平补佳品。另有《神农本草经》曰：“茯苓味甘平，主胸邪逆气，忧恚，惊邪恐悸，心下结痛，寒热，烦满，咳逆，口焦舌干，利小便。久服安魂、养神、不饥、延年。”主要记载了茯苓安神和祛湿两个作用。近年来，研究者们对茯苓价值的关注度不断提升，其在食品、医药、医疗等领域的生物功能及保健作用得到了广泛而深入的研究。现代药理研究发现，茯苓表现出广泛的生物活性，如利尿、缓解抑郁、抗氧化、保肝、预防代谢疾病、免疫调节等，其生物活性与化合物结构密切相关。不同加工方法得到的茯苓制品功能活性也存在差异，如制成茯苓饼、茯苓茶可增强茯苓利尿渗湿活性。此外，茯苓还可与桂枝、白术、泽泻等配伍用于多个经方中。本章节收集了近年来有关茯苓及其代表性药效成分的相关研究，从药理活性、分子机制、健康应用等方面，对其药理研究进展进行全面系统的归纳总结，为茯苓及茯苓成方和制剂在防病治病与养生保健领域的开发利用提供参考和科学依据（图 4-1）。

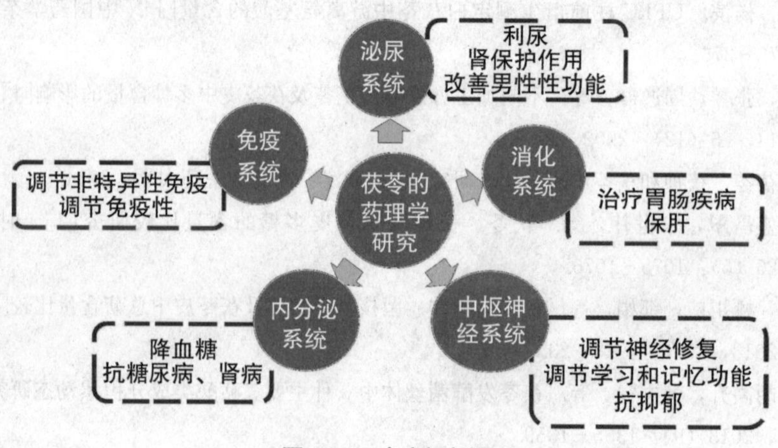

图 4-1　内容概括图

第一节　对泌尿系统的作用

一、利尿作用

茯苓是利水渗湿要药，可以与多种药物配伍（如五苓散、猪苓汤、真武汤和五皮饮等），多用于治疗小便不利、水肿、脾胃气虚及食少便溏等症。自20世纪50年代至今，茯苓及茯苓皮利水消肿的研究日益增多。1955年日本学者对茯苓利尿的水溶性成分进行了初步探索。2019年罗粤铭等运用知识图谱分析，发现茯苓以方剂组成、药物加减化裁等形式参与肾系水肿的治疗，使用频率高达3 600余次。由此可知，茯苓是利尿类复方方剂的主要组方药材。

1. 茯苓利尿的中医药基础

《本草正》中言明“茯苓，能利窍去湿，利窍则开心益智，导浊生津；去湿则逐水燥脾，补中健胃；祛惊痫，厚肠藏，治痰之本，助药之降”，谓其为“治痰之本”。《用药心法》曰：“茯苓，淡能利窍，甘以助阳，除湿之圣药也。”即茯苓既能扶正，又能祛邪，利水而不伤正，实为利水消肿之要药也，可治疗寒、热、虚、实所导致的各种水肿，即水饮内停之证。

2. 茯苓利尿的物质基础

早在1992年，邓刚民等对茯苓中茯苓素的利尿效果进行研究，发现茯苓素在体内具有拮抗醛固酮的生物活性。进一步研究表明，茯苓或茯苓皮的水提物、乙醇提取物及分离纯化的多种化合物都有一定利尿的效果。目前从茯苓中发现的多种四环三萜类成分和茯苓水溶性多糖类成分等被认为可能与其利尿效应有关。赵英永等研究发现，茯苓皮乙醇提取物具有排钠保钾的作用，有较好的利尿效果，茯苓皮水提物的利尿活性不及乙醇提取物明显；进一步分析发现茯苓皮乙醇提取物主要包含四环三萜类化合物茯苓酸、猪苓酸C、去氢土莫酸、3-表去氢土莫酸、去氢齿孔酸、齿孔酸和去氢齿孔酮酸等成分。

3. 茯苓利尿的药效作用

（1）茯苓菌核的利尿作用

20世纪80年代开始，人们开始关注茯苓对泌尿系统的调节及机制，从分子细胞、动物、临床等多方面对茯苓等的利尿效应进行了研究。动物实验表明，茯苓水煎剂和水煎醇沉提取液分别静脉注射给予不麻醉犬和麻醉家兔，结果显示茯苓可明显增加犬和家兔的排尿量，存在一定程度的正向量效关系，同时能不同程度地增加尿中Na^+、K^+、Cl^-等电解质，且未见乏力、心律失常、肠蠕动紊乱、倦怠、嗜睡、烦躁等电解质紊乱所引起的不良反应发生。

茯苓还可通过利尿作用改善机体水液代谢，用于水液代谢功能失调引起的心血管疾病，如心源性肺水肿、心力衰竭，改善心肌功能。上焦心、肺功能发生异常时，会影响上焦的水液代谢功能的正常发挥。中医认为茯苓具有利水消阴、补脾运化之功。杨婷等研究证实，茯苓可能通过“强心利水”作用降低上焦水饮内停大鼠的肺组织中水液潴留量，从而改善大鼠上焦水饮内停症状。Wu 等发现茯苓可显著增加慢性心衰小鼠的尿量，进而减轻体液容量超负荷、改善心功能代偿，达到控制心力衰竭的目的（图 4-2）。

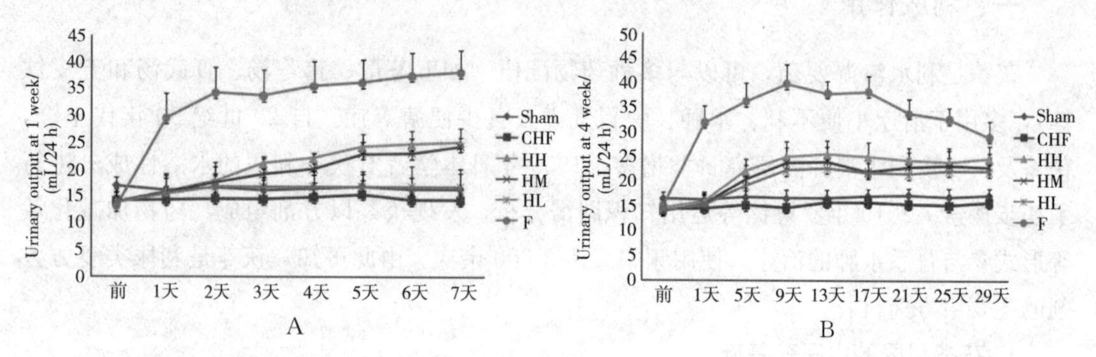

Sham—对照组；CHF—chronic heart failure，慢性心力衰竭；HH、HM、HL—Hoelen high/medium/low，茯苓高、中、低剂量；F—furosemide，呋塞米。

图 4-2　茯苓可显著增加慢性心衰大鼠尿量

图片引自：WU ZL，REN H，LAI WY，et al. Sclederma of Poria cocos exerts its diuretic effect via suppression of renal aquaporin-2 expression in rats with chronic heart failure [J]. Journal of Ethnopharmacology，2014，155 (1)：563-571.

《伤寒杂病论》中有关茯苓参与肾性疾病的治疗方剂较多，现仍使用广泛，如茯苓戎盐汤用于治疗小便不利，侧重于水肿见脾肾虚弱证，长于健脾益肾，清热利湿；又如猪苓汤、五苓散，共奏渗湿利水之效，实为如今治疗肾性水肿相关疾病的基本方剂，随症加减配伍应用。马晶晶等在治疗肾性水肿时多运用茯苓导水汤。郭振球在肾性水肿治疗上主张应用茯苓导水汤随证治之，疗效显著。现代药理相关报道指出，5 倍茯苓水煎液能显著降低肾阴虚水肿大鼠尿蛋白含量，消除水肿作用较强。

上述研究结果表明，茯苓的利尿作用缓和持久，且较为安全，无明显的副作用；另外，其利尿作用或许还可用于因“水饮内停”所致的慢性心力衰竭，和水肿引起的肾功能下降等疾病的治疗，临床应用前景广泛，但其分子机制还有待进一步探索。

（2）茯苓皮的利尿作用

茯苓菌核的外皮即茯苓皮也有较好的利水消肿作用。研究表明，茯苓皮的乙醇提取物的利尿活性优于水提物，利尿效果显著，具有排钠保钾的作用，其机制可能依赖于抑制肾小管对水和电解质的重吸收。Feng 等对茯苓皮乙醇提取物进行萃取，结果发现乙酸乙酯和正丁醇部位能显著增加排尿量，石油醚和剩余组分未表现出明显的利尿活性。其中乙酸乙酯组分能显著提高 Na^+/K^+ 比值，但对 K^+ 排泄无影响；正丁醇组分可显著促进 Na^+ 和 Cl^- 的排泄。表明：乙酸乙酯和正丁醇组分可能是茯苓皮主要的利尿活性部位。

（3）茯苓食疗的辅助利尿作用

蔡海松等以茶叶为主要培养基质，接种茯苓菌丝，按特殊工艺发酵，茯苓菌丝在茶叶基质上充分生长，两者自然融合制成茯苓发酵茶。研究结果发现，经特殊工艺发酵制备的茯苓发酵茶对大白鼠的利尿效果比茯苓和原茶更显著（表 4-1、表 4-2）。这说明发酵技术可为扩宽茯苓临床应用和进一步开发提供新手段。同时由茯苓制成的饼干也表现较好的消肿作用，因此，未来将茯苓作为辅助利尿的主要食疗原料开发具有一定的应用前景。

表 4-1　不同剂量茯苓发酵茶的利尿效果

组别	剂量/(g/kg)	排尿率/%	Na^+/(mmol/L)	K^+/(mmol/L)
对照组	0	76.40±2.24	147.96±6.90	46.49±6.70
高剂量组	5.53	76.02±6.34	154.82±7.55**	54.98±12.29**
中剂量组	4.42	102.30±6.47**	165.34±7.96**	64.11±6.61**
低剂量组	3.69	84.07±3.37**	155.12±6.10**	56.44±7.92**

注：** 为 $P<0.01$，后同。

表 4-2　中剂量茯苓发酵茶、茯苓与原茶的利尿效果

组别	剂量/(g/kg)	排尿率/%	Na^+/(mmol/L)	K^+/(mmol/L)
对照	0	68.72±4.19	141.83±2.32	45.37±4.39
茯苓	4.42	76.12±8.66**	148.67±3.11**	61.35±4.44**
茯苓发酵茶	4.42	105.42±8.54*	161.28±4.58**	79.77±4.73**
原茶	4.42	84.92±8.38**	148.8±5.1**	67.98±8.21**

注：* 为 $P<0.05$，后同。

4. 茯苓利尿的临床应用

临床上，陈建南等制成茯苓含量为 30% 的饼干治疗 30 例水肿患者，持续服用 1 周；其间停用其他利尿药。结果显示，23 例显效，水肿全部消退，体重恢复正常；7 例有效，水肿减轻，体重有所回降。器质性疾病水肿患者大多在服用饼干后第二天尿量增加，1 周左右排尿量出现高于正常量的峰值，此后水肿明显消退，非特异性水肿患者于服用饼干后 1 周，尿量明显增加，此后水肿渐趋消退。这提示茯苓饼干对后者而言，其利水消肿的作用较为缓和，而对前者作用则较为迅速。另外，该研究在观察茯苓饼干干预作用后，还提出茯苓饼干的疗效相比同等剂量的茯苓水煎液的疗效具有一定优势，但其机制和临床研究还有待验证。

谢恩等用桂枝茯苓汤辅助治疗 38 例老年性白内障术后黄斑囊样水肿，有效率达 87.5%。康爱秋等在原方的基础上仅改变茯苓的剂量（10 g、15 g、20 g、30 g、50 g、75 g、100 g）用于心源性水肿的治疗。结果显示，茯苓的临床剂量在 30 g 以上才能表现出利尿的作用，当剂量达到 100 g/d 时临床利尿作用最强，提示茯苓利水渗湿的作用具有量效关系，且随着剂量的增加而增强。由此可见，茯苓通过利尿作用还可用于各类疾病引起的机体水肿，疗效显著；服用由茯苓为原料的膳食有望辅助消退临床水肿，其具体机制有待进一步探索。同时，茯苓的利尿作用还可用于肾性水肿，继而发挥肾保护作用。

5. 茯苓利尿的作用机制

传统中药的利尿作用常与体液的利尿激素样的调节机制和肾脏的生理作用息息相关。茯苓酸是从茯苓中提取的一组四环三萜类化合物，被认为是茯苓利尿消肿的主要活性成分。茯苓酸具有和醛固酮受体拮抗剂相似的结构，故有学者认为，该成分是一种醛固酮受体拮抗剂类似物，具有阻断醛固酮受体的作用，可使尿钠排出量增加，同时降低肾内压，增加肾血流量，使得尿量增加。但有关茯苓发挥受体拮抗作用的分子机制研究较少，目前报道的机制认为其利尿作用与调节钠-钾转运和抑制水通道蛋白-2（aquaporin-2，AQP2）的表达有关。

（1）激活 Na^+-K^+-ATP 酶活性

研究表明，茯苓酸可竞争肾细胞表面的醛固酮受体，与醛固酮受体结合激活 Na^+-K^+-ATP 酶，该酶是细胞钠-钾转运体，促进机体的水盐代谢功能，降低 Na^+/K^+ 比值，增加细胞内 K^+ 含量，改变细胞内渗透压，起到利尿功效。茯苓酸还可抑制肾小管对 Na^+ 的重吸收和 K^+ 的排泄，提高尿液中钠离子与钾离子的比值，逆转醛固酮效应，但不影响醛固酮的合成，使尿钠排出增加，同时降低肾内压，增加肾血流量，使得尿量增加，发挥抗醛固酮的利尿活性。上述研究提示茯苓酸可能成为新的醛固酮受体拮抗剂。

（2）抑制 AQP2 的表达

AQP2 是水通道蛋白家族中的一员，受抗利尿激素（ADH）的调节，且其排出率与尿渗量成正比关系。当抗利尿激素（ADH）水平升高时其可与 V2-R（位于远曲小管和集合管上皮细胞管周膜上）相结合，使含有 AQP2 的囊泡在细胞质内与管腔膜融合，以出胞方式促使 AQP2 表达增多，导致水通道开放，从而水重吸收尿液浓缩，尿渗量增加。杨国凯等研究发现，茯苓能明显增加正常大鼠的尿量，减少尿渗量，而对血钠的影响较少；并能减少正常大鼠肾内髓质 AQP2 的表达，这与肾内髓质 AQP2 mRNA 表达减少和尿液 AQP2 排泄减少相一致。进一步说明采用茯苓灌胃可以起到类似醛固酮拮抗剂的作用。

二、肾保护作用

目前，药物治疗和替代治疗是治疗终末期肾病的主要方法，糖皮质激素、利尿药和免疫抑制药是治疗慢性肾脏病（chronic kidney disease，CKD）的常用药物，但缺点是可能引起一系列的并发症和毒副作用；腹膜透析、血液透析及肾移植是主要的替代治疗方法，但此方法周期长、费用高且风险大，肾源难配型且个体耐受性差。近年来，中药在治疗慢性肾脏病方面显示出显著而独特的疗效，具有广阔的开发和应用前景。

1. 茯苓肾保护的中医基础

中医学并无“慢性肾脏病”的病名，根据临床表现，可将其归于“水肿”“虚劳”“肾水”“腰痛”“血尿”“尿浊”等范畴。总的来说，一般慢性肾脏病总属本虚标实，正虚为本，邪实为标，本虚多考虑为肺、脾、肾三脏的虚损，标实是指水湿、湿热、气滞、瘀血等病理产物。茯苓味甘而淡，甘则能补，有健脾宁心之功；淡则能渗，有利水渗湿之效。祛邪同时，又可扶正，为利水消肿之要药。李苹等从经络论治慢性肾脏病的中医治疗规律出发，通过传统文献检索方式进行理论，研究发现，茯苓在经络论治慢性肾脏病药物使用频数中位居第一，其中在原发性肾小球肾炎、原发性肾病综合征、糖尿病肾病和慢性肾衰竭的使用率均排名靠前。因此，使用茯苓和茯苓皮以及含有二者的中药配伍方剂干预慢性肾脏病符合中医基础理论。因此，茯苓和茯苓皮在慢性肾脏病治疗有较好的应用前景。

2. 茯苓抗肾损伤的物质基础

研究证明，茯苓及茯苓皮肾保护作用的主要部位为乙醇提取部位，从中提取的四环三萜类化合物是茯苓发挥肾保护作用的关键活性成分，此外，从茯苓中分离出多糖，尤其是茯苓酸性多糖在一定程度上有防治肾结石的作用。

3. 茯苓抗肾损伤的药效作用

大量研究证实了茯苓和茯苓皮的肾保护作用，研究表明茯苓及茯苓皮可一定程度上防治肾病综合征（NS）、肾结石和慢性肾衰竭（CRF）等肾损伤相关疾病。此外，由茯苓或茯苓皮参与组成的经典方药，如五苓散、茯苓四物汤、猪苓汤和五皮饮等，在临床治疗慢性肾脏病中均显示出良好的疗效。陈辉基于数据挖掘张喜奎教授治疗肾病性水肿用药规律，发现在 55 种常用药物中茯苓的使用频数累计高达 172 次，其频率占所有药味的 89.52%，是张喜奎教授治疗肾病性水肿用药排名第二的药物。提示茯苓及其提取物可为临床提供一种新的治疗慢性肾脏病的候选药物。

4. 茯苓抗肾损伤的作用机制

（1）抗肾纤维化

肾脏纤维化是慢性肾脏病的共同病理特征。肾脏纤维化是由于肾脏受到慢性且持续的损伤后，组织修复/再生异常而导致不能被完全修复而引发的，致使正常组织被纤维组织替代、丧失功能，最终引起肾衰竭。因此，抑制肾纤维化对 CKD 的治疗有重要意义。

1）调节 AHR 通路

研究比较发现，茯苓酸对单侧输尿管梗阻模型（UUO）小鼠的肾纤维化有较好的抑制作用，且构效关系明显，C－3 位羧基完整的茯苓酸比 C－3 位羧基酯化的化合物具有更强的抑制作用，即 C－3 位的羧基是癸烷甾烷四环三萜类化合物中最重要的抗肾纤维化活性官能团。其机制可能是 PZM 和 PZP 调节氧化还原信号和 AHR 通路来减轻肾纤维化（图 4－3）。

2）调控 RAS/Wnt/β-catenin 轴及干预 Smad 3 磷酸化

茯苓皮在日本等地成为加工茯苓过程中的废弃物，造成资源的巨大浪费。王明对茯苓皮乙酸乙酯部位中分离得到的三萜酸类化合物进行活性评价，研究发现茯苓三萜可显著改善 UUO 小鼠肾组织炎性细胞浸润，抑制炎细及胶原沉积，减少成纤维细胞积聚，抑制肾脏间质纤维化的形成（图 4－4）。Wnt/β-catenin 信号通路的活化则会加速肾脏纤维化，持续地激活 Wnt/β-catenin 信号通路导致急性肾损伤进展到 CKD。TGF-β/Smad 是目前公认的纤维化过程中重要的信号通路之一。研究表明，茯苓三萜均能显著地抑制 Wnt1 及其下游

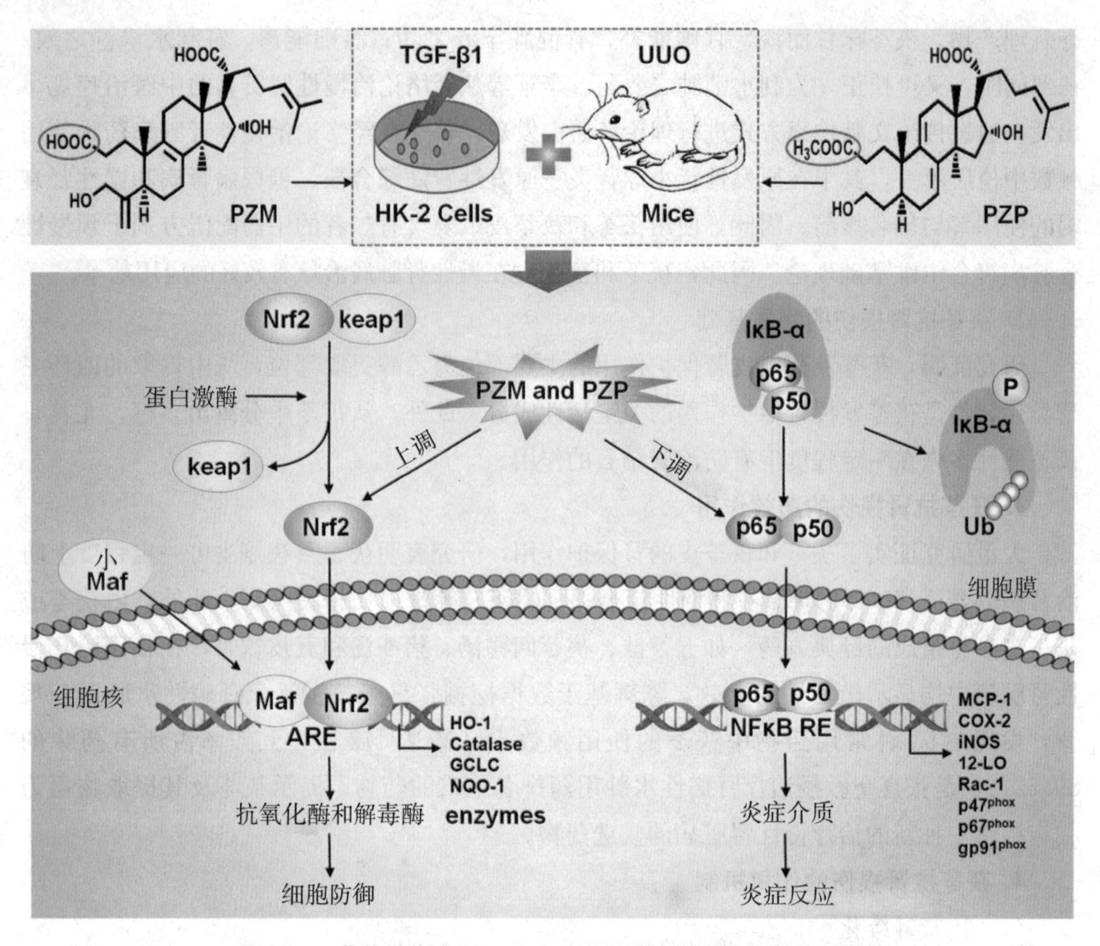

图 4-3　茯苓三萜酸 PZM 和 PZP 干预肾纤维化作用的机制图

图片引自：WANG M，HU H H，CHEN Y，et al. Novel Poricoic Acids Attenuate Renal Fibrosis through Regulating Redox Signalling and Aryl Hydrocarbon Receptor Activation [J]. Phytomedicine：international journal of phytotherapy and phytopharmacology，2020，79：153323.

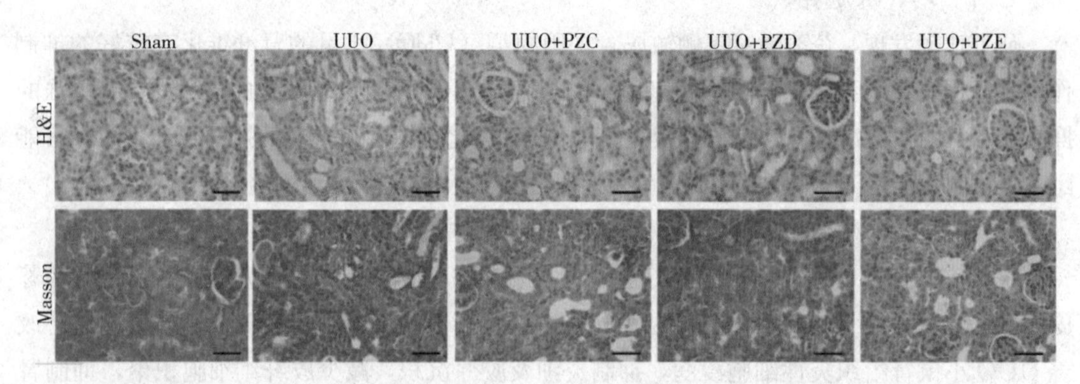

图 4-4　茯苓三萜酸 PZC、PZD 和 PZE 对小鼠肾组织的 H&E 和 Masson's 染色结果

图片引自：WANG M，HU H H，Chen Y，et al. Novel Poricoic Acids Attenuate Renal Fibrosis through Regulating Redox Signalling and Aryl Hydrocarbon Receptor Activation [J]. Phytomedicine：international journal of phytotherapy and phytopharmacology，2020，79：153323.

靶基因的异常表达。茯苓三萜对磷酸化的 Smad 3 蛋白的表达有显著的抑制作用，而对 p-Smad 2、Smad 4 及 Smad 7 的表达没有显著的影响，茯苓三萜通过选择性抑制 Smad 3 蛋白磷酸化发挥抗肾脏纤维化作用。提示茯苓三萜酸可作为一种特异性 Smad 3 磷酸化抑制剂而应用于抗肾纤维化。该机制进一步在 HK-2 和足细胞损伤模型中得到验证。

3）激活 AMPK 信号通路

虚拟对接分析显示从茯苓中提取的茯苓酸 A（PAA）与 AMPK 蛋白的相互作用结合在溶剂可及的 γ-亚基核心，这与 5-(5-羟基异噁唑-3-基)-呋喃-2-膦酸类似，也可以通过 γ-亚基激活 AMPK，结合自由能（G）为−10.23 kcal/mol。体内外实验表明，分别用茯苓酸 A 干预 UUO 和 5/6 肾切除术（Nx）动物模型，以及 TGF-β1 诱导的肾成纤维细胞（NRK-49F）后，可刺激 AMPK 激活并选择性抑制 Smad3 磷酸化，从而延缓成纤维细胞的激活和抑制（ECM）重构以减轻肾脏纤维化。AMPK 是细胞生物能量传感器和代谢调节剂，AMPK 活性降低会诱发器官纤维化。肾脏中 AMPK 缺陷与肾功能下降和纤维化密切相关（图 4-5）。成纤维细胞活化是纤维化进展中的重要因素，AMPK 在成纤维细胞活化的调节中发挥重要作用。活化的 AMPK 能抑制体外大鼠腹膜间皮细胞中成纤维细胞的活化；反之，肾脏中成纤维细胞活化会降低 AMPK 活性（图 4-6）。

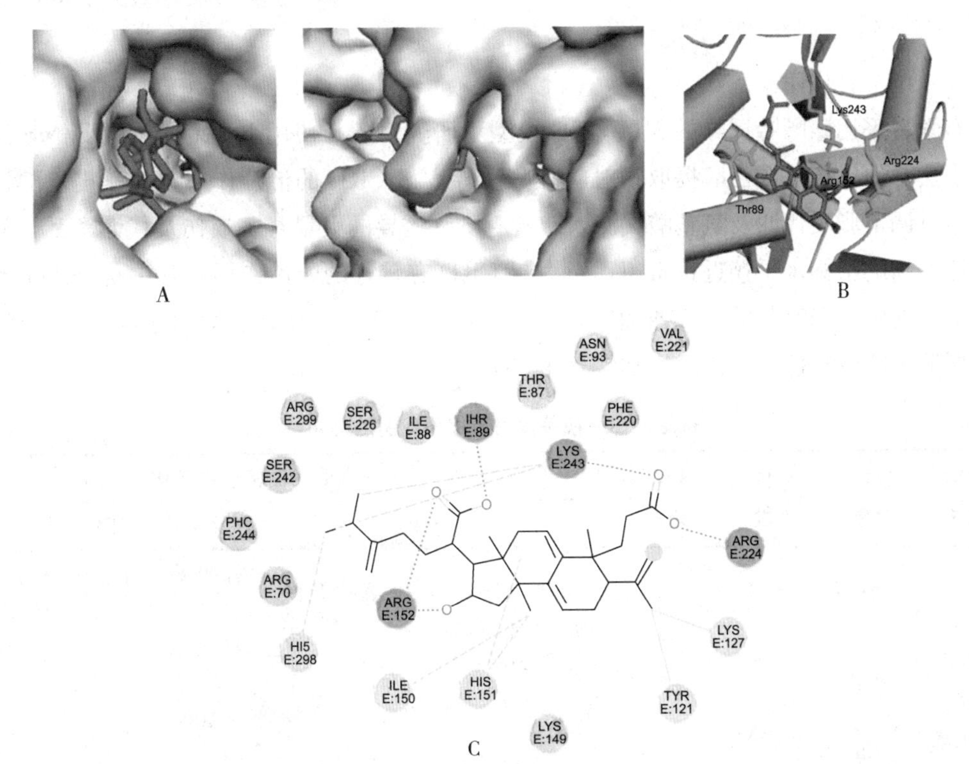

A. 茯苓酸 A（红色）在 AMPK 两个方向上的结合模型；B. PAA（红色）与 AMPK 的相互作用，成分与蛋白质相互作用的氨基酸用连线表示，其中氢键用绿色表示，π-π 键用蓝色表示；C. PAA（灰色）与 AMPK 的对接位置和相互作用。

图 4-5　茯苓酸 A 与 AMPK 蛋白虚拟对接结果

图片引自：CLOSSE P，FEGER M，MUTIG K，et al. AMP-activated kinase is a regulator of fibroblast growth factor 23 production [J]. Kidney international，2018，94 (3)：491-501.

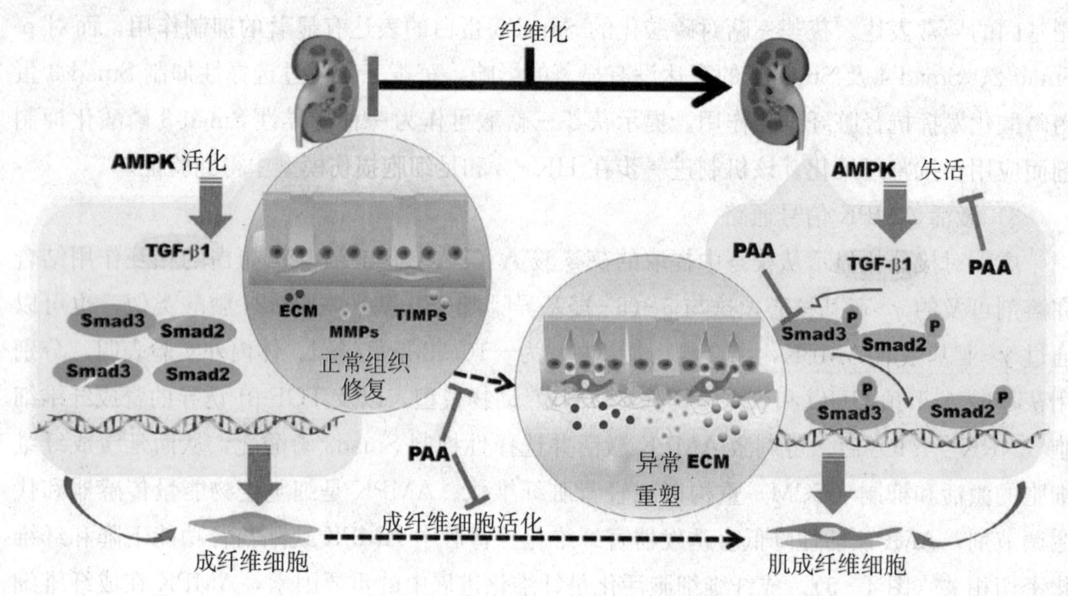

图 4-6　茯苓抗纤维化作用示意图

图片引自：JU K D，KIM H J，TSOGBADRAKH B，et al. HL156A，a novel AMP-activated protein kinase activator，is protective against peritoneal fibrosis in an in-vivo and in-vitro model of peritoneal fibrosis [J]. A-merican journal of physiology Renal physiology，2015，310 (5)：342-350.

(2) 调节肾代谢紊乱

有学者采用腺嘌呤诱导的大鼠 CKD 模型为研究对象，使用 UPLC-QTOF/MS 代谢组学方法，研究茯苓皮乙醇提取物对腺嘌呤诱导大鼠 CKD 的治疗作用。茯苓皮乙醇提取物能通过调节脂质代谢及氨基酸代谢，改善腺嘌呤诱导的大鼠肾脏损伤及代谢紊乱，且部分代谢产物的指标水平接近正常组，对大鼠 CKD 有较好的防治作用。其中茯苓皮主要改善血清中的磷脂和氨基酸的代谢途径，调节肾组织中多不饱和脂肪酸和尿毒症毒素代谢，逆转尿液中嘌呤和色氨酸代谢异常（表 4-3）。

表 4-3　茯苓皮对肾损伤代谢的影响

造模方法	研究对象	分析手段	样品来源	茯苓干预后代谢标志物变化	
				上调	下调
腺嘌呤致 CKD 大鼠模型	茯苓皮乙醇提取物	UPLC/MS	血清	lysoPC（18：0）、四聚六烯酸、前列腺素（PGE2）甘油酯、lysoPC（18：2）、肌酐、lysoPE（22：0/0：0）	棕榈酸、植物鞘氨醇、PC（16：0/18：2）、色氨酸，赖氨酸（20：4）、lysoPC（16：1）、lysoPC（16：0）、缬氨酸
			尿液	2,8-二羟基腺嘌呤、吲哚-3 等 6 个生物标志物逆转至对照水平-羧酸、3-甲基二氧吲哚、乙基-N2-乙酰-L-精氨酸、3-O-甲基多巴和黄嘌呤酸	腺嘌呤、L-乙酰肉碱、8-羟基腺嘌呤、次黄嘌呤、肌酸、蛋氨酸、植物鞘氨醇、苯丙氨酸

续表

造模方法	研究对象	分析手段	样品来源	茯苓干预后代谢标志物变化	
				上调	下调
腺嘌呤致CKD大鼠模型	茯苓皮乙醇提取物	UPLC/MS	肾组织	二十碳五烯酸、二十二碳六烯酸、lysoPC（20∶4）、lysoPC（18∶2）、lysoPC（15∶0）、在FLP治疗组中，lysoPE（20∶0/0∶0）、硫酸吲哚酚、马尿酸、对甲酚硫酸盐和尿囊素	

（3）抗肾结石

据报道，在体外茯苓酸性多糖能抑制草酸钙结晶的聚集程度和生长速度，在体内可有效防治乙二醇诱导的大鼠肾脏草酸钙结石，其防治效果优于消石素和五淋化石丹，但具体机制还有待进一步探索。

（4）抗慢性肾衰竭

李绪亮等研究发现，硫酸化茯苓多糖可抑制腺嘌呤诱导的慢性肾衰竭（CRF），促进大鼠尿量和肌酐的排泄，减少尿液中蛋白含量；同时增加血清中总蛋白和白蛋白水平，降低肌酐和尿素氮水平；大鼠肾脏中肾小球和近曲小管数目增加，远曲小管扩张程度明显缓解，肾脏系数也明显下降，表明茯苓多糖衍生物对CRF有显著的治疗效果。此外，硫酸化茯苓多糖的防治效果总体上接近L-鸟氨酸的治疗效果。

（5）抗肾炎

1992年，日本学者服部久之研究发现连续灌服抗肾小球基底膜病（GBM）大鼠5 mg/kg茯苓聚糖（pachyman）12天后，能有效抑制大鼠血清补体CH50的形成，茯苓聚糖治疗组大鼠肾小球C3沉积显著减少。这些结果表明，茯苓聚糖对大鼠原始型抗GBM肾炎有效，茯苓聚糖的抗肾炎机制可能部分是由于该药物对肾小球C3沉积的抑制作用。

三、改善男性性功能

随着现代生活压力的日益增大，男性因加班熬夜、社会竞争大等多种因素的诱导下，很多人的生理方面总是会出现一些问题，比如男性性功能障碍，是困扰不少家庭的现实问题，也是导致家庭破裂的主要因素，因此寻找恢复男性健康，改善男性性功能的治疗方法尤为重要。目前有关茯苓改善男性性功能的报道主要集中在提高男性精子质量和抑制前列腺增生两个方面。

1. 茯苓改善男性性功能的中医基础

中医将不射精症归属于“精瘀”“精闭”的范畴。多数医家关于不射精症病因的解释诸多，其中痰湿瘀阻、气血不畅、精道不通为该病的主要病因病机。因此，在临床治疗上应重在除湿化痰、理气活血，使精道通畅，精液才能排出。茯苓被誉为“四时神药”，是古时男性进补、强身健体必不可少的药材；且茯苓具有养心安神、健脾祛湿的功效，所谓无湿一身轻，湿气祛除年轻十岁。因此，中医提出茯苓可用于改善男性性功能的治疗。

2. 茯苓改善男性性功能的临床应用

中医药临床改善男性性功能极少单独使用茯苓，而多与其他药物配伍。林纪新自拟灌肠方联合桂枝茯苓丸治疗 112 例慢性非细菌性前列腺炎（CNP），结果表明总有效率为 98.21%。提示自拟灌肠方联合桂枝茯苓丸对 CNP 患者的临床治疗效果确切，缓解了患者的临床症状，降低了不良反应发生率，值得临床应用。此外，临床上茯苓常作为关键性药物与桂枝等中药配伍改善男性性功能。陈其华采用桂枝茯苓丸加减治疗 42 例功能性不射精症，总有效率在 76.5%～88.9%之间。上述研究从临床的角度证实，茯苓与桂枝配伍治疗功能性不射精症和前列腺炎疗效明确，为改善男性性功能提供了较好的治疗方案。

3. 茯苓改善男性性功能的作用机制

（1）提高精液质量

刘冰等报道用茯苓各剂量组（2.2 g/kg、5.0 g/kg、10 g/kg）诱发的精子畸形率与阴性对照组相比，未见增高；而在注射丝裂霉素 C（MMC）同时给予茯苓，则可使 MMC 所诱发的精子畸形率明显下降。提示茯苓对 MMC 引起的精子畸形有明显抑制作用（与阳性对照组相比，$P<0.01$）。邱毅等公开发布了一种茯苓体外精子营养液，它是茯苓原料中提取的多糖与生理盐水混合的液体，该营养液能够提高精子活动率 35%～56%，对精子无任何损害，无任何毒副作用，且价格比进口产品大幅度降低。上述研究表明茯苓可以通过改善精子质量而提高男性性功能。

（2）抑制前列腺增生

杨安平等采用网络药理学方法探究桂枝茯苓丸治疗良性前列腺增生的作用机制。网络预测表明，桂枝茯苓丸治疗良性前列腺增生的作用机制可能通过抑制良性前列腺增生组织 ERα、AR、mRNA 及蛋白的表达来抑制雌激素信号传导，从而改善良性前列腺组织的增生。

第二节　对消化系统影响

随着国内外学者对茯苓作用不断深入地研究，茯苓的临床新用途不断被挖掘。近年来发现茯苓及其提取物对消化系统疾病有明显的治疗和预防作用。大量研究表明茯苓能够有效预防肠胃溃疡，还能够治疗肠道松弛，降低胃酸浓度，从而达到保护胃肠功能的作用；此外，茯苓对某些肝损伤有明显的保护作用。提示适当服用茯苓可以有效预防肠胃以及肝脏类的疾病。

以茯苓为原料或参与组方制备的多种食品药品已应用于胃肠以及肝脏健康的保健和临床治疗。因此，揭示茯苓治疗消化系统疾病的有效部位和单体成分及机制，开发新的基于茯苓的胃肠及肝脏保护药物是当今茯苓药用研究领域的重要使命。

一、治疗胃肠疾病

1. 茯苓治疗胃肠疾病的中医基础

中医认为“脾主运化”，脾与人体消化系统疾病密切相关，脾虚常会导致功能性消化不良的发生。脾虚运化不及，不仅可引起营养物质的吸收输布受阻，导致脏腑组织失养，也可引起水液的生成传输障碍，导致水湿内停。脾虚证大多由饮食不节、劳倦过度、忧思伤脾或年老体衰、久病耗气所致，其主要表现为食少、腹胀、大便溏薄、神疲、肢体倦怠、舌淡脉弱等。“脾主运化”即脾能将经胃受纳腐熟之水谷精微转运至全身，并能对精微物质进行再加工，从而转化为人体需要的营养物质和能量。因此，脾虚最终会导致人体胃肠道的消化和吸收功能减弱。

慢性胃炎、消化性溃疡为常见的胃肠多发病，中医辨证与脾虚有关。采用中药茯苓等益气健脾药常具有较好的疗效。这与茯苓等增强胃黏膜的屏障功能有关，益气健脾法与清热解毒法结合应用于胃癌术后化疗，则能起到增效减毒作用。茯苓健脾功效确切，茯苓三萜和茯苓多糖作为茯苓具有生物学活性的主要成分，但其健脾的作用机制尚不明确。因此，探讨茯苓不同提取部位健脾的药效和现代药理机制，以诠释其传统功效理论的科学内涵，是目前重要的科学课题。

2. 茯苓治疗胃肠疾病的物质基础

茯苓对胃肠道疾病有良好的治疗效果，茯苓三萜类、多糖类等为其主要作用成分，可通过多种途径对胃肠道的运动、微生物的稳态调节、肿瘤控制等起积极作用，对减轻肠道疾病有独特的临床疗效。除上述作用外，茯苓提取物可通过调节自噬作用改善肝脏脂肪变性，进而改善胰岛素原水平，对消化功能产生影响。茯苓有效成分也可以起到改善肠屏障功能，抗氧化应激等作用。茯苓在古籍中有诸多记载，组方灵活，疗效确切，但对于茯苓治疗胃肠疾病的机制有待进一步深入发掘。

3. 茯苓治疗胃肠疾病的药效作用及机制

（1）调节胃肠运动

目前认为，茯苓主要通过激素调节及神经调节的方式对肠道运动功能产生影响，具有多途径的作用优势。茯苓对胃肠平滑肌运动有一定的调节作用，对肠道痉挛性疾病有良好的治疗效果。冉小库等证实，茯苓水煎液对正常小鼠胃残留及小肠推进功能有明显抑制作用，连续多次的中低剂量给药可提高其临床疗效。除水煎剂外，茯苓提取物对胃肠道运动也有一定影响。也有观点认为，茯苓除了抑制胃肠运动，也可在一定程度上起到促进胃肠收缩，促进其双向调节作用。何前松等通过对家兔离体实验的研究发现，小半夏加茯苓组较小半夏无茯苓组对家兔十二指肠平滑肌收缩有更好的抑制效应，而且还可以增强胃底和胃窦的平滑肌收缩，认为茯苓对家兔胃肠运动的调节可能存在双向效应。目前，茯苓对胃肠道运动双向调节作用的研究稍显匮乏，不排除半夏-茯苓联合用药呈现的特殊作用，有待今后进一步研究证实。

（2）调节胃肠激素

贾波等研究发现茯苓水煎剂可使大鼠脾虚模型的血管活性肠肽（vasoactine intrestinal peptide，VIP）明显升高，引起胃容受性舒张，抑制结肠和直肠紧张性，进而认为，茯苓调节胃肠道运动的作用可能是通过对肠道激素的调节产生的。Nguyen T. T. 等从茯苓中提取的 TPLP 物质，可显著抑制芥子油诱导的急性结肠炎导致的小鼠上消化道肠易激样加速运输，从而减轻肠蠕动，在体外模型中，TPLP 还被证实可降低肠蠕动频率，减少体液和电解质的排泄，进而认为其可能对肠易激综合征等肠道疾病有治疗作用。

（3）调节胃肠激素神经递质

肖洪贺等比较了茯苓提取液对小鼠胃肠运动功能的抑制作用。结果表明，茯苓水提液，茯苓醇提液均有效缓解乙酰胆碱诱导的离体小肠痉挛性收缩，显著降低小肠平均张力（mean contractile force，MCF）而对收缩频率（contraction frequency，CF）影响较小，作用强度顺序为：茯苓 50％醇提液＞茯苓 25％醇提液＞茯苓 75％醇提液＞茯苓 100％醇提液＞茯苓水提液（图 4－7）。

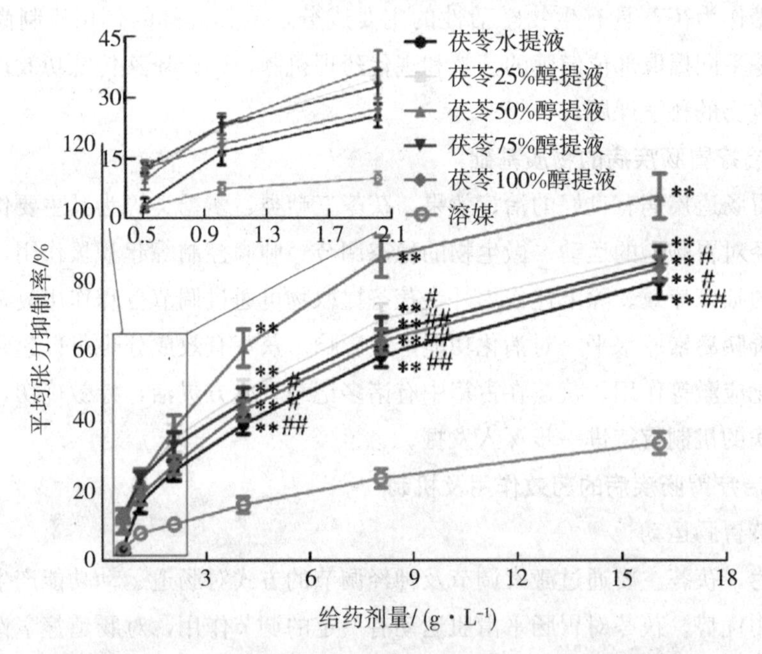

图 4－7　不同茯苓提取液对小鼠离体小肠平均张力的抑制作用

图片引自：肖洪贺，郭周全，郑彧，等. 茯苓不同提取部位对小鼠胃肠运动功能的抑制作用研究［J］. 中国现代中药，2017，19（5）：679－683，705.

4. 抗肠道炎症

目前认为，多种肠道疾病的发生与肠道炎症反应相关，而肠道炎症反应可在调节免疫应答、细胞凋亡等方面促进肠道疾病向肿瘤方向发展，肠道慢性炎症可通过持续激活免疫细胞致癌，导致遗传和表观遗传的积累变异，最终将正常细胞转化为癌细胞。目前对于茯苓的研究发现，茯苓多糖及茯苓酸等可对肠道炎症反应起到有效的抑制作用。Liu X. 等研究表明茯苓多糖CMP33对炎症性肠病的作用，发现其可显著降低促炎细胞因子的水平，增加结肠组织和大鼠血清中的抗炎细胞因子，使结肠炎得以改善，证实茯苓多糖的抗炎症作用。茯苓多糖的抗炎机制被认为是通过特定的信号通路产生的，Zhao J. 等发现，茯苓多糖通过ERK /Nrf2/HO-1通路发挥抗氧化应激和抗炎症作用，增加Nrf2从细胞质向细胞核的转运，进而促进血红素氧合酶-1（HO-1）的表达，起到抑制炎症的作用。秦劭晨等发现，茯苓酸可以通过下调ERK/Nrf2信号通路中的Nrf2进入细胞核，进而抑制细胞凋亡，抑制肿瘤坏死因子-α（tumor necrosis factor-α，TNF-α）诱导SH-SY5Y的炎症。除上述有效成分外，茯苓制剂及水提取物也被证实对肠道炎症有一定作用，Jeong S. J. 等对含有茯苓的药物进行研究，证实其在脂多糖（lipopolysaccharide，LPS）刺激巨噬细胞的实验中，有降低促炎细胞因子、TNF-α、白介素-6和前列腺素E2的作用，可以明显抑制LPS诱导有丝分裂原激活蛋白激酶的磷酸化，而对核因子-κB（nuclear factor kappa-B，NF-κB）的激活则无明显作用。Huang Y. J. 等研究发现，茯苓水提取物可减少应激模型动物出现的炎症反应应答，减少NF-κB、TNF-α的生成，对肠道炎症起到抑制作用。综上所述，茯苓的抗炎症反应作用对缓解胃肠道疾病病情有一定的积极作用。

5. 调节肠道微生态

炎症性肠病和肠易激综合征等已被证实与肠道菌群紊乱密切相关，也有证据表明，肠道微生物可能涉及大肠癌、胃癌和肝细胞癌等疾病的病理发展过程，可见肠道菌群对于多种肠道疾病的发生发展及预后转归都有重要意义，茯苓对于肠道微生物的调节作用，目前已得到广泛认可。安婉丽等总结1995—2016年中药治疗肠道菌群紊乱的经验发现，治疗药物以利水渗湿、补气健脾中药为主，茯苓是治疗肠道菌群紊乱最常用的药物。黄文武等研究四君子汤中不同成分对肠道菌群紊乱的治疗作用，其中茯苓有明显改善小鼠肠道菌群紊乱的作用。茯苓对肠道菌群的调节作用疗效确切，目前认为是其中的多糖成分起主要作用。Sun S. S. 等从茯苓菌核中分离出水不溶性多糖（water insoluble polysaccharide，WIP），发现其可显著提高产丁酸盐的肠道细菌数量，增加肠道丁酸盐水平，进而改善肠道黏膜完整性，激活肠道PPAR-γ通路，整体改善肠道环境及肠道功能。Wang C. 等通过对CT26结肠癌异种移植小鼠模型的研究发现，羧甲基化茯苓多糖有恢复肠道菌群多样性的作用，可调节肠道菌群的生态平衡，其联合氟尿嘧啶可逆转肠道缩短，拮抗氟尿嘧啶引发的肠道损伤，从而改善结肠癌的远期预后，减轻肠道损伤，对肠道肿瘤的发生发展有一定的控制作用。

6. 抗胃肠道肿瘤

目前，茯苓抗肿瘤的作用已得到广泛认识，茯苓中多糖类、三萜类及茯苓酸等物质都已被证实对肿瘤性疾病有明确的临床疗效，其主要通过调节人体免疫功能、诱导细胞凋亡、控制细胞周期等方式作用于肿瘤细胞。Wang H. L. 等对茯苓菌核的β多糖提取物进行化学合成，其产物可使小鼠体内表现出较好的免疫活性及肿瘤抑制效应，其血清溶血素抗体效价、脾脏抗体产生、迟发性超敏反应都有显著增加。表明茯苓多糖可以通过干预小鼠体内免疫功能对肿瘤起到抑制作用。Kikuchi T. 等研究认为，茯苓三萜有诱导细胞凋亡的作用，即通过线粒体途径诱导细胞凋亡，该作用对小鼠胃肠道肿瘤的进展有一定控制的作用。Lu C. 等采用集落形成实验通过研究异种移植小鼠模型发现，茯苓酸可以促进细胞凋亡，进而辅助提高胃癌的放疗疗效。由此可见，茯苓可通过多种途径促进细胞凋亡因子产生，进而抑制胃肠道肿瘤性疾病。同时，茯苓在肿瘤疾病的迁移进展中也起到重要的抑制效应。Cheng S. J. 等研究认为，茯苓三萜类化合物通过下调基质金属蛋白酶-7来抑制胰腺癌细胞的生长和侵袭，对于胰腺癌细胞系 Panc-1、MiaPaca-2、AsPc-1 和 BxPc-3 的增殖有一定的抑制作用。Wang 等认为，茯苓联合奥沙利铂能明显抑制胃癌上皮间质转化过程，对胃癌细胞形态改变有一定影响，可以抑制胃癌细胞的迁移和侵袭，抑制肿瘤的进展。

7. 消除胃肠道性水肿

胃肠道性水肿多见于各种脏器损伤的继发性改变，如右心衰竭引发全身性水肿表现等。肠道性水肿可引起食欲减退、胃肠功能紊乱等。茯苓自古以来被认为有利水功效，现代研究认为，茯苓皮中乙酸乙酯和正丁醇对因静脉压力负荷过重出现的消化道水肿有良好的治疗效果。研究茯苓不同成分对脾虚水湿内停大鼠的作用，证实茯苓乙酸乙酯可提高大鼠水负荷后体质量下降的比率，通过增加大鼠尿量影响水液代谢，进而促进水肿的消除。目前，有研究证实，茯苓利水作用的机制可能为对离子通道及调节因子的影响。张晓丹等通过研究脾气虚腹泻大鼠模型发现，茯苓可通过对肠道上皮细胞 Na^{+}-K^{+}-ATP 酶的影响，调节其胃肠道水与电解质的平衡，进而改善大鼠泄泻症状。Lee S. M. 等认为，茯苓菌核可抑制氨基核苷嘌呤霉素诱导的渗透调节因子，降低血清和糖皮质激素诱导的蛋白激酶和钠肌醇共转运蛋白的 mRNA 表达，改善肾脏水通道蛋白并影响钠离子通道表达，进而影响水液代谢，治疗水肿性疾病。倪文娟等通过计算机模拟筛选发现，茯苓中提取的去氢松香酸甲酯与水通道蛋白有较强的结合活性，进一步证实，其可能是茯苓利水作用的潜在活性成分。

8. 抗腹泻

（1）茯苓抗腹泻的中医基础

中医学根据腹泻的便次频、粪质溏薄或完谷不化的证候特点将其归属于“泄泻”的范畴，病名首见于《内经》，并有食泄、溏泄、注下、濡泄、滑泄等不同病名的记载；《难经》中以脏腑命名，将泄泻分类为大肠泄、小肠泄等，如“大肠泄者，食已窘迫，便色白，肠鸣切痛”“小肠泄者，溲而便脓血，少腹痛”等。其病位在脾、胃，与肝、肾关系密切；如《景岳全书·泄泻》曰：“泄泻之本，无不由于脾胃。”茯苓味甘淡而性平，入心、脾、肺经，功于利水渗湿，健脾和胃，安神，具有利而不猛，补而不峻的特点，既可扶正又能祛邪。在中医药治疗腹泻的应用中茯苓发挥着重要作用，多项针对腹泻的实验或临床研究中，均将茯苓作为组方的君药或臣药，提示其在腹泻治疗应用中的确切疗效；治疗作用主要通过健脾和胃实现。

其他组方分析的研究也证实了茯苓在腹泻治疗中的核心地位，如侯丽等采用中医传承辅助系统对小儿病毒性腹泻的用药规律进行分析后发现，茯苓是出现频次最高的药物，在药物组合及药物关联的分析中，白术与茯苓组合频次最高，泽泻与茯苓关联置信度最高，体现了茯苓对小儿病毒性腹泻的疗效。周伟龙等通过对孟河京派治疗泄泻的用药统计比较发现，药物组合频次最高的是茯苓-白术、茯苓-陈皮、茯苓-薏苡仁，显示了茯苓在治疗腹泻方面的核心作用，故采用茯苓及或组方符合中医抗腹泻用药原则。

（2）茯苓抗腹泻的临床应用

赵玉洁等在研究中应用参苓白术散联合匹维溴铵治疗腹泻型肠易激综合征患者 58 例，对照组给予匹维溴铵治疗，治疗 1 个月后，结果显示，观察组总有效率（93.10%）显著高于对照组（76.27%），治疗后两组腹痛、腹胀、腹泻评分，总评分及血清 5-羟色胺（5-HT）、血管活性肠肽（VIP）及 P 物质（SP）水平均显著下降，且观察组显著低于对照组，两组患者肛管静息压、直肠感知阈值、腹痛阈值、排便阈值均升高，且观察组显著高于对照组，从多个方面证实了参苓白术散在治疗腹泻型肠易激综合征方面的确切疗效。对小儿腹泻的治疗，茯苓也可作为比较安全的中药使用，如王君华等应用中医健脾止泻汤联合推拿治疗小儿腹泻患者 60 例，并与西医常规治疗的对照组相比较，结果显示，中医组患儿的 IgA、IgG、$CD4^+/CD8^+$ 值均显著高于对照组，而大便次数、大便性状、发热、腹痛、呕吐、口渴、烦躁、精神萎靡评分均显著低于对照组，中医治疗的痊愈率 66.67%、显效率 25.00%、进步率 8.33%，总有效率显著高于对照组，健脾止泻汤联合推拿能改善腹泻患儿的免疫水平、临床症状，在治疗小儿腹泻方面有着一定的优势。陈迎莹等采用自拟苓瓜术芪汤治疗脾虚痰湿证慢性腹泻患者 46 例，结果表明，总有效率为 87.80%，中医证候总有效率为 63.41%，4 天内起效病例数的比例为 92.3%，表明苓瓜术芪汤能有效改善脾虚痰湿证慢性腹泻患者的症状，疗效确切。黄勇等采用胃苓汤加减治疗急性腹泻患者 40 例，对照组给予黄连素片口服，结果显示，治疗组在肠鸣音、大便性状异常、腹痛、腹胀、里急后重、发热与呕吐等临床症状的例数及比例较对照组显著降低，总有效率为 95.0%，显著高于对照组（67.5%），表明胃苓汤治疗急性腹泻，能够显著缓解多种临床症状，提高临床治疗效果。

（3）茯苓抗腹泻的作用机制

丁军利等给予伊立替康所致迟发性腹泻的大鼠模型灌服参苓白术散，结果显示，大鼠肠黏膜损伤明显减轻，血清 IL-6、TNF-α 水平明显降低，表明参苓白术散可通过调节大鼠免疫功能，预防药物所致的迟发性腹泻的发生。此外，茯苓提取液可对家兔离体肠平滑肌发挥直接松弛作用，使胃肠道平滑肌收缩幅度降低，使其恢复正常的张力，发挥止泻作用。而茯苓的有效成分茯苓多糖的代谢主要在肠道中进行，对肠道菌群发挥着调节作用，如曹俊敏等研究发现，茯苓提取液可降低菌群失调小鼠大便的 pH 值，吸附一定量的大肠埃希菌，对大肠埃希菌和粪肠球菌均有较好的抑菌作用。如王宇翎等研究探讨了参苓白术颗粒治疗腹泻的可能机制，其结果显示，参苓白术颗粒可延长小鼠疼痛潜伏期，增加大肠埃希菌抑菌圈直径，其认为参苓白术颗粒治疗腹泻的部分机制跟药物所发挥的镇痛和抗菌作用密切相关。上述研究表明，茯苓等具有明显抗腹泻作用，其机制主要与抗炎、抑菌、调节免疫相关。

二、保肝

肝脏是人体中最大的消化腺和重要的解毒器官，具有新陈代谢、凝血排毒、免疫调节等功能，担负着人体加工厂的重要角色。但若肝脏的负荷过重，则会引起肝脏中毒，导致肝脏不同程度的细胞坏死、脂肪变性、肝硬化甚至肝癌等严重肝病的发生。因此，食用保肝护肝的食物，对肝脏健康尤为重要。慢性肝炎的发病与感受湿热疫毒有关，迁延日久常可耗气伤阴。根据文献报道，茯苓多糖对肝炎、肝硬化等多种肝脏病症均表现出明显的改善作用。茯苓等与益气养阴、清热解毒、活血化瘀中药组方治疗慢性肝炎，有改善症状，消除乙型肝炎病毒抗原，防止肝细胞坏死的作用。茯苓等的保肝作用通过实验得到证实。

1. 茯苓保肝的物质基础

研究发现，茯苓中茯苓醇、茯苓多糖均有较好的保肝作用，但各种化合物保肝效应及机制有所区别，其中以茯苓多糖和茯苓三萜养肝护肝研究居多。

2. 茯苓保肝的药效作用

20 世纪 80 年代开始，人们开始关注茯苓对肝脏的调节及机制，从分子细胞以及动物水平对茯苓的保肝效应进行研究，至今取得了丰富的成果。动物实验表明，对于受到四氯化碳损伤的肝脏，茯苓具有很好的保护作用，能有效降低谷丙转氨酶活性，抑制组织肝细胞坏死（图 4－8）。对于由四氯化碳、饮酒、高脂低蛋白等因素导致肝硬化的小鼠，应用茯苓醇治疗，经 3 周治疗后，小鼠虽仍存在肝硬化，但是肝内胶原蛋白含量已经降低，表

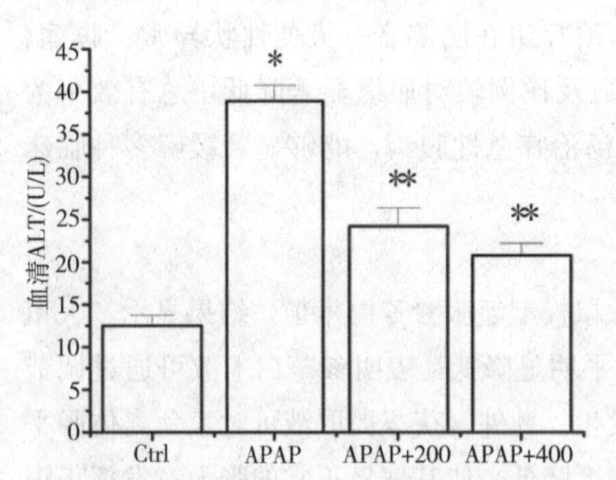

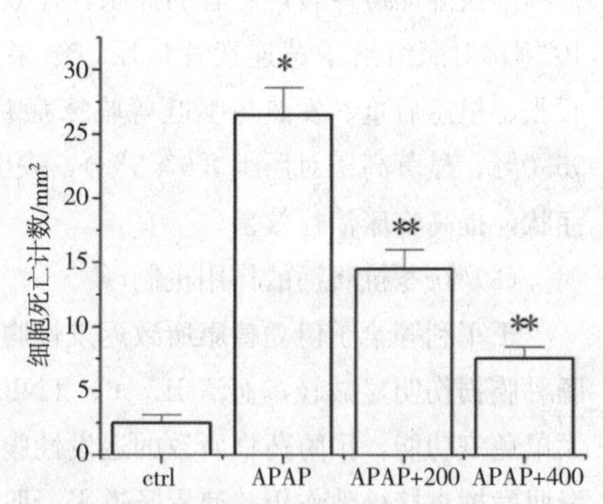

APAP—Acetaminophen，对乙酰氨基酚（300 mg/kg）；APAP＋200/400—对乙酰氨基酚＋茯苓多糖低/高剂量（200 mg/kg、400 mg/kg）。

图 4－8　茯苓对组织肝细胞损伤的作用

图片引自：WU K，FAN J，HUANG X，et al. Hepatoprotective effects exerted by Poria Cocos polysaccharides against acetaminophen-induced liver injury in mice［J］. International Journal of Biological Macromolecules，2018，114：137.

明茯苓可促进实验性肝硬化动物肝脏胶原蛋白降解，使得肝内纤维组织被重吸收，肝纤维化得到缓解。程玥等进一步研究茯苓不同提取部位（包括水提物、醇提物和多糖），对急性肝损伤小鼠的保护作用；结果发现，茯苓不同提取物不同剂量给药组肝损伤状态均有不同程度改善，细胞浸润现象仍然存在，但细胞坏死减少（图 4-9）。以茯苓多糖高剂量组效果最好，肝细胞排列整齐，细胞核较模型组圆润，炎症细胞浸润程度降低。上述研究为茯苓多糖的开发利用奠定基础，提示有待进一步对具有保肝活性的茯苓多糖的结构及其作用机制进行研究。

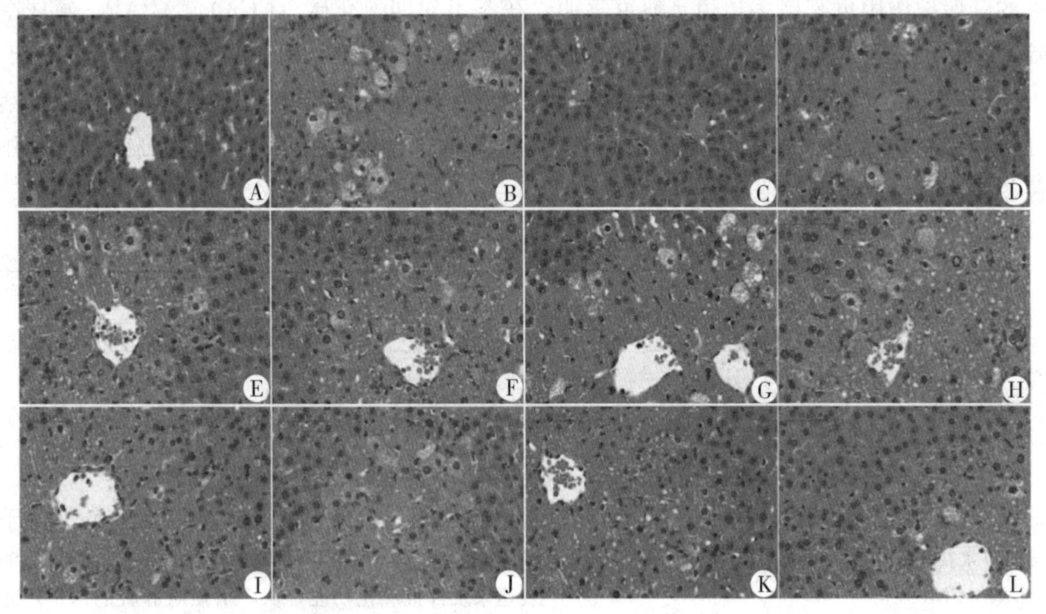

A. 正常组；B. 模型组；C. 阳性药物组（水飞蓟素 100 mg/kg）；D～F. 茯苓水提物低、中、高组（30 mg/kg、60 mg/kg、120 mg/kg）；G～I. 茯苓醇提物低、中、高组（25 mg/kg、50 mg/kg、100 mg/kg）；J～L. 茯苓多糖低、中、高组（10 mg/kg、20 mg/kg、40 mg/kg）。

图 4-9　茯苓不同提取部位对小鼠肝组织病理形态比较（HE 染色，10×20 倍）

图片引自：程玥，丁泽贤，张越，等. 不同茯苓提取物对急性肝损伤小鼠的保护作用 [J]. 安徽中医药大学学报，2020，39（4）：73-44.

此外，也有极少数研究报道，茯苓对肝脏具有双向调节作用，即较低剂量有治疗肝损伤的作用，而过量或使用不当可能引起肝脏损害，其机制值得进一步探讨。柴宝玲等对茯苓多糖进行羧甲基化修饰，其水溶性及生物活性发生改变，并确证的羧甲基茯苓多糖对肝脏匀浆细胞色素 P450 均有显著的抑制作用，提示茯苓与在肝内代谢的药物同时使用时，要考虑适当减少其他药的用量。

3. 茯苓保肝的作用机制

肝脏作为机体重要的代谢中心之一，是内源性和外源性物质代谢调节最主要的场所。导致肝损伤的病因有很多，首先是感染，主要有寄生虫、细菌、病毒造成肝脏损害；其次是化学药品中毒，如摄入过多的砷剂、氯仿等可以破坏肝脏的酶系统，引起酶类的代谢障碍，自身免疫功能异常，可出现自身免疫性肝损伤。营养不良引起脂肪代谢失常，造成肝损伤。另外，肿瘤、血液循环障碍、遗传都可以造成肝损伤。这些因素的进一步发展则将造成肝脏组织不同程度的病理性变化发生。因此，如何有效防治肝损伤一直是医药界研究的热点问题。近年来，真菌提取物在肝损伤防治方面的特殊疗效受到国内外众多学者的关注，寻找可用于预防肝脏疾病的天然药物成分，是目前肝损伤保护研究和肝保护药物开发的重要途径。作为天然的药食同源资源，茯苓及其提取物的保肝活性在中医学中备受关注，茯苓等为末可用于治疗“肝劳实热闷怒”。现代研究表明，茯苓具有抗氧化、调节机体免疫力等作用，能有效保护机体器官，减少氧化应激和炎症引起的损伤。近年来关于茯苓的肝保护作用也有诸多报道。研究表明，茯苓可对四氯化碳（CCl_4）、APAP、氟尿嘧啶（5-Fu）等暴露所致药物性肝损伤（DILI）有较好的保护作用；但茯苓化学成分复杂，不同提取部位（如茯苓醇提物、水提物以及多糖组分）可能由于其化学成分不同，保肝活性也存在差异（表4-4）。因此，比较茯苓不同提取部位的保肝活性，可为高效开发利用茯苓活性成分提供科学依据。

表4-4　茯苓不同提取部位的保肝作用

研究对象	动物模型	机制
茯苓多糖	对乙酰氨基酚（APAP）诱导小鼠肝损伤模型	抑制细胞死亡、减轻肝细胞炎性应激和Hsp90生物活性的分子机制发挥作用
	APAP诱导孕鼠肝损伤模型	介导肝脏细胞AKT信号通路活化而改善肝功能
	ANIT致大鼠黄疸模型	免疫调节发挥退黄作用
羟甲基茯苓多糖（CMP）	5-Fu致小鼠肝损伤模型	调控NF-κB，p38MAPK及Bcl-2信号通路，抑制炎症通路的激活；并在一定程度上增加Nrf2和GCL的表达来发挥抗氧化功能，从而增强对肝脏的保护，防止肝细胞坏死并改善肝功能
茯苓总三萜	四氯化碳（CCl_4）致小鼠肝损伤模型	降低丙氨酸转氨酶（ALT）和天冬氨酸转氨酶（AST）活性
茯苓水提物	四氯化碳（CCl_4）致小鼠肝损伤模型	抑制HSC增殖活化、下调TIMP-1和TGFβ-1表达，促进细胞外基质的降解和减少肝纤维结缔组织的沉积

（1）抗药物（毒物）所致肝损伤

1）抑制炎症反应

通常认为，对乙酰氨基酚（APAP）是一种相对安全的解热止痛药，但同样具有时间或剂量依赖性的副作用，包括胃肠道反应和肝毒性。当过量使用治疗时，APAP诱导的肝毒性是急性肝损伤的主要病因之一。生物毒理学研究表明，APAP所致药物肝毒性是由于其在体内的毒性代谢产物N-乙酰对苯醌亚胺过量产生，而这些中间产物能直接破坏肝脏细胞功能。

茯苓对APAP暴露造成的肝损害有较好的保护作用。兰量园等构建产前APAP诱导肝损伤胎鼠（E11.5）模型，结果显示，茯苓多糖干预7天后对APAP所致肝损伤具有明显药理保护活性，其作用机制可能与其激活肝脏细胞中 AKT 通路，同时促进内源性 FGF21 分泌发挥有效的护肝作用有关。Wu 等也同样认为茯苓多糖可对抗 APAP 诱导的肝损伤具有明显的改善作用，结果表明，茯苓多糖与 APAP 联合处理的肝脏中 NF-κB p65、IκBα 和 NF-κB p65 的阳性细胞减少，肝细胞 NF-κB p65、IκBα 蛋白表达下调（图 4-10）。

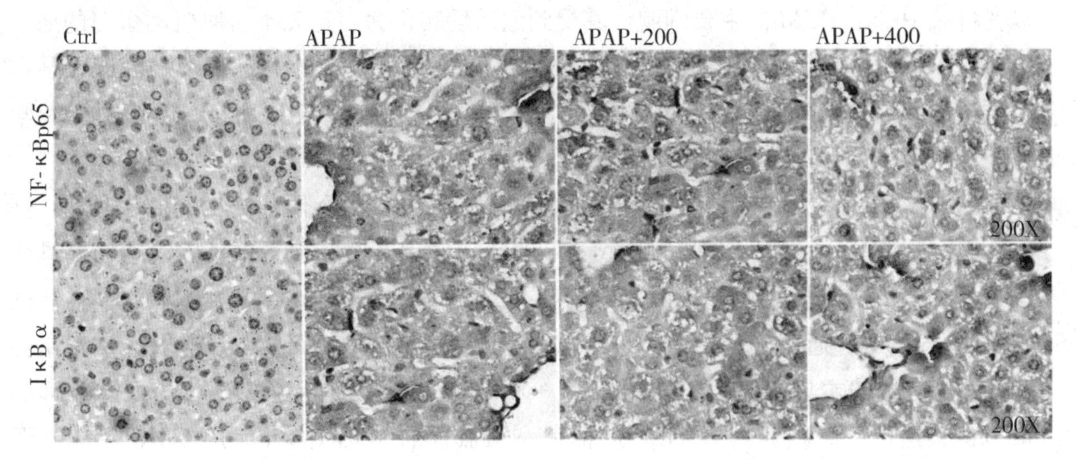

图 4-10　PCP 抑制 APAP 暴露肝脏炎症相关蛋白的表达

注：与 APAP 对照组相比，$*P<0.05$；$**P<0.01$；APAP＋200—APAP＋200 mg/kg 茯苓多糖；APAP＋400—APAP＋400 mg/kg 茯苓多糖。

图片引自：WU K，FAN J，HUANG X，et al. Hepatoprotective effects exerted by Poria Cocos polysaccharides against acetaminophen-induced liver injury in mice [J]. International Journal of Biological Macromolecules，2018，114：137.

氟尿嘧啶（5-Fu）是临床常用的化疗药物，主要用于治疗消化道肿瘤和乳腺癌等，疗效显著，但选择性差，在杀伤肿瘤细胞的同时对生长旺盛的正常组织和细胞也具有较强的毒副作用，造成机体肝、肾毒性以及免疫功能和造血功能低下，影响患者生活质量。免疫功能的降低，常伴随炎症风暴和氧化应激的发生。当肝脏发生炎症性损伤时，NF-κB 可被激活，并导致 TNF-α 和 IL-1β 等炎症因子过量合成和释放，进而导致肝脏细胞的凋亡；肝细胞凋亡同时也涉及 p38MAPK、Caspase 家族及 Bcl-2 家族等信号通路。王灿红等建立 5-Fu 肝损伤小鼠模型，并分别给药以监测羧甲基茯苓多糖下蛋白及免疫因子的表达。与 5-Fu 模型组相比，羧甲基茯苓多糖＋5-Fu 能增加肝脏组织 Bcl-2 的表达，降低 NF-κB、38 和 Bax 的表达，提示羧甲基茯苓多糖可能抑制炎症通路的激活，并有效保护 5-Fu 所致的细胞凋亡。Nrf2-ARE 通路主要是通过抗氧化作用，缓解肝脏氧化损伤及炎症。当外界环境因子刺激发生氧化应激时，Nrf2 和 Keap1 分离，Nrf2 被释放到细胞核与抗氧化元件 GCL、HO-1 等结合发挥抗氧化作用。该研究还发现羧甲基茯苓多糖可在一定程度上增加 Nrf2 和 GCL 的表达来发挥抗氧化功能，从而增强对肝脏的保护。

张先淑等给小鼠腹腔注射 CCl_4 橄榄油溶液造模，以高、中、低剂量（180 mg/kg、90 mg/kg、45 mg/kg）灌胃茯苓三萜，发现茯苓三萜能显著降低丙氨酸转氨酶（ALT）和天冬氨酸转氨酶（AST）活性，还能使肝脏部分切除的大鼠的肝再生能力提高，再生肝重和体重之比增加；减轻小鼠肝损伤的程度。

2）抗肝纤维化

肝纤维化是当今医学领域的难点、热点之一，是各种慢性肝病发展至肝硬化的共同病理学基础。肝纤维化与肝星状细胞（HSC）的激活有密切的关系。肝脏发生持续性损伤时，刺激细胞外基质（ECM）的生成，ECM聚集在肝脏，形成纤维瘢痕，导致肝纤维化。HSC是肝脏中产生ECM的主要细胞，其受到激活后转化为表达α平滑肌肌动蛋白的肌成纤维细胞。目前，普遍认为HSC的激活是导致肝纤维化发展的关键环节。因此，抑制HSC的活化和促进其凋亡是逆转肝纤维化的重要途径。目前，多数学者认为肝纤维化早期是可以逆转的，但发展到肝硬化阶段则不可逆。

周维等的研究显示，羟甲基茯苓多糖（CMP）可减弱肝纤维化大鼠肝脏转化因子-β（TGF-β）的表达，而减弱TGF-β对HSC的活化作用及对胶原蛋白基因表达的促进作用。Smads蛋白家族为TGF-β膜受体的特异性底物，据其功能可分为膜受体激活的Smad（R-Smad）、通用型Smad（Co-Smad）和抑制型Smad（I-Smad）。Smad 3是传导TGF-β信号的主要信息分子，属于R-Smad类。该研究还发现CMP可显著抑制Smad 3的表达，从而减弱其对HSC的活化和对胶原合成的促进作用。CMP还能上调Smad 7（属于I-Smad类）的表达，抑制R-Smad磷酸化。由此可见，CMP可调节TGF-β-Samd信号通路，减弱此通路的激活，降低肝纤维化、肝硬化甚至肝细胞癌的发生，但CMP的保肝机制尚不清晰，仍有待进一步的研究。

何绮微等建立大鼠肝纤维化模型，将茯苓水提物用于该模型和HSC细胞，结果显示，茯苓组的血清透明质酸和Ⅳ型胶原含量下降；HSC细胞增殖抑制率升高；减少了肝组织基质金属蛋白酶组织抑制因子-1（TIMP-1）、转化生长因子（TGFβ-1）及血小板衍生生长因子（PDGF）的表达。结果表明，茯苓与苦参合煎的水提物可以使大鼠肝纤维化的发生减缓，作用机制可能是抑制HSC增殖活化，下调TIMP-1和TGFβ-1表达，促进细胞外基质的降解和减少肝纤维结缔组织的沉积。

（2）抗病毒性肝损伤

羧甲基茯苓多糖能抑制抗乙型肝炎病毒HBV，调节TGF-β-Smad信号转导通路，起到抗肝损伤作用。研究发现，CMP在0～500 mg/L浓度对HBV转基因小鼠无毒性作用，并能显著促进HBV转基因小鼠树突状细胞（DC）分泌IL-12，在混合淋巴细胞反应中，能显著促进T淋巴细胞分泌IFN-γ并抑制IL-10的分泌，从而上调了DC功能。

（3）退黄保肝

刘成等通过异硫氰酸-α-萘酯大鼠黄疸模型试验，证明高剂量的茯苓多糖对异硫氰酸-萘酯大鼠黄疸模型有显著的退黄作用，能抑制IL-1β、TNF-α的mRNA表达，提高IL-4 mRNA表达，通过免疫调节起到退黄保肝的作用。

第三节　对中枢神经系统的作用

一、调节神经修复

已有研究表明，茯苓所含三萜、芳香脂类和多糖类成分对中枢神经系统有一定作用，有养心安神的功效，常食用茯苓可以有效改善气血不足导致的心悸失眠，还能消除水肿，缓解压力。

1. 茯苓神经修复的药效作用

高贵珍等对茯苓多糖进行硫酸化修饰，得到由硫酸根取代茯苓多糖链单糖分子上某些羟基而形成的多糖衍生物，即硫酸化茯苓多糖（sulfation pachymaran，SP）。并通过体内实验证实 SP 对 1-甲基-4-苯基-1,2,3,6-四氢吡啶（MPTP）诱导帕金森小鼠的中脑和脑皮质神经元细胞具有较好保护作用。

此外，茯苓多与桂枝配伍用于修复神经损伤。桂枝茯苓丸方源于《金匮要略》，多用于子宫及其附件炎症、痛经等妇科病，效果显著。20 世纪 80 年代，任世禾课题组报道了桂枝茯苓丸对神经系统的作用，研究发现皮下注射（10 g/kg）或口服（100 g/kg）该方均能显著抑制冰醋酸所致小鼠的扭腰频率，提高实验动物的热痛阈，表明桂枝茯苓丸对外周性疼痛和中枢性疼痛均有明显抑制作用。该研究还发现上述给药途径及剂量均可减少小鼠落砂重量和活动力，对戊巴比妥钠阈下的催眠计量有显著协同催眠作用；皮下注射还可明显延长戊巴比妥钠的睡眠时间，提示该方具有较好的镇静催眠功效。茯苓与桂枝等组方有显著的中枢神经系统的抑制作用，这也与该方的临床应用相吻合。现在临床研究中将该方制成胶囊剂分别用于缺血性脑卒中患者神经功能的康复和糖尿病周围神经病的治疗。

2. 茯苓神经修复的临床应用

冠宗莉等对 42 例缺血性脑卒中患者的治疗总有效率为 90.48%，较对照组（尼莫地平）高约 12%；较治疗前的神经功能缺损程度评分显著降低；表明桂枝茯苓胶囊可使患者病情得到有效改善，神经功能缺损得以逐步恢复。裴强等观察桂枝茯苓胶囊联合鼠神经生长因子对糖尿病周围神经病变患者的临床疗效，发现给予桂枝茯苓胶囊口服及鼠神经生长因子肌内注射能改善糖尿病周围神经病变患者的周围神经功能，提高疗效，降低血清高敏 C-反应蛋白（hs-CRP）的抗炎作用。提示桂枝茯苓胶囊对上述神经损伤性疾病相关患者具有较好的临床康复作用，可显著降低致残程度，值得在临床推广。

二、调节学习和记忆功能

1. 调节学习和记忆功能的中医基础

中医理论认为神经系统都属于脑的范畴，学习记忆障碍自古受到重视，中医多称之为

“喜忘”“健忘”，健忘以虚证居多，如精、气、血亏虚，髓海不足，脑失所养等。《景岳全书》曰：“味甘淡，气平……能利窍去湿。利窍则开心益智，导浊生津；去湿则逐水燥脾，补中健胃，祛惊痫。”说明茯苓具有益智的作用。

2. 调节学习和记忆功能的物质基础

由于中药成分组成的复杂性和不可控性等特点，中药复方乃至单味药材发挥药效的物质基础可能是多变的，既可能为多个不同组分的协同增效作用，也可能是单个组分发挥的功效。基于此中药特性，李明玉课题组进一步对茯苓各化合物进行组分拆分，研究比较各组分的结构特点，并对不同组分改善记忆的能力进行了较为深入的探索。研究发现，茯苓水煎液能明显缩短模型小鼠 2 分钟内达到终点平台的潜伏期，而且随着时间的延长，趋势也越来越明显；随着药物浓度的提高，潜伏期也越来越短。其中以高剂量组（42.8 g/kg）效果最佳，该剂量下茯苓水煎液能显著增加模型小鼠在平台所在象限的时间和行程。同时对各组分的代表性成分的分析结果表明，醋酸乙酯组分（主要包含三萜类成分）和石油醚组分（主要含有芳香脂类化合物）能明显缩短模型小鼠 2 分钟内达到终点平台的潜伏期，粗多糖（含茯苓多糖 35.43%）及精制多糖（含茯苓多糖 22.29%）也能明显缩短模型小鼠逃避潜伏期，但其作用较醋酸乙酯和石油醚组分弱，醇洗物与水洗物对潜伏期的影响较不明显。综上所述，茯苓三萜、茯苓芳香脂类、茯苓多糖等化合物是茯苓改善学习记忆作用的主要物质基础，但其具体结构与量效组成仍有待进一步探讨。

3. 调节学习和记忆功能的药效作用

（1）改善学习记忆

现代药理学研究表明，茯苓对戊巴比妥钠、东莨菪碱、醋酸铅等所致的学习记忆障碍模型均具有较好的治疗作用。水迷宫试验结果能反映短时记忆、长时记忆和空间认知能力等各项神经行为功能，多用来评估模型所致记忆障碍实验的稳定性和药物的改善作用。其中，通过水迷宫试验观察茯苓水提液对苯巴比妥钠所致记忆障碍模型小鼠的影响，实验结果提示 5 倍量和 10 倍量茯苓水提液，能明显增加苯巴比妥钠模型小鼠在平台所在象限的时间和行程，改善学习记忆（图 4-11）。另外，张敏等通过跳台法观察茯苓水提液对东莨菪碱所致记忆获得障碍模型小鼠和 30%乙醇所致记忆再现障碍模型小鼠的影响。结果表明，中、高剂量（0.6 g/kg、0.9 g/kg）茯苓水提液可分别显著减少东莨菪碱和 30%乙醇造模所致记忆获得障碍小鼠，减少 5 分钟内学习及记忆实验的错误次数，延长潜伏期。

（2）治疗老年期痴呆

大量研究表明，茯苓还多与远志配伍用于改善学习记忆，尤以老年期痴呆应用最多。由于世界人口的老龄化，老年期痴呆的患病率显著上升，并位于成人死因的第 4 位。老年期痴呆（senile dementia）按病因可分为：以进行性、退行性临床和病理脑病为特征的阿尔茨海默病（Alzheimer's Disease，AD）和由脑血管病所致的血管性痴呆（vascular dementia，VD）。其中 AD 是痴呆中最常见的一种类型，占所有痴呆的 50%～60%。AD 是以神经元丢失、神经原纤维缠结（neurofibrillary tangle，NFT）以及老年斑（senile plaque，

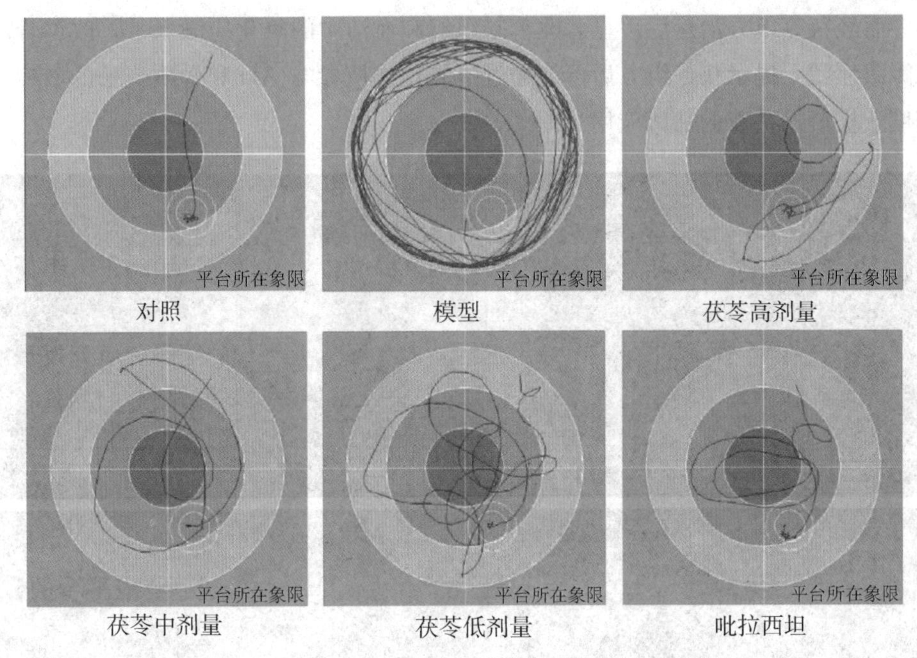

图 4-11　Morris 水迷宫测试小鼠 5 分钟运动轨迹图

注：茯苓水提物低、中、高剂量（2.14 g/kg、4.28 g/kg、8.56 g/kg）；吡拉西坦（0.686 g/kg）。

图片引自：李明玉，徐煜彬，徐志立，等. 茯苓改善学习记忆及镇静催眠作用研究［J］. 辽宁中医药大学学报，2014，16（5）：25-26.

SP）形成为特性的一种神经退行性疾病。其临床特点是隐性起病，逐渐出现记忆减退、认知功能障碍、行为异常和社交障碍。通常病情呈进行性加重，逐渐丧失独立生活能力，发病后 10％～20％的患者因并发症而死亡。张敏等多次探索远志与茯苓配伍的水提物、醇提物等对戊巴比妥钠、东莨菪碱所致空间学习记忆障碍模型的影响，均获得较好的改善作用。这些研究为临床前期研究治疗老年期痴呆药物，改善学习记忆功能提供了实验依据和参考资料，而且对于筛选和研制抗痴呆新药具有一定的指导意义。另外，在这两个有效药对的基础上增加人参、菖蒲即得到中医临床的经典方药“开心散”，该方首载于《备急千金要方》，载有“心气不定，五脏不足，甚者忧愁悲伤不乐，忽忽喜忘，朝差暮剧，暮差朝发狂眩”。其中，人参用于大补元气、健脑益智；茯苓用于养心安神、健脾利湿；远志、菖蒲用于化痰开窍、健脑醒神。经过古代长期的临床实践证实开心散具有良好的益智作用。同时高冰冰等证实在同等剂量的条件下，去茯苓开心散改善模型动物学习记忆的能力较开心散全方下降，进一步证实茯苓在开心散改善拟阿尔茨海默病动物学习记忆障碍作用中是不可缺少的重要组成部分。

（3）缓解记忆障碍并发的骨丢失症

除直接改善学习记忆外，茯苓与巴戟天、石菖蒲、地骨皮、远志、人参等组方还可用于减轻 D-半乳糖诱导记忆障碍大鼠并发的骨丢失症。骨质疏松症和 AD 在老年人中均有较高的患病率。这两种疾病的病因有许多相似之处，如 Aβ 沉积、激素失衡等。在这项研究中，D-半乳糖诱导大鼠产生超氧阴离子和氧衍生自由基，从而模拟体内自然衰老和认知障碍。而经茯苓组方治疗后可显著改善脑组织和血清中的氧化应激水平，改善骨质疏松和记忆障碍症状。提示茯苓组方后可能通过抗氧化作用参与AD和骨质疏松的治疗。这在一定程度上扩展了茯苓的临床应用（图4-12）。

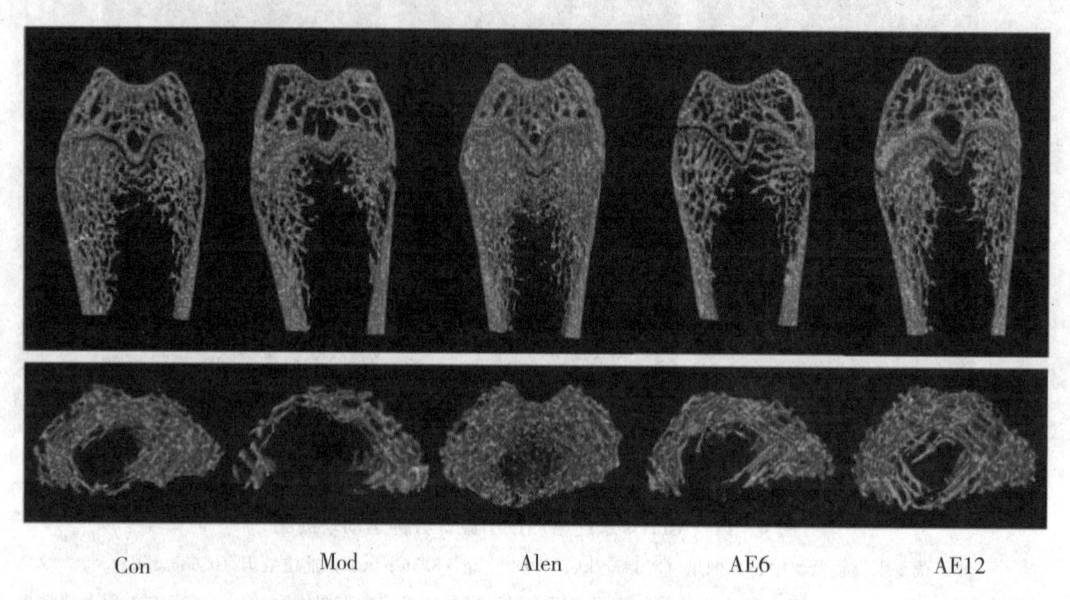

Con—正常组；Mod—模型组；Alen（alendronate sodium）—阿仑膦酸钠；AE6（aqueous extract of BJTW）—巴戟天丸=6 g/(kg·d)；AE12（aqueous extract of BJTW）—巴戟天丸=12 g/(kg·d)。

图4-12　茯苓组方缓解记忆障碍并发的骨丢失症

图片引自：XU W，LIU X，HE X，et al. Bajitianwan attenuates D-galactose-induced memory impairment and bone loss through suppression of oxidative stress in aging rat model[J]. Journal of ethnopharmacology，2020，261：112992.

4. 茯苓调节学习与记忆的作用及机制

（1）双向调节神经细胞内钙离子浓度

在正常神经细胞中，许多生理功能是通过钙离子来介导的，特别在学习记忆中，钙离子的适当增加有利于与学习记忆相关的*c-fos*基因的表达，同时也有利于与记忆相关的电生理活动的形成和维持。陈文东等的研究结果表明，低浓度的茯苓水提液在31～250 mg/L范围内，可以引起神经细胞内钙离子浓度上升（9.9%～33.7%），并与药物浓度呈正相关；当药物浓度大于或等于500 mg/L，其对细胞质内钙离子浓度基本无明显影响。茯苓水提液的这种轻度升钙作用也许对学习记忆有益，在一些强脑醒神、主治健忘的方剂中（如《备急千金要方》中的开心散、定志丸等）含有茯苓，提示可能与茯苓轻度提高细胞质内钙离子浓度有关。目前有关神经细胞内调控系统的研究表明，导致细胞质内钙离子浓度上升的主要途径有两条：一是细胞外钙离子通过钙通道进入细胞质；二是细胞质内钙库（内质网等）释放钙离子入细胞质。而茯苓水提液是通过哪条途径诱导细胞质内钙离子浓度上升有待进一步的探究。

另外，茯苓水提液对500 μmol/L谷氨酸诱导的神经细胞内钙离子浓度升高有明显的抑制作用，当茯苓水提液浓度大于500 mg/L时，其抑制作用趋于平稳，保持在较强水平，500 μmol/L 谷氨酸升高细胞质内钙离子浓度的能力由 76.2%降低至 23.2%。提示茯苓可能对由谷氨酸造成的神经细胞损伤有修复作用。谷氨酸是脑中主要的兴奋性神经递质，但是如果谷氨酸分泌过度，可以引起神经细胞结构改变和树突断裂，甚至引起神经细胞死亡。这种神经毒性大部分是由于过多的钙离子内流，这是神经细胞钙离子超载造成的，大多数中枢神经系统疾病（如老年期痴呆、血管性痴呆等）均存在谷氨酸含量过高的现象。谷氨酸受体阻断剂可改善谷氨酸造成的神经细胞损伤。由此推测，茯苓可能通过拮抗谷氨酸的升高，进而调节细胞质内钙离子浓度超载现象。考虑到谷氨酸又可与神经细胞上的 N-甲基-天门冬氨酸（NMDA）受体相结合，使得与 NMDA 受体耦合的钙离子通道开放，促进细胞外钙离子的内流，引起细胞质内钙离子浓度上升；同时谷氨酸还能和胞膜上的谷氨酸受体结合，激活鸟苷酸环化酶，促进 1,4,5-三磷酸肌醇（IP_3）生成，IP_3 可与细胞内钙库上的 IP_3 受体结合，使得钙库释放钙离子入细胞质，同样可造成细胞质内钙离子浓度上升。因此，茯苓水提液抑制谷氨酸诱导细胞质内钙离子浓度上升的作用体现在以下 3 个方面：①阻断谷氨酸与 NMDA 受体结合，阻止与 NMDA 受体耦合的钙通道的开放；②阻断谷氨酸与谷氨酸受体结合，抑制 IP_3 的生成；③阻断 IP_3 与钙库上的 IP_3 受体结合，阻止内钙释放。但茯苓作用于上述哪一个环节尚未清晰，有待进一步研究。

综上，茯苓对神经细胞内钙离子浓度具有双向调节作用，这种调节可能对促进学习记忆，治疗某些中枢神经系统疾病具有一定应用前景。

（2）激活 BDNF/TrkB 信号通路

脑源性神经营养因子（brain-derived neurotrophic factor，BDNF）是人体内含量最为丰富的神经营养因子，主要分布在海马和大脑皮质。其中与 TrkB 受体结合是 BDNF 最主要的信号通路，BDNF 与 TrkB 受体结合后，通过激活下游的信号转导通路，在神经重塑、理解和记忆方面扮演重要角色。BDNF 与 TrkB 通过参与神经细胞的生长发育及调节突触可塑性等方面，可调节大脑海马区的学习记忆功能。相关研究证明：模型组海马组织中 BDNF 蛋白及 TrkB 蛋白磷酸化的表达水平明显降低，而茯苓可以上调 BDNF 蛋白及 TrkB 蛋白磷酸化的表达水平。综上所述，茯苓能够通过激活 BDNF/TrkB 信号通路来促进去卵巢模型鼠学习、记忆能力。茯苓作为一种有效的益智中药单方制剂，对于 AD 患者尤其是绝经后妇女记忆障碍的患者，具有重要的临床治疗意义。

三、抗抑郁

1. 茯苓抗抑郁的中医基础

抑郁症因其发病率高、致残率高、易复发，有自杀倾向，危害严重。中医药治疗抑郁症具有整体调节、不良反应少、可长期服用、疗效确切等优势，越来越受到人们的重视。近年来，经过动物实验和临床研究，已证明多种中药具有明确的抗抑郁作用。段艳霞等通过计算机检索中药治疗中风后抑郁症的文献，茯苓居单味中药应用频次前 10 位。秦竹等收集整理 386 首古方和 165 首现代方剂进行整理分析和研究，发现人参、茯苓和远志为主药的药对是中医治疗抑郁症的最常用药对。中医认为肝主疏泄，藏血。其气升发，喜条达而恶抑郁，肝以血为体，以气为用，体阴而用阳，集阴阳气血于一身，成为阴阳统一之体，其病理变化复杂多端，易形成肝气抑郁。肝为风木之脏，肝郁易侮脾土，形成肝郁脾虚，或横逆犯胃，则为肝胃不和。故抑郁症的治疗中疏肝不忘健脾和胃。茯苓具有健脾和胃之功，防疏泄太过，和降以护肝，可治胸胁逆气，忧思烦满之证。如《药品化义》载茯苓“主治脾胃不和，泄泻腹胀，胸胁逆气，忧思烦满，胎气少安，魂魄惊跳，膈间痰气”。提示茯苓可能通过健脾化湿调升降、护肝利疏泄，调和解郁。此外，茯苓在治疗抑郁症中还有化痰助肺司宣肃、利窍宁心安神志和利水下气去肾邪之功，具有较好的临床抗抑郁应用前景。

2. 茯苓抗抑郁的药效作用

药理研究表明，茯苓水提液和茯苓多糖，尤其是茯苓酸性多糖如硫酸化茯苓多糖等，对慢性不可预知温和应激（chronic unpredictable mild stress，CUMS）结合孤养法、CUMS结合卵巢摘除法构建的抑郁症模型具有显著的抗抑郁作用。张建英等采用不同剂量的硫酸化茯苓多糖治疗CUMS联合卵巢摘除法构建的抑郁症大鼠，结果发现茯苓干预后海马神经元排列整齐，分层清晰，细胞形态完整，而GYKI 52466（AMPA受体非选择性抑制剂）能显著逆转茯苓的保护作用；另外，给药后大鼠在敞箱中水平运动和垂直运动得分明显增加。上述研究提示，茯苓酸性多糖可改善CUMS大鼠的抑郁行为，其作用机制可能与调节神经递质水平，促进神经元细胞的再生及调节NLRP3炎症小体信号通路有关。茯苓为药食同源中药品种，以茯苓酸性多糖开发抗抑郁治疗药物的安全性高，具有广阔的应用前景。

3. 茯苓抗抑郁的临床应用

虽然单味茯苓的抗抑郁作用报道较少，但以茯苓为主的复方药在临床治疗抑郁症中极为常用。临床上茯苓配柴胡、郁金、香附等以疏肝，配当归、芍药以养血柔肝，配白术、党参加强扶脾之功，治疗肝郁脾虚之抑郁症。如逍遥散（柴胡、当归、白芍、茯苓、白术、甘草、生姜、薄荷）加减治疗糖尿病抑郁症、脑卒中后抑郁症、产后抑郁症、慢性充血性心力衰竭伴抑郁均获得较好效果。实验研究发现，逍遥散具有抗焦虑和抗抑郁作用，能增加慢性不可预见性应激刺激模型大鼠海马区的神经生长因子的阳性表达；明显缩短行为绝望模型小鼠的不动时间。丹栀逍遥散四个组分（石油醚提取液、水提醇沉液、多糖部分、醇提液部分），在悬尾实验中，均有明显的抗抑郁效果。甘俊鹤自拟疏肝解郁汤（香附、柴胡、郁金、当归、茯神、陈皮、炒酸枣仁、炙甘草）治疗中风后抑郁；董宁等采用自拟中药疏肝解郁汤制成颗粒（柴胡、枳壳、香附、当归、白芍、茯苓、半夏、茯神）治疗肝气郁结型抑郁症；周梦煜自拟疏肝解郁汤（柴胡、香附、郁金、白术、茯苓、石菖蒲、薄荷、珍珠母）治疗抑郁症均获良效。

综上，临床上治疗抑郁症的应用中，茯苓多随证配伍，在复方应用中体现了开郁行滞原则。故单味茯苓的抗抑郁成分及其作用机制还有待进一步深入探索，特别是茯苓与其他抗抑郁中药的协同作用及其机制的研究，将为茯苓应用于抑郁症治疗提供科学依据。

4. 茯苓抗抑郁的作用机制

（1）调控谷氨酸 AMPA 受体

AMPA 受体是一种离子型谷氨酸受体，有 GluR1、GluR2、GluR3 和 GluR4 四种亚型，主要介导脑内兴奋性突触传递，在神经突触传递及突触可塑性方面起着重要的作用。临床研究发现在抑郁症患者大脑前叶皮质海马中 GluR1 表达水平明显降低，同时通过动物实验也发现在抑郁症动物模型中海马 GluR1 的表达水平明显降低。茯苓多糖给药 21 天后，海马神经元损伤明显减轻，同时海马 AMPA 受体 GluR1 蛋白水平和 GluR1 蛋白磷酸化水平均显著升高，而 GYKI 52466（AMPA 受体非选择性抑制剂）完全抑制茯苓多糖的抗抑郁效果。提示茯苓多糖抗抑郁效果可能与其调节 GluR1 介导的突触传递有关。虽然通过激动或调节 AMPA 受体功能后产生明显的抗抑郁作用，但具体机制尚不明确。Li 等研究发现，通过一定方式激动海马 AMPA 受体后，活化的受体与 G 蛋白偶联受体结合，通过第二信使 cAMP 激活 PKA，增强 CREB 的磷酸化水平，进而调节 BDNF 等神经营养因子的表达，防止海马神经元的萎缩、促进海马神经再生，起到缓解抑郁症的作用。不同剂量 SP 均能上调海马 CREB 磷酸化水平，提高 BDNF 表达水平，而茯苓多糖的这些作用能够被 AMPA 受体抑制剂 GYKI 52466 所抑制。提示 SP 可能通过增强海马 AMPA 受体 GluR1 的功能，进而上调 p-CREB 与 BDNF 的蛋白表达水平而产生抗抑郁作用。

（2）调节神经递质

神经递质代谢异常与多种神经系统疾病密切相关，如抑郁症、癫痫、焦虑症等。5-HT 是参与人精神、情绪、心理及睡眠周期调控的单胺类神经递质，BDNF 在中枢神经系统海马、大脑皮质等部位含量丰富，能促进多种类型的神经元分化、增殖、营养和成熟，NE 具有调节机体情绪、认知等生理功能，DA 作为 NE 的前体，参与心理应激活动及精神情绪活动。相关脑源性神经营养因子与神经递质的失衡与抑郁症的发生具有紧密联系，患者往往出现抑郁、焦虑、失眠、兴致减退等症状。茯苓酸性多糖能够提高大鼠海马中 BDNF、5-HT、5-HIAA、DA、NE 表达水平，显著降低 GLU 水平，表明了茯苓酸性多糖能够通过调节抑郁大鼠相关营养因子与神经递质水平达到抗抑郁的效果。

（3）抑制 NLRP3 通路

目前抑郁症的发病机制尚不明确，有研究表明，NLRP3 炎症通路在抑郁症发生发展过程中起着非常重要的作用，NLRP3 炎症小体一旦被过度激活，会导致神经炎症反应，出现抑郁样行为。NLRP3 炎症小体是一种蛋白复合物，是由 NLRP3 传感蛋白、含有半胱天冬酶募集结构域的凋亡相关斑点样蛋白 ASC 和 caspase-1 组成，参与各种酶和蛋白的加工、分泌，诱导细胞炎症或凋亡。CUMS 可以诱发 NLRP3 炎症小体的激活，NLRP3 炎性小体活化后，NLRP3、ASC、caspase-1 表达水平显著提高，能够间接促进 IL-1β、IL-18 等炎症因子的产生，从而诱发炎症免疫反应。本实验通过 PCR 和 Westernblot 技术检测大鼠前额叶皮质中与 NLRP3 通路相关 mRNA 和蛋白的结果，提示茯苓酸性多糖可能通过调节与 NLRP3 相关的 mRNA 与蛋白表达水平，从而抑制 NLRP3 炎症小体通路，进一步逆转血清中的炎症因子水平。

第四节　对代谢内分泌影响

一、降血糖

糖尿病（diabetes mellitus，DM）是一种慢性代谢性疾病，主要由机体胰岛素水平的绝对或相对不足所致，其临床特征常表现为体内糖类、脂类和脂蛋白代谢紊乱。据统计，目前全球糖尿病患者约有 2 亿人。此外，国际糖尿病联盟预测，到 2025 年，DM 患病数目或将上升至 3.8 亿，其中发达国家的 DM 患病率高达 5%～10%。而我国 DM 的发病率也达到了 2%，已确诊的 DM 患者就有 4 000 万人次，并以每年 100 万的速度逐年递增，已成为严重影响人们健康的主要慢性疾病之一。WHO 将 DM 分为四种类型：1 型糖尿病、2 型糖尿病、妊娠糖尿病和其他特殊类型的糖尿病，其中 2 型糖尿病约占 DM 患病总数的 90%，是最多和增长最快的 DM 类型。

1. 茯苓降血糖的中医基础

中医将糖尿病归属为“消渴”的范畴。《名医别录》记载茯苓能止消渴，中医认为茯苓还可增加相关脏腑对葡萄糖转化能量的利用率，减少致病因子的产生，具有防治 2 型糖尿病的功效。近年来多用茯苓提取物，或以主要药物的形式参与配伍或组方用于临床降血糖研究。

2. 茯苓降血糖的物质基础及药效作用

（1）常规法提取茯苓多糖的降血糖作用

现代药理研究采用体内体外实验对茯苓降血糖作用进行验证。郑彩云等研究发现，经水提醇沉获得的茯苓多糖粗提物，以 2.5 g/(kg·d) 的剂量连续灌胃 30 天，可显著降低四氧嘧啶诱导的糖尿病大鼠体内血糖水平，这种拮抗作用与灌胃浓度和时间呈正相关性；同时茯苓多糖还可明显改善糖尿病大鼠多食、多饮、多尿、体重减轻等糖尿病所特有的“三多一少”症状。结果提示，茯苓多糖有较好的体内降血糖作用。

（2）发酵法提取茯苓多糖的降血糖作用

除传统水提醇沉的多糖提取方法外，茯苓经发酵提取获得的茯苓多糖或与其他药物配伍的共发酵体系也有较好的降血糖作用。杨瑾等通过液体发酵获得的茯苓胞外多糖可显著促进高胰岛素抵抗 HepG2 细胞的葡萄糖消耗，并加速其糖原合成，但对其细胞增殖无抑制活性。此外，茯苓胞外多糖在总浓度高于 2.5 μg/mL 时还可表现出显著的 α-葡萄糖苷酶抑制活性，最大抑制率可达 29.51%。研究表明，液体发酵茯苓胞外多糖具有非常好的体外降血糖效果。

（3）双向发酵法提取茯苓多糖的降血糖作用

双向发酵又名共发酵，指在经过活化的菌种中加入具有一定生物活性的中药材进行共同发酵。其双向性体现在药性基质不仅满足了真菌的要求，又可被真菌的生长代谢所改变，从而改变自身的成分、产生新的性味功能等。同时双向发酵能够增强药物的性质，降低药物毒性，并提高药物吸收能力。李梦颖等采用茯苓真菌作为发酵菌株，丹参作为药性基质，在基础发酵培养基中进行双向发酵试验。结果显示共发酵体系显著增加了体系中胞外多糖（15.74 mg/mL）和胞内多糖含量（1.26 mg/mL），同时共发酵体系引入了丹参总黄酮（1.04 mg/mL）。活性实验表明，共发酵体系与单一体系相比能有效降低糖尿病小鼠的血糖，提高糖尿病小鼠的葡萄糖耐受力（图 4－13）。共发酵体系的浓缩发酵液能降低高糖高脂饲料＋链脲佐菌素方式诱导糖尿病小鼠的血糖、改善葡萄糖耐量的异常。这可能是由于加入丹参后，与单一茯苓发酵体系相比共发酵体系大大增加了胞外多糖的含量，茯苓多糖能够有效地降低血糖，且能改善 2 型糖尿病小鼠的糖耐量的异常。因此，共发酵体系中的降血糖活性成分可能是茯苓胞外多糖。上述研究表明，发酵或可用于茯苓降血糖活性成分的提取优化。可考虑将茯苓-丹参共发酵制得的发酵液进一步开发成保健品投入市场。

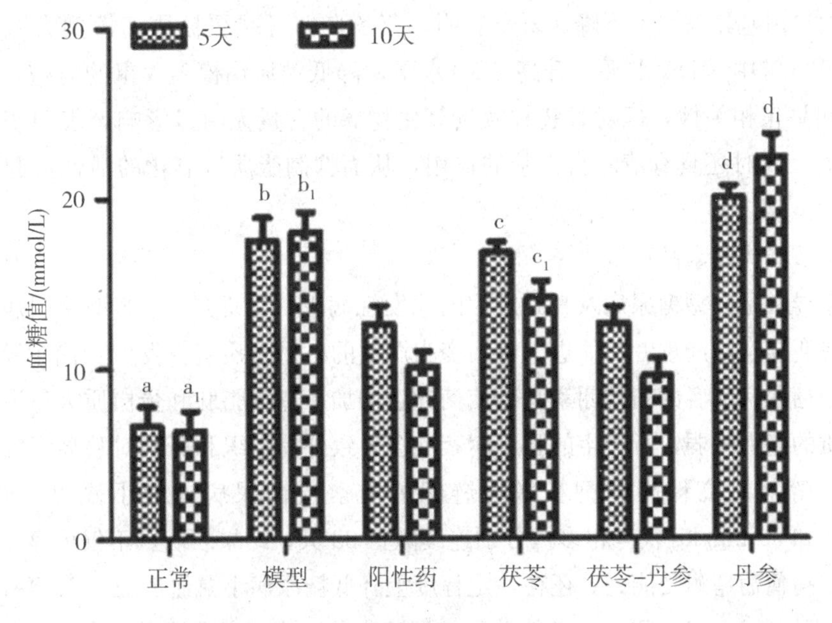

图 4－13　各发酵体系对小鼠血糖值的影响

注：与 5 天后茯苓-丹参组相比，a～d 表示 $P<0.05$ 差异显著；与 10 天后茯苓-丹参组相比，a_1～d_1 表示 $P<0.05$ 差异显著，$n=6$。

图片引自：李梦颖，杨晔，董媛媛，等. 茯苓-丹参共发酵体系及其产物对糖尿病小鼠降血糖作用的影响 [J]. 食品研究与开发，2020，41 (4)：1－6.

3. 茯苓降血糖的临床应用

可溶性膳食纤维在糖尿病饮食治疗中的作用已有较多报道，但对不溶性膳食纤维却报道很少。茯苓的茯苓聚糖是一种膳食纤维，大多为不溶性膳食纤维。蔡缨等的研究表明，茯苓可制成食疗食品用于改善高血糖。该研究选择 60 岁以上老年 2 型糖尿病患者 58 例，在服用原降血糖药物不变的基础上，每人每天食用 50 g 茯苓制成的馒头，分早、晚 2 次食用，连续食用 14 天。结果显示，患者食用茯苓馒头后 7 天空腹血糖与餐后 2 小时血糖均低于食用前空腹和餐后 2 小时；坚持食用茯苓 3 个月后，正常体重者占 41.3%，多于食用前的 34.5%，而肥胖者占 8.7%，低于食用前的 13.8%。提示食用茯苓馒头对老年 2 型糖尿病患者具有一定的降血糖和降体重效果。故可知以不溶性膳食纤维为主的食物添加于糖尿病膳食中对糖尿病的血糖控制也能起到一定的作用，但其作用机制值得进一步探索。另外，茯苓在制作成食品时难溶于水，制作困难；食用时口感较差，有药味，作为食品患者不易接受，这是它的不足之处。因此，茯苓要想成为 2 型糖尿病的食疗食品，首先要解决口感上的问题。

4. 茯苓降血糖的作用机制

（1）抗氧化作用

高血糖会导致氧化应激增加，损伤多器官，降低抗氧化防御，并导致内皮功能障碍。机体内存在各种抗氧化酶，机体的抗氧化系统能够监测并及时清除自由基及有害产物，超氧化物歧化酶（SOD）活性的高低反映机体清除氧自由基能力，丙二醛（MDA）含量降低反映体内自由基累积水平下降。研究表明，茯苓多糖可减缓糖尿病模型大鼠体重的负增长，降低肝脏中 MDA 水平，升高 SOD 水平，降低糖尿病模型大鼠的血糖，且与处理浓度和时间呈正相关性，但对谷胱甘肽过氧化物酶的含量无明显影响，表明茯苓多糖不仅可降血糖，同时还具有清除自由基的作用，从而抑制脂质过氧化的活性，起到抗氧化作用。

（2）调节脂代谢紊乱

脂代谢异常是 2 型糖尿病及其并发症的原发性病理、生理过程。2 型糖尿病患者通常伴随着脂代谢异常，严重者可能进一步演变为严重的心血管疾病。发生脂代谢异常的主要原因是 2 型糖尿病患者的糖代谢紊乱会使糖异生增加，造成脂肪和蛋白质大量分解，摄取及转运脂质的能力减弱，所产生的脂代谢紊乱会导致外周组织和肝脏对胰岛素敏感性的降低。黄聪亮等对用高糖高脂饲料联合链脲佐菌素致糖尿病模型小鼠以 200 mg/kg、100 mg/kg 和 50 mg/kg 茯苓粗多糖分别连续灌胃 28 天，结果表明，不仅可显著降低小鼠的血糖，提高葡萄糖耐受能力；还在一定程度上降低糖尿病小鼠血清的 TC、TG 和 LDL-C 水平，上调 HDL-C 水平，有效改善了糖尿病小鼠脂代谢紊乱情况。该结果提示茯苓提取物或可用于糖尿病高脂血症（diabetic hyperlipemia）的治疗。

二、抗糖尿病肾病

1. 茯苓抗糖尿病肾病的中医基础

茯苓不仅能降血糖，同样对高血糖症引起的许多并发症，如糖尿病肾病、高尿酸血症、高脂血症、高血压、动脉粥样硬化等均有改善作用。其中以茯苓抗糖尿病肾病的研究居多。

中医认为糖尿病进一步发展至糖尿病肾病时，其基本病机转化为脾肾亏虚，痰、湿、瘀蕴结，日久不化而转为痰毒、湿毒甚至瘀毒，即脾肾亏虚、瘀毒内蕴。因此，健脾固肾法常在临床上被用于糖尿病肾病的干预和治疗。茯苓作为健脾益肾之佳品，具有利水渗湿、健脾宁心的功效。茯苓作为主要药物的中药复方因其独特的疗效和多成分、多靶点及多途径的作用特点，为延缓慢性肾脏病提供了更多的手段，整体观念和辨证论治的特点对慢性肾脏病病程的调护更起到了重要的作用。

2. 茯苓抗糖尿病肾病的药效作用及机制

（1）调控 p38 MAPK/PPAR－γ 信号通路

高糖不仅可以诱发 p38 丝裂原活化蛋白激酶（p38 mitogen-activated protein kinase，p38MAPK）磷酸化激活引起细胞生长、增殖和分化，还可诱导肾小球系膜细胞内过氧化物酶体增殖物激活受体－γ（peroxisome proliferators activated receptory，PPAR－γ）表达下调，致使胞外基质降解减少而堆积，进而引发肾小球硬化，促进糖尿病肾病的发生发展。李佳丹等研究结果显示，经茯苓多糖［6.0～12.0 mg/(kg・d)］干预后糖尿病肾病小鼠肾脏病理损伤出现明显改善，肾组织 p－p38MAPK 水平降低，PPAR－γ 水平升高。提示茯苓多糖可能是通过激活 PPAR－γ 表达抑制 p38MAPK 磷酸化进而保护 db/db 小鼠肾组织损伤。

（2）免疫调节作用

网络药理学是一种基于系统生物学和经典药理学等各学科理论，多角度分析药物干预疾病作用靶点及机制的系统方法。合理利用网络药理学研究中药的作用靶点及机制，契合中医药的整体观念，现已广泛用于复杂体系作用机制的预测分析。郭金铭等采用网络药理学分析发现，茯苓治疗糖尿病肾病的潜在作用机制可能与激活 NOD 样受体和 Toll 样受体通路相关。

第五节　对免疫系统的作用

免疫调节是指免疫应答过程中免疫细胞间、免疫细胞与免疫分子，以及免疫系统与机体其他系统相互作用，构成一个相互协调与制约的网络，感知机体免疫应答并实施调控，从而维持机体的内环境稳定。自从 20 世纪 60 年代研究发现酵母细胞壁多糖（zymosan）具有增强免疫以及抗肿瘤作用以来，人们对多糖的研究产生了极大的兴趣，尤其是其生物活性方面的研究。茯苓多糖（pachyman）是近年来研究较多的一种真菌多糖，来源于多孔菌科真菌茯苓的菌核，占整个茯苓菌核干重的 70%～90%。茯苓多糖具有抗肿瘤、抗病毒、抗氧化、增强机体免疫力、保肝、催眠、抗炎、消石等作用，可广泛应用于医疗保健、食品等领域。茯苓多糖可用于抗肿瘤药物的研发，从而为肿瘤的治疗提供新的方法，还可作为免疫增强剂，用于保健品的开发与研制。另外，羧甲基茯苓多糖具有水溶性及增稠性，可配制成各种保健食品。因此，茯苓多糖的提取及开发意义重大。有大量研究表明：羧甲基茯苓多糖还是免疫调节、保肝降酶、间接抗病毒等多种生理活性；茯苓多糖确有针对性地保护免疫器官、增加细胞免疫的功能，从而改善机体状况，增强抗感染能力；茯苓多糖在一定程度上加快造血功能的恢复，并可改善老年人免疫功能，增强体质，保护骨髓，减轻和预防化疗的毒副作用，达到扶正固本、健脾补中的作用。

药理研究表明，茯苓多糖对免疫系统的作用主要通过增强巨噬细胞的吞噬功能，促进巨噬细胞释放一氧化氮（NO），调节巨噬细胞分泌细胞因子，增强机体固有免疫。另外，茯苓多糖还能激活 T 淋巴细胞并促进其增殖，同时调节 T 淋巴细胞分泌细胞因子，增强机体细胞免疫；促进 B 淋巴细胞免疫球蛋白的合成，增强机体体液免疫。

一、茯苓调节非特异性免疫

非特异性免疫是生物体在长期进化中形成的一系列防御机制，是机体对多种抗原物质进行非特异性的识别并清除的能力。巨噬细胞广泛存在于体内各组织中，表面具有多种受体，具有很强的清除病原体、细胞碎片、癌细胞等异物的能力，是固有免疫的重要组成部分。巨噬细胞是茯苓多糖发挥免疫调节作用的主要靶细胞。茯苓多糖可以增强免疫，抑制小鼠的巨噬细胞吞噬功能，经过化学修饰的羧甲基茯苓多糖可激活巨噬细胞并增强其吞噬功能，拮抗免疫抑制剂（醋酸可的松）对巨噬细胞吞噬功能有抑制作用。NO 广泛参与了包括免疫应答在内的机体多种生理和病理过程，由巨噬细胞的氧依赖途径产生，对细菌和肿瘤细胞有杀伤作用。茯苓多糖可以影响巨噬细胞的 NO 释放量。羧甲基茯苓多糖 33（carboxymethyl polysaccharide 33，CMP33）可显著促进巨噬细胞释放 NO。同样的，茯苓多糖 PCSC 和 PCSC22 均能诱导巨噬细胞释放 NO。CMP33 在适宜浓度下可显著抑制脂多糖（lipopolysaccharide，LPS）刺激的巨噬细胞释放 NO，反映茯苓多糖可以从促进和抑制两个方面调节巨噬细胞释放 NO。茯苓多糖可以影响巨噬细胞分泌细胞因子。受调节的细胞因子主要包括 IL－1β、IL－6、TNF－α 等。茯苓多糖可显著提高免疫抑制小鼠小肠组织和血清中促炎细胞因子 IL－12、干扰素－7（interferon-7，IFN－7）的水平，从而增强免疫反应。在炎症模型中，CMP33 能够降低炎症小鼠结肠组织和血清中促炎细胞因子 TNF－α、IL－6、IL－18 的水平，同时提高抗炎细胞因子 IL－4、IL－10 的水平，减轻炎症，抑制免疫反应。CMP33 在适宜浓度下可显著降低在脂多糖刺激下巨噬细胞对促炎细胞因子 TNF－α、IL－6、IL－16 的过量分泌。这一结果进一步说明了茯苓多糖可以通过调节巨噬细胞细胞因子的分泌，影响机体免疫，起到免疫调节的功能。

硫酸化茯苓多糖能提高自然杀伤（natural killer，NK）细胞杀伤活力，以刺激免疫。经化学修饰获得的茯苓多糖硫酸酯同样能增强 NK 细胞杀伤活性。此外，羧甲基茯苓多糖能减轻^{60}C γ射线引起的小鼠末梢血白细胞数的减少，在放射治疗中有一定的应用潜力。

二、茯苓调节特异性免疫

适应性免疫又称特异性免疫或获得性免疫，由细胞免疫与体液免疫组成，可以特异性识别抗原，具有免疫记忆性。适应性免疫指的是抗原进入体内后，经过巨噬细胞的处理和呈递，促使主要的适应性免疫应答细胞——T淋巴细胞和B淋巴细胞增殖分化并形成记忆细胞，进而通过效应T细胞、抗体和淋巴因子发挥免疫效应。

1. 茯苓调节细胞免疫功能

细胞免疫是指由T淋巴细胞介导的免疫应答。在体外实验中发现，茯苓多糖可以激活T淋巴细胞，增加T淋巴细胞在血液中的浓度，增强机体免疫。茯苓多糖通过抑制Th2细胞（T helper cell 2，Th2）的免疫应答，使Th1/Th2平衡向Th1细胞移动，增加细胞毒性T淋巴细胞的数量，增强细胞免疫。从茯苓菌核中分离出的一种名为PCSC22的多糖，可以激活T淋巴细胞的初级增殖。硫酸化茯苓多糖在体外能显著促进脾脏淋巴细胞增殖。

茯苓多糖能够调节T淋巴细胞细胞因子的分泌。茯苓多糖能够有效提高免疫系统高度激活的川崎病小鼠血液中$CD4^+$、$CD25^+$调节性T细胞的含量率，抑制Th1和Th2辅助细胞分泌IL-4、IFN-γ，调节机体免疫。羧甲基茯苓多糖可以促进小鼠脾T淋巴细胞分泌IL-2，并通过显著促进IFN-γ的分泌并抑制IL-10的分泌，从而纠正Th1向Th2漂移，提高机体免疫力。茯苓多糖可以通过促进Th1型细胞因子IL-2、IFN-γ与Th2型细胞因子IL-6、IL-10的表达，同时增强Th1型和Th2型免疫反应。还可以显著诱导脾细胞分泌大量细胞因子，包括IL-2、IL-4、IL-10和IFN-γ，提示茯苓多糖可以通过Th1和Th2途径介导免疫应答。经化学修饰的羧甲基茯苓多糖与未经修饰的茯苓多糖对IL-10的影响差异表明，化学修饰会改变茯苓多糖对T淋巴细胞细胞因子分泌的影响，如羧甲基茯苓多糖抑制IL-10的分泌，而茯苓多糖促进IL-10的分泌。

2. 调节体液免疫功能

体液免疫是以成熟的B淋巴细胞产生抗体以保护机体的免疫机制，属于适应性免疫。关于茯苓多糖对B淋巴细胞产生抗体的影响，是有关其免疫调节功能的重要研究方向。茯苓多糖能够促进机体B淋巴细胞合成抗体，提高血清中的抗体含量，从而增强机体体液免疫。茯苓多糖能影响小鼠血清免疫球蛋白中免疫球蛋白A（immunoglobulin A，IgA）、IgG和IgM的生物合成，并呈现剂量效应关系。茯苓多糖可以缓解环磷酰胺对小鼠体液免疫功能的抑制作用，促进小鼠的脾细胞产生IgG和IgM。目前可诱导B淋巴细胞产生抗体的茯苓多糖包括PCSC22、PCP-Ⅰ、PCP-Ⅱ等。此外，在对照实验中，茯苓多糖增强小鼠B淋巴细胞产生抗体的能力最强，强于猪苓多糖（polyporus umbellatus）和灵芝多糖（ganoderma lucidum）。

茯苓多糖作为疫苗佐剂的机制与其增强体液免疫的功能密切相关。PCP-Ⅰ作为疫苗佐剂，可以与重组乙肝表面蛋白抗原（recombinant hepatitis B surface antigen，HBsAg）

和猪繁殖与呼吸综合征病毒（porcine reproductive and respiratory syndrome virus，PRRSV）灭活疫苗联合用于免疫小鼠，在小鼠血清中能够检测出高滴度的抗原特异性抗体。以炭疽芽孢杆菌保护性抗原（anthrax protectiveantigen，PA）为模式抗原，PCP－Ⅰ显著增强特异性体液免疫反应的具体机制，是通过促进树突状细胞成熟和促进生发中心反应，增强抗原特异性体液免疫反应。在流感疫苗的佐剂研究中，茯苓多糖 PCP－Ⅱ可提高流感疫苗免疫小鼠的抗原特异性抗体水平。与单纯抗原组和明矾组相比，H1N1 疫苗加 PCP－Ⅱ二次免疫 2 周后，H1N1 特异性总 IgG、IgG1、IgG2a、IgG2b 和 IgG3 的浓度明显增加，体液反应明显增强。茯苓多糖能增强流感灭活疫苗的免疫效果，且呈剂量依赖性，效果与氢氧化铝相当。茯苓多糖作为人流感疫苗的佐剂时，可增加 H1N1 流感血清 IgG 抗体和 IFN－7、TNF－α 的分泌，从而增强机体免疫。在狂犬病疫苗研究中表明，PCP－Ⅱ可以增强 B 淋巴细胞活性，诱导 B 淋巴细胞增殖以及增强血液中 T 淋巴细胞和 B 淋巴细胞的浓度，从而显著增强狂犬病灭活疫苗的细胞免疫应答和加速抗体应答，减少暴露后预防（post-exposure prophylaxis，PEP）的剂量和时间消耗，具有较好的应用前景。

3. 茯苓调节特异性免疫的作用机制

茯苓多糖既可以增强机体免疫，又可以抑制免疫（图 4－14）。在增强免疫作用方面，茯苓多糖可通过激活 Toll 样受体 4（toll like receptor 4，TLR4）/肿瘤坏死因子受体相关因子－6（TNF receptor associated factor 6，TRAF－6）/NF－κB 信号通路，诱导 TLR4、髓样分化因子（myeloid differentiation factor 88，MyD88）、TRAF6、P－NF－κB 表达，进

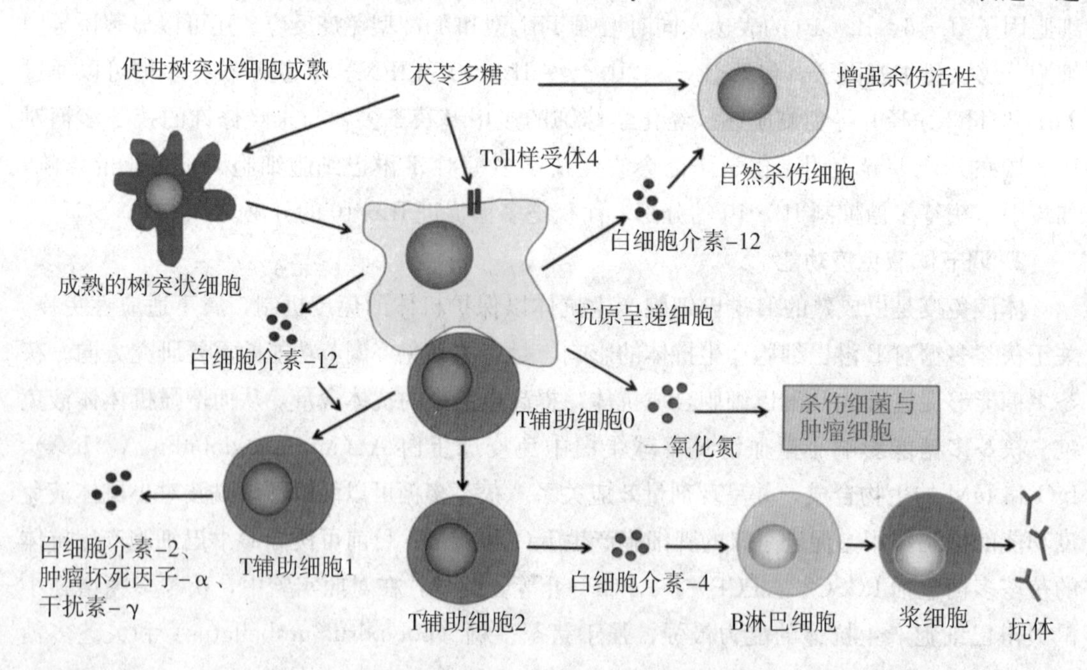

图 4－14　茯苓多糖免疫调节的部分信号通路

图片引自：蒋逸凡，金梦圆，周选围. 茯苓多糖及其免疫调节功能研究进展［J］. 食用菌学报，2021，28（2）：130－139.

一步促进 IL－2、IL－6、IL－17A 和 IFN－7 水平的升高，增强机体免疫。茯苓多糖可以通过 Ca^{2+}/蛋白激酶 C（protein kinase C，PKC)/p38/NF－κB 信号通路，增强巨噬细胞对 p38 蛋白和 NF－κB 在 mRNA 和蛋白质水平的表达，同时增强巨噬细胞 PKC 的活性，从而促进巨噬细胞分泌和 IL－1B，增强机体免疫。茯苓多糖中的 PCSC 能通过白细胞分化抗原 14（cluster of differentiation antigen 14）、TLR4 和补体受体 3（complement receptor 3，CR3）以及 p38 激酶，诱导 NF－κB/Rel 活化和诱导型一氧化氮合酶（inducible nitric oxide synthase，iNOS）表达，从而促进巨噬细胞释放 NO，杀伤病原。这与 p38 激酶在小鼠巨噬细胞中参与 NF－κB/Rel 激活的信号转导密切相关。

在抑制免疫作用方面，茯苓多糖能有效抑制 TLR4 的表达以及 NF－κB p65 和核转录因子一的磷酸化，并通过抑制 TLR4/NF－κB p65 信号通路的表达抑制 TLR4 介导的炎症反应，进行免疫调节。茯苓多糖可以通过抑制促炎介质和细胞因子发挥抑制免疫作用。如茯苓多糖能通过激活血管平滑肌细胞胞外信号调节激酶（extracellular signal-regulated kinase，ERK)/Nrf2/HO－1 的信号通路，从而降低氧化修饰的低密度脂蛋白（oxidized low densitylipoprotein，OX－LDL）诱导的血管平滑肌细胞中炎症因子，促炎介质的产生，抑制免疫以保护机体。

参考文献

[1] 罗粤铭，翁衡，黄馨怡，等. 基于数据挖掘的肾系水肿茯苓运用研究[J]. 世界科学技术：中医药现代化，2019，21（10）：164-172.

[2] 田婷，陈华，殷璐，等. 茯苓和茯苓皮水和乙醇提取物的利尿作用及其活性成分的分离鉴定[J]. 中国药理学与毒理学杂志，2014，28（1）：57-62.

[3] 宁康健，杨靖松，石萍萍. 茯苓对家兔利尿作用的观察[J]. 安徽科技学院学报，2012，26（4）：1-3.

[4] 杨婷，徐旭，窦德强. 茯苓对上焦水饮内停大鼠的利水作用研究[J]. 辽宁中医杂志，2017（5）：206-209，232.

[5] WU Z L，REN H，LAI W Y，et al. Sclederma of Poria cocos exerts its diuretic effect via suppression of renal aquaporin-2 expression in rats with chronic heart failure[J]. Journal of Ethnopharmacology，2014，155（1）：563-571.

[6] 马晶晶，远方. 远方教授运用茯苓导水汤加减治疗肾性水肿临证心得[J]. 亚太传统医药，2019，15（10）：117-119.

[7] 谢雪姣，黄政德，吴若霞. 郭振球教授运用茯苓导水汤治疗肾病水肿经验[J]. 湖南中医药大学学报，2012，32（11）：47-48.

[8] 张旭. 茯苓水煎液对肾阴虚水肿大鼠的影响[J]. 辽宁中医杂志，2019，46（11）：2436-2438.

[9] 赵宇辉，唐丹丹，陈丹倩，等. 利尿药茯苓、茯苓皮、猪苓和泽泻的化学成分及其利尿作用机制研究进展[J]. 中国药理学与毒理学杂志，2014，28（4）：594-599.

[10] FENG YL，LEI P，TIAN T，et al. Diuretic activity of some fractions of the epidermis of Poria cocos[J]. Journal of ethnopharmacology，2013，150（3）：1114-1118.

[11] 陈济琛，郑永标，林新坚，等. 茯苓发酵茶利尿作用初探[J]. 食用菌学报，2003（1）：57-58.

[12] 陈建南. 茯苓饼干利水消肿[J]. 上海中医药杂志，1986（8）：25.

[13] 谢恩. 桂枝茯苓汤辅助治疗老年性白内障术后黄斑囊样水肿 38 例[J]. 中国中西医结合杂志，2002，22（12）：942-943.

[14] 康爱秋，张忠心. 重用云苓治疗 55 例心源性水肿临床观察[J]. 天津中医，1989（1）：14.

[15] 张思访，刘静涵，蒋建勤，等. 茯苓的化学成分和药理作用及开发利用[J]. 中华实用中西医杂志，2005，18（2）：227-230.

[16] DENG G，XU J. PQRIATIN：A potential aldosterone antagonist[J]. Chinese Journal of Antibiotics，1992，17（1）：34-37.

[17] 赵英永，陈华，王明. 茯苓酸 A 用于制备利尿药物的应用：CN201610954086. 0［P］. 2019-04-02.

[18] 林晟，许顶立，赖文岩. 短期应用利尿剂对正常大鼠尿液水通道蛋白 2 排泄浓度的影响研究[J]. 实用心脑肺血管病杂志，2019（9）：3.

[19] NIELSEN S，AGRE P. The aquaporin family of water channels in kidney[J]. Kidney internation-

al，1995，48（4）：1057－1068.

[20] 张丽，洪富源，林晟，等．茯苓对正常大鼠肾脏水通道蛋白－2水平的影响分析[J]．福建医药杂志，2017，6（39）：155－157.

[21] 李苹，于俊生．慢性肾衰竭从络论治的研究进展[J]．中医药导报，2017（2）：85－88.

[22] 陈丹倩．茯苓酸A抗肾间质纤维化的作用及其机制研究[D]．西安：西北大学，2020.

[23] 陈辉．基于数据挖掘张喜奎教授治疗肾性水肿用药规律研究[D]．福州：福建中医药大学，2020.

[24] WANG M，HU H H，CHEN Y，et al．Novel Poricoic Acids Attenuate Renal Fibrosis through Regulating Redox Signalling and Aryl Hydrocarbon Receptor Activation[J]．Phytomedicine：international journal of phytotherapy and phytopharmacology，2020，79：153323.

[25] TAI T，SHINGU T，KIKUCHI T，et al．Isolation of lanostane-type triterpene acids having an acetoxyl group from sclerotia of poria cocos[J]．Phytochemistry，1995，40（1）：225－231.

[26] CHEN D Q，WANG Y N，VAZIRI N D，et al．Poricoic acid A activates AMPK to attenuate fibroblast activation and abnormal extracellular matrix remodelling in renal fibrosis[J]．Phytomedicine：international journal of phytotherapy and phytopharmacology，2020，72：153232.

[27] GLOSSE P，FEGER M，MUTIG K，et al．AMP-activated kinase is a regulator of fibroblast growth factor 23 production[J]．Kidney international，2018，94（3）：491－501.

[28] JU K D，KIM H J，TSOGBADRAKH B，et al．HL156A，a novel AMP-activated protein kinase activator，is protective against peritoneal fibrosis in an in-vivo and in-vitro model of peritoneal fibrosis[J]．American journal of physiology Renal physiology，2015，310（5）：342－350.

[29] YY Z，YL F，X B，et al．Ultra performance liquid chromatography-based metabonomic study of therapeutic effect of the surface layer of Poria cocos on adenine-induced chronic kidney disease provides new insight into anti-fibrosis mechanism[J]．PloS one，2013，8：59617.

[30] ZHAO Y Y，LI H T，FENG Y L，et al．Urinary metabonomic study of the surface layer of Poria cocos as an effective treatment for chronic renal injury in rats[J]．Journal of ethnopharmacology，2013，148（2）：403－410.

[31] ZHAO Y Y，LEI P，CHEN D Q，et al．Renal metabolic profiling of early renal injury and renoprotective effects of Poria cocos epidermis using UPLC Q-TOF/HSMS/MSE[J]．Journal of Pharmaceutical and Biomedical Analysis，2013，82：202－209.

[32] 陈淼，刘春晓，张积仁．茯苓多糖防石作用的实验研究[J]．中华泌尿外科杂志，1999（2）：114－115.

[33] 李绪亮，焦庆才，陈群，等．硫酸化茯苓多糖对大鼠慢性肾功能竭衰的防治作用[J]．中国药学杂志，2005，39（12）：908－911.

[34] 杨中浩，陈群，焦庆才．茯苓多糖硫酸酯L－鸟氨酸盐对腺嘌呤致大鼠肾衰竭的防治作用[J]．中国药学杂志，2008，43（1）：31－34.

[35] HATTORI T，HAYASHI K，NAGAO T，et al．Studies on antinephritic effects of plant components（3）：Effect of pachyman，a main component of Poria cocos Wolf on original-type anti-GBM nephritis in rats and its mechanisms[J]．Japanese Journal of Pharmacology，1992，59（1）：89－96.

[36] 林纪新．自拟灌肠方联合桂枝茯苓丸治疗慢性非细菌性前列腺炎112例的临床研究[J]．中医药临

床杂志，2020，32（9）：3.

[37] 陈其华. 桂枝茯苓丸加减治疗功能性不射精症42例临床观察[J]. 中国中医药科技，2014（5）：580-581.

[38] 刘冰，刘耀斌. 茯苓对丝裂霉素C诱发小鼠精子畸形的抑制作用[J]. 癌变·畸变·突变，1998，1：50-52.

[39] 邱毅，施红，王苏梅，等. 一种茯苓体外精子营养液及其制备方法及应用：CN200710113114.7[P]. 2008-04-02.

[40] 杨安平，刘辉，范丽霞，等. 基于网络药理学探讨桂枝茯苓丸治疗良性前列腺增生的作用机制[J]. 中药材，2020，43（6）：1460-1465.

[41] 赵雯雯，程双丽，杨茂艺，等. 从脾主"运化"浅谈对消渴病再认识[J]. 成都中医药大学学报，2019，42（2）：7-10.

[42] 冉小库，孙云超，刘霞，等. 茯苓对正常小鼠胃肠功能的影响[J]. 中国现代中药，2015（7）：686-689.

[43] 何前松，冯泳，赵云华，等. 小半夏加茯苓汤及其拆方对家兔离体胃肠运动的影响[J]. 中国实验方剂学杂志，2012，18（6）：192-196.

[44] 贾波，邓中甲，黄秀深，等. 白术茯苓汤不同配伍对脾虚大鼠胃泌素、胃动素、血管活性肠肽的影响[J]. 中医杂志，2002，43（12）：938-940.

[45] NGUYEN T T，DAU D T，NGUYEN D，et al. Effects of Trang Phuc Linh Plus-Food Supplement on Irritable Bowel Syndrome Induced by Mustard Oil[J]. Journal of medicinal food，2017，20（4）：385-391.

[46] 肖洪贺，郭周全，郑彧，等. 茯苓不同提取部位对小鼠胃肠运动功能的抑制作用研究[J]. 中国现代中药，2017，19（5）：679-683，705.

[47] SALTZMAN E T，TALIA P，MICHAEL T，et al. Intestinal Microbiome Shifts，Dysbiosis，Inflammation，and Non-alcoholic Fatty Liver Disease[J]. Frontiers in microbiology，2018，9：61.

[48] XIAO FEI L，XIU TING Y，XIAO JUN X，et al. The protective effects of Poria cocos-derived polysaccharide CMP33 against IBD in mice and its molecular mechanism[J]. Food & function，2018，9（11）：5936-5949.

[49] ZHAO J，NIU X，YU J，et al. Poria cocos polysaccharides attenuated ox-LDL-induced inflammation and oxidative stress via ERK activated Nrf2/HO-1 signaling pathway and inhibited foam cell formation in VSMCs[J]. International Immunopharmacology，2020，80：106173.

[50] JEONG S J，KIM O S，YOO S R，et al. Antiinflammatory and antioxidant activity of the traditional herbal formula Gwakhyangjeonggisan via enhancement of heme oxygenase1 expression in RAW264.7 macrophages[J]. Molecular Medicine Reports，2016，13（5）：4365-4371.

[51] HUANG Y J，NYH A，KHL A，et al. Poria cocos water extract ameliorates the behavioral deficits induced by unpredictable chronic mild stress in rats by down-regulating inflammation[J]. Journal of ethnopharmacology，2020，258：12566.

[52] MARUSAWA H，JENKINS B J. Inflammation and gastrointestinal cancer：An overview[J]. Cancer Letters，2014，345（2）：153-156.

[53] SEBASTIÁN DOMINGO J J，SÁNCHEZ SÁNCHEZ C. From the intestinal flora to the microbiome[J]. Revista Española De Enfermedades Digestivas，2018，110（1）：51－56.

[54] MENG C，BAI C，BROWN T D，et al. Human Gut Microbiota and Gastrointestinal Cancer[J]. Genomics，Proteomics & Bioinformatics，2018（1）：33－49.

[55] 安婉丽，李雪丽，孔冉，等. 中医药治疗肠道菌群失调症的方剂用药规律分析[J]. 中国实验方剂学杂志，2018，24（12）：210－215.

[56] 黄文武，彭颖，王梦月，等. 四君子汤及其单味药水煎液对脾虚大鼠肠道菌群的调节作用[J]. 中国实验方剂学杂志，2019（11）：8－15.

[57] SUN S S，WANG K，KE M A，et al. An insoluble polysaccharide from the sclerotium of Poria cocos improves hyperglycemia，hyperlipidemia and hepatic steatosis in ob/ob mice via modulation of gut microbiota[J]. Chinese Journal of Natural Medicines，2019，17（1）：3－14.

[58] WANG C，YANG S，GAO L，et al. Carboxymethyl pachyman（CMP）reduces intestinal mucositis and regulates the intestinal microflora in 5-fluorouracil-treated CT26 tumour-bearing mice[J]. Food & function，2018：10. 1039. C1037FO01886J.

[59] 邢康康，涂永勤，陈仕江. 茯苓抗肿瘤作用研究进展[J]. 重庆中草药研究，2019，76（2）：49－53.

[60] H WANG，J F，MUKERABIGWI，Y ZHANG，et al. In vivo immunological activity of carboxymethylated-sulfated（1→3）-β-D-glucan from sclerotium of Poria cocos[J]. Int J Biol Macromol，2015，79（5）：511－517.

[61] KIKUCHI T，UCHIYAMA E，UKIYA M，et al. Cytotoxic and apoptosis-inducing activities of triterpene acids from Poria cocos[J]. Journal of Natural Products，2011，74（2）：137.

[62] LU C，CAI D，MA J. Pachymic Acid Sensitizes Gastric Cancer Cells to Radiation Therapy by Upregulating Bax through Hypoxia[J]. The American journal of Chinese medicine，2018，46（4）：875－890.

[63] LIN，JUNFANG. Triterpenes from Poria cocos suppress growth and invasiveness of pancreatic cancer cells through the downregulation of MMP-7[J]. International Journal of Oncology，2013，42（6）：1869－1874.

[64] N WANG，D LIU，J GUO，et al. Molecular mechanism of *Poria cocos* combined with oxaliplatin on the inhibition of epithelial-mesenchymal transition in gastric cancer cells[J]. Biomed Pharmacother，2018（102）：865－873.

[65] 张晓丹，许嗣立，贾波，等. 白术茯苓与白术茯苓汤对脾气虚腹泻大鼠模型胃肠形态及水液代谢的影响[J]. 四川中医，2014（3）：61－64.

[66] LEE S M，LEE Y J，YOON J J，et al. Effect of *Poria cocos* on Puromycin Aminonucleoside-Induced Nephrotic Syndrome in Rats[J]. Evid Based Complement Alternat Med，2014，2014：570420.

[67] 倪文娟，俞松林，张莉华，等. 茯苓三萜类成分利水作用的虚拟筛选[J]. 中国药业，2019（11）：40－43.

[68] 黄竹君，陈佳. 茯苓治疗腹泻的探讨[J]. 中医学，2020，9（2）：225－230.

[69] 侯丽，刘洪坤，黄海量，等．小儿病毒性腹泻的中药复方用药规律分析[J]．山东中医杂志，2016（9）：3.

[70] 周伟龙，张冰．孟河京派治疗泄泻的临床用药经验传承研究[J]．世界中医药，2018，13（5）：249－254.

[71] 赵玉洁，曹志群．参苓白术散联合匹维溴铵片治疗腹泻型肠易激综合征的临床疗效及安全性评价[J]．世界中医药，2019，14（5）：1278－1281.

[72] 王君华，刘蕾，孙自红，等．健脾止泻汤联合推拿治疗小儿腹泻的疗效及对免疫功能的影响[J]．中华中医药学刊，2019，37（2）：400－402.

[73] 陈迎莹，刁彬，赵德明．苓瓜术芪汤治疗脾虚痰湿证慢性腹泻的临床观察[J]．中国中西医结合消化杂志，2018，26（2）：178－181.

[74] 黄勇，梁丁保，付鑫．胃苓汤加减治疗急性腹泻的临床观察[J]．陕西中医，2015（5）：538－540.

[75] 丁军利，许隽颖，刘超英．参苓白术散对伊立替康化疗后大鼠迟发性腹泻的作用研究[J]．中国医药导刊，2011（11）：1942－1943.

[76] 李岩．功能性腹泻与肠道菌群失调[J]．中国实用内科杂志，2016（36）：744－746.

[77] 王宇翎，吴文宁，林杰，等．香术茯苓颗粒的镇痛和抗菌作用[J]．安徽医科大学学报，2015，50（12）：1770－1772.

[78] 尹镭，赵元昌．茯苓对实验性肝硬变的治疗作用[J]．山西医科大学学报，1992（2）：101－103.

[79] WU K，FAN J，HUANG X，et al. Hepatoprotective effects exerted by Poria Cocos polysaccharides against acetaminophen-induced liver injury in mice[J]. International Journal of Biological Macromolecules，2018，114：137.

[80] 程玥，丁泽贤，张越，等．不同茯苓提取物对急性肝损伤小鼠的保护作用[J]．安徽中医药大学学报，2020，39（4）：73－74.

[81] 柴宝玲，林志彬，曹似兰，等．羧甲基茯苓多糖对免疫功能及肝脏药物代谢功能的影响[J]．生理科学，1983（1）：61－62.

[82] LEE C P，SHIH P H，HSU C L，et al. Hepatoprotection of tea seed oil（Camellia oleifera Abel.）against CCl_4-induced oxidative damage in rats[J]. Food & Chemical Toxicology，2007，45（6）：888－895.

[83] ZHAI X，ZHU C，ZHANG Y，et al. Chemical characteristics，antioxidant capacities and hepatoprotection of polysaccharides from pomegranate peel[J]. Carbohydrate Polymers，2018，202：461－469.

[84] OTTU O J，ATAWODI S E，ONYIKE E，et al. Antioxidant，hepatoprotective and hypolipidemic effects of methanolic root extract of Cassia singueana in rats following acute and chronic carbon tetrachloride intoxication[J]. Asian Pacific Journal of Tropical Medicine，2013（8）：609－615.

[85] 刘惠知，吴胜莲，张德元，等．茯苓药物成分提取分离及其药用价值研究进展[J]．中国食用菌，2015，34（6）：1－6.

[86] 许浩，卢静，曲彩红．茯苓多糖的药理作用研究概况[J]．临床合理用药杂志，2015（16）：175－176.

[87] 兰量园，吴咖，吴欣谋，等．茯苓多糖保护对乙酰氨基酚暴露胎鼠的分子机制研究[J]．中药药理与临床，2019，35（2）：52－55.

[88] DONG D, XU L, YIN L, et al. Naringin prevents carbon tetrachloride-induced acute liver injury in mice[J]. Journal of Functional Foods, 2015, 12: 179-191.
[89] 王灿红，何晓山，张丽静，等. 羧甲基茯苓多糖对氟尿嘧啶肝损伤小鼠减毒及肝脏保护作用[J]. 现代食品科技，2016，32（9）：28-34.
[90] JIN G H, SUN Y P, KIM E, et al. Anti-inflammatory activity of Bambusae Caulis in Taeniam through heme oxygenase-1 expression via Nrf-2 and p38 MAPK signaling in macrophages[J]. Environmental Toxicology & Pharmacology, 2012, 34 (2): 315-323.
[91] 张先淑，饶志刚，胡先明，等. 茯苓总三萜对小鼠肝损伤的预防作用[J]. 食品科学，2012（15）：270-273.
[92] 周维，胡艳，张红卫，等. 羧甲基茯苓多糖对肝纤维化大鼠 TGFβ-Smad 信号转导的影响[J]. 中国民族民间医药杂志，2009（20）：16-18.
[93] 何绮微，杨洁. 苦参与茯苓对肝纤维化的作用及机制的研究[J]. 热带医学杂志，2010，10（8）：930-931，971..
[94] 陈继岩. 羧甲基茯苓多糖抗乙型肝炎病毒的体内与体外研究[J]. 中国生化药物杂志，2015，35（2）：66-70.
[95] 侯安继，杨占秋，黄菁，等. 羧甲基茯苓多糖上调 HBV 转基因小鼠树突状细胞功能[J]. 武汉大学学报（理学版），2006（6）：778-782.
[96] 刘成，杨宗国，陆云飞，等. 茯苓多糖退黄疸作用的实验研究[J]. 中国实验方剂学杂志，2012，18（10）：195-198.
[97] 高贵珍. 硫酸化茯苓多糖对 MPTP 诱导帕金森小鼠的神经保护作用研究[J]. 中国药理学通报，2015，31（12）：1699-1704.
[98] 谢家骏，任世禾. 桂枝茯苓丸对中枢神经系统的药理作用[J]. 中成药，1987（7）：29-30.
[99] 寇宗莉，王记. 桂枝茯苓胶囊对缺血性脑卒中患者神经功能的影响[J]. 甘肃中医学院学报，2012（1）：26-28.
[100] 裴强，桑文凤，赵习德. 桂枝茯苓胶囊联合鼠神经生长因子治疗糖尿病周围神经病变[J]. 中成药，2013（7）：43-46.
[101] 刘承，张海燕，王景洪. 汉以来中医防治健忘的主要理论与经验[J]. 陕西中医学院学报，2004，27（1）：68-69.
[102] 徐煜彬，徐志立，李明玉，等. 茯苓及其化学拆分组分学习记忆及镇静催眠的性味药理学研究[J]. 中草药，2014（11）：8.
[103] 李明玉，徐煜彬，徐志立，等. 茯苓改善学习记忆及镇静催眠作用研究[J]. 辽宁中医药大学学报，2014，16（5）：25-26.
[104] 张敏，陈冬雪，孙晓萌. 茯苓水提液对小鼠学习记忆的影响[J]. 北华大学学报（自然科学版），2012，13（1）：62-64.
[105] 李富仁，丑莉莉，范新田. 远志茯苓醇提物改善学习记忆障碍的实验研究[J]. 北华大学学报（自然科学版），2011，12（2）：172-176.
[106] 高冰冰，徐淑萍，刘新民，等. 开心散与去茯苓开心散改善拟 AD 动物学习记忆作用比较[J]. 中国比较医学杂志，2010，20（7）：57-62.

[107] XU W, LIU X, HE X, et al. Bajitianwan attenuates D-galactose-induced memory impairment and bone loss through suppression of oxidative stress in aging rat model[J]. Journal of ethnopharmacology, 2020, 261: 112992.

[108] 陈文东，安文林，楚晋，等. 茯苓水提液对新生大鼠神经细胞内钙离子浓度的影响[J]. 中国中西医结合杂志，1998，18 (5)：293 - 295.

[109] 陈可琢，陈实，任洁贻，等. 茯苓酸性多糖抗抑郁作用及其调节神经递质和 NLRP3 通路机制研究[J]. 中国中药杂志，2021：46 (19)：5088 - 5095.

[110] 段艳霞，李洁，史美育. 中药治疗中风后抑郁症用药规律探讨[J]. 中华中医药学刊，2011，29 (6)：1419 - 1421.

[111] 秦竹. 基于古今方剂药对统计分析的抑郁症配伍规律研究[J]. 辽宁中医杂志，2012，39 (10)：1898 - 1900.

[112] 张建英，汤娟，张倩，等. 硫酸化茯苓多糖对抑郁症大鼠海马 AMPA 受体表达的影响[J]. 中国临床心理学杂志，2019，27 (6)：1086 - 1091.

[113] 郑彩云. 茯苓多糖抗糖尿病作用的实验研究[J]. 中国医疗前沿，2010，5 (14)：12 - 13.

[114] 杨瑾，殷智，袁德培，等. 液体发酵茯苓胞外多糖的体外降糖效果研究[J]. 基因组学与应用生物学，2018，37 (11)：243 - 248.

[115] ZHANG Y, ZHOU L, MA W, et al. Bidirectional solid fermentation using Trametes robiniophila Murr. for enhancing efficacy and reducing toxicity of rhubarb (Rheum palmatum L.) [J]. Journal of Traditional Chinese Medical Sciences, 2017, 4 (3): 306 - 313.

[116] 李梦颖，杨晔，董媛媛，等. 茯苓-丹参共发酵体系及其产物对糖尿病小鼠降血糖作用的影响[J]. 食品研究与开发，2020，41 (4)：1 - 6.

[117] 蔡缨，沈忠松. 茯苓对老年 2 型糖尿病降糖效果观察[J]. 解放军预防医学杂志，2006，24 (3)：198 - 199.

[118] 黄聪亮，郑佳俐，李凤林，等. 茯苓多糖对 2 型糖尿病小鼠降糖作用研究[J]. 食品研究与开发，2016 (4)：21 - 25.

[119] 李晓萍. 浅谈糖尿病肾病的中医病因病机[J]. 世界最新医学信息文摘，2019，19 (42)：220 - 224.

[120] 李佳丹，周迪夷. 茯苓多糖对 db/db 小鼠肾脏保护作用及其对 p38MAPK/PPAR - γ 信号通路的影响[J]. 中国中医药科技，2019，26 (3)：346 - 350.

[121] 陈春霞. 羧甲基茯苓多糖对小鼠免疫功能的影响[J]. 食用菌，2002 (4)：913 - 916.

[122] 张秀军，徐俭，林志彬. 羧甲基茯苓多糖对小鼠免疫功能的影响[J]. 中国药学杂志，2002，37 (12)：913 - 916.

[123] 张志军，冯霞，蒋娟，等. 茯苓多糖对小鼠血清 IgA、IgG 和 IgM 生物合成水平的影响[J]. 中国免疫学杂志，2013，29 (11)：1213 - 1213.

[124] 马兴铭，赵进昌. 六种多糖对小鼠免疫功能调节作用的比较[J]. 中药药理与临床，2003 (4)：14 - 15.

[125] 蒋逸凡，金梦圆，周选围. 茯苓多糖及其免疫调节功能研究进展[J]. 食用菌学报，2021，28 (2)：130 - 139.

·第五章·

茯苓种质资源及良种繁育技术研究

茯苓是一种中温型、好气性真菌，适应能力强，适宜生态环境为海拔 300～1 000 m 的山区，喜温暖、干燥、通风、阳光充足、雨量充沛环境。土壤以微酸性沙质土为主，要求肥沃、湿润，森林覆盖率在 50%以上。湖南、广西、湖北、福建、安徽、云南、四川、河南、广东、浙江、贵州、山西、陕西等 10 多个省（区）都有分布。野生茯苓通常生长在腐朽或活的松树根、松树段上，但由于人为或自然条件的影响，野生茯苓非常稀少，现多为人工繁殖。我国人工栽培茯苓已有 1 500 多年历史，随着茯苓资源需求的不断扩增，茯苓种植由传统的鄂、豫、皖交界的大别山区发展成为大别山、云川、湘黔三大主产区，遍及安徽、湖北、湖南、云南、广西、福建等省（区）。随着茯苓资源需求的不断扩增，茯苓栽培种植范围逐年扩大。20 世纪 70 年代至 90 年代末，茯苓栽培技术有了较大改进，采用以人工分离培育的“菌种”代替传统的“肉引”作为种源，茯苓优良菌种的选育已然成为茯苓生产的基础和关键。茯苓的菌种选育一般采取自然选育、诱变育种及杂交育种等常规手段，中国科学院选育的菌株 CGMCC5.78 是从野生茯苓菌核组织中分离、纯化、定向选育、比较鉴定后得到的无性菌株，因菌株产量稳定、品质优良而广为引种。湖北研发的“诱引”栽培技术和茯苓椴木接种的培育方法，筛选出“同仁堂 1 号”优良菌株。福建针对茯苓的标准化栽培和适合松蔸栽培的菌株选育，筛选出“闽苓 A5”优良菌株。湖南靖州在原有栽培菌种的基础上，优选出“湘靖 28”优良菌株，已发展成为“中国茯苓菌种选育繁育基地”。目前，因选育的菌种继代繁殖多年、种植时间较长、种植面积广泛等原因而渐渐不能满足菌核发育形成的条件，已不适应现实茯苓的生产要求。茯苓菌种种质资源挖掘和新品种培育已然成为产业发展的核心与关键。本章从茯苓种质资源分布、菌种繁育技术、菌种制备储存和创新技术等方面进行介绍，为茯苓种质创新与良种繁育提供参考（图 5-1）。

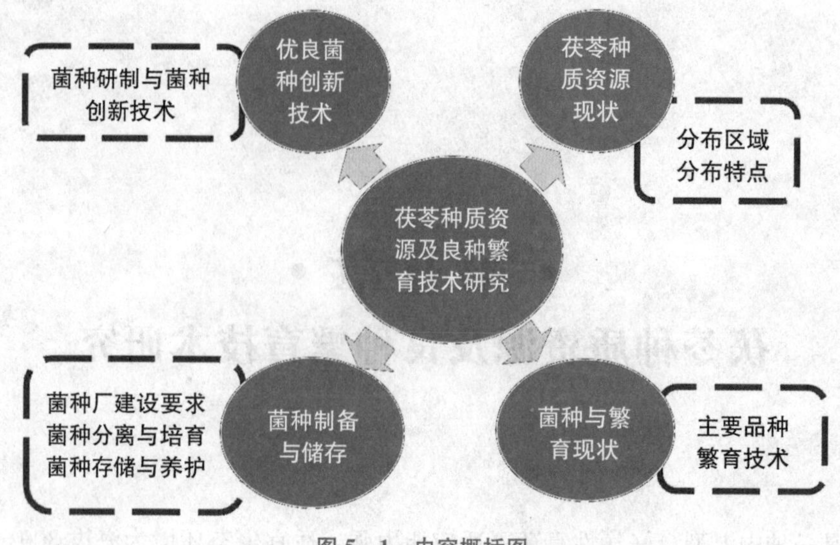

图 5-1 内容概括图

第一节 茯苓种质资源分布及现状

一、野生茯苓分布现状

茯苓作为大宗传统中药，也是药食同源品种，其应用广泛，历史悠久。在古代我国茯苓药用完全依靠采挖野生资源提供，然而，茯苓野生资源零星分散分布，又无明显可见的地上繁育器官，不易寻觅，一旦被产地农民或采药人员发现，即进行采挖或就地扩大挖掘，直至采收殆尽。20 世纪 50 年代，由于各种历史原因，松林被乱砍滥伐，野生茯苓药材过度采挖，导致野生茯苓资源极其稀少。据第三次全国中药资源普查资料收载，我国北纬 20°～45°、东经 95°～130°广大地区，包括吉林南部、辽宁南部、河北中南、山西东南、陕西南部、甘肃南端、四川中南、西藏东南端及山东、江苏、安徽、河南、湖北、福建、江西、湖南、贵州、云南、广东、广西、海南北部，均有野生茯苓资源分布。目前野生茯苓主要产于云南丽江、维西，贵州盘州市等。

二、野生茯苓分布特点

野生茯苓的分布有其自身的特点，从古籍收载的茯苓产区变迁以及第三次全国中药资源普查资料显示，我国茯苓产区较早出现于北方，然后逐渐向南发展延伸。由于茯苓为菌类药材，主要寄生于松树根及根系上，且分布于深山密林中，几乎难以寻觅，目前药材商品主要来源于人工种植。

茯苓野生资源一般分布于温带及亚热带地区，茯苓喜温暖、干燥、向阳，忌北风吹刮，在海拔 700 m 左右的松林中分布最广。温度以 10～35 ℃为宜。菌丝在 15～30 ℃均能生长，但在 20～28 ℃较适宜。当温度降到 5 ℃以下或升到 25 ℃以上，菌丝生长受到抑制，但尚能忍受零下 5 ℃的短期低温。以排水良好、疏松通气、沙多泥少的夹沙土（含沙率 60%～70%）为好，土层以 50～80 cm 深厚、上松下实、含水量 25%、pH 值为 5～6 的微酸性土壤最适宜菌丝生长，切忌碱性土壤。

选取云南、湘黔、大别山三大主产区的茯苓生长环境进行分析，纬度高的地区太阳辐射量小，温度就低。比较各主产区年均温度具有一定的差异，但在昼夜温差大的变温条件下，有利于松木的分解和茯苓聚糖的积累。野生茯苓分布较广，从海拔 50 m 到2 800 m 均可发现，实地调研时在海拔 510～1 280 m 区域均见到人工栽培茯苓，可见茯苓海拔环境适应能力较强。从云南至安徽的土壤具有红壤、黄棕壤、棕壤的过渡变化。目前，已开展了大量的有关海拔、温度等因素对药材量的影响研究，但纬度、海拔等生长环境因素对不同产区茯苓的生长发育、品质影响，尚待深入研究。

第二节　我国茯苓主要菌种与繁育现状

一、茯苓种质资源概况

我国茯苓种质资源分布较为广泛，黄河以南大部分省份均有分布，野生和栽培均有。目前，中国微生物菌种保藏管理委员会（CGMCC）、中国医学科学院药用植物研究所（CPCC）、中国林业微生物菌种保藏和利用中心（CFCC）、华中农业大学微生物菌种资源保藏和利用中心（CCAM）等建立了茯苓种质资源库，保藏的种质资源约 80 种。在茯苓人工种植过程中，常用的优良菌种有中国科学院微生物所的 CGMCC5.78、CGMCC5.528，湖南靖州“湘靖 28”，湖北“同仁堂 1 号”，福建“闽苓 A5”、CGMCC6660 等。

20 世纪 70 年代以来，茯苓资源需求不断增强，供应短缺，为缓解茯苓供销紧张与栽培需要大量消耗鲜茯苓作种的矛盾，科研工作者开始进行了一系列茯苓菌种选育探索。中国科学院微生物所科研人员从野生茯苓菌核组织中分离、纯化、定向选育出茯苓菌株 CGMCC5.78，至今仍在广泛使用。

近年来，湖南省靖州地区大力发展茯苓特色经济，按照“因地制宜、相对集中”的原则建设了茯苓生产基地和良种繁育基地，在原有茯苓菌株 CGMCC5.78 的基础上，进一步优化，选育出“湘靖 28”，该菌株具有遗传性状稳定、抗杂菌能力强、产量高、结苓早等优点，现已获得湖南省科技成果（湘科鉴委字〔2009〕第 036 号）和《湖南省非农作物品种登记证书》。2013 年 6 月，由科技部评比筛选，选送的 2 株“湘靖 28”茯苓菌株，从全国十多个省市推荐的茯苓品种中脱颖而出，通过“神舟十号”送上太空，进行太空育种试验。

湖北省在承担“九五”国家科技攻关项目“茯苓药材规范化种植研究”期间，对湖北省栽培品种D号引（罗田大泡引）、R号引（罗田二泡引）、Z_1号引（英山詹家河乡）、901（福建三明真菌所）、A_1（安徽农科院1号）、S_1（陕西神苓1号）、P_{01}（湖北英山县野生茯苓一代种）、H_3（陕西汉中3号）等8个栽培菌株进行初步筛选，淘汰表现较差的D号引、901，对6个栽培菌株进行大田对比研究，筛选分离培育的Z_1号菌株为优良栽培菌株，进一步优化后的菌株定名为“同仁堂1号”。

福建对适合松蔸栽培的菌株进行选育，筛选出“闽苓A5”优良菌株，该菌株的优点在于适合茯苓松蔸栽培，为大面积推广规范化茯苓松蔸栽培提供了重要技术支撑，实现了茯苓产业化发展和生态环境合理利用。

二、茯苓菌种繁育现状

茯苓物种来源于真菌茯苓（*Poria cocos*），隶属于担子菌亚门（Basidiomycotina），层菌纲（Hymenomycetes），非褶菌目（Aphyllophoracws），多孔菌科（Poliporaleae），茯苓属（*Wolfporia*），《中华人民共和国药典》将其学名收载为*Poria cocos*（Schw.）wolf。茯苓在不同的发育阶段，表现出三种不同的形态特征，即菌丝体、菌核、子实体，菌丝为茯苓的营养器官，菌核为营养储藏和休眠器官，子实体为茯苓的繁殖器官。长期以来，茯苓繁育基础研究较为滞后，对其交配型进行系统研究，且不同学者间认识差异较大，部分学者认为茯苓为异宗结合真菌，也有认为茯苓为次级同宗结合真菌，在随后的试验研究中认为茯苓为二级性异宗结合蕈菌。茯苓繁殖方式分为无性繁殖和有性繁殖，在传统种植过程中，茯苓生产菌种大多采用无性繁殖为主，在长期的无性繁殖过程中茯苓菌种容易退化、老化，需要对茯苓菌株进行分离、纯化筛选、复壮，才能解决这一问题。

古代时期，我国茯苓产区广大药农在种植茯苓的过程中，长期开展野生变家种的探试，初步掌握了茯苓种质资源繁育技术，采用新鲜茯苓菌核作种，进行扩大繁育。但由于采用新鲜菌核作种需要消耗大量鲜苓，不但减少了商品供应，种源也易衰老退化，且不便运输，严重制约茯苓规范化生产和产业可持续发展。随着茯苓资源需求不断增加，供求矛盾不断突出，各大科研机构、高等院校争相对茯苓菌种进行研究，由新鲜茯苓菌核中分离出纯菌丝，经提纯、复壮，成功研制出“茯苓纯菌丝菌种”，初步改革了传统采用“鲜菌核”繁育的方法，茯苓产业快速发展。

第三节　茯苓菌种制备与储存

一、茯苓菌种

1. 母种

茯苓人工种植初期，人们以松树段木或树蔸为培养料，以新鲜菌核为菌引，随着技术的创新发展以及规模化生产，逐步改进为人工分离、培育的“纯菌丝菌种”作菌引，进行扩大培养后，再进行段木栽培，以推动茯苓生产规模化。从优良品种中认真挑选出优质鲜菌核，个体较大，皮较薄，呈黄棕色或淡棕色，表面有明显的白色或淡棕色裂纹；生长旺盛，切开或掰开后，内部茯苓肉色白，茯苓味浓郁，外皮完整，无虫咬损伤，无腐烂异样的作为种苓。种苓选定后及时进行分离培育得到的纯菌丝菌种称为母种，也称一级种。母种在培育时是将预先选好的种苓用清水冲洗至无泥沙，待表面稍干移入无菌室超净工作台上，进行灭菌后剖开茯苓取小块白色苓肉，接入试管斜面或培养皿平板母种培养基上，在无菌箱或无菌室内分离，22～24 ℃恒温箱内培养 4～7 天，待茯苓菌丝长满培养基表面，即培育完成。按照茯苓母种的质量标准，即要求菌丝生长速度快、菌丝均匀密布、洁白、茯苓特异香气浓郁，无污染，具体见表 5－1。采取在自然光下目测的方法，每隔 2 天于培养过程中观察各试管中菌种萌发情况、生长速度、菌丝形态；凡表现异常，特别是生长慢、菌丝稀疏、不匀、发黑、污染者，应及时淘汰剔出；菌丝长满管壁后，按相关质量标准逐支进行检查。

表 5－1　茯苓母种感官要求

项　目	要　求
容器	完整，无损
棉塞或无棉塑料盖	干燥、洁净、松紧适度，能满足透气和滤菌要求
菌种外观	
菌丝生长量	长满斜面
菌丝体特征	洁白浓密，有菌索，气生菌少于培养基斜面的 20%
菌丝体表面	均匀舒展，平整，无角变
菌丝分泌物	可有少量乳白色或黄褐色颗粒状
菌落边缘	整齐
杂菌菌落	无
斜面背面外观	培养基不干缩，颜色均匀，无暗斑，无色素
气味	有茯苓菌种特有的清香味，无酸、臭、霉等异味

2. 原种

原种是在母种的基础上进一步扩大培育，从母种中选出优质菌种置于接种箱内，用无菌操作法挑取菌块放入原种培养基瓶内，塞（盖）严瓶口，置于 22～24 ℃恒温箱或培养室内培养，待茯苓菌丝伸长至原种瓶的 2/3 时，即可移入常温室内继续培养；按照茯苓原种质量标准，采取在自然光下目测方法，在培养过程中经常观察各菌种瓶内菌种萌发、生长情况；凡发现菌丝生长速度明显缓慢，菌丝稀疏、不均、地图斑、发黑、污染者，应及时剔出；待菌丝长满瓶后，按上述质量标准逐瓶观察和检查，菌丝应生长旺盛，洁白、均匀、致密，特异香气浓郁，合格者方可作为茯苓栽培种生产的种源（表 5－2）。

表 5－2　茯苓原种感官要求

项　目	要　求
容器	完整，无损
棉塞或无棉塑料盖	干燥、洁净、松紧适度，能满足透气和滤菌要求
菌种外观	
菌丝生长量	长满容器
菌丝体特征	洁白浓密，生长旺盛，菌索粗壮清晰
培养物表面菌丝体	生长均匀，无角变，无高温抑制线
培养基及菌丝体	紧贴瓶壁，无干缩
培养物表面分泌物	有无色或少量棕黄色水珠
杂菌菌落	无
颉颃现象	无
菌核体原基	无
气味	有茯苓菌种特有的清香味，无酸、臭、霉等异味

3. 栽培种

栽培种是在原种的基础上进一步扩大培育。从原种中挑选优质菌种置接种箱内，用无菌操作法挑取原种块移入栽培种培养基袋口中，将栽培菌袋置于 24～28 ℃培养室内培养，待茯苓菌丝伸长到培养袋的 1/3 时，即可移入低温室内进行常温培养；按照茯苓栽培种质量标准，采取在自然光下目测法，于菌种培养过程中经常观察各菌种袋内菌种生长情况；发现菌丝体发黄、发黑、不均、污染者，应及时剔出；待菌丝长满瓶后，菌丝应长速快、菌丝均匀密布、洁白、茯苓特异香气浓郁、无污染者，按上述质量标准逐瓶检查，合格者方可作为茯苓栽培种生产的种源（表 5－3）。

表 5－3　茯苓栽培种感官要求

项　目	要　求
容器	完整，无损
棉塞或无棉塑料盖	干燥、洁净、松紧适度，能满足透气和滤菌要求

续表

项　目	要　求
菌种外观	
菌丝生长量	长满容器
菌丝体特征	洁白浓密，生长旺盛，饱满，有菌索，可有子实体
不同部位菌丝体	生长均匀，色泽一致，无角变，无高温抑制线
培养基及菌丝体	紧贴瓶（袋），无干缩
培养物表面分泌物	有少量无色或棕黄色水珠
杂菌菌落	无
颉颃现象	无
菌核体原基	无
气味	有茯苓菌种特有的清香味，无酸、臭、霉等异味

二、菌种厂建设要求

1. 母种厂建设要求

按照母种培养和繁育条件，将母种厂设置在科研院所、企业科研场所以及一些具备条件的实验室，并设有接种室、仪器室、配制室、实验室，还需配备净化工作台、高压灭菌锅、恒温培养箱、干燥箱、冰箱、显微镜、天平及接种设备、试管、培养皿、三角瓶等玻璃仪器、消毒药品、化学试剂等。在人员配备的要求上，必须具备药学、生物或相关知识的大专学历（含大专），并具有独立工作能力丰富的实际操作经验。

2. 原种厂建设要求

（1）环境

根据厂房及生产防护措施综合考虑选址，厂房所处的环境应当能够最大限度地降低物料或产品遭受污染的风险；须远离交通干道，但是要通路，运输方便以及通水、通电，无粉尘污染，大气、水质等环境质量必须符合国家相关标准，厂房周围环境应有绿化树木带或草皮，生产区周围环境要无猪圈、牛栏、厕所等污秽污染源；厂内的环境必须要干净、整洁，并定期打扫、清理，保持墙壁及地面清洁卫生，做到无垢渍、无污秽。

（2）资质

必须经省级农业管理部门审查批准，领取原种（二级）菌种生产经营许可证后方可生产。

（3）厂房与设备

厂内应分设洗涤室、配料室、灭菌室（区）、接种室（具有缓冲间）、培养室、储藏室等，必须配备接种箱、高压灭菌锅或常压灭菌灶（自制）、培养室木架、天平、磅秤及接种设备、玻璃仪器、消毒药品、化学试剂等。

（4）人员要求

必须具备高中以上（含高中）学历、有专业或农业技术员职称，掌握微生物学基础知识，具有独立工作能力及熟练的操作技术；讲究个人卫生，操作中必须穿戴专用的工作服、帽；严格操作，认真填写原始记录（图5-2）。

图5-2　菌种繁育基地

3. 栽培菌种厂建设要求

（1）环境

茯苓栽培菌种厂应选在产区，厂周围和内部的环境要求与原种厂的相同。

（2）资质

栽培种的厂房须经县级农业部门审批、备案，领取栽培种（三级）菌种相关生产经营许可证后方可用于生产。

（3）厂房与设备

厂房内应分设洗涤室、配料室、灭菌室（区）、接种箱、冷却室、培养室、成品储存室、原料储藏室、工作室等；菌种厂要求安装防虫、防鼠设备，并配备高压灭菌锅、常压灭菌灶（自制）、培养室木架、天平、磅秤及接种设备、玻璃仪器、消毒药品、化学试剂等。

（4）人员要求

必须具备初中以上（含初中）学历，经专业技术培训合格，熟悉微生物学基础知识，具有独立工作能力及操作技能；讲究个人卫生，操作中必须穿戴专用的工作服、帽；严格操作，认真填写原始记录。

三、母种的分离与培育

1. 种苓选择

种苓要求外皮完整无损，无虫咬损伤痕迹，无腐烂，是从优良品系中提前培育认真挑选出的优质鲜菌核。从性状上要求个体较大，近球形，外皮较薄，颜色黄，棕色或淡棕色，有明显的白色或淡棕色裂纹，重量 2.5 kg 以上，生长旺盛，切开或掰开后内部苓肉色白，茯苓气味浓郁，有较多乳白色或淡青色浆汁渗出。种苓选定后要及时进行分离使用，若需暂短储存或运往他地使用，必须埋于湿沙中储存，以防干燥。

2. 培养基制备

（1）湖南等地制备方法

配方：麦麸 100 g、马铃薯 200 g、葡萄糖 20 g、磷酸二氢钾 3 g、硫酸镁 1.5 g、维生素 B_1 1.5 g、蛋白胨 5 g、琼脂 20 g、水 1 000 mL。

制法：将马铃薯去皮，清洗干净，切成薄片，和麦麸放入锅中煮沸 10～15 分钟，待马铃薯熟而不烂，用网筛过滤，保留马铃薯汁 10 000 mL。pH 值 5～6.5。再加入所需配方，用旺火溶解琼脂和原料后，趁热装入试管，塞好棉塞。

灭菌：0.14 MPa（温度 110 ℃）高压灭菌 30 分钟，取出摆成斜面，备用。

（2）湖北等地常规制备方法

配方：马铃薯（去皮）200 g、葡萄糖 20 g、琼脂 20 g、水 1 000 mL。

制法：将马铃薯去皮（挖去芽眼），洗净，切成薄片，用水冲洗干净，加水 1 000 mL，煮沸至软而不烂为度，用四层纱布（用水浸湿后拧干）过滤，取滤液，备用。称取琼脂 20 g，加入马铃薯滤液中，煮至全部溶化，溶液中加入葡萄糖，搅拌溶化，并加水补足 1 000 mL，分装于试管或三角瓶中，塞上棉塞。

灭菌：将配制好的培养基置高压灭菌锅内，用 0.21 MPa（温度 121 ℃）压力灭菌 20 分钟，试管趁热摆放斜面，冷却后备用。

3. 组织分离与培育

（1）分离前准备

开启无菌室空气过滤器，用消毒药水擦拭工作台面；将分离、接种使用的所有用具、器材，按规定方法进行灭菌处理；将待用的试管培养基移入接种室内，开启紫外灭菌灯照射 30 分钟；操作人员在缓冲间更换工作服、手部消毒后，进入无菌室。

（2）种苓表面消毒

将选好的种苓用清水冲洗至无泥沙，待表面稍干移入无菌室超净工作台上，用70%乙醇冲洗进行表面消毒，再用无菌水（经灭菌处理的清水）冲洗数遍，除去表面药液，紫外线灭菌灯照射片刻。

（3）种苓切剖

待种苓表面稍干，用灭过菌的刀具，以种苓与培养料（段木）着生部位为中心，纵向从上部中央切一浅口，用手掰开。

（4）接种

用经灭菌的解剖刀或接菌铲挑取长、宽各 0.5～0.7 cm，厚 0.1 cm 左右白色小块苓肉，接入试管斜面培养基上；挑取部位为种苓与培养料着生部位对侧，纵轴方向由外向内 2～3 cm 处，依次挑取苓肉，进行分离；用同样方法连续接种一批试管，然后贴上标签，注明菌种编号、种苓来源、分离接种时间等。

（5）培养

将试管置于 22～25 ℃的恒温培育箱中，培养 6 天左右。

（6）观察

观察分离出的苓块经 2 天培养，可看到接种块周围长出白色或绒毛状的茯苓菌丝；随着培养时间的延长，可见茯苓菌丝在培养基上伸延，在培养过程中若发现有杂菌污染、发黑、菌丝长速慢、稀疏、不匀，须及时剔除；5～7 天后，茯苓菌丝长满培养基表面，可见少许白色或淡黄棕色分泌物，即得到一级母种。

4. 提纯复壮与扩大培养

（1）提纯复壮选择

将菌丝生长均匀、旺盛的试管菌种，置于无菌室净化工作台上，用无菌操作法，从菌落边缘（即幼嫩菌丝）挑取长、宽各 0.5～0.7 cm 的菌丝体，移植到另一支母种培养基试管或平板内，于 22～25 ℃恒温箱内培养。

（2）扩大培养

培养 1～2 天后即可见茯苓菌丝在培养基上呈放射状生长，且较旺盛致密，平板上可见茯苓菌落特有的同心环纹，试管内可见菌丝呈波纹起伏生长；培养 7 天左右，大量气生菌丝长满培养基表面，菌落环纹或波纹消失，并产生特异茯苓香味，即得到二代母种；茯苓一代母种经 1～2 次转管扩大培养，起到提纯和活化作用，培养出的二代、三代母种均可用于生产茯苓原种，进而扩大生产茯苓栽培菌种。

5. 质量标准与检验规程

（1）质量标准

母种质量标准要求为：①菌丝色白、均匀、致密、粗壮，茯苓特异香气浓郁；②菌丝体表面可见晶莹的露滴状分泌物；③菌种试管完整无损，棉塞严密，无杂菌污染。

（2）检验规程

按照茯苓母种质量标准，在自然光下采取目测方法，每隔 2 天于培养过程中观察各试管菌种萌发情况、生长速度、菌丝形态。凡表现异常，特别是长速慢、菌丝稀疏、不匀、发黑、污染者，应及时淘汰剔出。菌丝满管后，按上述质量标准逐支检查，合格者置冰箱 4 ℃保存，备用。

6. 包装、标识、储存及运输

母种的包装为试管，试管外应贴有标注编号、接种时间、生产批号、生产单位等内容的标签。母种检验合格后，应置于 4 ℃冰箱保存条件下进行储存，储存保质期的菌龄<30天。

运输母种的外包装为清洁、干燥的纸箱或专用铁箱，装箱时应使用清洁、干燥的碎纸条填充试管间的空隙使其固定。包装外应贴有标注茯苓母种、生产批号、生产单位等内容的专用标签。

茯苓母种的运输工具应清洁、干燥，不能与有毒、有害、有异味的物品混装，运输过程中应注意防震、防潮。

四、原种的制备与培育

1. 种源选择

种源是经检验合格的优质茯苓母种。

2. 原种培养基的制备

（1）湖南等地制备方法

配方：松木屑 67%、麦麸 15%、粗玉米粉 15%、蔗糖 1%、熟石膏粉 1%、硫酸镁 0.5%。

制法：将上述原料加水充分拌匀，含水量约 60%，pH 值 5.5～6.5，装入瓶或袋中。

灭菌：0.14 MPa（温度 110 ℃）高压灭菌 3～4 小时；或常压灭菌，待温度达到 100 ℃之后，旺火保持 14～18 小时，再焖 6～8 小时后，取出，待温度降至 28 ℃以下，备用。

（2）湖北等地的制备方法

配方：小麦粒 90%、松木屑 10%、营养液（1%蔗糖、0.5%硝酸铵或硫酸铵）。

配制：将小麦粒精选，除去瘪粒、杂质，洗净，置 40 ℃左右的营养液中浸泡 10 小时，取出，滤干；将滤出的小麦粒与 5%松木屑混拌均匀，装入 500 mL 玻璃瓶或塑料袋中，边装边振摇，并用扁形铁钩或细木棒稍压实，使之均匀装至瓶肩处；另将 5%松木屑用营养液润湿，盖在瓶或袋内培养基表面，厚约 0.5 cm；擦净瓶或袋内、外壁黏附物，塞紧棉塞，瓶塞外用两层报纸或一层牛皮纸包裹，用线绳或橡筋扎紧瓶口或塑料袋口。

灭菌：将配制的原种培养基置于高压蒸汽灭菌柜内，用 0.24 MPa（温度 126 ℃）压力灭菌 2 小时，或置常压压灭菌灶内，用流通蒸汽（100 ℃）灭菌 8～10 小时，再焖 8～12 小时，冷却后备用。

3. 接种与繁育

接种扩制：在无菌室内，用无菌操作法，挑取长、宽各 1.5 cm 左右的优质母种块（连同培养基），移植接种于原种培养基上端中央，随即塞严瓶口，原样包封瓶口或扎紧塑料袋口。

培养繁育：①将接种后的原种瓶（或袋）置于 25～28 ℃培养室中进行培养；②当茯苓菌丝延伸生长至瓶（或袋）内 2/3 处时，即可移入常温室内继续培养。

4. 定期检查与管理

接种后的母种块，在原种培养基内培养 1～2 小时，可见茯苓菌丝恢复生长，并逐渐由母种块向外纵深延伸。

培养过程中须经常检查菌丝生长情况，若发现菌丝生长异常，要及时分析原因，采取补救措施；若有杂菌污染，及时剔除（图 5－3）。

图 5－3　茯苓菌种栽培种

5. 原种质量标准与检验规程

（1）质量标准

菌龄 15～30 天，菌丝生长旺盛，洁白、均匀、致密，爬壁现象明显，有根状菌索尤佳；菌丝体尖端可见乳白色露滴状分泌物，茯苓特异香气浓郁；菌种瓶或袋完整无损，无杂菌污染。

（2）检验规程

按照茯苓原种质量标准，在自然光下采取目测方法，于培养过程中经常观察各菌种瓶（或袋）内菌丝萌发、生长情况。凡发现菌丝生长速度明显缓慢，稀疏、不均、地图斑、发黑、杂菌污染者，应及时剔出。菌丝满料后，按上述质量标准逐件检查，合格者方可转入下一道工序，作为茯苓栽培。

6. 原种的包装、标识、储存及运输

原种的包装为广口菌种瓶或聚丙烯塑料菌种袋，瓶或袋外应贴有标注编号、母苓来源、接种时间、生产批号、生产单位等内容的标签。

原种检验合格后，应及时使用，或置于 10～25 ℃的常温培养室内储存。储存期间应按时进行抽样检查，及时剔出不合格品，并认真做好菌种储存及抽样检查记录。原种储存保质期的菌龄＜45 天。

运输原种的外包装为清洁、干燥的专用纸箱或编织袋，箱（或袋）内应排放整齐，不留空隙，使其固定。包装外应贴有标注茯苓原种、生产批号、生产单位等内容的专用标签。

茯苓原种的运输工具应清洁、干燥，不能与有毒、有害、有异味的物品混装，运输过程中应注意防震、防潮。

五、栽培种制备与培育

1. 种源

选择经检验合格的优质茯苓原种。

2. 栽培种培养基制备

（1）湖南等地制备方法

配方1：松木片77.5%、松木屑10%、麦麸5%、玉米粉5%、熟石膏粉1%、蔗糖1%、硫酸镁0.5%。

配方2：粗松木屑23%、粗玉米粉或小麦57%、麦麸或玉米粉17.5%、蔗糖1%、熟石膏粉1%、硫酸镁0.5%。

配制：按上述配方，先将小麦或木块浸泡8～10小时捞起，沥去余水，再将所需配料充分拌匀；含水量58%～60%，pH值5.5～6.5；装入（13～14）cm×28 cm×0.05 mm厚的聚丙烯塑料袋中。

灭菌：同原种培养基灭菌方法。

（2）湖北等地的制备方法

配方：松木屑78%、米糠（或麦麸）20%、蔗糖1%、熟石膏1%、水料比（1∶1.0）～(1∶1.2)。

配制：首先将蔗糖溶于水，并使米糠（或麦麸）与熟石膏混匀，再加入松木屑，拌匀，然后加入蔗糖水翻拌均匀，使培养基含水量65%～70%（即紧握培养基料使指尖稍见滴水为度）；培养基配制后放置30分钟，待水分均匀渗入料中再装袋；具体方法是将折角呈方形的聚丙烯塑料袋（直径12 cm、高25 cm、厚0.04 mm）撑开，把配制的培养基装入袋中，每袋400 g左右，随后压实并抹平表面，擦净袋口内外壁黏附物，最后用绳子将袋口扎紧（图5-4）。

灭菌：将栽培种培养基置高压灭菌锅内，用0.24 MPa压力（温度126 ℃）灭菌2小时，或置于常压灭菌灶内，用流通蒸汽（100 ℃）灭菌8～10小时，再焖8～12小时冷却后备用（图5-5）。

3. 接种与繁育

在无菌室内，用无菌操作法，将原种瓶（或袋）打开，除去原种表面的菌膜及培养物。用接种枪或接种匙取5 g左右略加捣碎的原种块，移入栽培种培养基菌袋内中间处，随即原样封口。将接种后的菌种袋连同周转箱一起置于恒温培养室内，于25～28 ℃下培养。待菌丝生长延伸至培养料2～3 cm处，移于常温培养室内继续培养。

图 5-4　茯苓栽培种培养基的配制装袋

图 5-5　培养基的灭菌

4. 定期检查与管理

接种后的原种块，经 1～2 天培养，可见茯苓菌丝从接种块上恢复生长，并向周围培养料内延伸；20～30 天，茯苓菌丝可长满菌袋。

培养过程中，必须经常检查培养室温度、湿度变化及菌丝生长情况，发现异常及时处理；若有杂菌污染，及时剔除。

当菌丝满料后，逐一检查菌种质量，合格品按规定数量装入专用包装袋内，按批号归类就地储存。

5. 栽培种质量标准与检验规程

（1）质量标准

栽培种质量要求为：菌龄 30～60 天，菌丝洁白致密，生长均匀，菌索较多，布满菌袋内，菌丝体尖端可见晶莹露滴状分泌物，茯苓特异香气浓郁，菌袋完整无破损，菌丝无发黄、发黑，无软化，无子实体出现，无杂菌污染。

（2）检验规程

按照茯苓栽培种质量标准，在自然光下采取目测法，于菌种培养过程中经常观察各菌种袋内菌种生长情况。发现菌丝体发黄、发黑、不均、花斑污染者，应及时剔除；逐袋检查各菌种，应符合上述质量标准，且菌丝长满菌种袋（满料），菌丝无倒伏现象；手握菌种袋，感觉坚实，无松散，无软化；检验合格者按照一定数量装入专用包装袋中，并做好菌种质量检验记录。

6. 包装、标识、储存及运输

栽培菌种的包装为聚丙烯塑料菌种袋，袋外应贴有标注编号、苓种来源、接种时间、生产批号、生产单位等内容的标签。

栽培菌种检验合格后，应及时使用，或置于10～25 ℃的常温培养室内储存。储存时，应将菌种按一定数量装入专用包装袋中，单层置于货架或垫板上，码放整齐，不得叠放，以免使菌种局部温度过高，导致衰亡。储存期间应按时进行抽样检查，及时剔出不合格品，并认真做好菌种储存及抽样检查记录。栽培菌种储存保质期的菌龄＜60天。

运输原种的外包装为清洁、干燥的专用纸箱或编织袋，箱（或袋）内应码放整齐，不留空隙，使其固定。包装外应贴有标注茯苓栽培菌种、生产批号、生产单位等内容的专用标签。

茯苓栽培菌种的运输工具应清洁、干燥，不能与有毒、有害、有异味的物品混装，运输过程中应注意防震、防潮。

六、菌种的储存与养护

1. 菌种储存

菌种经检验合格后，应及时用于栽培，或置于常温培养室就地储存。储存时应根据菌种的级别（原种与栽培种）、生产日期分类分区存放，并挂有明显标志牌。放置菌种包件时应单层置于货架或垫板上，码放整齐，不可叠放，以防止菌种内部局部温度过高，导致菌种衰亡失去活性。在储存过程中应经常对存放的菌种进行外观性状检查，发现有发黑、污染者应及时剔除。对储存的菌种认真做好储存环境及抽样检查并及时记录。

（1）一级种的储存

母种在培育完成并经检验合格后，应立即置于4 ℃冰箱保存条件下进行储存，储存保质期的菌龄＜30天。

（2）二级种的储存

原种经检验合格后，应及时使用，或置于10～25 ℃的常温培养室内储存。储存期间应按时进行抽样检查，及时剔出不合格品，并认真做好菌种储存及抽样检查记录。原种储存保质期的菌龄＜45天。

（3）三级种的储存

栽培菌种在经检验合格后，应及时使用，或置于 10～25 ℃的常温培养室内储存。储存时应将菌种按一定数量装入专用包装袋中，单层置于货架或垫板上，码放整齐，不可叠放，以免造成菌种内部温度过高，导致衰亡。储存期间应按时抽样检查，及时剔出不合格品，并认真做好菌种储存及抽样检查记录。栽培菌种储存保质期的菌龄＜60 天。

2. 菌种养护

为了确保菌种的质量，在菌种储存期间要有专职的养护人员；明确菌种的储存条件和方式，确定储存环境和储存时的控制条件以及定期检查的周期和方式。

保持培养室内环境洁净、卫生，储存菌种的场地在存放前，要进行消毒处理并做好防虫、防鼠、防潮工作；控制室内温度＜25 ℃；采取除湿机或使用生石灰进行干燥除湿，保持室内避光、干燥、通风；认真做好菌种养护管理及抽样检查记录。

第四节　茯苓优良菌种技术创新研究现状

一、菌种的研制与创新

茯苓优良菌种的选育是茯苓生产的基础和关键环节，确保菌种的稳定性、均一性、品质性是保障茯苓产业可持续发展的重要保障。20 世纪 70 年代至 90 年代末，人们开始采用以人工分离培育的“菌种”代替传统的“肉引”栽培模式，茯苓种植规模迅速扩大，茯苓产量迅速攀升。此后，诸多科研工作者开始了菌种的研制和创新。在育种研究中，多数食用菌可通过杂交育种的方式获得性状优良菌株，但由于茯苓菌株无明显的锁状联合特征，杂交育种鲜有成果。为了选育出高产菌株，科研工作者在常规选育、诱变育种、原生质体融合上进行了一系列育种的研究。

在常规育种中，孙文瑚等对辽宁、河南、湖北、湖南、福建和安徽各地引进的 9 个茯苓菌株进行了 12 次筛选，优选出生长快、质地好的编号 5（湖北）和编号 6（安徽）菌株。朱泉娣等于 1987—1990 年在大别山茯苓主产区对茯苓进行了深入调查和研究，对比分析了 7 个不同品种茯苓的生长特性、产量和质量，优选出产量较高的安徽当地野苓驯化而得的 P_1 号菌株和北京引种的 P_{578} 号菌株。胡廷松等从全国各地收集到 13 个茯苓品种，对其进行性状和产量对比试验，优选出 7 号、12 号和 13 号三个品种，其菌丝在松材上半贴生，半气生，生长旺盛，具有上菌快、抗杂菌能力强、结苓早、成熟快的特点，菌核肉质白净结实，商品性极佳。苏玮等对湖北常用的 6 个菌株进行品比试验，综合分析菌丝生长情况、结苓率、产量以及成分含量等指标，优选出英山县原詹河乡的 Z_1 菌株为优良栽培菌株。屈直等对比分析了 23 株茯苓供试菌株的外观、微生物学检验、生长速度、成分含量、遗传稳定性等指标，优选出 4 株适合贵州发展的优良品种。贾定洪等通过对 8 株茯苓栽培菌株的菌丝生长速度、菌核产量进行对比分析，筛选出菌株 5.528、GIM537、Pe-1 为窖式段木栽培的优良菌株。吴胜莲等对比分析 11 株不同来源的茯苓菌株，结果显示，11 个供试菌株中，8 号、9 号和 12 号菌株的菌丝生长速率、菌核产量和遗传稳定性均较高，1 号、7 号和 13 号菌株较低。林哲人等比较了全国 38 个茯苓菌种的菌丝生长速度、结苓率、菌核重量、菌核品质，最终优选出 P_0、原生质体 9 号、Z_1 等 10 个优良菌种，其菌丝生长、菌核产量、质地、结苓率均表现突出。

除常规优选育种外，物理化学诱变和原生质体融合新技术也用于茯苓优良菌种的选育。薛正莲等应用低能量 He-Ne 激光对茯苓菌种进行辐射诱变，优选出 1 株优质菌株，该诱变菌株产量、性状及遗传性能较为稳定。朱泉娣等采用原生质体融合技术对茯苓进行育种，并在安徽霍山境内开展野外试验，研究表明融合子茯苓产量明显高于亲本 P_1，但低于亲本 P_{578}。梁清乐等应用紫外线诱变和原生质体融合技术选育茯苓优良菌株，原生质融合获得一株融合子，经对比研究发现，融合子的菌丝生长速度明显优于两亲本。付杰等采用原生质体紫外诱变、有性孢子繁殖方法开展茯苓良种研究，发现茯苓菌丝原生质体经紫外线诱变，可产生新的菌株。李羿等应用紫外线诱变育种，建立茯苓优良菌株筛选模型，优选茯苓优良菌株 P_6。梁清乐等采用热灭活和紫外灭活法处理原生质体，通过聚乙二醇的诱导产生新的融合子，新融合子的菌落性状、气生菌丝量均优于亲本。熊欢采用原生质体技术对不同菌株进行融合，获得较为高产的融合子。蔡丹凤等采用原生质体紫外诱变技术，最终选育出适宜松蔸栽培的优良菌株“川杰 1 号-A5”，并先后在福建省邵武市、长汀县、尤溪县、松溪县、连城县等地进行栽培试验，表明“川杰 1 号-A5”新菌株产量表现突出，抗逆性强，萌发性好，松蔸接种成活率高，且丰产性好。该菌株在松树蔸栽培时无须断根，省时省工，便于管理。2003 年，该菌株获得福建省农作物新品种认定，现名为“闽苓-A5”。

经过诸多研究工作者的不懈努力，全国茯苓种质资源不断丰富，一些菌株在人工栽培中具有较好的表现，如 CGMCC 5.78、CGMCC 5.528、GIM 5.99、神苓一号、杰苓一号、湘靖 28 等。茯苓菌种选育技术能较大程度推动茯苓产业的快速发展，解决茯苓产业发展过程中的生态破坏、菌种退化、品质不稳定等问题。

二、菌种保藏技术研究

茯苓优良菌种保藏是茯苓菌种繁育与生产过程的关键环节，合理菌种保藏能够避免优良菌种死亡，防止优良遗传性能丧失，保障菌种的优良性状。菌种保藏主要是依据微生物的种类和繁殖的生理生化特性不同，通过对温度、湿度、氧气等条件的控制，使微生物生长代谢活动受到抑制，生长繁殖处于休眠的状态，既保证菌种不死、不衰、不变，又使其代谢处于最低状态，同时保持菌种本身应有的特性。2020 年版《中华人民共和国药典》要求菌株的传代次数不得超过 5 代，并需要采用适宜的菌种保藏技术进行保存。目前常用的菌种保藏方法有斜面法、液体石蜡法、甘油法、木屑管法、矿物油法、冷冻干燥法、液氮保藏法等。

1. 斜面低温保藏法

斜面低温保藏法是菌种保藏的常见方式，需要根据菌种生长繁殖所需条件的不同，将需要保藏的菌种接种至适宜的斜面或液体培养基中，在适当温度条件下培养至所需时间，生长充分后，于 4～6 ℃条件下保存，保藏时间一般为 4～6 个月，隔一段时间需要进行传代培养。此方法操作简便，观察方便，成本较低且对操作人员要求不高，但工作强度大，保藏时间短，在转移过程中容易造成污染和菌种退化。诸多科研工作者对此种方法进行了研究和改进。戴宇婷等探讨了菌种斜面保藏法的保存效果及期限，对使用斜面保藏法的常用菌种进行接种、培养和保存，优化保藏方法、条件、期限等，结果表明，菌种在使用相应培养基、保藏条件下，试验保藏期限内菌种状态良好，且 5 代标准菌种之间无明显差异。曾杨等研究试管斜面法的菌种保藏，对食用菌的 11 个属、15 个种、26 株菌株在试管斜面超长时期保藏后的菌种进行第二代转接复壮，结果表明 5 个属、5 个种、10 株菌种在经过试管斜面 4～16 年的超长时期保藏后仍可复活，斜面法对部分菌株具有超长的保藏期。

2. 液体石蜡保藏法

液体石蜡保藏法是指将液体石蜡灭菌后封盖培养物表面，防止培养基水分蒸发的同时也起到隔绝空气的作用，从而可抑制微生物的生长繁殖，使其处于休眠状态。此方法保藏时间较长，可达 2～10 年，并且操作简单，使用方便，主要缺点是对人员操作水平有一定要求，且操作强度较大，成本高。在保藏的过程中，需要定期检查，确保液面始终高于培养基。

3. 真空冷冻干燥保藏法

真空冷冻干燥保藏法是指将需要保藏的菌种细胞或孢子悬浮于保护剂中，经预冻后在真空条件下使水分升华，再经过真空封存后进行保存的保藏方法。该方法的原理是将冷冻的培养物在减压状态下进行真空干燥，使菌种处于不利于其生长繁殖的环境。此方法可充分利用对菌种保藏的有利因素，使微生物菌种始终处于低温、干燥、缺氧的条件下，因而它是目前最有效的菌种保藏法之一。此方法的优点是保存期长，可达 10 年及以上，且携带、运输方便，菌种存活率和稳定性较高；缺点是对设备要求高，需要专业的冷冻真空干燥设备，投入相对较高；对人员操作水平要求高，操作方法相对烦琐，通常是专业化的菌种保藏机构选用此种方法；冷冻干燥过程对菌体有一定损伤，需进行恢复培养。

不同的菌种其保藏方法也不同，在保证菌种生物学特性不变的前提下，还要考虑使用范围、设备情况、操作简便性、方法通用性等。在茯苓菌种保藏的研究中，李羿等通过测量平板培养中菌丝生长速度及在液体发酵中的菌丝体生物量和胞外多糖产量，对比分析了甘油菌冷冻保藏法、真空冷冻干燥保藏法和斜面保藏法不同保藏时间的菌种保藏效果，结果表明，斜面保藏法茯苓菌株保藏时间相对较短，4～6 个月需要转管一次；真空冷冻干燥保藏法和甘油菌冷冻保藏法保藏时间均较长，但真空冷冻干燥保藏法不易操作，较为不便，甘油菌冷冻保藏法较为快捷、简便。杨祎等对比分析茯苓 1 号和茯苓 8 号菌种的斜面保藏、木屑管保藏和液体石蜡保藏效果，结果表明，液体石蜡保藏法保藏茯苓 1 号可达 4 年，茯苓 8 号可达 5 年；木屑管保藏法保藏茯苓 1 号可达 3 年，茯苓 8 号可达 4 年；斜面低温保藏方法保藏的 2 个茯苓菌种均可达 1 年。一般而言，斜面菌种保藏时间相对较短，但对设备和技术要求均较低，操作成本也较低，适合没有超低温冰柜和冻干机的单位使用；真空冷冻干燥保藏法对设备和技术要求均较高，操作成本也较高，因此适合于茯苓菌种的长期保藏，特别适合茯苓母种的长期保藏；而木屑管保藏法、液体石蜡保藏法、甘油菌冷冻保藏法成本较低，保藏效果较好，是一种较优的菌种保藏法。

参考文献

[1] 汪琦，付杰，冯汉鸽，等. 茯苓种质资源现状[J]. 湖北中医杂志，2020，42（7）：52-55.

[2] 刘顺才，吴琪，邢鹏，等. 茯苓种质资源的研究进展综述[J]. 食药用菌，2017，25（3）：171-175.

[3] 程磊，侯俊玲，王文全，等. 我国茯苓生产技术现状调查分析[J]. 中国现代中药，2015，17（3）：195-199.

[4] 刘常丽，徐雷，解小霞，等. 湖北茯苓生产中存在的主要问题探讨[J]. 湖北中医药大学学报，2013，15（5）：42-44.

[5] 张越，程玥，刘洁，等. 不同生长环境下茯苓总三萜和水溶性总多糖含量比较[J]. 安徽中医药大学学报，2019，38（4）：81-84.

[6] 王耀登，安靖，聂磊，等. 不同产地茯苓饮片的多糖的含量比较研究[J]. 时珍国医国药，2013，24（2）：321-322.

[7] 程水明，陶海波. 罗田茯苓种质资源的保护与利用[J]. 安徽农业科学，2007（18）：5542-5543.

[8] 林哲人，汪琦，罗远菊，等. 茯苓菌株培育研究[J]. 中华中医药杂志，2019，34（8）：3755-3759.

[9] 李寿建，汪琦，刘奇正，等. 茯苓生物学研究和菌核栽培现状及展望[J]. 菌物学报，2019，38（9）：1395-1406.

[10] 徐雷. 茯苓交配系统的研究[D]. 武汉：华中农业大学，2007.

[11] 王克勤，黄鹤. 中国茯苓：茯苓资源与规范化种植基地建设[M]. 武汉：湖北科学技术出版社，2018.

[12] 李苓，王克勤，边银丙，等. 湖北茯苓菌种生产技术规程[J]. 中国现代中药，2011，13（11）：28-31.

[13] 朱泉娣，唐荣华. 安徽茯苓7个菌株品比试验[J]. 中草药，1992，23（11）：597-598.

[14] 胡廷松，吴庆华，梁小苏. 茯苓菌种品种比较试验[J]. 广西农业科学，1996（2）：67-87.

[15] 苏玮，王克勤，付杰. 代料栽培茯苓质量研究[C] //中国自然资源学会天然药物资源专业委员会，中国药材GAP研究促进会（香港）. 全国第8届天然药物资源学术研讨会论文集. 南京：中国自然资源学会天然药物资源专业委员会，2008：369-371.

[16] 屈直，刘作易，朱国胜，等. 茯苓菌种选育及生产技术研究进展[J]. 西南农业学报，2007（3）：556-559.

[17] 贾定洪，王波，彭卫红，等. 19个药用茯苓菌株的ITS序列分析[J]. 中国食用菌，2011，30（1）：42-44.

[18] 吴胜莲，唐少军，靳磊，等. 不同茯苓菌株的质量评价及遗传关系鉴定[J]. 南方农业学报，2018，49（1）：8-13.

[19] 薛正莲，潘文洁，杨超英. 采用He-Ne激光诱变选育速生高产茯苓菌[J]. 食品与发酵工业，2005（2）：51-54.

[20] 梁清乐，王秋颖，曾念开，等. 茯苓灭活原生质体融合育种研究[J]. 中草药，2006，11：1733-1735.
[21] 李羿，万德光. 茯苓紫外线诱变育种[J]. 药物生物技术，2008（1）：44-47.
[22] 熊欢. 原生质体技术在茯苓菌种复壮、育种和生活史研究中的应用[D]. 武汉：华中农业大学，2009.
[23] 邵晨霞，刘惠知，杨祎，等. 茯苓菌种保藏效果的比较[J]. 食用菌学报，2016，38（5）：27-28.
[24] 戴宇婷，刘自昭. 药品检验常用标准菌种的斜面保藏方法研究[J]. 中国卫生标准管理，2019，10（5）：69-71.
[25] 李羿，万德光. 茯苓菌种保藏的研究[J]. 药物生物技术，2010，17（6）：516-518.
[26] 杨祎，邵晨霞，刘惠知，等. 茯苓菌种不同保藏法的效果比较[J]. 食药用菌，2016，24（3）：176-179.

·第六章·
茯苓的生产工程学研究

茯苓是一种药用的大型真菌，在较长的时期中，我国茯苓资源以采挖野生为主。直到南北朝时期，《本草经集注》记载："彼土人乃假斫松作之，形多小，虚赤不佳。"此时人们才开始茯苓野生变家种的尝试。在近现代茯苓产业的发展过程中，随着茯苓食用和药用价值的不断挖掘，现有野生资源难以满足需求，从而大大促进了茯苓野生变家种和生产栽培产业的发展。茯苓种植生产的发展从初期摸索，到菌种引种生产，再到茯苓的规模化、规范化种植，近现代我国已经发展成为茯苓种植栽培的主要国家。茯苓种植产区几经变迁，逐渐形成了茯苓生产的三大主产区，即大别山产区、湘黔产区以及云南产区，培育形成了"靖州茯苓""九资河茯苓""云苓"等道地知名品牌。

茯苓的生长主要依靠松木提供养料，人工种植就是将菌种人为嫁接到松木上，掩埋入土壤中，促使茯苓菌丝体营养生长，聚集形成菌核的过程。随着茯苓种植技术的不断更替发展，按照菌材可分为段木坑穴栽培、树蔸原地栽培、袋料栽培等种植技术，按照种植技术可分为肉引栽培、菌种栽培等。肉引栽培是茯苓种植摸索初期发展的一种种植技术，促进发展了茯苓种植技术，提高了产量，加快了茯苓种植技术更新替代。菌种栽培就是在传统"肉引"的基础上，将"肉引"的种苓替换为菌种，茯苓菌种选育的成功促进了全国茯苓生产的发展，为茯苓规模化、规范化生产的实现提供了条件。茯苓袋料栽培技术是为解决松木资源问题发展而来的一种新兴栽培技术，可以大幅度提高松木资源的利用率，减少茯苓种植对生态环境的破坏，为产业的可持续发展提供保障。茯苓种植生产是茯苓药材品质形成的重要过程，规范种植才是茯苓品质生产的保障（图 6-1）。

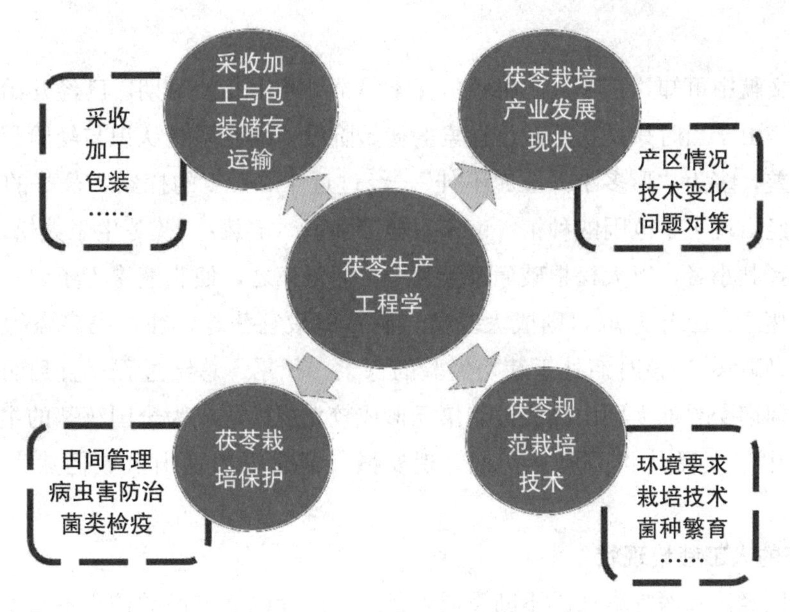

图 6－1　内容总概括图

第一节　茯苓栽培产业发展现状

一、主要栽培产区情况

1. 茯苓的人工栽培历史

茯苓为菌类药材，因其特殊生长方式，在很长的一段时间里，茯苓资源主要依靠采挖野生资源为主，在诸多本草古籍中，也可多见。有关茯苓的记载，最早始见于《神农本草经》，其载有茯苓“味甘，平，一名伏菟。生太山山谷”，现太山多指山东泰安泰山。魏晋时期《吴普本草》载有“茯苓……或生茂州大松根下”，茂州指四川省茂汶县。南北朝《本草经集注》载有“今出郁州，彼土人乃故斫松作之，形多小，虚赤不佳……”郁州指江苏连云港附近云台山。隋唐时期《新修本草》曰：“今太山亦有茯苓，白实而块小，不复采用。今第一出华山，形极粗大。雍州南山亦有，不如华山者。”《蜀本草》曰：“图经云：生枯松树下，形块无定，以似人、龟、鸟形者佳。今所在大松处皆有，惟华山最多。”华山为现今陕西省渭南市华阴市。明清时期《本草从新》曰：“产云南，色白而坚实者佳，去皮。产浙江者，色虽白而体松，其力甚薄。近今茯苓颇多种者，其力更薄矣。”可见茯苓以云南茯苓为最佳，浙江所产较差。清朝时期《滇南虞衡志》曰：“茯苓，天下无不推云南，曰云苓。”1931 年《药物出产辨》曰：“茯苓以云南产者为云苓，最为地道。”古籍中，云南地区是茯苓最初的繁殖区，之后出现了四川、贵州以及湖南西部地区。

从古籍文献中可知，茯苓人工种植的探索最早见于南北朝时期，已经开始用松木探索茯苓的种植。由于当时只是茯苓栽培探索的初始阶段，缺乏系统认识与经验积累，栽培的茯苓品质很差，多为“形多小，虚赤不佳”。经过近 1 000 年的探索，茯苓的栽培技术逐渐完备，已经出现了小范围的种植。南宋《癸辛杂识》记载：“茯苓生于大松之根，尚矣。近世村民乃择其小者，以大松根破而系于其中，而紧束之，使脂液渗入于内，然后择地之沃者，坎而瘗之。三年乃取，则成大苓矣。洞霄山最宜茯苓，往往民多盗种，密志之而去，数年后乃取焉。”该时期处于栽培经验的探索、积累、总结过程。直到明清时期，湖北、安徽、河南交界的大别山区茯苓栽培已形成较大规模，成为全国茯苓的主要产区，并一直延续至中华人民共和国成立初期。现安徽、湖北等大别山区域仍然为茯苓药材主产区。

2. 茯苓的人工栽培现状

随着我国经济和医疗事业的不断发展，茯苓在医疗保健方面的作用不断增加，目前茯苓的主要来源于人工栽培，其主要栽培产区划分为大别山产区、湘黔产区、云南产区以及其他产区等。

（1）大别山产区

大别山地处安徽、湖北、河南三省交界处，茯苓大别山产区包括安徽西部、湖北东部以及河南南部地区，该区域森林资源丰富，原生态环境留存完好，是茯苓重点生产基地。大别山区域最早栽培茯苓的地区主要为安徽岳西、潜山，后来省内向南扩展至太湖，向北扩展至霍山、金寨、书城、六安，省外由岳西县扩展至湖北罗田，由金寨向西扩展至河南商城，形成以安徽岳西为中心的大别山茯苓生产基地。其中以安徽所产茯苓产量最大，质量优，特色明显，被称为“安苓”；九资河茯苓因主产于湖北省罗田县九资河镇而命名，其质量好，药用价值高，在国际市场上享有很高的声誉，2007 年被原国家质检总局批准实施地理标志产品保护，其保护范围为湖北省罗田县九资河镇、河铺镇、胜利镇、白庙河乡、平湖乡、凤山镇、大河岸镇等 7 个乡镇。

从地理位置来看，茯苓大别山产区地处安徽、湖北、河南三省交界处，地质构造基础是古生代华力西中期的秦岭大别山褶皱带。从气候来看，该产区属北亚热带温暖湿润季风气候区，具有典型的山地气候特征，气候温和，雨量充沛，空气相对湿度为 79%，年平均气温 12.5 ℃，大别山中山面积约占全部山区 15%，其余多为低山丘陵。从植被覆盖来看，此产区森林海拔 400～1 700 m，植被变化明显，形成了丰富多彩的森林景观，低海拔杉木、柳杉、马尾松等人工林成片分布，其中马尾松分布范围较广，独特的自然资源环境和地理地貌为大别山产区的茯苓生产发展提供了优势。

（2）湘黔产区

茯苓湘黔产区以贵州黎平、湖南靖州及周边区域为主，贵州黎平的茯苓产地遍及德凤镇、中潮镇、永从乡、德顺乡、洪州镇、水口镇、岩洞镇、双江镇、江口乡、九潮镇、茅贡乡、坝寨乡、高屯镇、罗里乡、孟堰镇、顺化乡、敖市镇等17个乡镇。从20世纪60年代开始，人工栽培茯苓已有50多年历史，曾被国家轻工部评为出口免检产品，远销世界各地。2014年9月4日，黎平茯苓获得国家地理标志产品称号。全县茯苓种植户达4 000户，种植茯苓300万窖，年产鲜茯苓4 000吨，成为全国茯苓产量大县。湖南靖州，地处湖南、贵州、广西三省交界之地，是我国大西南地区的重要通道。靖州自古茯苓的产地之一，加上特殊的地理优势，是“中国茯苓之乡”，年交易甘鲜茯苓4万余吨，占全国总交易量的近70%，年销售总收入达11.2亿元。建于1992年的“中国靖州茯苓大市场”现年交易量达5.08万吨，占全国总量60%以上，已出口到美国、日本、韩国、新加坡等国家和地区，年出口量占全国的三分之二。目前靖州成为全国最大的茯苓集散地和产业基地。

从地理位置方面来看，贵州位于我国西南部，地处北纬24°37′～29°13′和东经103°36′～109°35′之间。贵州是滇桂台向斜和鄂黔台向斜的一部分，平均海拔在1 100 m，地形地貌复杂，高山峡谷交错分布，形态类型齐全。贵州属亚热带湿润季风气候，雨量充沛、雨热同期，为夏凉地区；常年相对湿度在70%以上。河流较多，分布稠密水资源丰富；从土壤方面来看，贵州的土壤类型繁多，种类复杂，全省各地分布有赤性红土、红土、黄土、黄棕土等；从植被方面看，植被类型多样，有典型的中亚热带地带性植被，有温暖性山地针叶林植被等，其中针叶林由东部的马尾松林向西部的云南松林过渡。复杂多样化的地理地形和气候类型，为贵州茯苓的栽培提供了有利的生长环境。

靖州位于湖南省西南部，怀化市南端，西临贵州，南连广西，素有“荆楚锁钥”之称，历来为商贾云集之处，这一特殊的地理位置，为靖州成为全国最大茯苓集散地奠定了基础。从地理位置来看，靖州地处云贵高原东缘斜坡的山岳地带，既多崇山峻岭，又有丘陵、盆地交错，地貌多样，地势东西南部三面高峻，北部低缓，中部为狭长山间盆地，整个地势由南向北倾斜，呈“V”形展布。地理坐标介于北纬26°15′25″～26°47′35″，东经109°16′14″～109°56′36″之间。从气候来看，属亚热带季风湿润区。气候温和，年平均气温16.8 ℃。水资源丰富，森林覆盖率高，适宜茯苓的生长繁育。

（3）云南产区

清代《滇海虞衡志》载：茯苓，天下无不推云南，曰云苓。滇之茯苓甲于天下也。云茯苓习用已有两千多年的历史，云南是茯苓生产区，云茯苓是道地药材，云南省的楚雄州的南华县姚州、姚安、大姚、永仁等地出产的姚苓，就是历史上有名的姚茯苓。云南目前的栽培主产区除西双版纳州略少外，几乎全省都有种植，包括普洱、保山、丽江、大理、楚雄、腾冲、临沧。

从地理位置上来看，云南地处中国西南边陲，位于东经97°31′～106°11′，北纬21°8′～29°15′之间，北回归线横贯本省南部，属低纬度内陆地区；全省地势呈现西北高、东南低，自北向南呈阶梯状逐级下降，属山地高原地形，其中，1 000～3 500 m中海拔区域面积占全省国土面积的87.21%，云南省绝大部分区域均位于中海拔区域；从气候上来看，云南气候基本属于亚热带高原季风型，立体气候特点显著，类型众多、年温差小、日温差大、干湿季节分明、气温随地势高低垂直变化异常明显。气候复杂多变，呈典型的“一山分四季，十里不同天”的特征。全省平均气温、全省降水在季节上和地域上的分配极不均匀。云南是全国植物种类最多的省份，被誉为植物王国，热带、亚热带、温带、寒温带等植物类型都有分布。自然环境条件优渥，为茯苓的大规模生产提供了条件。

(4) 其他地区

福建南平茯苓，简称“建苓”或“闽苓”。产量相对于以上三个主要大产区的规模小，产量较低，近年来所占的市场比例小。从地形地貌来看，境内地形地貌受构造运动的影响强烈、构造地貌特征相当明显，山脉多呈东北—西南走向。平均海拔在500～1 000 m，降水量丰富，气候属亚热带海洋性季风气候，温暖湿润，雨量充沛，光照充足，年平均气温17～21 ℃。平均降雨量1 400～2 000 mm，是中国雨量最丰富的省份之一。

二、茯苓栽培技术的探索与变化

1. 主产区栽培技术及特点

我国自20世纪80年代开始食用菌工厂化栽培的尝试，经过不断探索与改进，我国的食用菌工厂化生产已进入快速发展阶段，实现了由传统的食用菌生产方式，向食用菌工厂化、规模化、标准化、周年化生产方式转变。茯苓作为食用菌中的特殊药材，其栽培方式有较大相似性，种植过程大致分为菌种选择、菌种生产、基地选择、种植、采收、加工、包装、运输（图6-2）。随着茯苓栽培技术的不断创新研究，发展有段木坑穴栽培、树蔸原地栽培、袋料栽培等种植技术，为茯苓的规模化生产提供支撑。

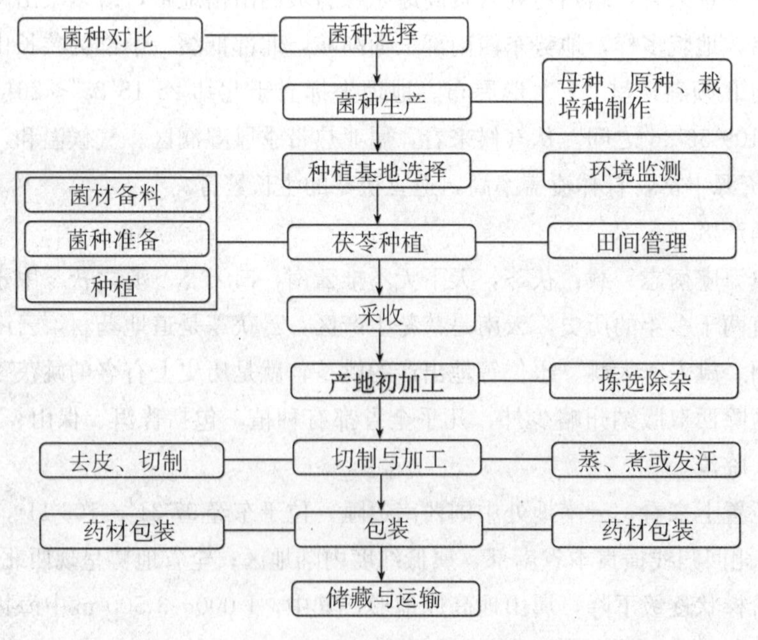

图6-2 茯苓种植生产过程

2. 现行栽培模式

（1）段木坑穴栽培

将松树树干锯断成段木，并与挖取的树蔸一起进行“削皮留筋”等技术处理，将其干燥后作为菌材，选择松林林缘或林间空地作栽培场，在段木上接种茯苓菌种，待菌丝体即将长满段木时，再植入适量的新鲜茯苓菌核进行培育。目前安徽大别山区仍沿用传统的“段木坑穴栽培”。

（2）树蔸原地栽培

将松树砍伐后所留下的树蔸，经一定技术处理后作为培养料；选择砍伐松树蔸的原地作栽培场，在松树蔸根部接种茯苓菌种，栽培茯苓。在此技术下，湖南靖州等新产区与林业部门协作，利用林业计划砍伐遗留的废弃松树蔸，进行“树蔸原地栽培”种植茯苓。

（3）袋料栽培

以松树针叶、枝条、细根、松木加工后所剩余的边角余料作为培养料，将其截成小段，两端对齐扎实，装入专用塑料袋内，用配有辅料的松木屑填充空隙制成栽培菌袋，灭菌备用，在灭菌后的栽培菌袋内接入茯苓菌种，然后放置温室内进行培养，待茯苓菌丝长好后，移入栽培场地，下窖栽种。目前，为保护茯苓产地松林资源和生态环境，“袋料栽培”已在湖南、湖北进行较大规模推广（表 6－1）。

表 6－1　茯苓主产区栽培技术特点

序号	栽培技术	特点	主产区
1	段木坑穴栽培	菌材为松木段木，菌种接种快，茯苓产量稳定且相对较高，茯苓形态好，但松木类资源消耗大，对生态环境有较大破坏	安徽、湖北
2	树蔸原地栽培	菌材为干枯的树蔸，利于节约松木资源，但此法工序繁杂，技术要求高，茯苓不规则，较易出现茯神	广西、贵州、四川
3	袋料栽培	菌材为松木屑、松木枝、松木块等细碎物，可有效减少松木资源消耗，保护生态环境，但此法技术要求较高，菌核形态各异，差异较大	湖南、贵州

3. 茯苓肉引栽培技术研究

我国培育茯苓历史悠久，在南北朝时期开始有人工种植，该时期处于茯苓栽培探索的初始阶段，缺乏系统认识与经验缺失，栽培出来的茯苓品质不佳。经过多年的探索和创新，在南宋时期开始出现“肉引”栽培的雏形。茯苓“肉引”栽培技术是选用树龄在十年及以上的马尾松、赤松等松树作为养料进行削皮留筋、锯筒码晒等处理，然后严格选择场地、挖窖后，将段木放入窖中，再以新鲜茯苓作为种源进行接种，边切边接，接的时候肉面紧贴着段木。茯苓“肉引”栽培技术特点是使用茯苓新鲜菌核作为种源，随后不断扩大与发展，逐步用于人工栽培中，提高了茯苓的产量，扩大了茯苓产区，形成了较为完善的栽培体系。但是随着野生资源的匮乏，人们对茯苓的需求日益增长，茯苓在大规模生产时需要耗用大量的新鲜菌核，减少了商品供应，从而限制了产业的进一步发展。

4. 茯苓菌种栽培技术研究

20世纪70年代，改用人工分离、培育的“纯菌丝菌种”代替“鲜菌核”作种源，进行扩大繁殖，称为“菌种栽培”。茯苓“菌种”栽培技术是以茯苓菌核分离出纯菌丝作为母种，经扩大培育成原种，再进一步培育栽培种用于生产中。茯苓“菌种”栽培技术与“肉引”栽培技术区别在于用人工分离培育的“菌种”替代“肉引”作为种源。相比较传统的“肉引”栽培技术而言，茯苓“菌种”的推广与应用，不仅提高茯苓的种源质量，同时还促进茯苓种植的推广和规模化生产。茯苓菌种选育和生产技术的研究促进了全国茯苓生产的发展，使茯苓产区由大别山区逐渐扩大到四川、湖南、贵州等南方十几个省区，缓解了茯苓药材市场供应。林哲人等为提高茯苓的结苓率，对品种及来源混杂的菌株进行对比研究，选用湖北、安徽、云南等地常用的38个茯苓菌株，比较不同菌株菌丝的生长速度及用于生产中茯苓的质地和结苓率。结果优选出P0、原生质体9号、Z_1等10个优良菌种，用于扩大生产。朱泉娣等在大别山茯苓主产区采集到7个不同茯苓品种。通过其生长习性、产量和质量对比，优选出安徽当地野苓驯化而得的P1号菌株和北京引种的P576号菌株。胡廷松等对13个茯苓菌株进行性状和产量的对比试验，最终筛选出7号、12号和13号等3个品种。菌丝要洁白且密集。陈秀虎等为节省生产成本和提高生产效益，用松木屑培养基代替松木条为培养基：以松木屑、麸皮、蔗糖为处理因素，菌种感观质量为标准，进行3因素3水平正交试验；以栽培菌种生长期和感观质量为指标，进行对照组验证试验。结果表明：松木屑45%、麸皮23%、蔗糖10%为最佳组合，松木屑培养基的菌种生长周期比松木条培养基缩短3～5天，且感观质量也较好。李苓等按照《中药材生产质量管理规范》(GAP）的综合技术要求，通过对湖北茯苓菌种栽培场地环境，菌种制备，质量标准与检验规程等规范化研究，制定了湖北茯苓菌种生产技术规程，以指导湖北茯苓产区茯苓菌种的规范化生产。

茯苓菌种栽培技术的出现以及逐渐规范化，解决了茯苓栽培的种源问题和茯苓供求之间的不平衡，降低了种植的成本，提高了接种成功率和产量产值，也促进了茯苓产区的扩大。但是，茯苓在大规模生产栽培实践中发现：扩大栽培规模的同时也导致松木资源的需求持续增加，森林砍伐严重，水土流失加剧。茯苓产业发展与保护生态环境之间的矛盾日益显著。

5. 茯苓袋料栽培技术研究

茯苓是一种菌类药材，为主营腐生生活的真菌。长期以来，茯苓栽培以松木作为培养料进行大规模生产，因此，每年都需要砍伐大量松树，破坏了产区的森林资源，影响自然环境发展，不利于产业的可持续发展。许多道地产区已经开始限制茯苓的坡地栽培以保护当地的自然环境，因而需探索新的栽培方式来缓解这一矛盾。

茯苓袋料栽培技术涉及一种不以松木为培养料栽培茯苓的方法，即以松树的枝条、针叶、细根、松木加工后剩余的边角余料等作为培养料，加入松木屑、米糠、蔗糖、熟石膏等一定量的营养物质混匀，用塑料袋为容器，装入专用的塑料袋内，制成菌袋，菌袋灭菌后，在栽培菌袋内接入茯苓菌种，置于温室内培养茯苓菌丝，当茯苓菌丝体生长发育并充满菌袋时，埋入栽培窖内，下窖栽种。茯苓袋料栽培替代了传统的以松材为培养料，可以增加了茯苓的产量，且袋料栽培生长周期短，容易进行集约化生产；提高松树资源的综合利用率，有效保护了松树资源，减少茯苓栽培对生态环境的影响，对于林木资源保护和茯苓产业的可持续发展都具有重要的意义。刘振武等开展了茯苓旱田栽培中菌种袋装与瓶装试验，结果表明：菌袋种植不仅对茯苓下窖接种成活率没有负面影响，反而缩短了生长周期。汪琦等为规范化袋料栽培茯苓，对袋料各个栽培关键环节进行初步探索，指导茯苓袋料栽培种植，保障茯苓袋料栽培生产质量。李剑等研究了以松木屑、松枝碎块、棉籽壳为主要培养料的袋料配方，采用“鲜菌核”作为“诱引”，进行菇棚层架菌袋覆土和大田坑穴菌袋覆土两种栽培方式的茯苓栽培实验。结果显示：以松木屑和松枝碎块为主要原料的栽培料配方栽培效果优于以棉籽壳和松枝碎块为主要原料的配方；菇棚层架栽培和自然露地栽培的产量均低于大田低矮简易棚栽培，在大田搭置低矮简易棚栽培的结果与对照的段木茯苓栽培结果接近。吴岩课等进行了 3 种袋料栽培方法的比较试验，发现袋料木引法每窖产量 2.42 kg，质量较好；袋料木引菌核定位法每窖产量 2.32 kg，茯苓菌核圆整、结实、质量优；纯袋料法较差，虽然也能部分结苓，但易包培养料及塑料袋，不易形成茯苓皮，质量差且结苓率低。李苓等为了探索茯苓定点培育的新型栽培技术，在使用传统“菌种”栽培茯苓的过程中，当茯苓菌丝体生长到一定阶段，再补充植入一块新鲜的幼菌核块（称为诱引），以其为“基核”诱导周围菌丝体进行聚集、纽结，进而形成个体较大的菌核。结果表明：诱引栽培试验与传统栽培试验比较，其平均单产量提高，增产约 30％，药材商品产出率提高。汪琪等利用松木块粉碎物、松木枝、松木屑及农副产品等，采用混料均匀设计方案，以平均产量高、存活率高、三萜含量为指标，优选出最佳比例的袋料配方：松木块粉碎物 14.00％、松木枝 14.02％、松木屑 52.72％、玉米芯 9.33％、玉米粒 9.92％。马中媛等为提高茯苓栽培的产量及进一步规模化种植，分别对不同栽培环境和栽培材料进行对比研究。分别以段木、树桩、残料、袋料、锯末、松针为栽培材料，以段木为栽培材料考虑露天栽培、温室栽培与茯苓套种 3 种栽培环境，结果表明：生物学效率从高到低依次为段木栽培＞树桩栽培＞袋料栽培＞锯末栽培＞残料栽培（栽培材料），且温室＞露天＞树荫下（栽培环境）；单产量从高到低依次为树桩栽培＞段木栽培＞袋料栽培＞残料栽培＞锯末栽培（栽培材料），且温室＞露天＞树荫下（栽培环境）。

茯苓袋料栽培技术丰富和扩大了茯苓培养料的来源，促进茯苓规模化发展，减少了松树的损耗，有利于松树资源保护以及茯苓产业可持续发展。但是茯苓栽培新技术的探索与创新仍处于起步阶段，存在诸多问题与不足。袋料栽培技术在种植生产过程中同样会面临一些新的挑战，从经济效益的角度考虑，袋料的成本偏高，不利于推广。我们要在完成袋料栽培关键技术研究基础上，参照各产区袋料栽培技术的经验，进行学习、总结、整理，逐渐形成袋料栽培规范种植技术。

三、茯苓生产发展现状及对策

1. 茯苓生产存在的问题

（1）种源混杂，药材质量不稳定

茯苓菌种是茯苓产业发展的关键。20世纪70年代，为了选育出高产菌种，中国科学院微生物科研人员从野生茯苓菌核组织中分离、纯化、定向选育出良种菌株，并命名为CGMCC 5.78，现人工栽培中以这个菌株最为常见。一般而言，茯苓菌种可分为母种（一级菌种）、原种（二级菌种）和栽培种（三级菌种）。20世纪70—80年代，茯苓母种主要由科研院所分离、复壮、培育而成，原种和栽培种由茯苓主产区的菌种厂扩繁而制成。目前，茯苓栽培均以“菌种”进行扩大繁殖，为保障原种的优良品质，传统的方法是严格选择分离用种苓鲜菌核，并控制其遗传世代为质量好、产量高、抗病力强的第2代或第3代等。随着茯苓制种技术的推广和普及，产区合作社、个体户纷纷效仿分离，制作栽培种，其制种设施简陋、粗放，环境污染，制种方法粗放，不注重茯苓遗传世代的筛选及良种培育，导致菌种普遍衰老推广，直接影响茯苓生产的产量及产品质量。经调查发现，湖南、云南、安徽、贵州、陕西、河南等14个省份的茯苓菌株多达38种，菌种自行命名、销售，没有经过主管部门认（审）定。调查还发现，大多数产区无稳定的栽培菌种来源，同一个栽培菌株在多个产区使用，同一产区多种菌株交叉混用，菌种来源混杂，药材品质良莠不齐。

（2）种植规模小，操作技术不规范

一直以来，我国茯苓药材以人工种植为主，主产区主要包括湘黔区域、大别山区域、云南区域等产区，全国通过GAP认证的茯苓生产基地仅3家，即北京同仁堂、湖北九州通和湖南补天药业，分别在湖北英山、罗田及湖南靖州建立规范化基地，种植面积合计不超过1万亩，药材产量仅2 380 t，仅占全国的8%。而其他大部分产区基地一般以农副产品生产模式进行生产，处于栽培松材消耗量大、生物转化率低、机械化程度低、科学管理水平低、抵御自然灾害风险能力弱的状态，个体户茯苓种植规范化程度较低，菌种选择、栽培管理、采收加工、保存储藏等各环节不统一，使得生产出的茯苓质量得不到保障，差异较大，对产业的可持续发展极其不利。

在传统种植过程中，备料和种植地选择是种植茯苓的重要准备工作，前人总结出“种植茯苓没有巧，抓好二干（场干和料干）和一好（菌种质量好）”的经验。近年来，随着茯苓资源需求的不断增加，种植面积不断扩增，松林资源萎缩，农户为追求经济效益，随意弱化和改变生产工序，如：①推迟备料，部分农户选择在2月、3月甚至4月进行备料，松木干燥不充分；②人为提前采收，茯苓种植周期为1年，产区农民为尽早受益，往往提前采收，现多数改为半年，甚至4个月就采收；③病虫害防治以化学防治为主，农药使用欠规范，随意性较大；等等。以上种种现象造成茯苓生产处于“广种薄收”“由人种，靠天收”的落后状况，茯苓产量、质量严重下滑。

(3) 产地加工传统落后，不利于质量保障

对茯苓主要产区调查发现，各地茯苓采收加工技术不尽相同，主要有“鲜茯苓采收—发汗—剥皮—切制—干燥”“鲜茯苓采收—剥皮—切制—干燥”“鲜茯苓采收—蒸制—剥皮—切制—干燥”等方式，多数农户认为，蒸制可使茯苓质地相对结实、紧密且成色较好，还可以减少茯苓碎屑产生，提高茯苓加工利用率。在安徽、湖北、湖南等地多采用蒸制，湖北部分地区采用发汗和趁鲜加工方式。近年来，部分产区为加速茯苓药材干燥，增加药材外观白色光泽，且便于养护和运输，大规模采用硫黄熏制，促使茯苓商品含硫量超标，其安全性受到极大威胁。

茯苓产地加工，多数以农户个体加工（家庭作坊式）为主，加工工艺多为民间经验相传，产区加工目前仍沿用手工切、剪，日晒干燥，方法原始，设备简陋，规模小，技术落后，环境污染。茯苓产区贫困山区居多，个体经济实力差，无法组织大规模茯苓药材商品的采收、加工和销售，当地的茯苓产业模式多为“农户种植→小贩收购→茯苓市场交易→经营户加工→市场”的模式，其“种茯苓、卖原料”的传统观念一直根深蒂固，极少研制以茯苓为原料的深加工产品，对产业规模化、集约化发展带动能力较弱。另外，药农以卖鲜茯苓和初加工产品为主，使产品结构单一、附加值不高，不利于市场细分和扩大知名度，导致收益低、效益差，造成茯苓产业发展严重受阻。

(4) 科技创新发展不平衡，产业发展水平低

茯苓种植历史悠久，药材是药食两用佳品，历代宫廷御膳使用的记载屡见不鲜。全国真正专于茯苓加工及产品开发的企业数量较少，长期以来仅注重产地初加工，茯苓产品以农产品的形式出现居多，茯苓主产区也只注重茯苓生产栽培规模和产量的增加。近年来，国家对茯苓等传统道地药材的科研重点偏向于菌种繁育与栽培，对以茯苓为原料的药品、保健食品、健康食品等高附加值产品研制不足。这些因素均导致茯苓产业发展不平衡，科技创新领域也集中于繁育与栽培环节。

目前，市场上茯苓产品以卖鲜茯苓和初加工产品为主，产品结构单一，附加值不高，收益低，效益差，茯苓产业的纵向发展明显滞后，产业化水平总体较低。茯苓作为我国传统常用的药食两用资源，药用、食用历史悠久，产业价值大，且出口数量较大，前景较为广阔。低水平的产业发展很难经受住全球化市场冲击，对后续产业链的发展极其不利。

2. 茯苓生产发展的建议与对策

(1) 研制茯苓新菌种，推广优良品种

茯苓菌株经过多代无性繁殖后，优良的遗传性状逐渐发生变化，各种类和品种的遗传背景较为复杂，衰老、退化现象较为明显。现阶段，茯苓菌种育种工作进展缓慢，且种质来源混乱，具创造性的优良新品种和专用品种较少，导致茯苓质量均衡不一。菌种是决定茯苓产量和质量的首要因素，研制优质良种，进行茯苓良种选育、种源基地建设及推广，是茯苓产业需要解决的共性关键技术之一。茯苓新菌种研制与繁育要充分发挥科研院所、重点实验室、工程研究技术中心等的科研力量，采用现代育种新技术对产区种质资源进行

评价和分析，筛选优质的种苓，并对其进行母种分离和原种、栽培种的扩繁，建立现代化的茯苓优良菌种繁育基地，并向苓农提供质量佳、繁殖能力强、产量高的茯苓菌种，实现菌种的统一化繁育、种植和管理。

(2) 开展关键技术研究，推广先进技术

茯苓每一次栽培技术的革新将推动产业的快速发展，茯苓栽培规模的扩大导致松木资源需求的持续增加，森林破坏严重，水土流失加剧，加剧了茯苓产业发展与保护生态环境之间的矛盾。因而探索新的栽培方式，减少茯苓栽培对生态环境的影响，对于林木资源保护和茯苓产业的可持续发展都具有重要的意义。为了缓解茯苓栽培与林地资源间的矛盾，诸多科研工作者研究出茯苓“肉引”栽培技术、茯苓袋料栽培技术等，为茯苓产业的发展注入了新的活力。

(3) 加快产品研发，促进产业纵向发展

茯苓产品深加工是很关键的问题，直接影响着产业的健康发展。注重拓宽茯苓产业化领域，通过优化资本结构，采取招商引资、兼并联合、股份制改造等方式进行改制，不断增强产业化活力，以期取得效益最大化。要树立茯苓“大中药”观念，摒弃茯苓生产以“药材原料—饮片—中成药—临床”为主的思想桎梏，在支持新型药品研发的同时，广开思路，全面开展茯苓保健食品、健康食品、美容化妆品、饮料等新产品研制和综合开发，推动茯苓产业链纵向发展。

(4) 积极开拓市场，强化信息化支撑

积极开拓市场，实施“互联网＋茯苓产业”行动，建立茯苓药材市场信息平台，建立资源、服务、管理和科研数据等为重点的基础数据库，建设全国茯苓市场数据中心和“产—销”交流信息服务中心。探索建立全国茯苓生产流通使用全过程全产业链追溯体系，基本实现茯苓生产的来源可溯、去向可追、过程可控、责任可究。建立完善数据综合信息平台，将创新信息网络、物联网技术充分融入产业发展各个环节，整合产业资源，指导产业协同发展，提升茯苓药材生产现代化水平。

茯苓栽培新技术的探索与创新仍处于起步阶段，存在诸多问题与不足。如袋料（代料）栽培筛选出了一些配方，减少了松木砍伐，但生物学效率还有待提高，且野外栽培易受外界环境条件影响，不能保证茯苓产量的稳定；肉引栽培技术对松木资源消耗较大，不利于生态可持续发展。茯苓栽培技术的探索，打破了原有茯苓栽培的思维局限，为茯苓产业发展提供了很多思路和启发。未来，茯苓工业化、规模化生产具有极大潜力，这种模式不需占用山地农田，不受外界极端天气（高温、阴雨等）影响，温度适宜利于快速生长，不易遭受白蚁侵害，避免了连作障碍，是茯苓生产发展的新模式。

第二节　茯苓种植基地建设与规范化栽培技术

一、茯苓栽培环境要求

1. 种植地要求

（1）地势

栽培茯苓宜选择向阳、通风、排水良好的坡地，以南、东、西向为好，北向较差。坡度以 10°～25°为宜。一般说来，凡是能生长赤松、马尾松、黄山松、云南松的地方，都能栽培茯苓。此外，茯苓忌连作，栽培过茯苓的土壤在 2～4 年内不宜再种植茯苓，连作易发生瘟窖，而且白蚁危害严重。白蚁危害严重的土壤也不宜栽培茯苓。

（2）海拔

野生茯苓通常腐生或寄生在海拔 500 m 以上，地下 20 cm 左右的腐朽或活的松科植物赤松和马尾松根部或树干上，人工栽培腐生于埋在土中的松木段或松枝上。产区大多选海拔 600～1 000 m 的山坡地。张大成报道，在四川海拔 2 400 m 苓场种植茯苓，产量稳定，质量好，无白蚁虫害，单个苓重达 1 000 g。这说明茯苓对环境的适应范围较广。

（3）土壤

培育茯苓的土壤虽然不直接提供养分，但它对于茯苓的生长发育却有着很大影响。宜选择含砂砾多的砂壤如红沙土、黄沙土、下黄泥等，一般含砂砾约 70%。含砂砾多，土壤通透性好，晚间散热快，能形成昼夜温差大的良好条件，有利于结苓。土壤过黏，通透性差，易发生积水瘟窖。土壤厚度应选 1 m 以上，最薄不得少于 0.5 m。土壤过薄，保温、保湿能力差，不利于结苓。最好是土壤上层疏松，下层较紧实，这样既利于通气排水，又利于保温、保湿和采挖。土壤板结时应经常松土，才能满足菌丝正常发育对水、气的要求。

2. 环境要求

（1）季节

在四川凉山州海拔 1 600 m 以下多为水稻、小麦轮作的农耕地，在 4—5 月将大麦、小麦收割后，即可种植茯苓，到 11—12 月收干苓。收茯苓后，可再种植毛大麦、油菜、小麦、马铃薯等作物，长势和产量都很理想。

（2）气候温度

菌核的形成要求昼夜温差大的变温条件，如持续高温或温差小，菌丝生长缓慢，分解木纤维的能力弱，不利于茯苓聚糖的积累，菌核难以长大。只有白天高温（32～36 ℃）、夜间低温的条件，才有利于菌核的形成。在北方，菌核在−3 ℃ 条件下窖存也可越冬。窖存后，菌核经组织分离得母种，扩展成原种已栽培成功。东北有些地区用塑料薄膜覆盖提高地温，窖下气温要求在 25 ℃ 以上，土温 23～25 ℃，每年 6—7 月接种，次年 6—7 月收获。

(3) 水分与空气湿度

茯苓生长的段木要求含水 50%～60%，土壤湿度以 25%左右为好。段木含水 50%～60%，茯苓菌丝生长快，分解纤维素能力强，在呼吸过程中产生的水分可变为菌丝生长发育所需的水分。如遇秋天天气干燥，土壤湿度低于 15%，或菌核已龟裂时，应加强培土，并浇水抗旱，维持土壤湿度 25%。水分过多也会将茯苓淹死，雨水过多时要注意排水。

(4) 空气

茯苓是好气性真菌，在生长过程中要不断进行呼吸作用。茯苓场应选择空气流通、排水良好的沙土壤，覆土不能过厚，土壤板结时要及时松土，才能满足菌丝正常发育的要求。下雨天或雨后茯苓场地未干时不能接种。

(5) 光照

一般栽培茯苓的目的是收获菌核，不需光照。要结出较大的茯苓应适当地增加一些光照，光照与温度的提高有密切关系。充足的阳光可通过土壤来调节温度和湿度，因此，茯苓场地要选择全日照或至少半日照的阳坡，白天利用太阳的热量，加热苓场的砂砾土，使菌丝得到适宜的温度，促进其生长发育；夜间砂砾土降温快，形成较大的温差，有利于茯苓聚糖的积累和菌核的增大。完全没有阳光且地势荫蔽的苓场温度低，湿度大，通风不良，菌丝不易蔓延。

二、茯苓种植基地建设

1. 茯苓规范化种植基地建设要求

(1) 基地选址

1) 茯苓规范化种植基地选建的依据与标准

依据我国《中药材生产质量管理规范》(GAP) 中有关“生产企业应按中药材产地适宜性优化原则，因地制宜，合理布局”的规定，遵循适宜茯苓菌生长的地域性、安全性和可操作性原则，选建的茯苓规范化种植基地应符合下列标准。

选址应归属茯苓药材的传统道地产区，位于全国茯苓药材生产适宜区划内。

远离城市居民生活区，无污染源，栽培后环境中的土壤、农田灌溉水、大气等均应符合国家相应标准。

具备茯苓（菌）生长发育最适宜的生态环境，包括以下条件：

①海拔：200～1 000 m，丘陵、低山、中山地区。

②土壤：pH 值 4～6，土质疏松，排水良好，水质良好的沙质黄棕壤。

③气候：温暖潮湿，光照充足的亚热带季风气候。

④植被：以马尾松为主的亚热带针阔混交林，森林覆盖率 50%以上。

产区农民具有种植茯苓的成熟技术、丰富经验和积极性。

投资环境良好，当地政府和主管部门高度重视与大力支持，并具有较好的交通、供水、动力、通信、治安等条件。

茯苓菌的寄主为松科植物，因此必须蕴藏有丰富的松树资源，其中最适宜种植茯苓的马尾松蕴藏量多，而且中龄林、幼龄林占有比例大，每年按计划砍伐成龄林后，松林可快速恢复，能保障茯苓种植及产业持续发展。

2）规范化种植基地的建设模式

一般采取公司＋产区茯苓专业种植合作社＋茯苓种植农户的模式。

3）规范化种植基地的运行方式

由基地建设的支撑企业，按照原设计的（基地）生产规模和发展规划，下达种植指标。

由基地公司统一为种植农户提供优质专用栽培菌种。

基地公司定期组织种植农户进行茯苓规范化种植技术培训，种植农户严格按照基地公司制定的《茯苓药材生产标准操作规程》（SOP），按照统一的接菌（接种）时间、接种方法、管理措施进行规范化种植及产地（初）加工，并如实做好有关记录。

公司质量技术管理员，严格按照公司制定的《茯苓药材生产质量管理规程》（SMP）对茯苓种植进行定期检查和不定期抽查，及时发现纠正不规范之处，以确保规范化种植各环节的质量符合相关标准。

公司质量管理部门，负责按照共同制定的《茯苓药材质量（企业）标准》，对基地农户生产的茯苓药材进行验收，收购合格品药材。同时，收购部分鲜菌有核进行自行加工，公司质量检（监）测部门负责检测，以确保规范化在各环节质量的可追溯。

（2）基地环境要求

选建的基地土壤、水质、大气等环境质量，是影响茯苓（菌）生长发育及决定茯苓产品质量的关键因素，因此，茯苓规范化种植基地及周围不得有化工厂、水泥厂等大气污染源，不应有有毒、有害气体排放及烟灰、粉尘等污染；不得有金属或非金属矿山，土壤无人为有害污染，无农药残留及有害重金属污染；灌溉水、产地加工用水及生活用水不得有重金属及有机物污染。经具有资质的专业部门检测，基地的土壤灌溉水、空气环境质量必须符合《农田灌溉水质标准》（GB 5084—2021）、《环境空气质量标准》（GB 3095—2012）及《绿色食品　产地环境质量》（NY/T 391—2013）中的标准。

（3）种源鉴定及检验要求

1）种源鉴定

长期以来，传统医药界认为我国茯苓物种仅有1种，栽培物种不存在混淆。因此，规范化种植基地建设的栽培物种鉴定可有可无。现代科学研究证实，我国茯苓物种有两种，即茯苓和长白山茯苓。其中长白山茯苓分布于我国东北及朝鲜、韩国、日本等地，因该茯苓菌核呈淡棕色，习称为“红茯苓”，曾于20世纪末至21世纪初，以“量少”“质优”畅销国际医药贸易市场。当时，我国有的产区开始跟进研究、引种、试栽，尤其经分离、扩制的“红茯苓”菌种是否已在我国传统栽培产区流传，尚不清楚。由于“红茯苓”药性、药理等基础研究极少，“红茯苓”能否与传统茯苓药材等同药用，也不明确。因此，为保障规范化种植栽培物种的真实性，种植基地在实施前应进行栽培物种鉴定。

2）检验要求

栽培物种鉴定应请具有菌物或植物鉴定资质的单位承担，如中国科学院微生物所、植物所、植物园等。鉴定样品应取材于规范化种植基地。并应注明栽培用种（菌种或菌株）来源，以备追溯或对照。

（4）茯苓优良菌种繁育生产建设及相应制度

种源繁育基地是生产药材、提供优质繁殖材料的场所，其建设是规范化种植及基地建设的重要项目。

1）种源繁育基地（菌种厂）的分级

与大型食（药）用菌一样，茯苓菌种分为三级，即母种（一级菌种）、原种（二级菌种）和栽培种（三级菌种）。将精选的种苓（优质健壮的新鲜菌核）采用组织分离技术获得的茯苓纯菌丝，经提纯、复壮，培育成的纯菌丝菌种为茯苓一级菌种，习称茯苓母种，因用试管进行扩制，也称试管种；由茯苓母种经小规模扩大培养，供制作栽培种使用的纯菌丝菌种为茯苓二级菌种，习称茯苓原种，因多用小麦粒作培养基，也称麦粒种；由茯苓原种扩大培养，直接用于栽培的纯菌丝菌种为茯苓三级菌种，也称生产种。为保证茯苓栽培种源质量，一般情况下，茯苓母种应由从事茯苓或食（药）用菌研究的科研院所及农业主管部门指定的专业单位分离、培育、提供；基地公司菌种厂以建设三级菌种厂，生产茯苓三级菌种为主；提倡条件较好的公司建设二级菌种厂，生产茯苓二级菌种，供应基地茯苓母种，保障基地茯苓规范化种植种源质量的一致性；同时，也可为当地提供部分茯苓母种。

2）三级菌种厂的建设

在规范化种植基地区域内，远离交通干道，通水、通电、通路，无粉尘污染，大气、水质等环境质量符合国家相关标准。

厂房周围应有绿化树木或草皮，生产区周围无猪圈、牛栏、厕所等污染源；厂内墙壁及地面清洁卫生，无尘垢、无污秽。

菌种厂分设洗涤室、原料室、储藏室、配料车间［根据菌种生产规模修建的大型常压灭菌灶（自制），蒸汽锅炉］、冷却室、接种室（室内配备多台超净接菌工作台或接种箱）、28～30 ℃高温培养室、常温培养室、成品储存室。并配备培养室木架、天平、磅秤及接种设备、玻璃仪器、消毒药品、化学试剂等。菌种厂各车间、工作室等均应安装防虫、防鼠等设备。

菌种厂配备的菌种生产负责人及质量检（监）查员应具备初中以上（含初中）学历，经专业技术培训合格，熟悉微生物学基础知识，具有独立工作能力及操作技能。

3）二级菌种厂的建设

在基地三级菌种厂建设完成的基础上，增添必备设备，配备相应技术人员，提请主管部门审批。

厂址、厂周及厂内环境条件，菌种厂基本设施设备等均与“三级菌种厂”相同。

修建规范化接菌室。增添高压灭菌锅、超净工作台、恒温培养箱、干燥箱、冰箱、光学显微镜及试管、锥形瓶、试剂等仪器设备。

原种扩制、培育人员必须具备高中以上（含高中）学历、专业或农业技术员职称，掌握微生物学基础知识，具有独立工作能力及熟练的操作技能。

4）菌种生产经营资质的审批

茯苓菌种厂（种源基地）建设期间，应选派菌种生产人员和菌种质量检验人员参加相应农业主管部门的技术培训，并取得菌种生产和质量检验岗位资格；菌种厂建成后，应呈报地方农业主管部门进行审查，并取得《食（药）用菌菌种生产经营许可证》，依据其规定的资质进行茯苓二级或三级菌种的生产、经营。《食（药）用菌二级菌种（母种）生产经营许可证》一般由省农业农村厅种子局审查、发放。《食（药）用菌三级菌种（生产种）生产经营许可证》由产区县农业农村局审查、发放。

（5）茯苓种植技术标准

茯苓在我国有多个产区，为了保证茯苓的质量，实现茯苓的规范化种植，各地实施相应的标准或规范。现有标准包括如下：安徽省地方标准《茯苓种植技术规程》（DB34/T 2550—2015）、贵州省地方标准《地理标志产品　黎平茯苓种植技术规程》（DB52/T 1056—2015）、湖南省地方标准《靖州茯苓袋料栽培技术规程》（DB43/T 843—2013）、湖北省地方标准《中药材　茯苓生产技术规程》（DB42/T 1006—2014）。

（6）茯苓产地初加工基地建设与技术标准

1）产地（初）加工的作用、意义

茯苓规范化种植采收的产品为其鲜菌核。茯苓鲜菌核内含有50%左右的水分，其中部分水分在产地（初）加工过程中缓慢地逸出，同时，菌核内蕴含的其他物质随之转化为茯苓的有效成分。因此，鲜菌核只有通过产地（初）加工后才能作为茯苓药材应用。由此看出，产地（初）加工是规范化种植药材商品生产的关键环节之一，其建设是茯苓规范化种植基地建设的重要内容。

2）传统产区产地（初）加工方法及现状

长期以来，我国传统茯苓产区采用“发汗”法进行产地（初）加工，具体方法是：首先清除鲜菌核表面附着的泥沙、异物；然后置于较密闭的“发汗池”内，整齐堆码排放，上覆稻草或稻草帘，促使鲜菌核在较密闭的环境中，将其所含水分通过“发汗”缓慢逸出，同时，也带动着有效成分物质的转化。在“发汗”加工过程中，每间隔一定时间应将“鲜菌核”轻微翻转盘动，以保障其内水分及有效成分物质转化的均匀进行。近年来，有的产区在进行产地（初）加工时，随意更改加工工序，用“蒸制”替代传统“发汗”；有的直接“趁鲜切制”加工。经对不同产地（初）加工方法的茯苓产品质量初步检测，结果显示，不同方法加工形成的茯苓产品质量有明显差异，经传统“发汗”加工的产品其茯苓多糖含量，均高于其他加工品。

3）规范化种植基地产地（初）加工厂建设

为保障我国传统茯苓药材质量真实、可靠，茯苓规范化种植基地应坚持按照传统“发汗法”进行产地（初）加工。

产地（初）加工厂应建在规范化种植基地范围内通水、通电、通路、无粉尘污染的场所，环境质量符合国家的规定。厂房周围有绿化的树木或草皮。周围无厕所、牛栏、猪圈等污染源。

加工厂内必须整洁、干净、不露土地面，并定期打扫、清理，保持墙壁及地面清洁卫生，做到无尘垢、无积水、无污秽。

加工厂内分设潮苓存放室、“发汗”室、切制车间、晒场、成品暂放室及包装车间等，厂内要安装防虫、防鼠、防火设备。

加工厂应配备与生产规模相适应的加工设备、工具，如竹褶帘、干净稻草、切片桌、剥皮刀、盛放去皮潮苓的聚丙烯（或聚乙烯）塑料桶、特制切片刀、磨刀石、自制清洁刀具的器具（舔筒）、竹刷、清洁布、簸箕、多层木架等；包装车间应配备磅秤、木铲、筛盘、簸箕、密度较大的塑料内袋、捆扎带、标签、捆扎夹钳及周转箱（多选用大型带盖长方形聚丙烯或聚乙烯箱）等设备和工具，包装物（编织袋、纸箱）必须完整、无损、洁净。

加工厂内待加工的潮苓、加工设备、用具、包装等必须分放有序，实行定位管理。

加工生产场所必须布局合理，避免潮苓、用具、产品往返流转，交叉污染；加工操作时，严禁闲杂人员随意出入，禁止开门、开窗，防止微生物及有毒、有害杂质或尘埃进入车间，产生污染。

(7) 仓储基地建设与规范

规范化种植基地生产的茯苓药材经质量检查合格后，应及时进行包装，必须放置药材专用仓库内储存并进行规范化仓储管理，否则易招致污染，发生质变，影响质量。

茯苓药材储存仓库应与产地（初）加工厂一起选建在规范化种植基地范围内，其规模视基地产量及周转情况而定。

储存仓库周围环境整洁，无牛栏、猪圈等污染源。仓库四周设有排水渠道。

储存仓库地坪为防潮的水泥地面，坚实、平整、干燥、不透水、不起尘埃、导热系数小、防潮性能好；墙壁表面光洁、平整、无缝隙、不起尘、不落灰，具有隔热、防潮、保温等性能；屋顶无渗漏，隔热、防寒性能良好；门窗关闭严密，坚固耐用，能防止雨水浸入；并具有防虫、防鼠、防火设施。

储存仓库内应分设产品暂放区，成品储存区，商品养护间（房）等仓位，区划合理，标识明晰易辨；并配备垫板，降温、通风、除湿及温湿度观测记录等设施设备。

（8）产品包装要求

茯苓药材包装车间、设施、包装材料及人员配备，均符合《茯苓药材包装标准操作规程》规定。

茯苓药材包装前，按照《中华人民共和国药典》（2020年版一部）茯苓药材标准和《茯苓药材质量标准（企业标准）》，严格按照《茯苓药材质量检验标准操作规程》《茯苓药材质量检验管理规程》进行抽样检验，出具检验报告书。剔除不合格商品及异物，合格品方可包装。

（9）药材质量标准的制订

茯苓为常用中药材，《中华人民共和国药典》历年版本均有收载，但指标均为准入国内市场的最低标准，尤其是国际医药贸易市场及国内医疗、制药企业十分关注的"农药残留量""有害重金属""污染微生物""二氧化硫"等影响药材质量的指标，尚未规定限量进行监控。基地建设企业为保障规范化种植茯苓药材质量安全、有效，在执行《中华人民共和国药典》（2020年版）的基础上，通过质量标准的提升研究，制订出高于《中华人民共和国药典》的"企业标准"。

（10）药材质量保障体系与质量可追溯

按照国家《中药材生产质量管理规范》（GAP）规定建设的茯苓药材质量保障体系，从产前、产中、产后对茯苓药材各生产环节质量进行全方位有效监控，避免因其潜在缺陷的不稳定技术、人为或其他因素导致的质量低劣问题。该体系对各生产环节的监控记录，不但可以对茯苓药材产品生产过程中的质量进行追溯，也可以对茯苓药材流通环节的质量进行追溯。建立药材质量的追溯体制，加强对中药材生产流通全过程的质量监督管理，保障中药材质量安全。茯苓药材质量保障体系及主要质量控制内容如下。

1）栽培环境的质量控制

茯苓药材规范化种植基地应选建在我国茯苓传统道地产区。严格检查，保证每年种植茯苓的各栽培场地均在山地松林间，周围无工业污染源，并远离生活区。栽培场地的土壤灌溉水及空气等环境质量，均符合GAP规定的各项标准。重点检查、控制产地栽培土壤的质量，坚持每4年对栽培土壤质量进行检测，保证栽培土壤中有害重金属、砷化物及农药残留等含量始终符合国家标准。

2）栽培用种的质量控制

茯苓栽培物种应通过具有资质的单位专家鉴定，确定为《中华人民共和国药典》（2020年版一部）规定的基原物种。规范化种植基地各栽培场使用的栽培菌种（菌株）均统一为经筛选提纯、复壮形成的优质菌株。茯苓菌种厂经农业主管部门审查，并取得相应二级、三级食（药）用菌生产经营许可证；严格按照《茯苓原种生产标准操作规程》《茯苓栽培菌种生产标准操作规程》，进行栽培菌株的原种扩繁和栽培菌种生产；并对生产的每批茯苓栽培菌种出厂前严格按照《茯苓菌种质量标准》《茯苓菌种检验标准操作规程》进行检验，严禁劣质菌种出厂，杜绝不合格菌种用于栽培。

3）生产栽培的质量控制

按照《茯苓栽培场准备标准操作规程》规定，严格按季节进行培养料及栽培场的准备、处理。每年接菌（接种）种栽培前，严格按照《茯苓药材生产标准操作规程》（SOP）规定，检查并选择优质栽培菌种、培养料、栽培场，严禁劣质菌种或不合格培养料、栽培场用于栽培。严格按照《茯苓栽培接菌（接种）标准操作规程》《茯苓诱引接种标准操作规程》规定的栽种季节、栽种方式、种料比例，进行接菌（接种）栽培及植入“诱引”。

4）田间管理的质量控制

按照《茯苓栽培田间管理标准操作规程》规定，按时进行茯苓菌丝生长状况检查，发现菌丝生长异常或未延伸生长（未上引），及时采取措施进行补种（更换菌种）；若遇天气超常低温或连日阴雨，及时覆盖薄膜，进行增温保护，确保菌种接种成活。茯苓栽种（接菌）后，及时修建围栏，加以保护。茯苓栽培期间，无须进行人工灌溉，若遇多日高温干旱，须在栽培窖面使用遮阳网或松枝、松叶（松毛）遮盖以降温、增湿；若遇连日降雨或暴雨，须及时疏沟排渍。茯苓发育生长靠培养料（段木）提供营养，无须施肥。茯苓栽培期间，严禁使用各种肥料，包括农家肥、有机肥及化肥。

5）病虫害防治的质量控制

严格按照《茯苓病虫害综合防治规程》规定，以预防为主，栽培期间按时检查，发现危害，及时防治。牢牢掌握综合防治的原则，栽培期间，最低限度地使用农药，严禁使用国家明令禁止的农药。

6）药材采收的质量控制

按照《茯苓采收标准操作规程》规定，在茯苓药材适宜采收期内，严格按照规范的采挖方法进行采收。采收过程中，严禁非茯苓菌核部分如外形与菌核相似的其他植物块根块茎及树根、杂草等异物混入药用部位中。采收后的茯苓菌核，及时集拢，破损部分分隔存放，腐烂变质部分坚决剔除。采收后的栽培场要及时清理，将采收后的培养料全部从栽培场撤离，避免杂菌及害虫滋生。

7）产地（初）加工的质量控制

基地公司修建的茯苓药材产地（初）加工厂，周围环境水质、空气加工设施、工具及厂房的建用，防风、防鼠、防虫等措施，符合国家《中药材生产质量管理规范》（GAP）规定。按照《茯苓等产地（初）加工标准操作规程》规定，严格进行“发汗”处理，按照利皮、切制、干燥等工序进行规范化加工。按照《茯苓产地（初）加工标准操作规程》规定，严格控制产品干燥的温度及时间，保证茯苓药材不受污染、有效成分不被破坏。

8）药材包装的质量控制

基地公司茯苓药材包装车间设施、包装材料及人工配备，均符合《茯苓药材包装标准操作规程》规定。茯苓药材包装前，按照《中华人民共和国药典》（2020 年版一部）和《茯苓药材质量标准（企业标准）》《茯苓药材质量检验标准操作规程》《茯苓药材质量检验管理规程》进行抽样检验，出具检验报告书。剔除不合格商品及异物。合格品方可包装。

9）药材储存的质量控制

基地公司茯苓药材储存仓库的周围环境，仓库内地面和墙壁通风、干燥、防霉变等设施，均符合国家《中药材生产质量管理规范》（GAP）规定。茯苓药材库存期间，按照《茯苓药材储存养护标准操作规程》，进行在库储存养护、出库复核，保证药材商品不发生质变。

10）药材运输的质量控制

药材运输前，严格按照《运输管理规程》，认真检查包装，保证包装完整、无破损、无潮湿，标志清晰。药材装车前，必须做到专车专运，严禁混入有毒、有害及易串味物品。药材运输过程中，必备雨篷苫布，防止雨淋或暴晒。

2. 规范化茯苓种植基地

（1）湖南补天药业股份有限公司湖南靖州基地

湖南补天药业股份有限公司成立于2005年，是以茯苓种植及其深加工系列产品研发、生产和销售为主营业务的现代生物制药企业。近年来，相继与清华大学、北京大学、中国中医科学院、中国科学院药植所、北京中医药大学、湖南中医药大学、澳门科技大学及美国泛华医药研究所等国内外高校和科研院所建立产学研合作关系，由公司出资选育出优质茯苓菌种“湘靖28”，开展了茯苓菌种“神舟十号”太空育种实验；研究的“大宗道地药材茯苓栽培与加工关键技术研究及产业化”课题，荣获2013年湖南省科学技术进步奖一等奖；申报的“一种茯苓新菌种及其高效栽培技术（茯苓袋料高效栽培技术）”，2016年获授国家专利。研发的“补天回升”品牌抗癌新药“茯苓多糖口服液”，获得2013年湖南省著名商标称号。研发的“羧甲基茯苓多糖注射液”列入2012年国家重大新药创制专项；2015—2017年，作为牵头单位组织湖南、湖北、安徽等茯苓种植企业，承担了工信部《大宗优质茯苓规范化标准化产业化种植重大基地建设项目》；“靖州茯苓”获得国家地理标志保护产品称号；公司在靖州建设了全国唯一的茯苓专业交易市场，成为全国著名的茯苓集散地（图6-3）。

图6-3　湖南补天药业股份有限公司湖南靖州基地

（2）北京同仁堂湖北中药材有限公司英山茯苓基地

北京同仁堂创建于清康熙八年（1669 年），几百年来，始终遵循“炮制虽繁必不敢省人工，品味虽贵必不敢减物力”的古训和“同修仁德，济世养生”的企业精神，“六味地黄丸”“金匮肾气丸”等以茯苓为原料的 50 多种中成药品和（剂型）以其选料上乘、工艺精湛、疗效显著而行销全球，被誉为中华传统医药之精品。20 世纪末，国家医药主管部门为进一步发挥中医药的医疗保健作用，扩大国际医药贸易市场价格，针对中药质量现状，提出中药材实施规范化种植和推行《中药材生产质量管理规范》（GAP）的举措，以保障中药材质量安全、有效、稳定、可控。勇于创新发展的北京同仁堂科技发展股份有限公司，通过对主要原料药材道地产区调研，2001—2004 年分别投资设立了六家种植型控股子公司，其中包括北京同仁堂湖北中药材有限公司，由子公司在全国范围内建设了茯苓、柴胡、怀地黄、山药、牡丹皮、荆芥、苦地丁、板蓝根等 8 种药材的规范化种植原料生产基地。

（3）九州通医药集团湖北罗田茯苓基地

九州通医药集团成立于 1999 年，是一家以经营中西药品、医疗器械为主，以医疗机构、药业批发企业、零售药店为主要客户对象，并为客户提供信息、物流等各项增值服务的大型药业批发企业集团，近年来，其直营和加盟零售连锁药店达 911 家，是中国医药商业领域具有全国性网络的少数企业之一，2010 年 11 月在上海证券交易所挂牌上市。

集团公司以“立足湖北、辐射全国”的理念，在全国药材地道产区选建中药材规范化种植基地 28 个，其中湖北恩施黄连、罗田茯苓、英山苍术、麻城菊花，宁夏中宁枸杞，甘肃岷县当归、党参和黄芪等 8 个基地已通过国家 GAP 认证。

三、茯苓规范化栽培技术

1. 茯苓段木栽培技术

（1）菌种选择与准备

栽培菌种栽种前 2～3 天，应将要使用的栽培菌种集中储存于秋培场附近房屋内的阴凉处。剔除质量低劣、菌袋破损及污染杂菌等不合格品。菌种选择应选择洁白、致密、无污染物者。

（2）种植基地选择

茯苓段木栽培需要以松科植物木材为原料，因此，茯苓规模化生产基地建设时要考虑原料的培育和获取，应首先选择有松林分布的地方为宜。

1）种植环境

栽培茯苓的栽培场地以未种过农作物的荒坡地为好。茯苓喜干燥环境，一般在地下 20～30 cm 结苓，方向朝南、西南或东南，切忌北向。因朝北向的场地阳光不足，气温较低，土壤湿度较大，也易潜藏白蚁，不适宜茯苓生长。土地干燥、土层较厚，选择排水良好且坡度为 15°～20°的山坡为宜。

2）土壤选择

土壤以疏松透气的沙质壤土、以七分沙三分土即含沙量在 70%左右的麻沙、白沙土、黄沙土、油沙土或粗沙土最好。黏土和砂砾土不宜种植，且不宜连作。若是栽培场地土壤为黏土，需要在冬季翻挖后才可使用。

3）场地处理

场地选好后，应清除杂草、树根和石块，在冬季进行翻挖，深度不小于 50 cm，并打碎场内泥沙土块，同时做好驱蚁、驱鼠工作。驱逐白蚁时，可在土面上撒些白蚁粉，也可用诱杀剂诱杀。接种前 10 天翻地一次，打碎泥土，彻底除净杂物。

（3）备料

1）树木选择

段木栽培茯苓以松木为主，近年来，我国茯苓栽培常使用的松树有两种：河南、安徽、湖北、湖南等中原地区以马尾松为主；云南、贵州、四川等西南地区以云松为主要原料，其他松树如湿地松、华山松、黄山松、巴山松等也有少量使用。松树最好选择生长 20 年左右、树干直径为 10～20 cm 的赤松或马尾松，胸径在 12～14 cm 的为好。

2）伐树处理

砍树备料，一般在栽培的前一年秋冬季对用于栽培茯苓的松树进行砍伐，约在接种栽种前 1 个月进行，特别应注意的是立春后一般不备料，因为立春后树木开始萌动生长，根系吸收的水分增加，此时砍伐的树木接种后容易脱皮，不适宜栽培茯苓。松树砍倒后，立即剔除较大的树枝，搬到较空旷的场地，略微干燥后将树干锯成 60～70 cm 的木段，然后再根据树木的大小开始削皮留筋，大的削去 4 个面树皮，树小的削 2 个面，要求“削皮对削，留皮对留”，即在木段的一侧进行削皮，就要在这一削皮处的对面位置再进行削皮，相应的留皮部位也是对应的。削皮见白即可。削皮留筋的原因主要是削皮有利于木段干燥，茯苓菌种接种在一定程度干燥的段木上，菌丝能较快地萌发生长并进入木料木质部，留筋的原因是菌丝开始生长后在树皮即韧皮部生长较快，有利于茯苓菌丝迅速生长和在段木间传菌。

3）码筒干燥

将削皮留筋后的木段堆码在向阳、干燥、通风的地方，用砖头或石头将段木垫高 30 cm 左右，堆成“井”字形晒干，堆顶上用塑料布或者编织袋盖好，不能让雨水淋湿段木，更不能让木段生霉，以免茯苓减产或传染病菌。堆码的目的是使木段风干，以防腐烂和虫蛀。30 天翻堆 1 次，一般在 3～4 个月后木料达到 50%～70%干时，以松木断口停止排脂、敲着有清脆响声时为宜，就可供栽培使用（图 6－4）。

可提前 10 天挖窖。顺着坡长挖长 1 m 左右，宽、深各 0.5 m，窖距 30～50 cm，中间留排水沟。

图 6-4 茯苓种植备料

(4) 接种

近年来，茯苓栽培季节改为每年两季，即春栽和秋栽。春栽为 4 月下旬至 5 月中旬（即“谷雨”至“小满”期间）接菌，当年 10 月下旬至 12 月初，大部分菌核成熟即可采收，菌核的生长期为 6 个月左右；保留少量尚未完全成熟或有生长潜力的菌核，待第二年或第三年秋季再采收。产区有经验的植苓能手，可以根据菌核生长情况，陆续向栽培窖内添加培养料，促进菌核继续生长，增大体积和重量。秋栽为第二年春季茯苓栽培时提供“诱引”（农民称之为引巴），栽培季节为 8 月末至 9 月初（“处暑”至“白露”）接菌，翌年 4 月末至 5 月下旬，根据生产需要陆续采收。

窖中木料摆好后应立即接种，接种必须在晴天进行，禁止阴雨天接种。如果栽种前遇雨，可等到雨过天晴，太阳将泥土晒干后再摆料接种。接种是在段木的一端，最好是上面的一段放菌种。根据木料的大小、多少而决定放入的菌种量。将菌种袋纵向剖成两半，切忌捏成细块或粉末，剖成两半的菌种菌袋面朝上，贴放在较大的段木切削面上，使菌种与切削面紧密接触，然后将菌种压紧，开始覆土，覆盖成龟背形，两边挖好排水沟，排水沟必须低于栽培沟面，以防雨水进入堆积苓沟，致使菌丝和茯苓发霉腐烂。接种后 15 天内应保持干燥，以利菌丝向段木内生长，雨天应及时覆盖塑料薄膜，以防止淋雨后烂种（图 6-5）。

(5) 田间管理

1) 初期

接种 7 天左右，随机取样，轻微扒开段木接菌处的土壤进行检查。观察菌丝在木料上生长是否正常。在正常情况下，此时菌种上的菌丝应向外蔓延生长至段木上，俗称“上引”，若菌丝没有生长或污染了杂菌，可将原来接有菌种的木料处理干净，晒干后重新接种。栽种后，应随时注意穴内不能积水，防止人畜践踏，如果有杂草要及时除草，还应及时培土，以防止沙土流失、段木外露。雨季应及时开沟排水，防止栽培沟内积水。

图 6-5 茯苓段木栽培技术

2）结苓期

栽种的茯苓菌丝会附着在松木上生长，吸收、积累松木以及周围土壤中的养分及水分，接种 30 天后，菌丝可蔓延至 30 cm 长；50 天左右成网状连接包围木料，菌丝由白色转变为棕红色，达到生理成熟期；大约 70 天茯苓菌丝便紧密地聚集在一起，形成菌核，即“结苓”。初始形成的菌核个体不大，随着茯苓菌核不断吸收松木和土壤中的养分，菌核就会逐步变大直至成熟。茯苓的生长和其他的菌类有所不同，一般在地下 20～30 cm 结苓，看不见其生长过程，因此，应扒开土层检查菌丝生长发育和菌核形成情况。6—9 月，温度适宜，苓块迅速生长，苓块迅速膨大后地面可出现龟裂，应及时培土填缝，否则风吹雨淋的苓块很快就会坏掉。培土厚度应根据季节灵活掌握，春秋应该薄一些；夏冬应培土厚一些，遇干旱严重时，可在早晚适当灌水保湿，但要少灌勤灌。由于杂草会和生长过程中的茯苓抢夺营养，影响茯苓的产量，因此，结苓期应随时注意除草。同时也要做好排水工作，防止栽培沟积水，造成茯苓发霉腐烂。

3）越冬期

茯苓较耐低温，当气温降到 0 ℃以下时，生长处于比较缓慢或者处于休眠状态，春季气温回升后可继续生长。冬季可根据当地的气温选择适时加盖塑料膜、作物秸秆或加厚覆土保温，防止土壤结冻、土层过深冻烂茯苓。

4）清沟排水

接菌后应立即在厢场间及苓场周围修挖排水沟，平时注意保持沟道通畅，及时将流落到沟内的沙土铲回场内；降雨季节更应注意清沟排渍，防止苓场沙土流失或积水，若降雨较多或暴雨时，可在茯苓窖上端的接菌处覆盖树皮、塑料薄膜等，防止雨水渗入窖内，造成“菌种”“诱引”或生长中的“菌核”腐烂。

5）覆土掩裂

随着茯苓菌丝的不断生长，菌核的逐渐形成及发育，窖面上层土壤常发生流失，严重时部分段木上甚至有菌核暴露出土面，俗称“冒风”。所以在茯苓生长过程中应经常检查，及时覆土，加以保护。尤其在窖面大量出现龟裂纹时，更应及时覆土掩裂，防止菌核“冒风”、被日晒炸裂或遭雨淋引起腐烂。

6）病虫害防治

茯苓在生产过程中出现病理状态，其主要症状表现为菌核表皮有破口且四周出现大面积病灶，病区菌核软化变黄，断面萎缩溃疡，菌核凹塌畸形。导致病理的原因有两方面：一方面由于苓地排水不良，土层湿度过大且结苓后未能及时采收，树蔸营养已耗完且连接茯苓与树蔸的苓蒂断掉而导致茯苓腐烂；另一方面是由于接种后菌核形成初期遇恶劣天气，覆土层不够厚实，气温骤升骤降时土层无法创造一个良好的生态条件，加上多雨潮湿，排水不良，使茯苓产生严重的生理性病害，土壤中的细菌、真菌、病毒大肆侵入伤口，出现病理情况。故综合防治茯苓菌核病理须在结苓初期将覆土层适当加厚，使土里温度不随气温而骤变。还要开好排水沟，防止淤水而透气性差，茯苓成熟时应及时采收，采收和再覆土时要小心，不能把幼苓的苓蒂弄断（若苓蒂弄断就必须采收）。

白蚁是茯苓栽培中的主要害虫，它极喜蛀食松木和茯苓。茯苓菌核在土中生长，且时间较长，易受白蚁侵害，而一旦发生，常造成较大损失。故应选择无白蚁或少白蚁的向阳山地为苓场，并在清场和接种时各施一次灭蚁灵等药物防治白蚁。若生产中发现树皮和木质部已经脱离，两者之间的缝隙可见大量白蚁，应及时剥掉树皮，施药扑灭白蚁。

2. 茯苓树蔸原地栽培技术

（1）菌种选择与准备

栽培接菌栽种前 2～3 天，应将要使用的栽培菌种集中储存于秋培场附近房屋内的阴凉处。剔除质量低劣、菌袋破损及污染杂菌等不合格品。菌种选择应选择洁白、致密、无污染物者。

（2）树蔸的选择与准备

凡无腐烂、少松脂、直径在 15 cm 以上的松树蔸均可接种栽培，要求树皮尚未脱落、无虫蛀、腐烂的松树蔸砍伐后 3～4 个月的较为理想，直径 12 cm 以上均可引种栽培，直径 20 cm 以上的松树蔸最佳。接种前 20 天将松蔸地面上的树皮削至木质部，留出部分内层皮以利菌丝生长。树蔸密度越大越省工，蔸径越大产量越高。

（3）接种

1）蔸顶接种法

在树蔸顶部劈开缺口，将菌种袋撕开一条缝，整袋菌种倒靠在新劈口上，使菌种从缝中露出部分紧贴树蔸新劈口，然后覆土 5～10 cm 呈龟背状。矮桩树蔸适宜此法。

2）蔸侧接种法

在树蔸地势较高的侧面劈开缺口，将菌种袋撕开一条缝，整袋菌种倒靠在新劈口内，使菌种从缝中露出部分紧贴新劈口，菌种固定后，覆土 5～10 cm，树桩上部可露出地面。高桩树蔸适宜此法。

3）侧根接种法

将树蔸的较粗侧根劈开缺口，将菌种袋撕开一条缝，整袋菌种缝朝下卧放于新劈缺口上，使菌种从缝中露出部分紧贴新劈口，注意确保袋底高于袋口，然后覆土 5～10 cm，侧根较粗的树蔸适宜此法（图 6－6）。

图 6－6　茯苓树蔸栽培技术

（4）田间管理

1）清沟排水

茯苓在含水量为 20%～25%的土壤中生长良好，而水分超过 25%则将被溺死。接种后，遇下雨天要勤检查沟排水，确保苓窖内不积水。

2）覆土掩裂

秋冬干冷季节应适当培土。当土层含水量较低时，茯苓菌丝生长会受到明显抑制，应依旱情状况适当加厚覆土层。如果覆土层土质流失，天晴后应及时覆土。覆土过程要注意保持土堆疏松，便于通气，以满足茯苓长苓时对氧的需求。因茯苓菌核外露，见光表面容易生长蜂窝状子实体，从而影响茯苓菌核继续生长。高温季节的强烈阳光有时还会烧伤菌核，造成烂苓。为能收获到更大、更优的茯苓结核，必须避免菌核外露。随着结苓和茯苓菌核不断膨大，土层不断开裂，应及时多次覆土掩裂。

3）病虫害防治

茯苓树蔸原地栽培的病虫防治可参考段木栽培技术的防治方法。

3. 茯苓袋料栽培技术

（1）菌种选择与准备

栽培接菌栽种前 2～3 天，应将要使用的栽培菌种集中储存于秋培场附近房屋内的阴凉处。剔除质量低劣、菌袋破损及污染杂菌等不合格品。菌种选择应选择洁白、致密、无污染物者。

（2）种植基地选择

海拔为400～1 500 m的山地，最适宜海拔为400～1 000 m；土壤选用沙性土壤，含有大粒砂砾土及含沙量少、透气性差的土壤不适合栽培袋料茯苓；袋料栽培场地需要朝向南、西南或东南，不适宜朝北；朝北向的场地太阳光照射不足，场地温度较低，湿度较大，白蚁容易繁殖，不适合袋料茯苓生长；坡度最佳为小于35°的坡地；土壤适宜偏酸性（pH 4～6）的土质；不适宜连作，应选用3年内未栽种过茯苓的生荒地；挖场时去除栽培场地的杂草树根及石块杂物，使栽培场保持一定的坡度，利于排水。

（3）栽培袋料制作与加工

制作袋料茯苓菌袋前，备好所需的原料。袋料栽培茯苓材料使用马尾松的木屑、松枝、松木块粉碎物，优质无霉变的小麦粒、麦麸、棉秆粉等。松木屑选取干燥的、无霉变的，使用前将松木屑阳光暴晒3～4天，使其水分蒸发，晾晒后过筛，挑选出腐烂变质的松木屑杂质以及大块的松枝、松木。

（4）制作菌袋

1）制备

将暴晒过的松木屑、松木枝、松木块粉碎物及小麦粒、麦麸、棉秆粉等按照相应的最佳配方比例混合，调节好水分后装袋。选用一端封口的聚乙烯菌袋，将培养料装入袋后，迅速扎好。装袋速度要快，尽量紧实，避免因长时间发酵，培养料变酸而失去使用价值。

2）灭菌

将装袋完毕的栽培袋及时地移入常压灭菌室内灭菌。放入灭菌室的菌袋，待温度上升到100 ℃后，保持100 ℃维持16小时，中途不能熄火降温，以保证彻底灭菌，提高菌袋的成功率。灭菌完毕的菌袋，让其在灭菌锅内自然冷却至常温。

3）接种

将灭菌后的菌袋冷却后移入接种室，放入二级种和接种工具，对接菌器具及接菌台进行表面的消毒，达到规定的时间后进行接种。接种时要按照无菌操作要求进行，以降低感染率。

4）培养

将接种后的栽培袋移入培养室，将菌袋进行单排堆码排放。堆码高度不宜太高，以免发生“烧菌”。温度调节至25 ℃左右。在菌种培养阶段，要经常检查菌丝的生长情况，发现菌袋感染现象，要及时隔离，避免交叉感染。经常开窗透气，增加培养室内氧气，以利茯苓菌丝的快速生长。袋料栽培茯苓的菌丝一般40天左右即可长满菌袋。

（5）接种

将袋料茯苓菌袋一侧划出一道口，选用茯苓的鲜菌核，紧贴在培养料上；将茯苓菌核一侧侧放于窖内，然后用土壤覆土，封窖。

（6）田间管理

1）检查

下窖后1周左右，可随机扒开袋料茯苓菌袋的土壤进行检查。在正常情况下，茯苓鲜菌核应该与培养料融合。并且有新的茯苓菌丝生长。若袋料茯苓湿度过大，可将土壤翻开晒1～2天，待水分减少后，再重新补种。若土壤过于干燥，可适当在土壤上洒水，促使菌丝健壮生长；在检查过程中若发现异常现象，应根据经验分析原因，采取相应措施，进行补种。

2）排水

袋料茯苓下窖后应立即在栽培场地周围修挖排水沟，保持沟道舒畅；降雨季节更应注意清沟排渍，防止栽培场地土壤流失和积水，若降雨较多或暴雨时，可在栽培场覆盖塑料薄膜等，减少雨水渗入袋料中，造成染菌。

3）覆土掩裂

随着袋料茯苓的不断生长，菌核逐渐形成及发育，上层土壤常发生流失，严重时部分袋料茯苓菌核及培养料露出土面。所以在袋料茯苓生长过程中应经常查窖、覆土，避免阳光直射，或者遭雨淋引起的菌核腐烂。

4）保护

袋料茯苓鲜菌核初期，若受震动，鲜菌核容易与袋料茯苓培养料脱离造成“脱引”，使茯苓菌丝体不能与鲜菌核融合而停止生长。因此，茯苓场内严禁人畜践踏。预防的方法是在茯苓场周围用树枝、竹竿等修建围栏，加以保护。茯苓种植人员在查窖过程中，应避免在茯苓场内走动，以避免或减少损失。

5）病虫害防治

袋料茯苓营养料及新鲜的“诱引菌核”易遭霉菌感染导致菌核软腐病。主要污染培养料及新鲜的“诱引菌核”，营养料常见白色、绿色或黑色菌丝；新鲜的“诱引菌核”病害部位皮色变黑，菌核疏松软腐呈棕褐色，严重者渗溢黄棕色黏液。茯苓袋料下窖前1周应再次进行翻晒、整理，清除场内杂草及树根等杂物，引入洁净的水源；采用适合于袋料栽培的茯苓菌种，无杂菌污染；选择晴天温度适宜时栽种；菌袋覆盖深度适度，不能过深；挖排水沟并经常清沟排渍；菌核生长期间注意检查，发现较小面积病害，及时处理，防止霉菌传播造成更大损失。

若虫群集潜栖在茯苓栽培窖内，蛀蚀营养料、鲜茯苓菌核，受害部位出现黄色斑块，影响袋料茯苓菌核生长。综合防治措施：选择阳光充足，土壤湿度适宜的场地；及时覆土，防止害虫潜入窖内；栽培窖排水沟内放置驱虫药物，驱逐白蚁；收集捕杀，减少虫源；菌核成熟后全部起挖，并将栽培后的菌袋全部搬离栽培场，切忌将使用过的菌袋遗弃在栽培场内（图6-7）。

图 6-7　茯苓袋料栽培技术

4. 茯苓松枝栽培技术

（1）菌种选择与准备

栽培接菌栽种前 2～3 天，应将要使用的栽培菌种集中储存于秋培场附近房屋内的阴凉处。剔除质量低劣、菌袋破损及污染杂菌等不合格品。菌种选择应选择洁白、致密、无污染物者。

（2）种植基地选择

海拔为 400～1 000 m 的山地；所选场地应该坐北朝南或坐西朝东，可以使茯苓获得充足的阳光照射，获得生长所需的温度、湿度，并且可以有效提高茯苓产量；另外选择的山坡坡度最好为 10°～ 30°；选择土质疏松、透气性良好的土壤作为培育场地，并且土壤含沙量最好在 40%左右，酸碱度也需要保持在一定的范围内；选用近 3 年没有培育过茯苓的新场地进行栽培，以使茯苓获得足够的营养成分。

（3）松枝培养料的准备

松枝粗、细（带叶）分开，每 40 kg 一捆，晒干备用。

（4）接种

栽培时挖窖放入，可同时进行浆种种接和菌种种接，浆种和菌种不要投放在一起，要分部位投放，菌种处加些鲜松叶，然后覆土。

（5）田间管理

1）清沟排水

茯苓在含水量为 20%～25%的土壤中生长良好，而水分超过 25%则将被溺死。接种后，遇下雨天要勤检查沟排水，确保苓窖内不积水。

2）覆土掩裂

秋冬干冷季节应适当培土。当土层含水量较低时，茯苓菌丝生长会受到明显抑制，应依旱情状况适当加厚覆土层。如果覆土层土质流失，天晴后应及时覆土。覆土过程要注意保持土堆疏松，便于通气，以满足茯苓长苓时对氧的需求。因茯苓菌核外露，见光表面容易生长蜂窝状子实体，从而影响茯苓菌核继续生长。高温季节的强烈阳光有时还会烧伤菌核，造成烂苓。为收获到更大、更优的茯苓结核，必须避免菌核外露。随着结苓和茯苓菌核不断膨大，土层不断开裂，应及时多次覆土掩裂。

3）病虫害防治

其病虫害防治可参考段木栽培技术的防治方法。

第三节 茯苓的栽培保护

一、茯苓种植基地常态化田间管理

1. 菌丝动态检查与查窖补窖

在接种后1周左右，可随机取样，轻微扒开段木接菌处的土壤进行检查，正常情况下，茯苓鲜菌核应该与培养料融合，并且有新的茯苓菌丝生长，此时菌种上的菌丝应向外蔓延生长至段木上，俗称“上引”。若菌种内的茯苓菌丝没有向外延伸至培养料上，或是有污染了的杂菌，可将菌种取出，补换上新的菌种；若茯苓窖内湿度过大，可将窖面土壤翻开晒1～2天，待水分减少后，加入干燥沙土，再重新补种；若土壤过于干燥，可适当在窖面上喷洒些水，可促使菌丝健壮生长。栽种后，应随时注意穴内不能积水，防止人畜践踏，如果有杂草要及时除草，还应及时培土，以防止沙土流失、段木外露。雨季应及时开沟排水，防止栽培沟内积水。

接菌后20～30天，茯苓菌丝会附着在松木上生长，吸收、积累松木以及周围土壤中的养分及水分，茯苓菌丝可在培养料中蔓延生长至30 cm左右。40～50天，扒开茯苓窖底部检查，可看到茯苓菌丝沿着段木传菌线（即留筋处）生长到段木下端，并封蔸返回向上端生长；菌丝由白色转变为棕红色，达到生理成熟期。

接菌70天左右，茯苓栽培场上开始出现龟裂纹，表示栽培窖内补植的“诱引”已发育成新生菌核，并进一步膨大生长，此后场内龟裂纹不断出现，表示菌核继续生长发育；段木间茯苓菌丝的生长出现网状连接现象，形成菌核，俗称“捆窖”，即“结苓”；初始形成的菌核个体不大，随着茯苓菌核不断吸收松木和土壤中的养分，菌核就会逐步变大直至成熟。茯苓的生长和其他的菌类有所不同，一般在地下20～30 cm结苓，看不见其生长过程，因此，应扒开土层检查菌丝生长发育和菌核形成情况。

2. 疏沟排水

茯苓在含水量为20%～25%的土壤中生长良好，而水分超过25%时则容易烂窖；所以茯苓下窖后应立即在栽培场地周围修挖排水沟，平时注意保持沟道通畅，及时将流落到沟内的沙土铲回场内；降雨季节更应注意清沟排渍，防止栽培场地土壤流失和积水，若降雨较多或暴雨时，可在栽培场覆盖塑料薄膜等，减少雨水渗入袋料中，避免造成“菌种”“诱引”或生长中的“菌核”腐烂。

3. 覆土掩埋

6—9 月时温度适宜，随着茯苓菌丝的不断生长，菌核逐渐形成及发育茯苓块迅速生长，茯苓块迅速膨大后地面可出现皲裂，窖面上层土壤常发生流失，严重时部分段木甚至菌核暴露出土面，俗称“冒风”。所以在茯苓生长过程中应经常检查，及时覆土，加以保护。尤其在窖面大量出现龟裂纹时，更应及时覆土掩裂，防止菌核“冒风”被日晒炸裂，或遭雨淋引起腐烂；培土厚度应根据季节灵活掌握，春秋应该薄一些；夏冬应培土厚一些，遇干旱严重时，可在早晚适当灌水保湿，但要少灌勤灌。由于杂草会和生长过程中的茯苓抢夺营养，影响茯苓的产量，因此，结苓期应随时注意除草。同时也要做好排水工作，防止栽培沟积水，造成茯苓发霉腐烂；秋冬干冷季节应适当培土。当土层含水量较低时，茯苓菌丝生长会受到明显抑制，应依旱情状况适当加厚覆土层。如果覆土层土质流失，天晴后应及时覆土。在冬季，茯苓较耐低温，当气温降到 0 ℃以下时，生长处于比较缓慢或者处于休眠状态，当春季气温回升后可继续生长。冬季可根据当地的气温选择适时加盖塑料膜、作物秸秆或加厚覆土保温，防止土壤结冻、土层过深冻烂茯苓；覆土时要注意保持土堆疏松，便于通气，以满足茯苓长苓时对氧的需求。因茯苓菌核外露，见光表面容易生长蜂窝状子实体，从而影响茯苓菌核继续生长，高温季节的强烈阳光有时还会烧伤菌核，造成烂苓。为收获到更大、更优的茯苓菌核，必须避免菌核外露。随着结苓和茯苓菌核不断膨大，土层不断开裂，应及时多次覆土掩裂。

4. 围栏护场

茯苓接菌初期，若受震动，菌种容易与段木脱离造成“脱引”，使茯苓菌丝体不能进入培养料内生长。“诱引”植入后及新生菌核形成后的生长发育，也要由菌丝体不断供给营养，若菌丝体受震动与新生菌核脱离，菌核则中断生长。因此，茯苓场内严禁人畜践踏。预防的方法是在茯苓场周围用树枝、竹竿等修建围栏，加以保护。管理人员在执行检查和日常操作时，应在排水沟内走动，以避免或减少损失。

二、病虫害防治

1. 病虫害的防治要求

现阶段，我国在农作物、中药材等病虫害的防治工作研究中有着较大的成果。在病虫害防治过程中，遵循并重视病虫害防治要求，能够在较大程度上提升病虫害防治工作的工作质量与效率。现阶段，我国茯苓及相关中药材病虫害防治应当遵循如下要求。

（1）加强认识和宣传

我国在病虫害防治工作中，往往因为对病虫害防治手段认识不清，难以按照其要求灵活地应用，造成在工作过程中难以更好地提升其工作质量与效率。因此，需要各级政府重视病虫害防治手段的宣传，提升人们的认识，从而保证人们在生产过程中能够按照其要求更加高效绿色地进行病虫害防治工作。

（2）重视科技创新与发展

随着时代的发展，出现多种绿色环保的病虫害防治手段，而新的病虫害防治手段的产生离不开科技的发展与创新。因此，需要提升自身对于科学研发工作的重视程度，并积极地发现现阶段农作物病虫害防治工作中存在的问题，从而更具有针对性地制订以及改进农作物病虫害防治手段，提升农作物病虫害的防治质量与效率。

农作物在生长的过程中其病虫害来自植物生长的各个阶段以及所处环境的变化，因此，人们在进行农作物病虫害防治工作的过程中，需要从多个角度出发，综合性地进行农作物病虫害的防治工作，提升其防治质量与效率。如人们在进行病虫害的防治工作中能够将物理隔离法与生物防治法相互结合，提升农作物生长过程中的病虫害防治质量。

2. 病虫害为害症状表现及防治方法

（1）病害种类、症状及防治措施

1）病害种类

茯苓在栽培（生长）期间，培养料、已接种的菌种及生长发育中的菌核易遭霉菌感染，发生病害；病原经初步鉴定有真菌木霉（*Trichoderma* spp.）、根霉（*Rhizopus* spp.）、曲霉（*As-pergillus* spp.）、毛霉（*Mucro* spp.）、青霉（*Penicllinm* spp.）等。

2）病害症状

病害症状表现为被污染的培养料上常见白色、绿色或黑色菌丝，抑制茯苓菌丝生长，杂菌大量出现则使茯苓栽培产生“瘟窖”。菌核受害部位皮色变黑，苓肉疏松软腐呈棕褐色，严重者渗溢黄棕色黏液，失去药用、食用价值。发病规律是病原菌在栽培场土壤、植株、落叶及培养料中越冬，翌春通过培养料、土壤或害虫侵蚀菌丝体、孢子，在菌核形成或生长发育过程中，侵染菌核；栽培环境过于潮湿或高温多雨季节发病严重。其原因是接种前培养料或栽培场已有较多杂菌污染；接种后茯苓窖内湿度过大；菌种不健壮，抗病能力差，采收过迟。

3）防治措施

主要采用“预防为主，综合防治”的方针进行防治，即选择透水、透气性较好的沙质土壤的缓坡地来种植茯苓，严禁使用“返场”；在栽培场周边挖好排水沟，防止积水，有效减少茯苓生理性腐烂；栽培场于冬季进行挖场、晾晒，接菌前应进行翻晒、整理，清除场内杂草及树根等杂物，减少污染源；茯苓接菌前应认真检查培养料，发现有少量杂菌污染，可铲掉或70%乙醇杀灭；若污染过多，要予淘汰杂菌污染者，严格挑选用于接种的茯苓菌种，保证质优健壮，无杂菌污染，清除场内杂草及树根等杂物，减少污染源；接种时选择晴天进行接菌定植，培养料要埋得适度，不能过深，排水沟要低于栽培窖底，并经常清沟排渍；接菌后经常检查茯苓菌丝生长情况，发现培养料污染霉菌，可轻轻扒开窖面土层污染部位，或用70%乙醇处理；污染严重的及时用1∶500倍疣霉净喷洒或注射、涂抹污染区，效果显著，若无效果则可更换新料，进行调换；菌核生长期间应加强管理，适时采收，发现较小面积病害及时清除并消毒处理，防止造成更大的损失。

（2）虫害种类、症状及防治措施

1）虫害种类

20世纪70—80年代，茯苓的主要害虫为白蚁，但传统产区有“正确选场”等措施预防，其造成的为害不大。90年代以来，被产区农民称为“茯苓虱”的另一种害虫逐渐在安徽岳西、金寨及湖北英山等地蔓延，后经科学防治有所缓解。近年来，传统产区虫害发生不多，新产区的白蚁为害较为普遍。经鉴定，主要有黑翅土白蚁（*Odontotermes formosanus* shiraki）、台湾乳白蚁（*Coptotermes formosaus* sink）、黄翅大白蚁（*Macrotermes barneyi* light）及茯苓啄扁蝽蚁（茯苓虱）[*Mezira*（*Zemira*）*poriaicola* Liu]。

2）虫害症状

白蚁是茯苓栽培中的主要害虫，它极喜蛀食松木和茯苓，茯苓菌核在土中生长，且时间较长，易受白蚁侵害，而一旦发生常造成较大损失。白蚁蚁巢位于地下0.3～2.0 m处，具有群栖性，无翅蚁有避光性，有翅蚁有趋光性；白蚁为害表现主要是通过蛀蚀培养料料木造成茯苓菌丝营养不足，堵塞泥道妨碍菌丝呼吸作用，及直接咬食茯苓菌核等，严重影响茯苓产量。茯苓喙扁蝽（茯苓虱）以成虫、若虫在茯苓栽培场周边或采收后的废旧培养料中越冬，每年4月开始潜入栽培窖中活动，多数成虫、若虫从越冬沙土缝隙中潜入新的栽培窖内，群集为害，一直延续到10月。4—5月可见成虫飞翔，转移寻觅寄主；茯苓啄扁蝽主要以成虫和若虫刺吸茯苓菌丝层及菌核，为害的区域出现深褐色斑块，受害后的茯苓单窖出苓量减少，菌核个体变小，畸形苓比例增加；为害严重时，则不能出苓，出现空窖，对茯苓的生产造成极大影响。据初步调查，被茯苓喙扁蝽为害的茯苓栽培场，比对照场地平均产量降低近50%。

3）综合防治措施

①正确选场。白蚁喜阴凉、潮湿及北风潴留的场地，多潜居在野外山岗腐殖质较多的树林、杂草丛中；茯苓虱多潜匿于栽种过茯苓的“返场”中。因此，茯苓栽培场忌选用朝北向场地及“返场”，也不要选用原有白蚁或茯苓虱潜居的地方；茯苓场周围的腐烂树蔸及杂草必须除净，以减少害虫活动的场所；茯苓场周围挖一条较深的排水沟，也可防止外来害虫的为害。

②挖巢捕杀。减少虫源，即寻找并挖除茯苓场内及场周的白蚁巢及茯苓虱虫群，避免或减少为害。

③白蚁蚁巢的探测和挖掘。白蚁通常由蚁巢筑小路向被蛀蚀物蔓延，在蚁路上往往通过“泥被”可观察到白蚁踪迹。另外，白蚁栖居处每年5—6月间常有“鸡枞菌”生长，这是由蚁巢外围的菌圃（白蚁在蚁巢外围筑的类似菌体结构的多孔防护组织）上长出来的。若发现“泥被”或“鸡枞菌”，可向附近泥土深处探测。当发现蚁行小路后，可继续沿小路挖掘，进而挖到菌圃腔，找到通往主巢的干道。白蚁干道一般不止一条，必须注意

观察每条干道的走向，探测出主路。探测的方法是用细竹枝插入每条干道口，黏附在竹枝上白蚁最多的蚁路，就是主路。沿主路深挖，若发现菌圃腔密集，菌圃颜色较深（褐色或黄褐色），再向下方挖掘，即能找到主巢。黄翅大白蚁及黑翅土白蚁均为土栖性白蚁，黄翅大白蚁筑巢较浅，入土 50～100 cm；黑翅土白蚁巢较深，入土可达 1～2 m。找到白蚁主巢后，可以挖除或用药物毒杀。

④茯苓虱虫群的探测和捕杀。茯苓虱多群聚于茯苓段木（料筒）茯苓菌丝生长处，在茯苓采收时进行探测寻找，发现后可用桶收集茯苓虱虫群，然后用水溺杀，以减少危害。及时覆土，堵塞栽培窖面缝隙，防止害虫潜入窖内。

⑤进行隔离防患。栽培窖排水沟内放置柴油棉球，驱逐白蚁；接菌后，可用尼龙纱网片掩罩在茯苓窖面上，隔离防患茯苓虱侵蚀。菌核成熟后要全部起挖采收干净，并将栽培后的培养料全部搬离栽培场，切忌将腐朽的培养料堆弃在原栽培场内，使害虫继续滋生、蔓延。

⑥合理施用农药进行防治。经试验观察显示，降解速度快的有机磷类农药“毒死蜱”防治效果较好，施用方法是将该农药与 200 倍细土或木屑等混合均匀，撒放在茯苓栽培场四周，便可诱杀、驱避白蚁及茯苓虱等害虫。

三、茯苓菌类检疫

1. 检疫的立法依据

植物检疫是保护农业生产安全的重要措施。我国先后制定发布了《中华人民共和国进出境动植物检疫法》《植物检疫条例》等法律、法规以及配套规章，为防止我国植物病虫害传播、蔓延做出巨大贡献。根据疫情管控需要，2000 年以来，农业部修订了《植物检疫条例实施细则（农业部分）》，制定了《农业植物疫情报告与发布管理办法》和《从国外引进农业种子、苗木检疫审批规范》，进一步规定了行政审、疫情报告发布等重要工作要求。先后两次修订了《全国农业植物检疫性有害生物名单》和《应施检疫的植物、植物产品名单》，明确了农业植物检疫工作目标对象。根据条例及相关管理办法，农业植物疫情报告可分为快报、月报和年报 3 种形式。疫情快报规定，市（地）、县级植物检疫机构应当在 12 小时内将发生形势、危害、应急处置措施等报告省级植物检疫机构，省级植物检疫机构经核实后，应当在 12 小时内报告农业部所属。疫情月报就是按月报告植物检疫情况，了解疫情月度实际发生情况，防止检疫性有害生物传入和扩散，掌握疫情防控的一切活动。疫情年报主要反映疫情的防灾减灾工作，目标是控制检疫性有害生物传入、了解年度发生情况和掌握农业植物检疫性有害生物的分布情扩散和蔓延情况，从而保护农业生产安全和产业安全。

2. 检疫的基本原则

检疫基本原则贯彻“预防为主，综合防治”的方针，即从生态系统的整体观点出发，本着预防为主的指导思想和安全、有效、经济、简便的原则，因地因时制宜，用有效的生态手段，控制疫情扩散，以达到保护农业发展的目的。

3. 检疫的最新技术

《植物检疫条例》对国内检疫性有害生物的定义：局部地区发生、危险性大、能随植物及其产品传播的病、虫、杂草。农业植物检疫性有害生物对农业生产的威胁较大，可能会造成较重危害损失。准确监测、及时发布农业植物检疫性有害生物发生信息，是制定科学疫情防控策略、确定有效疫情防控措施的重要支撑，是植物检疫机构依法开展行政许可和检疫监管的重要依据。近年来，我国不断加强农业植物检疫性有害生物监测工作，建立、健全监测网点，制定、完善监测管理制度和技术规范，疫情监测发现能力有了明显提升。但同时，受国内外农产品贸易增加、气候变化等因素影响，境外疫情传入数量增加、国内已有疫情不断扩散，疫情监测任务日趋繁重，需要各级农业植物检疫机构继续提升工作水平，为农业生产安全保驾护航。

第四节　茯苓的采收、初加工与包装储存运输

一、采收

1. 采收时间

茯苓不同栽培方式的采收时间有所区别。

（1）树蔸栽培

树蔸原地接菌栽种后180天左右，茯苓菌核开始陆续成熟，应注意及时采收，因结苓有迟有早，可采收成熟的一批；同时，保护好尚在生长发育的幼嫩或个体较小的黄核，待成熟后再进行采收。由于树蔸营养比较丰富，接菌栽种后形成的菌核个体较大，数量较多，一般可采收2～3年。

（2）段木栽培

根据栽培地气候环境，茯苓接种后4～7个月就可以进行采收。一般而言，小木料栽培的茯苓成熟较早，大木料栽培的成熟较迟。

（3）袋料栽培

菌袋下地栽种后100～120天，茯苓菌核开始陆续成熟，进入采收期。因结苓有迟有早，应注意及时采收，成熟一批，采收一批。

（4）松枝栽培

茯苓松枝栽培接菌后，经过6～7个月生长，菌核便可成熟，一般10月下旬至12月初陆续进行采收。

2. 采收方法

茯苓采收应在菌核成熟时，不同的栽培方式其成熟标志有所区别。

（1）树蔸栽培法

树蔸栽培茯苓菌核成熟标志：第一，树蔸周围结苓处的土层较长时间没有出现新的龟裂纹。第二，菌核表皮的裂纹已弥合。第三，结苓处的树蔸木质部颜色变深，并出现软腐。

采收方法：①采收前准备好用于起挖的板锄、沙耙；盛放菌核用的箩筐、抬杠、绳索等工具。②采收时要轻挖细收，注意避免挖伤商品苓和没有成熟的茯苓菌核以免影响下批产量及商品质量。③应选择晴天或阴天起场采收；阴雨天起挖采收的菌核较为潮湿，不利于加工，影响质量。④采收后的茯苓菌核要及时收集、运输、放置加工厂或房内阴凉处，以备加工。

（2）段木栽培法

成熟标志：在茯苓即将采收时，定期翻开土壤检查茯苓是否可以采收。茯苓的收获期以苓窑四周及窑面土壤不再出现龟裂纹，苓皮颜色变深，没有新的裂纹出现，料筒养分耗尽，呈黄褐色或棕褐色，一捏即碎为标志，采收时，根据成熟情况，早熟早收、迟熟迟收。在检查过程中，如果手按茯苓菌核感觉绵软，说明茯苓中还有苓浆，不能采收。

采收方法：①茯苓熟一批就要收一批，注意选择晴天，雨天起挖的干后易变黑。②采收时用刀子割断茯苓，不要伤及木料上的苓皮和树皮，以利于新茯苓的生长，采收完毕后再用沙土盖好穴，原来生长茯苓的地方很快又会长出新茯苓。③起挖多在料筒两端寻找，取出茯苓而不移动料筒，然后再覆上土，以利继续结苓。

（3）袋料栽培法

袋料栽培茯苓菌核成熟标志：第一，结苓处的土层没有新的裂纹出现。第二，菌核表皮没有新的裂纹出现。第三，苓蒂与木质易松脱。

采收方法：可参考“树蔸栽培法”的采收方法。

（4）松枝栽培法

松枝栽培茯苓菌核成熟标志：第一，松枝等培养料的营养基本耗尽，接菌段木颜色由淡黄色变为黄褐色，材质呈腐朽状。第二，菌核外皮颜色开始变深，由淡棕色变为褐色；裂纹渐趋弥合。第三，栽培场已不再出现新的龟裂纹。

采收方法：①松枝栽培产生的茯苓菌核，多形成在接菌段木培养料周边，采收时先将窖面挖开，将接菌段木周边的菌核轻轻取出；有的菌核可见松枝针状叶端伸长其内，可将其轻轻抽出，或从嵌入菌核处斩断。②松枝栽培菌核形成较早，且陆续成熟，应注意检查，及时采收。采收时先将成熟的菌核取出，切忌触动松枝、接菌的段木和仍在生长发育中的幼小菌核，待小菌核继续长大，再进行补收，一般仅在当年全部采收完毕。③雨天起挖采收的菌核较为潮湿，不利于加工。为保证加工质量，采收时要选择晴天或阴天，切忌雨天起场采收。④采收后的茯苓菌核要及时收集并运输、放置加工厂或房内阴凉处，以备加工。

二、产地初加工

1. 产地初加工基地建设基本要求

（1）茯苓专业种植

合作社的加工场所、制药企业原料生产基地均应修建在产区成规范化种植基地内；应通水电、通路、无粉尘污染，清洁加工用水、大气等环境质量应符合国家规定的各项标准；产地加工场所和加工房周围应有绿化的树木或草皮。周围无厕所、牛栏、猪圈、鸡窝、鸭舍等污染源。

（2）加工场所和加工厂

各车间内必须整洁、干净、无露出土地面，并定期打扫、清理，保持墙壁及地面清洁卫生，做到无尘垢、无积水、无污渍。

2. 产地初加工技术

（1）发汗加工技术

采挖出的鲜茯苓菌核称为“潮苓”，大约含50%的水分，必须去除部分水分，才能进行产地加工。鲜茯苓菌核去除部分水分的传统方法，称为“发汗”，即将潮苓放置在较密闭的环境中，使其内部的水分慢慢渗出，而不能直接暴晒或加温干燥。经“发汗”处理后的潮苓，较原菌核略干缩，茯苓皮容易剥除。潮苓经发汗、剥皮后，切制成一定规格，再进行日晒、回润、干燥及加温烘烤，形成商品，其加工技术如下：

1）潮苓分类及处理

首先将采收的潮苓按个体大小、重量进行分类，同时用竹刷刷除外皮沾的泥沙、杂物，然后置“潮苓存放室”内分类暂存，外皮破损者要单独分开。

2）发汗

第一步，在发汗室内，用砖水泥砌成长、宽、高约150 cm×100 cm×80 cm的水泥池数个，水池壁用水泥抹平，一端留有空档，用活动木板作为挡板，便于人员操作。

第二步，将潮苓按不同采收时间和不同个体类别，分别按码摆放在发汗池内，个体较大、质地较硬者放在底部和中间，个体较小、质地较松者放在周围，潮苓周围用干净稻草或草帘覆盖严密；或置于“编织袋”内，扎紧袋口，进行“发汗”。

第三步，每隔3～4天缓慢翻动1次潮苓，翻动时每个潮苓（或编织袋）都要翻移。不能上下互翻，以防潮苓因逸水不均造成内部半湿半干，甚至产生炸裂或霉烂。

第四步，在“发汗”过程中潮苓外皮上常见到白色茸毛或蜂窝状物，分别为菌丝体或子实体，俗称出“菇子”。此时不要随意用手抹掉，可待茸毛或“菇子”变成淡棕色时，用竹刷轻刷或剥去，并注意不要撕破茯苓皮。

第五步，潮苓经“发汗”处理，待表面略皱缩干燥状时，即可进行加工。

3）去皮

剥皮潮苓加工切制前要将外部皮壳全部剥除，方法是用薄铁皮利皮刀层层剥离苓皮，使其露出内部的苓肉：剥下的苓皮，要求尽量大、薄、匀，少带苓肉；潮苓剥去皮壳后，必须放置在带盖容器内，防止干燥或出现炸裂（图6-8）。

图6-8　茯苓去皮

4）切制

①分批取出剥去外部皮壳的潮苓，在“切片桌”上，用特制的“片刀”将白色苓肉与靠近苓皮部位淡棕色苓肉分离切开；随即将白色苓肉部分切制成白（苓）片、白（苓）块等产品，将棕色苓肉部分切制成赤（苓）片、赤（苓）块等产品。②经“发汗”处理，若发现个体较大的潮苓内包裹有细小松根，可将其剥皮后随松根的横向切片，并注意使松根保留在切片中间部位，商品俗称为“去皮衣神”；若包裹细小松根的潮苓个体较小，则不必剥皮，顺松根横向切片，将松根置于切片中间部位，切片四周保留有花苓皮，该商品俗

称为“带皮茯神”。③潮苓切制加工的顺序是“先破后整”“先小后大”，即先切制破损潮苓，然后再按由小至大的个体顺序进行切制。④切制时，握刀要紧，用力要均匀，刀片在向下推动的同时，向前方推动，使切面均匀、光滑；若下刀时出现停顿，则使切面毛糙翻翘；若下刀用力不匀，则块（片）厚薄不一；每切一刀后，片刀的刀口及两个侧面均要用清洁湿布或湿厚海绵擦拭干净。⑤有的加工场所或加工厂购置切丁机械，用于茯苓丁商品加工，该机械每天可加工茯苓丁（鲜品）1 500～2 000 kg，大大提高了加工效率。

5）干燥

①潮苓经切制成片、块等产品后，要立即平摊摆放在簸箕上，置晒场内暴晒。切制成的鲜片、块等要分开单独置于簸箕内，一般板簸孔眼较小的可晒片、骰，孔眼较大的可晒块。不同潮苓内含水分有差异，每个晒具要求单层平摆，严禁重叠堆砌。②夜间将簸箕收回，置室内于木架上，使其阴凉回潮；翌晨搬出，再晒。用此方法，经 4～5 天暴晒，当制品表面出现微细裂纹时，收回放入暂放室内，将簸箕摞叠压放 1～2 天，使其“回润”(即收汗)，待表面裂纹合拢，复晒一下，即为成品。③茯苓块制品经 4～5 天翻晒，未达到安全水分时，应送入烘房内烘烤，烘房内控温 60～65 ℃，烘烤时间 6～8 小时（图 6-9）。④干燥后的成品应尽快进行包装，入库储存，严禁长期堆积在一般的房间内保藏。

图 6-9　茯苓发汗工序

(2) 蒸制加工技术

近年来，有的产区为减少“发汗”较繁杂的工序，采用“蒸制”的方法代替“发汗”进行加工（图 6-10）。

图6-10 蒸制箱“发汗”

①蒸制箱的修建：使用钢板或竹木、砖、水泥等材料，修建方形蒸制箱或圆形蒸制瓶，瓶内壁可用不锈钢，或以竹、木、水泥为内衬，不能使用铁质物品，以免铁锈水渗入潮苓内，影响加工质量，蒸制箱的下部与产生水蒸气的锅炉相连，并注意留有进水管。

②潮苓分类及处理：首先将采收的潮苓按个体大小、重量进行分类，一般分为大、中、小三个等级；然后将每个等级的潮苓分别用水冲洗干净，备用。

③入箱：将冲洗干净的同一等级的潮苓置于蒸制箱内，一层一层交错叠放，并注意每层潮苓之间留有空隙，以保障水蒸气能在蒸制箱内通畅流动。

④加热隔水蒸至潮苓中心部位均蒸透为度；判断潮苓是否蒸透的简易方法，可以用竹签插入蒸制后的潮苓内，以竹签不沾茯苓粉末为标准。

⑤潮苓经蒸透后取出，趁湿剥皮；此时茯苓皮容易从菌核上剥离。

⑥切制同“发汗加工技术”相关内容。

⑦干燥切制加工的产品置阳光下暴晒干燥，一般不进行“回润”处理。

注意：①潮苓经蒸制后，加工出的药材商品虽然外观色泽相对较白，质地也较致密，但经初步检测，其多糖含量有所减少，故不建议推广应用。②近年发现个别产区将洗净的潮苓直接置于水中煮沸，以此代替蒸制进行加工，其产品有效成分流失严重，质量无法保障，应坚决禁止采用。③近年发现个别产区在茯苓产地加工中，随意减少“发汗”环节，直接进行剥皮、切制，该方法加工出的产品经初步检查其质量，其多糖含量有所减少，质量也无法保障，故应禁止采用。

（3）趁鲜加工技术

先剥去苓皮，用刀将内部的白色苓肉与近皮处的红褐色苓肉分开，并用刀将苓肉切成一定规格的茯苓片、茯苓块或茯苓粒，尽量均匀、光滑而不碎。在茯苓中若包有细小松根应将其留在苓块内，此苓块称之为茯神，药效更高。

3. 产地初加工技术创新研究

张平等为改良优化茯苓加工工艺，改善茯苓加工品质，首先将茯苓采后加工流程划分为“预处理”“剥皮”“切制”“干燥”4 个环节。结合实地调研情况，并在进行预处理环节、干燥环节技术创新优化的基础上，将茯苓采后加工工艺模式总结为 3 种：散户加工工艺模式、企业加工工艺模式、改良加工工艺模式。以实地大生产环境为基础开展试验研究，采集计算了 3 种采后加工工艺模式的人工费、原料费、能源费、工具设备费、利润、收益率等经济性指标数据；采集计算了预处理效率、剥皮效率、切制效率、干燥效率等加工效率指标数据；对成品外观进行了评价，测定了成品率、茯苓多糖质量分数，形成了品质指标数据；并基于经济指标、效率指标、品质指标对 3 种采后加工工艺模式进行了综合评价。结果表明：①改良加工能够有效地优化成本投入结构，均衡成本投入比例，稳定成本投入；3 种采后加工工艺模式的利润、收益率分别为：改良加工 1.91 元/kg、18.73%，散户加工 1.40 元/kg、14.23%，企业加工 1.17 元/kg、12.43%，均表现为改良加工>散户加工>企业加工，改良加工具有更好的经营价值。②改良加工工艺模式的干燥效率是企业热风干燥的 2.95 倍，是散户自然晾晒干燥的 20.79 倍，改良加工能够在保证品质的前提下有效减少干燥时间，保证茯苓加工的及时进行，避免天气变化带来的霉变等不良影响。③3 种采后加工工艺模式成品外观的评分分别为散户加工 91 分、企业加工 75 分、改良加工 87 分，散户加工工艺模式与改良加工工艺模式成品茯苓丁品相佳。④茯苓采后加工工艺模式成品率、茯苓多糖质量分数的试验测定均值分别为：散户加工 40.28%、34.69 mg/g，企业加工 39.23%、27.09 mg/g，改良加工 44.05%、34.79 mg/g，均表现为：改良加工>散户加工>企业加工；“发汗”预处理与真空干燥技术的结合应用能够有效地保证茯苓品质。综合评价结果表明，茯苓的采后加工宜采用改良加工工艺模式。研究结果可为茯苓采后生产加工提供参考。

颜冬兰等通过对国内外近 10 年相关文献的检索，简要总结茯苓的加工炮制工艺、化学成分分析及体内代谢的研究进展，茯苓的加工炮制工艺主要以传统加工模式为主，新技术、新设备的应用与传统加工的对比研究较少。研究中药炮制规范的关键控制工艺必须关注中药饮片炮制过程中化学成分的变化以及活性成分在体内的代谢过程。为茯苓炮制工艺的现代化研究、产业链的开发提供参考。

李习平等考察不同加工方法对茯苓及茯苓皮中茯苓酸含量的影响。采用高效液相色谱法测定各种茯苓加工品中茯苓酸的含量，结果表明茯苓皮中茯苓酸的含量大于茯苓，且经蒸制后两者的含量均明显降低，其中生切品>传统法蒸品>高压蒸品。结论为茯苓酸对热压不稳定，茯苓经过蒸制后，其含量降低。本研究为茯苓饮片的规范化加工炮制和质量控制提供参考。

三、包装储存运输

1. 包装

（1）包装要求

1）包装车间：设在产区加工厂内，大气、水质等环境条件均与加工厂相同。包装车间应配备磅秤、木铲、筛盘、簸箕、包装（编织袋、纸箱）、密度较强的塑料内袋、捆扎带、标签及捆扎夹钳等设备和工具。

2）包装人员：配备的专职人员，职责及要求均同于加工人员。

3）包装物：①用于出口的茯苓药材包装，根据外商的要求定制或由外商提供专用包装。②供应大型制药企业的茯苓药材包装，为定制、专用的编织袋或扁长方形瓦楞纸箱。专用编织袋应符合《塑料编织袋通用技术要求》（GB/T 8946—2013）的规定；瓦楞纸箱应符合《中药材包装技术规范》（SB/T 11182—2017）的规定。③产区用于暂存、周转使用的包装，多为大型带盖长方形聚丙烯（或聚乙烯）周转箱。

（2）包装技术规范

①茯苓药材进入包装前必须对规格、等级及安全水分等指标进行核对检查，合格后，过筛清除粉尘、异物及劣质品，备用。②选用完整、无损、洁净的包装物，经检查、整形并清扫后，备用。③将准确称量的茯苓药材，放入包装物为编织袋者，立即缝合袋口；包装物为瓦楞纸箱者，立即在药材上放置上盖衬板，盖好纸箱上盖，并用胶带纸将纸箱下底上盖缝隙黏合封闭，箱外用塑料捆扎带呈井字形捆扎牢固。④准确填写包装原始记录及“药材质量检验证”，检验项目包括品名、产地、批次号、生产日期、规格（等级）及检验员等。⑤将填好的“检验合格证”粘贴或挂在编织袋或纸箱外，再次对包装件进行全面检查，确认无误后，即可进行储存或调运销售。⑥包装原始记录归档，保存，备查。

2. 储存

（1）储存条件

①茯苓药材必须放置在药材专用仓库内储存。储存仓库地坪为防潮的水泥地面，坚实、平整、干燥、不透水、不起尘埃、导热系数小、防潮性能好；墙壁表面光洁、平整、无缝隙、不起尘、不落灰，具有隔热、防潮、保温等性能；屋顶无渗漏，隔热、防寒性能良好；门窗关闭严密，坚固耐用，能防止雨水浸入；并具有防虫、防鼠、防火设施。②储存仓库周围环境整洁，无牛栏、猪圈等污染源。仓库四周设有排水渠道。

（2）储存方法

①茯苓药材的储存要按照安全、方便、节约的原则，正确选择仓位，合理使用仓容，实行分区、分类、分批次管理，并具有明显标志；严禁与性质互抵、易串味及养护方法不同的药材混放。②茯苓药材进入仓库储存前，仓库质检员和保管人员必须认真做好入库验收，验收项目包括品名、规格、数量件数、外观质量、包装质量、生产批号等，并做好入库记录。③包装好的茯苓药材进入仓房后堆码要合理整齐、牢固、无倒置现象。堆码的货

垛下面用 10 cm 高的木制脚架作垛垫，货垛与库房内墙距≥58 cm，房柜距≥30 cm，屋顶距>50 cm，灯距>50 cm。④储存期间要经常保持仓库内的清洁卫生，加强仓库内温、湿度管理，使其温度<30 ℃，相对湿度 35%～75%；坚持每日按时观察仓库内外温、湿度变化，认真填写“温湿度记录表”；使仓房保持在低温、干燥的环境。⑤储存期间要定期进行商品在库检查，认真填写在库商品质量检查记录，检查项目包括库房内的温度、湿度，商品堆码、通道、墙壁是否符合规定要求，商品质量是否符合质量标准，包装有无破损等；及时掌握药材商品质量变化情况，以便采取相应防护措施，确保商品质量。⑥茯苓药材经储存出库，要认真进行出库复检，复检项目包括核对品名、规格、批号、产地、数量及商品质量，并认真填写复检记录，呈送质检部门，全面实行商品质量跟踪和追溯。

3. 运输

（1）运输工具要求

①运输原则根据国家中医药管理局《医药商品运输管理试行办法》规定，本着“及时、准确安全、经济”的原则，合理选择运输工具运输路线，组织茯苓药材商品运输。②运输工具以货运汽车为主要运输工具，进行公路货物批量运输。

（2）运输技术规范

①起运前，认真做好药材出库复核，再次检查包装是否完整，标志是否清晰；如包装有破损或潮湿现象，要负责加工整理，做到包装不合格不出库；如发现虫蛀迹或霉染，要及时采取措施处理，待质量合格后再出库；保证出库商品质量完好，数量准确，并使同一批号商品尽量同时装载，以便复核登记，质量跟踪。②茯苓药材严禁与其他物品，尤其是有毒、有害物品混装；运输汽车必备雨篷，以防雨淋。③装车时，装载的包装要捆扎牢固，轻装轻卸，苫盖严密，不超高、不超宽、不超重，防止差错、丢失、损坏。④茯苓药材运输要强调商品交接手续，运输途中要注意安全行驶，保证药材商品及人员安全。

参考文献

[1] 汪琦，付杰，冯汉鸽，等. 茯苓种质资源现状[J]. 湖北中医杂志，2020，42（7）：52-55.

[2] 刘顺才，吴琪，邢鹏，等. 茯苓种质资源的研究进展综述[J]. 食药用菌，2017，25（3）：171-175.

[3] 程磊，侯俊玲，王文全，等. 我国茯苓生产技术现状调查分析[J]. 中国现代中药，2015，17（3）：195-199.

[4] 刘常丽，徐雷，解小霞，等. 湖北茯苓生产中存在的主要问题探讨[J]. 湖北中医药大学学报，2013，15（5）：42-44.

[5] 张越，程玥，刘洁，等. 不同生长环境下茯苓总三萜和水溶性总多糖含量比较[J]. 安徽中医药大学学报，2019，38（4）：81-84.

[6] 王耀登，安靖，聂磊，等. 不同产地茯苓饮片的多糖的含量比较研究[J]. 时珍国医国药，2013，24（2）：321-322.

[7] 陈卫东，彭慧，王妍妍，等. 茯苓药材的历史沿革与变迁[J]. 中草药，2017，48（23）：5032-5038.

[8] 张建逵，窦德强，王冰，等. 茯苓类药材的本草考证[J]. 时珍国医国药，2014，25（5）：1181-1183.

[9] 李剑. 茯苓种质资源多样性与袋料栽培技术初步研究[D]. 武汉：华中农业大学，2007.

[10] 邢康康，刘艳，贺宗毅，等. 茯苓栽培技术研究进展[J]. 安徽农业科学，2020，48（22）：7-9，13.

[11] 陈卫东. 安徽大别山区茯苓产业发展的思考[C] //中国菌物学会. 中国菌物学会2018年学术年会论文汇编. 中国菌物学会，2018：1.

[12] 彭华胜，储姗姗，程铭恩. 大别山区道地药材的形成历史[J]. 中国中药杂志，2021，46（2）：253-259.

[13] 程铭恩，杨莓，尹旻臻，等. 大别山区金寨县茯苓适宜种植区研究[J]. 中国中药杂志，2021，46（2）：260-266.

[14] 欧阳叙回. 湖南靖州发展茯苓产业的启示[J]. 中国林业产业，2011（5）：72-73.

[15] 梁华. 靖州县：打造茯苓产业循环链[J]. 湖南农业科学，2011（2）：61.

[16] 钟欢. 探究靖州县域农产品品牌发展路径[J]. 时代经贸，2018（27）：50-51.

[17] 金剑，刘浩，钟灿，等. 茯苓的生物学认识与生产方式历史沿革[J]. 中国现代中药，2020，22（11）：1888-1895，1932.

[18] 潘安. 地道药材云茯苓[J]. 开卷有益（求医问药），2014，4：72.

[19] 荆丹，龙德祥，刘勇. 茯苓段木栽培技术[J]. 安徽农学通报，2020，26（16）：43-44.

[20] 王允勇. 松树蔸标准化栽培茯苓创新技术[J]. 农家参谋，2019（4）：79，95.

[21] 李彪，李小丽. 人工袋料窖栽茯苓技术[J]. 四川农业科技，2008（5）：43.

[22] 林哲人，汪琦，罗远菊，等. 茯苓菌株培育研究[J]. 中华中医药杂志，2019，34（8）：3755-

3759.
[23] 胡廷松，吴庆华，梁小苏. 茯苓菌种品种比较试验[J]. 广西农业科学，1996（2）：67-68.
[24] 李苓，王克勤，边银丙，等. 湖北茯苓菌种生产技术规程[J]. 中国现代中药，2011，13（11）：28-31.
[25] 胡敦松. 幼林下茯苓袋料高效栽培技术[J]. 农村新技术，2015（4）：15.
[26] 刘振武，方振华，郑威，等. 茯苓旱田栽培袋装菌种试验研究[J]. 现代农业科技，2007（2）：11-13.
[27] 李剑，王克勤，苏玮，等. 茯苓棚室袋料栽培技术研究初报[J]. 食用菌学报，2008，15（4）：40-43.
[28] 李苓，王克勤，白建，等. 茯苓诱引栽培技术研究[J]. 中国现代中药，2008，10（12）：16-17，28.
[29] 汪琪，赵小龙，陈平. 茯苓原生质体制备与再生条件的优化[J]. 武汉轻工大学学报，2015，34（4）：11-15.
[30] 蔡丹凤，陈丹红，黄熙，等. 茯苓种质资源的研究进展[J]. 福建轻纺，2015（11）：36-41.
[31] 李寿建，汪琦，刘奇正，等. 茯苓生物学研究和菌核栽培现状及展望[J]. 菌物学报，2019，38（9）：1395-1406.
[32] 金剑，钟灿，谢景，等. 我国茯苓炮制加工和产品研发现状与展望[J]. 中国现代中药，2020，22（9）：1441-1446.
[33] 田玉桥，尹火青，陈三春，等. 茯苓不同初加工方法比较研究[J]. 中药材，2019，42（5）：1038-1040.
[34] 程水明，陶海波. 罗田茯苓种质资源的保护与利用[J]. 安徽农业科学，2007（18）：5542-5543，5564.
[35] 徐雷. 茯苓交配系统的研究[D]. 武汉：华中农业大学，2007.
[36] 王克勤，黄鹤. 中国茯苓：茯苓资源与规范化种植基地建设[M]. 武汉：湖北科学技术出版社，2018.
[37] 孙文瑚，刘小刚，陈震古，等. 茯苓菌优良菌株筛选和酯酶同工酶分析[J]. 安徽农学院学报，1989（1）：32-38，83.
[38] 朱泉娣，唐荣华. 安徽茯苓7个菌株品比试验[J]. 中草药，1992，23（11）：597-598，616.
[39] 苏玮，王克勤，付杰. 代料栽培茯苓质量研究[C] //中国自然资源学会天然药物资源专业委员会，中国药材GAP研究促进会（香港）. 全国第8届天然药物资源学术研讨会论文集. 南京：中国自然资源学会天然药物资源专业委员会，2008.
[40] 屈直，刘作易，朱国胜，等. 茯苓菌种选育及生产技术研究进展[J]. 西南农业学报，2007（3）：556-559.
[41] 贾定洪，王波，彭卫红，等. 19个药用茯苓菌株的ITS序列分析[J]. 中国食用菌，2011，30（1）：42-44.
[42] 吴胜莲，唐少军，靳磊，等. 不同茯苓菌株的质量评价及遗传关系鉴定[J]. 南方农业学报，2018，49（1）：8-13.
[43] 薛正莲，潘文洁，杨超英. 采用He-Ne激光诱变选育速生高产茯苓菌[J]. 食品与发酵工业，

2005 (2): 51 - 54.

[44] 梁清乐，王秋颖，曾念开，等. 茯苓灭活原生质体融合育种研究[J]. 中草药，2006，11：1733 - 1735.

[45] 李羿，万德光. 茯苓紫外线诱变育种[J]. 药物生物技术，2008 (1)：44 - 47.

[46] 熊欢. 原生质体技术在茯苓菌种复壮、育种和生活史研究中的应用[D]. 武汉：华中农业大学，2009.

[47] 邵晨霞，刘惠知，杨祎，等. 茯苓菌种保藏效果的比较[J]. 食用菌学报，2016，38 (5)：27 - 28.

[48] 戴宇婷，刘自昭. 药品检验常用标准菌种的斜面保藏方法研究[J]. 中国卫生标准管理，2019，10 (5)：69 - 71.

[49] 李羿，万德光. 茯苓菌种保藏的研究[J]. 药物生物技术，2010，17 (6)：516 - 518.

[50] 杨祎，邵晨霞，刘惠知，等. 茯苓菌种不同保藏法的效果比较[J]. 食药用菌，2016，24 (3)：176 - 179.

[51] 杜建平，任薇，冯海锜，等. 基于 GAP 认证对我国中药生产基地建设的分析[J]. 按摩与康复医学，2020，11 (22)：14 - 16.

[52] 张文晋，曹也，张燕，等. 中药材 GAP 基地建设现状及发展策略[J]. 中国中药杂志，2021，46 (21)：5555 - 5559.

[53] 陈秀炳，纪家果. 松树蔸栽培茯苓技术[J]. 中国食用菌，1990 (1)：29 - 30.

[54] 成群. 茯苓人工栽培技术[J]. 陕西农业科学，2018，64 (6)：99 - 100.

[55] 杨艳娟，陈光明，阮金华. 茯苓栽培技术探讨[J]. 园艺与种苗，2015，12：30 - 31，62.

[56] 颜冬兰，谢安，袁莉，等. 茯苓加工炮制、成分分析及体内代谢研究进展[J]. 亚太传统医药，2019，15 (9)：176 - 179.

[57] 李习平，庞雪，周逸群，等. 不同加工方法对茯苓及茯苓皮中茯苓酸含量的影响[J]. 中国药师，2015，18 (9)：1453 - 1455.

·第七章·

茯苓综合开发利用

茯苓首载于《神农本草经》，在我国入药历史悠久，有“十方九苓”之说，具有利水渗湿、益脾和胃、宁心安神之功用。现代医学研究表明：茯苓能增强机体免疫功能，茯苓多糖有明显的抗肿瘤及保肝脏作用。并且我国各类名方中应用广泛，在古代经典名方（第一批）100 首方剂目录和《中华人民共和国药典》（2020 年版）中，以茯苓为主要原料的经典名方和成方、单方制剂中分别占到了 24%和 16%。茯苓是我国原卫生部在 1987 年 10 月列出的 34 个药食同源的品种之一，自古以来就被人们用在食疗、药疗上。茯苓中含有茯苓多糖、三萜类等化合物，具有良好的免疫调节、改善睡眠、缓解疲劳、降血糖、抗肿瘤等作用，是良好的保健品开发原料，除了市场上新兴的茯苓保健食品，也衍生出了茯苓日化用品、茯苓特色食品、茯苓饲料添加剂和兽药等一系列产品，各种类的茯苓产品在各自领域也占有一席之地（图 7-1）。随着循证医学的发展和医药政策的日益完善，中医学

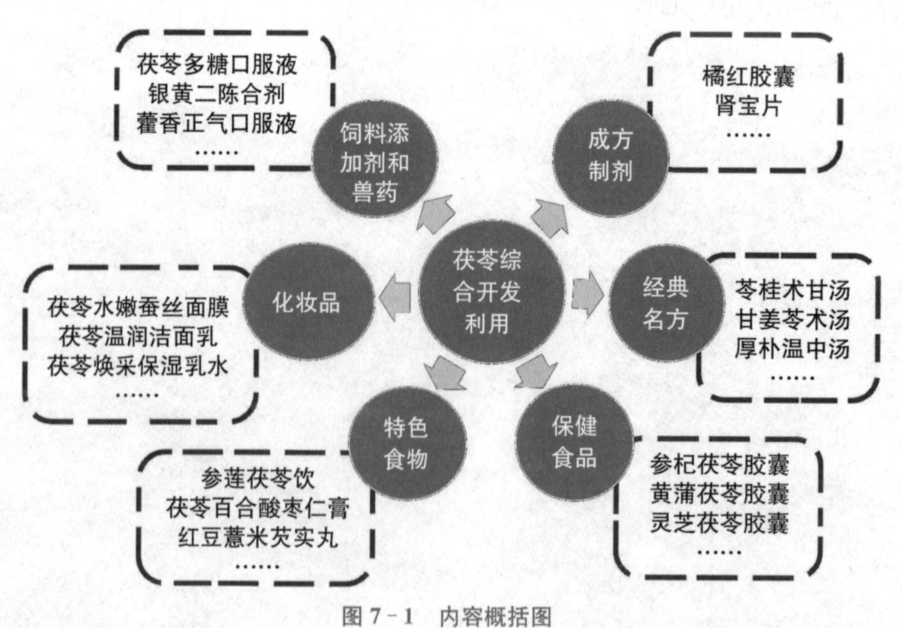

图 7-1 内容概括图

者也日益意识到经典名方类中成药有较好的临床应用前景，临床价值才是传承和推广经典名方意义的根源所在，茯苓作为我国重要的药食两用资源，我们要以更加开放的眼光跨界融合，探讨茯苓产业综合开发利用的创新模式，充分挖掘茯苓资源价值。

第一节 茯苓经典名方和成方制剂应用

一、中药经典名方和成方制剂背景

中医药作为中华文明的杰出代表，是中国各族人民在几千年生产生活实践与疾病作斗争中逐步形成并不断丰富发展的医学科学，不仅为中华民族繁衍昌盛作出了卓越贡献，也对世界文明进步产生了积极影响。其中，经典名方及其成方制剂是中医药留给现代人类的宝贵遗产，以其确切的疗效和较高的安全性，数百年、数千年传承，经久不衰。六味地黄丸系列、生脉散系列、安宫牛黄丸等以经典名方为基础开发的制剂，至今仍然是公认的名优中成药。经典名方及其成方制剂既凝聚了历代医药学家千百年医疗实践的精华，又吸收了当代先进科研成果，具有疗效显著、服用方便、毒副作用小和价格低廉等优点，在当代防治重大疾病中正发挥着越来越重要的作用。

中药成方制剂是指在中医药理论指导下，以中药材为原料，按规定的处方和工艺成批生产，具有确切的疗效和可控的质量标准，可以直接供临床辨证使用的制剂。1963 年版《中华人民共和国药典》收录 197 种中药成方制剂，1965 年出版的《全国中药成药处方集》使用“中药成药”一词，此后“中成药”开始广泛使用。中药成方制剂的起源与发展离不开中医药学的发展与进步，经过历代医药学家不断积累、总结、实践，才形成如今数量巨大、剂型丰富的中成药。在现代医学迅速发展的今天，由传统中成药发展而来的现代中成药仍然活跃在临床一线，有着不可替代的地位。

近年来，中医药发展上升为国家战略，全面振兴中医药，特别是中医药经典名方的创新开发对中医药发展有着重要作用，为此国家先后出台了一系列政策，旨在促进和激励经典名方的现代化开发、利用和保护。2008 年实施的《中药注册管理补充规定》首次明确了来源于古代经典名方的中药复方制剂的注册管理要求。2016 年，《中医药发展战略规划纲要（2016—2030 年）》强调，要加强中医药传统知识保护与技术挖掘。2017 年正式施行的《中华人民共和国中医药法》，明确提出加强古代经典名方的中药复方制剂开发。2017 年 10 月 8 日，中共中央办公厅、国务院办公厅印发了《关于深化审评审批制度改革鼓励药品医疗器械创新的意见》，明确支持中药传承和创新，要求建立并完善符合中药特点的注册管理制度和技术评价体系。而其中规定的“经典名方类中药（以下简称“经典名方”）按照简化标准审评审批”的要求备受关注。2018 年 4 月，国家中医药管理局会同国家药品监督管理局制定发布《古代经典名方目录（第一批）》。2018 年 6 月，国家药品监督管理局发布了《中药经典名方复方制剂简化注册审批管理规定》。2018 年 11 月，国务院发布《2018 年深入实施国家知识产权战略　加快建设知识产权强国推进计划》，其中明确提出，加强古代经典名方类中药制剂知识产权保护，推动中药产业知识产权联盟建设。2019 年 3 月，国家药品监督管理局发布《古代经典名方中药复方制剂及其物质基准的申报资料要求（征求意见稿）意见》，其中明确指出，经典名方相关研究的基本要求及一般原则，进一步规范经典名方中药复方制剂的研究及申报。这些政策法规不仅激励经典名方创新开发，而且强调对创新经典名方的知识产权保护，给国内中药企业发展带来新的契机。

二、茯苓经典名方和成方制剂应用现状

茯苓首载于《神农本草经》，在我国入药历史悠久，有“十方九苓”之说，具有利水渗湿、健脾、宁心的功效，常用于治疗水肿尿少、痰饮眩悸、脾虚食少、便溏泄泻、心神不安、惊悸失眠等。现代研究显示，茯苓中主要化学成分为萜类、多糖类、甾醇类、脂肪酸类等，具有抗肿瘤、抗炎、抗氧化、保肝、免疫调节等药理作用。

1. 茯苓在经典名方中的应用

古代经典名方的研发是发掘中医药精华、彰显中医药特色优势、满足公众健康用药需求的重要路径，是新时代中医药传承创新发展的突破口之一。古代经典名方的中药复方制剂是指目前仍广泛应用、疗效确切、具有明显特色与优势的清代及清代以前医籍所记载的方剂。

茯苓在我国古代经典名方中应用广泛，2018 年国家中医药管理局制定公布了《古代经典名方目录（第一批）》100 首方剂中，以茯苓为主要原料的经典名方占到了 24%（表 7-1）。主要包括汉代的真武汤、猪苓汤、附子汤、半夏厚朴汤、苓桂术甘汤、甘姜苓术汤；唐代的开心散；宋代的实脾散、清心莲子饮、三痹汤、华盖散；金代的升阳益胃汤、厚朴温中汤、地黄饮子、大秦艽汤；明代的清金化痰汤、金水六君煎、暖肝煎、托里消毒散、清肺汤、养胃汤；清代的半夏白术天麻汤、清经散、除湿胃苓汤。

表 7-1　茯苓为主要原料的经典名方统计

朝代	经典名方总数	茯苓名方个数	茯苓经典名方名称
汉	28	6	真武汤、猪苓汤、附子汤、半夏厚朴汤、苓桂术甘汤、甘姜苓术汤
唐	5	1	开心散
宋	11	4	实脾散、清心莲子饮、三痹汤、华盖散
金	11	4	升阳益胃汤、厚朴温中汤、地黄饮子、大秦艽汤
明	17	6	清金化痰汤、金水六君煎、暖肝煎、托里消毒散、清肺汤、养胃汤
清	28	3	半夏白术天麻汤、清经散、除湿胃苓汤
总计	100	24	

注：数据来源于国家中医药管理局制定公布的《古代经典名方目录（第一批）》。

第一批《古代经典名方目录》及对古代经典名方中药复方制剂实施简化审批的系列政策发布以来，激发了行业内外对于经典名方开发利用的积极性和创新活力，而在药材基原、药味炮制、剂量折算、煎煮方法及功能主治等关键信息上的不统一、不规范和缺乏共识，成为阻碍经典名方复方制剂研发进程中的难点和瓶颈。古代经典名方研发的最终目的是临床应用，功能主治内容的准确与否，直接影响到药品的临床定位及其上市后的合理、有效、安全使用，是经典名方中药复方制剂最终生命力的体现。

2. 茯苓在中成药的应用

通过对茯苓药物数据经统计分析发现，其中配伍使用最多的茯苓为白茯苓，频率达72.64%。茯苓的应用广泛，可与诸药配伍，据《中华人民共和国药典》（2020年版）统计，在1 606种成方和单味制剂中，含有茯苓的制剂有257种，占16%，如著名的桂枝茯苓胶囊/丸、参苓白术散、茯苓多糖口服液及六味地黄丸等。

新型冠状病毒感染疫情发生以来，根据现有的临床观察及疫情发展的特点，国家及各省（市、自治区）卫生健康委员会、中医药管理局发布了多个新冠肺炎诊疗方案或中医药防治方案（以下简称方案），方案中明确推荐多个古代经典名方用于新冠肺炎的全程防治中。“在新冠肺炎疫情抗击中，中医药通过临床筛选出有效的方剂‘三药三方’（清肺排毒汤、化湿败毒方、宣肺败毒方），发挥了重要的作用。”其中清肺排毒汤和化湿败毒方中都应用了茯苓。2021年3月2日，国家药品监督管理局通过特别审批程序应急批准中国中医科学院中医临床基础医学研究所的清肺排毒颗粒、广东一方制药有限公司的化湿败毒颗粒、山东步长制药股份有限公司的宣肺败毒颗粒上市。清肺排毒颗粒用于感受寒湿疫毒所致的疫病，化湿败毒颗粒用于湿毒侵肺所致的疫病，宣肺败毒颗粒用于湿毒郁肺所致的疫病。清肺排毒颗粒、化湿败毒颗粒、宣肺败毒颗粒的上市为新冠肺炎治疗提供了更多选择（图7-2）。

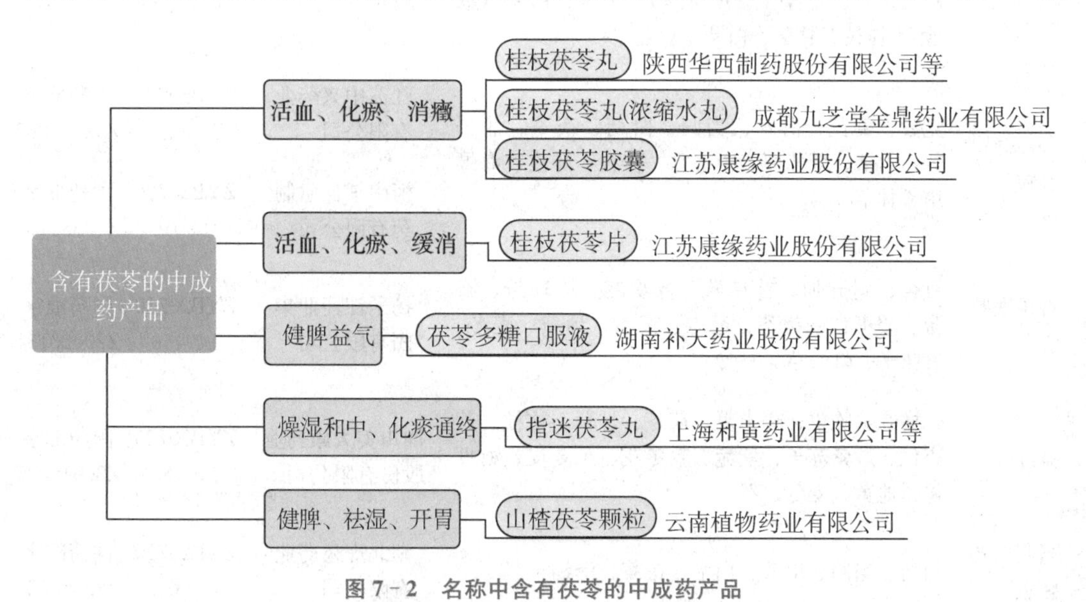

图7-2　名称中含有茯苓的中成药产品

注：数据来源于国家食品药品监督管理局药品查询系统。

三、中药保护产品

1992年10月，中华人民共和国国务院令第106号发布《中药品种保护条例》，自1993年1月1日起施行。该《中药品种保护条例》适用于中国境内生产制造的中药品种，包括中成药、天然药物的提取物及其制剂和中药人工制成品。受保护的中药品种分为一级、二级。一级保护品种的保护期限分别为30年、20年、10年，每次延长的保护期限不得超过第一次批准的保护期限；二级保护品种的保护期限为7年，保护期满后可以延长7年。批准保护的品种由国务院卫生行政部门发给《中药保护品种证书》，企业在保护期限届满前6个月可申报延长保护期。我国对中药品种保护制度分为专利制度与中药品种保护制度。

中药品种保护制度作为一种特殊行政保护手段，在提升药品质量，防止低水平重复，促进中药产业健康发展等诸多方面产生了极其重要的作用。我国组成配方中含有茯苓的中药保护品种统计见表7-2。

表7-2　中药茯苓保护产品

保护产品名称	组成配方	生产企业名称	保护品种编号	药品批准文号
九味镇心颗粒	人参（去芦）、酸枣仁、五味子、茯苓、远志、延胡索、天冬、熟地黄、肉桂	北京北陆药业股份有限公司	ZYB2072014020	国药准字Z20080008
健脑补肾口服液	人参、鹿茸、狗鞭、肉桂、金牛草、牛蒡子、金樱子、杜仲（炭）、川牛膝、金银花、连翘、蝉蜕、山药、远志（甘草水制）、酸枣仁（炒）、砂仁、当归、龙骨（煅）、牡蛎、茯苓、白术（麸炒）、桂枝、甘草、白芍、豆蔻	华润三九（临清）药业有限公司	ZYB20720140440	国药准字Z37020805
参芪健胃颗粒	党参、黄芪、白术、当归、白芍、茯苓、蒲公英、山楂、紫苏梗、土木香、桂枝、陈皮、海螵蛸、甘草	江苏中兴药业有限公司	ZYB20720150011	国药准字Z32020662
		河南辅仁堂制药有限公司	ZYB20720150010	国药准字Z10983120
百乐眠胶囊	百合、刺五加、首乌藤、合欢花、珍珠母、石膏、酸枣仁、茯苓、远志、玄参、地黄、麦冬、五味子、灯心草、丹参	扬子江药业集团有限公司	ZYB20720140450	国药准字Z20020131
橘红胶囊	化橘红、陈皮、法半夏、茯苓、甘草、桔梗、苦杏仁、炒紫苏子、紫菀、款冬花、瓜蒌皮、浙贝母、地黄、麦冬、石膏	四川美大康药业股份有限公司	ZYB20720140460	国药准字Z20010005
当归芍药颗粒	白芍、当归、川芎、白术、茯苓、泽泻	湖北虎泉药业有限公司	ZYB2072015008	国药准字Z20000023

续表

保护产品名称	组成配方	生产企业名称	保护品种编号	药品批准文号
红花逍遥片	当归、白芍、白术、茯苓、红花、皂角刺、竹叶、柴胡、薄荷、甘草	江西普正制药有限公司	ZYB2072015025	国药准字Z20080299
		浙江康德药业集团股份有限公司	ZYB2072015025-1	国药准字Z20090403
		吉林吉春制药股份有限公司	ZYB2072015025-2	国药准字Z20090668
肾宝片	淫羊藿、葫芦巴、金樱子、熟地黄、补骨脂、蛇床子、制何首乌、肉苁蓉、枸杞子、菟丝子、五味子、覆盆子、黄芪、红参、白术、山药、茯苓、当归、川芎、小茴香、车前子、炙甘草	江西汇仁药业有限公司	ZYB2072015027	国药准字Z20080627
加味藿香正气软胶囊	广藿香、紫苏叶、白芷、炒白术、陈皮、半夏(制)、姜厚朴、茯苓、桔梗、甘草、大腹皮、生姜	江苏康缘药业股份有限公司	ZYB20720140340	国药准字Z20020142
麻黄止嗽胶囊	橘红、麻黄、桔梗、川贝母、五味子(醋蒸)、茯苓	陕西开元制药有限公司	ZYB2072014041	国药准字Z20090079
连花清瘟胶囊	连翘、金银花、炙麻黄、炒苦杏仁、石膏、板蓝根、绵马贯众、鱼腥草、广藿香、大黄、红景天、薄荷脑、甘草	石家庄以岭药业股份有限公司	ZYB2072013012	国药准字Z20040063
苁蓉益肾颗粒	五味子(酒制)、酒苁蓉、茯苓、菟丝子(酒炒)、盐车前子、制巴戟天	内蒙古兰太药业有限责任公司	ZYB20720170010	国药准字Z20030099
芪参胶囊	黄芪、丹参、人参、茯苓、三七、水蛭、红花、川芎、山楂、蒲黄、制何首乌、葛根、黄芩、玄参、甘草	上海凯宝新谊(新乡)药业有限公司	ZYB2072020005	国药准字Z20044445

四、茯苓经典名方和成方制剂市场分析与展望

全球化的今天，中医药走向世界的步伐大大加快，中医药以其特有的医疗保健作用成为有国际影响力的一个重要领域，各国民众越来越多地选择中医药作为医疗保健手段，中药出口显示出巨大的市场发展潜力。日本汉方医学与我国中医学同根同源、同根异枝，现已形成独具魅力的日本汉方文化。其中以汉方药为代表，发展势头较好，受到了国内外医药界的关注。汉方药与我国的中成药十分相似，日本的汉方药与时俱进，创新图存，为我国传统中医药的发展建立了弥足珍贵的比较“样本”与参照“对象”。

中药成方制剂销售目前主要是国内市场，国际市场占比较小。截至2019年成方制剂中草药及中成药类成交额为1 588.6亿元，与2018年相比增加10.7%。2019年中成药出口金额为260.8万美元，同比2018年下降0.6%。2019年中成药总产量为282.36万吨，中成药出口数量为12 639.74吨，出口数量占总产量的0.5%。未来中成药生产销售体系

不断完善，中成药将完全打开国际市场。

在国际上，目前已有 29 个国家和地区承认中医理论，其中近半数将中药纳入国家医保，中医药国际化市场发展十分乐观。自 2010 年起，中国陆续有中成药上市国际市场，其中包括以岭药业的通心络胶囊，上海和黄药业的胆宁片等。日本作为除中国外目前最大的中药生产和消费国家，在其本土就有超过 200 家的汉方药厂。日本津村汉方制药独占鳌头，据统计，其在 2017 年市场规模已经达到了 1 123 亿日元。所以作为中医药发源国家，发展以经典名方为指导的中医药事业迫在眉睫。

从目前的形势来看，未来国家仍将会针对中医药产业释放更多的利好政策，相关的法律法规也会不断健全，对整个行业的规范化快速发展起到极其重要的作用。含有茯苓的中成药，如六味地黄丸、青春宝口服液、人参再造丸等，因其强身健体、美容养颜、延年益寿等功效长期以来深受海内外人士的欢迎，具有广阔的市场。

第二节　茯苓保健食品

一、中药保健食品背景

中药健康产业是指建立在中医药理论基础上，以中药为主要原料或手段，以改善人民健康状况、提升人民健康水平为目标的产业领域，主要包括中药保健食品和中药日化产品生产、中药材种植与中药国际化等。在“健康中国”背景下，与大健康相关的产业有望进入黄金发展期，成为未来重要的经济增长点。

大健康产业是维护健康、修复健康、促进健康的关于产品生产、服务提供及信息传播等活动的总和。在大健康市场里，中药保健食品的销售规模及产值正在显著增长。中药保健食品是指在中医药理论指导下研制的具有特定保健功能的食品，即适宜于特定人群食用，具有调节机体功能，不以治疗疾病为目的的食品。同时必须具备以下三个特点：一是具有食品的特性即可食性和营养性；二是具有中医药特点，即具有一定的性味和生理功能；三是必须符合《保健食品管理办法》所规定的各项要求。保健食品的出现，是人们对提高生命质量的追求。中药健康产业是顺应时代潮流而出现的产物。

据原国家食品药品监督管理总局（CFDA）统计，截至 2012 年底，全国保健品生产企业数量超 2 000 家，产值超 2 800 亿元，国产保健食品 13 493 个，进口保健食品 719 个。截至 2015 年底，现有批文的保健食品已超过 15 000 个，其中除部分维生素、矿物质类营养补充剂外，主要是以中药材原料为主的保健食品，如西洋参、灵芝、肉苁蓉、茯苓等。

中药保健食品契合了大健康的发展要求。中药保健食品大多数以药食同源食物为原材料，根据大众需求和药性来配伍不同的中药材，达到协同作用，提高保健食品的功效，同时中药保健食品也具备众多的优势条件。其安全性高，无毒，无副作用，保健功效稳定且显著。研发以中药材为主的保健食品具有广阔的市场前景。但现今中药保健食品研发存在许多问题，仍需要人们进一步研究和探索。

二、茯苓保健食品现状

茯苓中含有茯苓多糖、三萜类等化合物，具有良好的免疫调节、改善睡眠、缓解疲劳、降血糖、抗肿瘤等作用，是良好的保健品开发原料，其保健品市场具有很大的发展潜力。

1. 茯苓保健食品形式

剂型多以胶囊剂和口服液为主，也有茯苓酒和茯苓茶等形式。国产保健品数据库中，在名称中含有茯苓的保健食品产品有 37 个，如牦牛骨茯苓山药核桃维 D 粉、茯苓西洋参氨基酸口服液、首乌茯苓冲剂、蚂蚁茯苓酒、摩罗茯苓粥、绞股蓝黄芪茯苓片等；保健食品处方数据库中以茯苓为主要原料的产品有 760 个，如冲和养元胶囊、美容胶囊、开胃消食片、祛斑胶囊、减肥茶、保健酒、安神口服液、减肥胶囊、护肝胶囊、降脂健身茶、壮骨粉等。

2. 茯苓保健食品效果特点

根据国家市场监督管理总局公布的数据，目前以茯苓为原料的保健食品主要涉及增强调节免疫力、缓解体力疲劳、改善睡眠、去除黄褐斑、减肥、调节血糖血脂等保健功能。据统计，在 15 752 种国产保健食品中，其中有 692 种保健食品含有“茯苓”，“增强免疫力”是含有茯苓成分的保健食品最多的保健功能，有 269 种，约占 40%（图 7－3）。

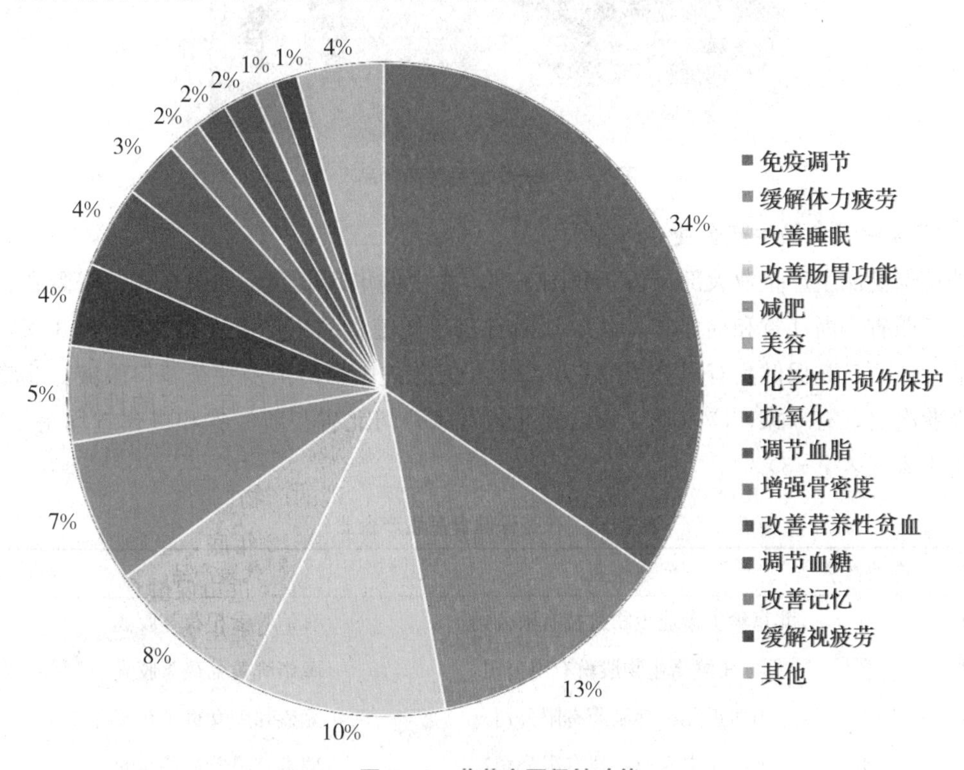

图 7－3　茯苓主要保健功能

随着科技的发展，人类对茯苓功效的认识更加明确。目前已知的茯苓的功效有抗肿瘤、免疫调节、调节胃肠功能、抗炎、抗氧化、抗衰老、提高记忆力、调节泌尿系统、降血糖、降血脂、镇静、催眠和保肝的效果。对于处于亚健康的现代人群来说，茯苓的保健品无疑是个非常适宜的选择。因此，茯苓保健品的市场空间必然广阔（图 7-4）。

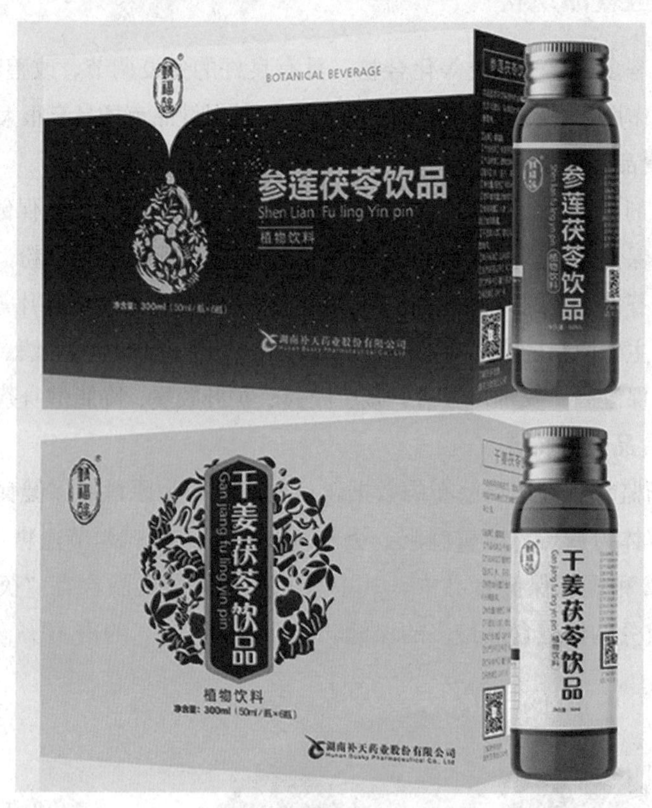

图 7-4　茯苓相关保健食品

3. 茯苓保健食品生产企业

茯苓保健品生产企业大部分位于我国东部，集中偏华东地区，如山东省、安徽省、江苏省、江西省、浙江省和福建省，其中江西省茯苓保健食品生产企业最多，有 13 家，代表企业有江西三旺保健品有限公司的三旺牌太子参陈皮山药山楂麦芽茯苓口服液，北京市生产企业次之，有 6 家，广东省 4 家，湖北省 3 家，河北省、浙江省和贵州省均是 2 家，其余均 1 家（表 7-3）。

表 7-3　茯苓保健食品生产企业

省份	企业数量	代表企业	代表产品
北京	6	北京珍生康业生物科技有限公司	有信牌参杞茯苓胶囊
河北	2	石家庄藏诺生物股份有限公司	藏诺牌黄葡茯苓胶囊
山西	1	山西正元盛邦制药有限公司	正元盛邦牌女贞子茯苓片
上海	1	上海瑞丰农业科技有限公司	瑞丰牌灵芝茯苓胶囊

续表

省份	企业数量	代表企业	代表产品
江苏	1	江苏欧莱特生物科技有限公司	巨榕牌酸枣仁刺五加珍珠茯苓片
浙江	2	浙江英格莱制药有限公司	千足牌珍珠茯苓胶囊
福建	1	福建润兴生物科技有限公司	绿冬牌枣仁茯苓口服液
江西	13	江西三旺保健品有限公司	三旺牌太子参陈皮山药山楂麦芽茯苓口服液
山东	1	山东天赋生物保健品有限公司	天茯牌茯苓宝口服液
湖北	3	湖北海音生物医药有限公司	海音牌首乌茯苓冲剂
广东	4	广州市龙力贸易发展有限公司	美澳健牌酸枣仁灵芝柏子仁茯苓枸杞子口服液
贵州	2	贵州苗氏药业股份有限公司	达利园牌牦牛骨髓山药茯苓粉
陕西	1	陕西今正药业有限公司	世纪康牌茯苓参枣胶囊

三、茯苓保健食品市场分析与展望

中药保健食品是我国健康产品的重要部分，它在中医药理论的指导下产生，原料多为药食同源的药材，在疾病预防、保健康复等方面发挥了重要作用。2007 年 3 月发布的《中医药创新发展规划纲要（2006—2020 年）》中明确指出，需大力发展中药产业，培育以中药为基源、具有自主知识产权的大健康产业。2015 年 5 月，《中医药健康服务发展规划》明确了大力发展中医药养生保健服务。2016 年 2 月发布的《中医药发展战略规划纲要（2016—2030 年）》，首次将中医药发展列入国家战略，同时明确指出，到 2020 年，中国将实现人人基本享有中医药服务，中药工业总产值占医药工业总产值的 30%以上。随着“健康中国 2030”规划纲要的实施，我国大健康产业迎来了巨大机遇，大健康产业理念的普及和中医药现代化进程的加快，中药健康产业将迎来良好的发展时机，将为提高我国人民的健康水平及拉动国民经济发展做出重大贡献。

第三节　茯苓日化用品

一、中药化妆品背景

中药化妆品是把中药提取物以功能性原料的性质加入化妆品中，赋予化妆品一些特殊功能，使化妆品具有嫩肤、美白、防晒、祛斑、抗衰老等功能。中药化妆品是中药与化妆品的结合物。当前美容市场出现的中药化妆品，多由中药提取物和化学基质原料制成。中药化妆品在我国尚没有明确的法规制约和管理，应受《化妆品卫生规范》的管理与制约，也应受药典药品管理条例的制约。

近年来，由于化妆品市场上的同质化竞争，消费者对于化妆品品质要求的提升，中国传统中医药文化在全世界的认可程度与日俱增，以“安全有效”著称的“中草药”化妆品已然成为业内普遍关注的一大领域。

现今，国家高度重视中医药发展，先后颁布实施《中华人民共和国中医药法》《“健康中国2030”规划纲要》和《“十四五”中医药发展规划》，坚持把发展中医药提升至国家战略，并作为健康中国战略的重要组成部分给予政策推动。随之，各项支持中医药发展的重磅法规相继出台。这意味着，来源于历代医家临床智慧结晶的经典名方制剂走向市场的步伐越来越快。宏观政策的系列推出，表明了继承和发扬中医药学，势在必行。而中草药化妆品，作为中医药学应用的分支，有着良好的发展机遇。

二、茯苓化妆品现状

随着现代人类对“顺应自然，返璞归真”理念和对天然植物化妆品的追求，中药美容产品逐渐成为当今消费者追捧的焦点。中药化妆品是指以中医药理论为指导，由中药制成或是在化学合成物质中添加中药或中药有效成分而成，具备清洁身体、美化外表、改变外貌、增加吸引力作用的物质。

实际上，我国在发展中药化妆品行业方面具有无可比拟的优势。首先，我国的中草药资源丰富，中药的开发利用技术也居于世界首列，灵芝、首乌、侧柏、茯苓等原材料广受国内外美容专家的认可与好评；其次，欧美品牌化妆品更适用于白皮肤，中草药化妆品对东方女性肌肤更具针对性。

茯苓属于多孔菌科茯苓属真菌，分布地区广泛，它的功效涉及方面广，范围大，不但能和多种药物进行搭配使用，还可作为传统药食同源产品，在中医当中有“十药九茯苓”的美誉。传统的茯苓等真菌类药物被人们用来制作药物及保健品等各项物品，可是茯苓在护肤品方面的开发却不是很多，随着国家经济的发展和科学生物技术的增强，人们对传统真菌类药物进行不断的开发与研究，发现了茯苓提取物在护肤品方面的有效应用。例如：人体黑色素生成量与体内酪氨酸酶活性有关。根据研究发现茯苓提取物中的三萜类化合物对酪氨酸酶（EC1.14.18.1）具有非常明显的抑制作用，茯苓三萜类化合物的结构上基本以羊毛甾烷（$C_{30}H_{54}$）为骨架繁衍生成。因为人体中的酪氨酸酶活性越强则相对应的黑色素生成量也越多，通过数次实验发现白茯苓中的提取物三萜类化合物可能是增白中药的作用机制之一。

1. 茯苓化妆品形式

含茯苓提取物的化妆品主要有净痘修护面膜、美白净瑕精华、美白清肌水、面膜粉、美白晚霜、美白净瑕中药油、净白无瑕养颜贴、祛斑润白面贴膜、美白离子水、洁面乳、美白精华露、洁面皂、美白防晒隔离霜、青春定格原液等。

茯苓化妆品主要有面膜、水和乳液、精华、油、洁面产品等形式。其中面膜具有净痘修护、祛斑润白作用，水和乳液具有美白清肌、补水修复、祛斑嫩肤作用，精华具有美白净瑕、维稳肌肤、防止皮肤内细胞衰老功效，药油具有美白净瑕功效，洁面产品有洁净肌肤、净痘的功能（图7-5）。

图7-5　茯苓相关化妆品

2. 茯苓化妆品效果特点

之前很火的“药妆”其实就包括中药化妆品，不过在2019年1月10日，国家药品监督管理局在《化妆品监督管理常见问题解答(一)》中明确指出，对于以化妆品名义注册或备案的产品，宣称“药妆”“医学护肤品”等“药妆品”概念的，均属于违法行为。国家药品监督管理局解答称，需要明确指出的是，不仅是我国，世界大多数的国家在法规层面均不存在“药妆品”的概念。避免化妆品和药品概念的混淆，是世界各国（地区）化妆品监管部门的普遍共识。国家药品监督管理局还明确，我国现行《化妆品卫生监督条例》中第十二条、第十四条规定，化妆品标签、小包装或者说明书上不得注有适应证，不得宣传疗效，不得使用医疗术语，广告宣传中不得宣传医疗作用。

茯苓化妆品如植研氏茯苓护肤品系列中茯苓具有防止色素堆积、美白肌肤的作用。植研氏运用"液相不振荡"国家专利技术，将茯苓原料中的β-茯苓聚糖通过化学改性、断链修饰的方法，研制出易溶于水的羧甲基茯苓多糖（CMP），其溶解度与生物利用度大大提高。研究证实，羧甲基茯苓多糖具有很强的抗氧化功能。该项技术获得了国家发明专利，改变了茯苓长久以来煎煮、打粉的传统加工方式，大大提升了茯苓在人体中的溶解度与生物利用度。其茯苓焕采保湿乳液主要成分：茯苓提取物、甘油、透明质酸钠、聚谷氨酸钠、精氨酸/赖氨酸多肽、水解小麦蛋白、水解大豆蛋白、丝氨酸、精氨酸、脯氨酸。

3. 茯苓化妆品生产企业

根据中国保健协会调查，国内药食同源保健企业 4 000 多家，市场销售约 2 000 种，包含 7 000 多个品牌，其中 25%存在一定程度的夸大功效，而具有真正实力的企业不足百家。

现茯苓化妆品主要生产企业有湖南补天药业股份有限公司、上海传美化妆品有限公司、MERRYFUL/美源坊和安徽兄弟化妆品有限公司。其中补天药业是一家基于道地中药材茯苓全产业链开发，从茯苓制种到种植，从原药材有效成分提制到新药临床研究及生产，学术推广与销售的国家高新技术生物制药企业（表 7-4）。

表 7-4 茯苓为主要原料的化妆品

序号	产品种类	代表产品名称	生产企业或品牌
1	面膜	茯苓水嫩蚕丝面膜	湖南补天药业股份有限公司
		白茯苓无瑕透亮滋养面膜	上海传美化妆品有限公司
2	洁面乳	茯苓温润洁面乳	湖南补天药业股份有限公司
		白茯苓自然雪肌洁面奶	MERRYFUL/美源坊
3	保湿水	茯苓焕采保湿乳水	湖南补天药业股份有限公司
		白茯苓自然雪肌精华水	MERRYFUL/美源坊
4	精华霜	茯苓雪肌霜	安徽兄弟化妆品有限公司
		白茯苓自然雪肌精华霜	MERRYFUL/美源坊

三、茯苓化妆品市场分析与展望

自 2014 年以后化妆品类成交额一直在下降，2019 年化妆品类成交额占综合市场成交额的不到 1%。网上零售额却逐年上升，2019 年线上零售额占综合零售商品销售额的 65.5%。化妆品网络零售额占比逐步上升，消费者越来越倾向于通过网络直播、购物平台购买化妆品。有关数据显示，2018 年化妆品网络零售额占零售总额的 74.2%，电商营销已成为中国化妆品产品销售的主要渠道。

2021 年 1 月 1 日，修改后的《化妆品监督管理条例》（以下简称《条例》）正式施行。《条例》结合监管实际，首次提出化妆品注册人、备案人制度，由化妆品注册人、备案人承担化妆品质量安全和功效宣称的主体责任，同时对生产经营活动中各个企业主体的法律责任进行了界定，以保证产品质量安全的持续稳定。特别是对网购化妆品消费模式进行了全新规范。1月12日，国家市场监督管理总局发布《化妆品注册备案管理办法》（以下简称《办法》），自2021年5月1日起施行。《办法》强调，化妆品注册申请人、备案人应当有与申请注册、进行备案化妆品相适应的质量管理体系，应当有不良反应监测与评价的能力。《办法》规定已经取得注册、完成备案的化妆品新原料实行3年安全监测制度，还对备案产品化妆品、化妆品新原料注册人、备案人的违法违规行为加大监管力度和处罚力度。国家化妆品监管制度的完善，净化了化妆品市场，同时，也保障了消费者的权利，让网购变得更可靠了。

随着现代社会的急速发展，随之而来的是人们的生活节奏也越来越快，生活工作的压力增加，空气环境的污染以及辐射程度的加深，这对人类皮肤具有强烈的损害，皮肤干燥且暗淡无光，脸上逐渐出现皱纹甚至衰老的迹象。为此，茯苓提取物研制而成的护肤品具有抗衰老，淡化细纹，祛斑美白，能对皮肤有较明显的保湿效果。自古以来茯苓就被人们用在食疗、药疗上，人们对茯苓的功效作用是十分信赖的，如果将茯苓提取物添加到护肤品当中，人们会对这类具有美白祛斑、抗衰老和保湿功能的护肤品更为信赖，且茯苓提取物制成的护肤品针对性效果明显，长时间使用也不会产生任何伤害人体的毒副作用，与其他传统意义上的护肤品相比较，人们在选择消费时会优先选择具有茯苓提取物的护肤品，且茯苓化妆品在国内的研究比较少，茯苓提取物在护肤品的研发中有着广阔的应用前景和销售市场。

第四节　茯苓特色食品

一、茯苓药食同源背景

社会高速发展，生活节奏加快，处于亚健康状态人群日益增多，健康的饮食保健方法随之引起关注，而药食同源产品在日常食疗与养生保健中扮演着重要角色。药食同源是一种植根于中华传统文化的思想，随着药食同源文化被大众所认同，它必将随着中国经济的腾飞走向世界而发扬光大。2016年，国务院印发了《中医药发展战略规划纲要（2016—2030年）》，这标志着已将中医药事业上升为国家战略部署，国家对于中医药的重视必将给中医药产业发展带来新机遇。药食同源产品作为中医药发展密不可分的部分，其产业发展已受到政府职能部门的高度重视。

药食同源是指既是食品又是中药材的物质，具有传统食用习惯，且列入国家中药材标准（包括《中华人民共和国药典》及相关标准）中的动物和植物可使用的部分（包括食品原料、香辛料和调味品）。2002 年原卫生部发布《关于进一步规范保健食品原料管理的通知》（卫法监发〔2002〕51 号），公布《既是食品又是药品的物品名单》，共列入 87 种物质，其中包括茯苓。目前国家卫生健康委员会公布的《按照传统既是食品又是中药材的物质目录》在原有的基础上新增了 19 种，2024 年达到 106 种。

目前，中国药食同源产业还处于初级发展阶段，法律法规和监管体制有待完善，针对药食同源产业领域中个别企业的有法不依、职责混乱的情况，有关部门应建立健全法律法规，规范企业生产行为，明确各部执法责任，维护市场经营秩序，加强对原料生产、流通、经营、使用等各个领域的监管，保证品质。除了制定相应的质量标准，还应注重法律的规范作用。保障产品质量，保证消费者使用安全，确保药食同源产业的可持续性发展。

二、茯苓特色食品现状

茯苓是我国著名的传统常用药食两用的中药材，有 2 000 多年的应用历史。现在被人们津津乐道的茯苓饼，更是清朝慈禧太后延年益寿的点心之一。由此可见，自古以来，茯苓不仅仅是临床的常用中药之一，更是常用的食材之一。

1. 茯苓特色食品形式

茯苓不但入药用于治疗，而且还很适合药膳和糕点类保健食品的制造，是药食两用佳品，如茯苓面、茯苓糕、茯苓饼、茯苓酒、茯苓粥、茯苓包子、茯苓酥糖、茯苓玫瑰蛋卷等。这些佳馐味美清香，既能饱口福，又能祛病延年（图 7-6）。

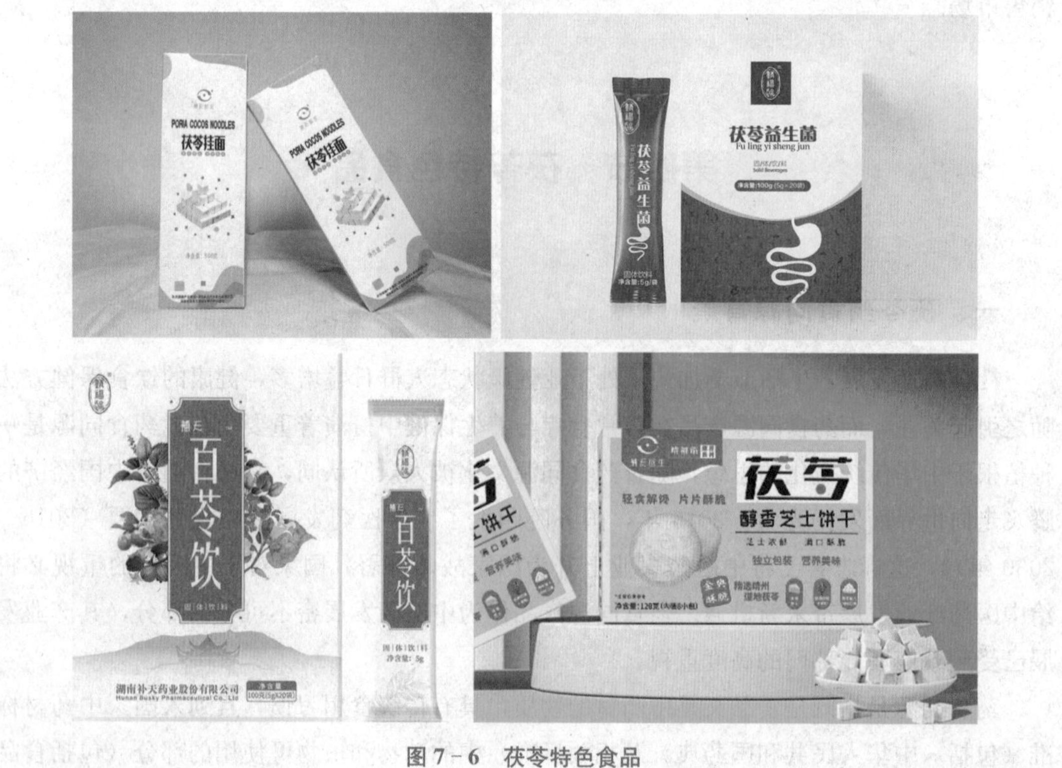

图 7-6　茯苓特色食品

在食品标准数据库中茯苓产品有86个，如茯苓山药六珍酒、茯苓白果冲剂、山药茯苓片、破壁茯苓颗粒、茯苓代用茶、人参茯苓膏、茯苓煲汤料、茯苓固体饮料等。

2. 茯苓特色食品效果特点

茯苓中的主要成分为茯苓多糖，含量很高。对多种细菌有抑制作用；能降胃酸，对消化道溃疡有预防效果；对肝损伤有明显的保护作用；有抗肿瘤的作用；能多方面对免疫功能进行调节；能抑制化疗所致白细胞加速回升；并有镇静的作用。茯苓能降低肝内胶原含量、尿羟脯氨酸排出量增多，从而促进肝脏胶原蛋白降解，促进肝内纤维组织重吸收作用。

采用β-葡聚糖酶酶解茯苓多糖获得水溶性茯苓多糖，优化水溶性茯苓多糖的最佳酶解提取工艺，测定酶解产物抑菌效果。通过苯酚-硫酸法测定其含量，以水溶性茯苓多糖含量为评价指标，采用L9（34）正交试验设计，优化酶解工艺条件：酶解反应温度55 ℃，pH值5.5，时间150分钟，酶用量9 000 IU。在此条件下获得水溶性多糖含量达到9.20%。牛津杯法测定其抑菌活性，结果表明，酶解产物对金黄色葡萄球菌和大肠埃希菌产生较好的抑菌作用，抑菌圈直径分别为14.67 mm和8.89 mm，对枯草芽孢杆菌未见产生明显抑菌圈，为茯苓水溶性多糖深度开发提供前期研究数据。

3. 茯苓特色食品生产企业

以茯苓为主要原料的食品及生产企业见表7-5。

表7-5　茯苓为主要原料的普通食品

序号	产品种类	代表产品名称	生产企业或品牌
1	膏	茯苓百合酸枣仁膏	北京同仁堂健康药业（福州）有限公司
		茯苓膏	广东逢春制药有限公司
2	粉	茯苓芡实大枣阿胶粉	北京同仁堂健康药业（福州）有限公司
		莲子茯苓芡实粉	一品堂中国大陆
3	丸	芡实茯苓丸	广东逢春制药有限公司
		红豆薏米芡实丸	广东逢春制药有限公司
4	粥	芡实薏米赤小豆茯苓粥	广东逢春制药有限公司
		赤小豆薏米芡实茯苓粥	亳州市仁庆堂药业有限公司
5	茶	茯苓丁香茶	北京同仁堂健康药业（福州）有限公司
		百苓饮-代用茶	湖南补天药业股份有限公司
6	饮	参莲茯苓饮	湖南补天药业股份有限公司
		茯苓湿清饮	亳州市青春塘保健品有限公司
7	汤料	茯苓山药煲肉汤料	北京同仁堂健康药业（福州）有限公司
		茯苓淮山水鸭汤	福东海广东逢春制药有限公司

续表

序号	产品种类	代表产品名称	生产企业或品牌
8	超微粉	破壁草本茯苓粉	广东草晶华破壁草本有限公司
		茯苓鱼腥草破壁草本	中山市中智食品科技有限公司
9	其他	茯苓饼干	湖南补天药业股份有限公司
		茯苓挂面	湖南补天药业股份有限公司
		茯苓益生菌	湖南补天药业股份有限公司

三、茯苓特色食品市场分析与展望

中国基于药食同源原料的食品超过400多种，法定的药食同源中药材有100多种。药食同源品种多、产业发展历史悠久，但发展速度缓慢，具备形成规模、走出国门的中药民族企业极少，在全球范围内销售占比小。而当今药食同源中药材的国际市场份额以美国、欧洲和日本为主，其药食同源品种产量超过全球量的90%，尤以美国产销售量最大。造成目前的药食同源市场状况，主要是技术含量低，基础研究薄弱。

茯苓也作为一种历史悠久的食品，早在唐朝集市上就有用茯苓、糯米、白术粉制成的茯苓糕，还有茯苓粥、茯苓包子。因此，茯苓不但可以入药，也可作为我国传统的保健食品。茯苓作为我国一种传统药食同源的中药，除了具有极大的药用价值外，还具有重大的食用经济价值。应秉承“药食同源”的思想理念，创新茯苓产业食用定位及发展方向，以差异化竞争方式提升茯苓产业的市场竞争能力。

第五节　茯苓饲料添加剂和兽药

一、中药饲料添加剂背景

随着人民生活水平的提高，人们越来越关注健康问题，其中食品安全问题更是焦点问题。但随着人们对“瘦肉精”“饲料猪”等事件的了解，人工合成的饲料添加剂、抗生素等安全问题遭到人们的质疑。安全、无毒的饲料添加剂成为人们追求的目标，中药饲料添加剂则顺应市场而出，成为当今饲料添加剂的大势。各种食用动物的健康与人民生活息息相关，中药饲料添加剂更是成为现在研究的热点问题。

中药饲料添加剂在我国有着悠久的应用历史。例如，西汉时期，刘安所撰《淮南子·万毕术》有麻盐肥豚参法：“取麻子三升，捣三千余杵，煮为羹，加盐一升，和以糠。三斛，饲豚，则肥也。”东汉时期的《神农本草经》也有记载：“梓白皮，主热，去三虫，叶捣传猪创，饲猪肥大三倍，生山谷。”明代李时珍的《本草纲目》中记载：“钩藤，入数寸于小麦中，蒸熟，喂马易肥；谷精草，可喂马令肥。”张宗法的《三农纪》中记载有鸡催肥法：“以油和面，捻成指尖大块，日饲数十枚；或造便饭，用土硫黄，每次半钱许，喂数日即肥。”由此可见，中药作为饲料添加剂历史悠久，但都只是一些来自民间零散的经验，没有形成系统的知识体系，且应用对象比较单一。另外，从这些记述中可以看出，中药用作饲料添加剂，有单方，也有复方，且以单方为多。从所用药物的功效上分析，多数以健脾催肥、祛邪扶正为主，用以治疗疾病的添加剂不多。

所谓中药饲料添加剂就是将中药制剂添加剂动物饲料中达到预防疫病、治疗疾病或者提高生产性能、提高饲料品质的作用。我国使用中药作为动物饲料添加剂已有悠久的历史，用以促进动物生长、增加体重、防治动物疫病等。

国外随着抗生素残留问题的日趋显现，使研究者们意识到必须限制抗生素的滥用并且需要开发新的饲料添加剂来代替抗生素型添加剂。中药作为代替抗生素的首选目标，其优势在于，中药来源于大自然中的药用植物、药用菌物、药用矿物等广博资源，以无抗药性、低残留、不会对环境造成污染为优势和特点。我国在 20 世纪 70 年代开始快速研发中药在饲料添加剂中的应用，但由于理论知识和科研技术的不完善，导致研制的添加剂的剂型、效果及应用对象单一，以畜禽为主。90 年代以后，中药复方的使用使得添加剂的功能更加多样化，并且面对的应用对象也不仅仅只是畜禽而扩展到经济动物。进入 21 世纪，以动物营养学为理论基础，发展至今已经涉及包括药理学、动物营养学、中兽医学、分析化学等多个学科。综合以上中药饲料添加剂的发展可明显看出，中药作为抗生素替代品在促生长、提高动物机体免疫等动物保健方面具有显著效果，随着中药饲料添加剂研发的不断进步，中药饲料添加剂的使用将越来越广泛，简便而有效。

二、茯苓饲料添加剂现状

1. 茯苓饲料添加剂形式

目前，中药饲料添加剂多是散剂和粉剂，其中茯苓饲料添加剂以发酵液和茯苓粉末为主。添加剂存在剂型单一，应用不便，缺乏对新型资源的探索利用等问题。

中药饲料添加剂发展至今，多是以药用植物、药用矿物、植物药药渣等作为研究材料。食药用菌的应用相对较少。食药用菌可集食用兼药用价值于一体，所含的活性物质有增强免疫、抗菌、抗肿瘤等药理作用。其独有的发酵技术，可保证原材料的供应。另外，也可改变发酵培养的条件获得预想的活性成分。因此，食药用菌在研发中药饲料添加剂方面具有开发价值。

茯苓饲料添加剂以发酵液和茯苓粉末为主。中药微生物发酵饲料添加剂是在中药饲料添加剂和微生态饲料添加剂的基础上，将两者有机结合起来，具有促进动物生长发育、缩短饲养周期、提高饲料报酬率、增强药效和降低饲养成本等作用，且中药在微生物发酵的作用下产生新的活性成分，能够增加疗效，具有广阔的应用前景。

2. 茯苓饲料添加剂特点

茯苓饲料添加剂具有增强禽畜免疫力，提高禽畜抗病毒能力等作用。例如，陈钢等发现以茯苓发酵液和灵芝发酵液为辅料，可提高禽畜的自身免疫，降低细菌、病毒对禽畜的感染率，增加禽畜食欲，增加禽畜体重。高鹏辉等发现发酵茯苓有增强断奶仔猪免疫功能的作用，可以增强断奶仔猪对疾病的抵抗能力，缓解早期断奶所带来的应激效应。

3. 茯苓饲料添加剂企业

以茯苓为主要原料的饲料添加剂和生产企业见表 7－6。

表 7－6　茯苓为主要原料的兽药产品和生产企业

兽药产品名称	主要成分	生产企业
茯苓多糖散	茯苓	武汉回盛生物科技有限公司
枣胡散	酸枣仁、延胡索、川芎、茯苓、知母等	湖南加农正和生物技术有限公司、河南后羿实业集团有限公司、武汉回盛生物科技有限公司、中悦民安（北京）科技发展有限公司
银黄二陈合剂	黄芩、金银花、姜半夏、陈皮、茯苓、甘草等	保定翼中药业有限公司、山东源森药业有限公司、保定翼中生物科技有限公司、保定阳光本草药业有限公司
藿香正气口服液	广藿香油、紫苏叶油、白芷、苍术、厚朴（姜制）、生半夏、茯苓、陈皮、大腹皮、甘草浸膏	中牧集团（四川）生物科技有限公司
蛋多多养殖用饲料添加剂	黄芪、益母草、六神曲、党参、甘草、茯苓等十几种名贵中药	武汉远成共创科技有限公司
五苓散	猪苓、泽泻、白术、茯苓、桂枝	河北润普兽药有限公司
天然植物饲料原料茯苓粗提物	茯苓	山东迅达康兽药有限公司

三、茯苓饲料添加剂市场分析与展望

2018 年 4 月 20 日，农业农村部印发《兽用抗菌药使用减量化行动试点工作方案（2018—2021 年）》，方案提到了力争通过 3 年时间，实施养殖环节兽用抗菌药使用减量化行动试点工作，减少使用抗菌药类药物饲料添加剂，兽用抗菌药使用量实现“零增长”。随着“禁抗时代”的到来，对畜牧业的发展有一定的冲击，但也带来了新的发展趋势。首先，“无抗肉品”将成为营销新卖点。第一，推动经济动能转换和供给侧改革；第二，消费者的消费需求升级；第三，国家对抗生素的使用限制；第四，企业想通过产品升级更多获利。这四个因素在这样一个历史时刻汇集，必将聚焦于“无抗肉”“生态肉”等概念。而“替抗”产品迎来历史机遇，截至 2020 年 12 月，饲料产量累计 29 355 万吨，这一巨大市场腾挪出的空间，将由“发酵饲料、中药饲料、中兽药、益生素”等替代，未来这四类产品生产厂家、经营商或成为最大受益者，将迎来井喷式的增长。其次，养殖场更加重视环境上的硬件投入。中国的养殖业的确深受疫病之苦，成为动物疫病最为复杂的地方。随着养殖观念的提高，加上政策上对抗生素的限制，两种力量必将推动养殖场加大在环境硬件上的投入。因此，发酵饲料、中药饲料等替代产品研制、储备显得非常重要，只有替代药物饲料添加剂产品成熟了，并达到了一定储备量，"养殖端减抗、限抗"才会得以实现。

以茯苓为中药饲料添加剂原料的研究基本上是以茯苓粉末添加为主，茯苓添加微生物发酵技术方面的研究暂无。因此，茯苓微生物发酵技术在研发中药饲料添加剂方面具有开发价值。

第六节　茯苓产品专利技术

一、茯苓保健食品专利

目前，国内茯苓保健食品相关专利不多，茯苓保健食品方面多以茯苓酒为主，现茯苓保健食品专利有王杰个人于2012年8月20日申请的《茯苓补骨营养酒及制备方法》的发明；湖北工业大学于2013年10月18日申请的《一种茯苓保健黄酒及其制备方法》的发明；唐华伟等于2013年11月15日申请的《一种具有保肝护肝功效的中药保健食品》的发明；李大伟等于2015年3月31日申请的《一种具有增强免疫力、缓解体力疲劳功能的保健食品及其制备方法》的发明；杨宜婷等于2010年10月29日申请的专利《一种适合儿童食用的具有增强免疫力功能的保健食品》的发明。

二、茯苓化妆品专利

茯苓提取物添加在化妆品、护肤品中主要是作为收敛剂、皮肤调理剂，其风险系数低，比较安全，可以放心使用，对于孕妇一般没有影响，茯苓提取物没有致痘性。对整合素等有促进增殖作用，整合素可体现纤维芽细胞的增殖情况以及细胞间、纤维蛋白间的粘连情况，整合素的增殖可使纤维芽细胞包裹的胶原蛋白的直径和体积缩小，从而有收缩效果，可用于紧肤和细纹功效的化妆品；具有抗菌性，对多种细菌和真菌有良好的抑制作用；另外茯苓还具有抗炎和保湿的作用。

现含有茯苓的化妆品专利申请主要是关于其制备方法的化妆品技术领域，牟晓霞于2018年1月3日申请了《含百合、茯苓、山药、醋香附的美颜外用散剂及其制法》的专利；谢瀚于2018年10月24日申请专利《一种茯苓护肤膏》；冯雪群于2016年10月25日申请专利《一种富镁茯苓美白眼膜及其制备方法》；上海清轩生物科技有限公司于2017年9月30日申请专利《具有亮白作用的茯苓提取液的应用及其制备方法》，前三种属于个人申请，后者属于公司申请。

三、茯苓特色食品专利

目前关于茯苓特色食品专利还较少，但随着技术的不断改进，也发掘出了茯苓作为药食同源的极大价值，未来有更大的空间值得去发现。现关于茯苓特色食品的专利有吴卫刚等于 2014 年 4 月 2 日申请的《一种茯苓食品的工厂化加工方法》发明专利，谢衡等于 2008 年 9 月 11 日申请的《松针茯苓茶及其制备方法》发明专利，张卫华等于 2015 年 11 月 16 日申请的《一种辅助改善记忆的特殊膳食用食品配方》发明专利，钱琳佳于 2017 年 6 月 22 日申请的《一种药食同源的营养配方的食品》发明专利。前两者属于公司申请，后者属于个人申请（图 7－7）。

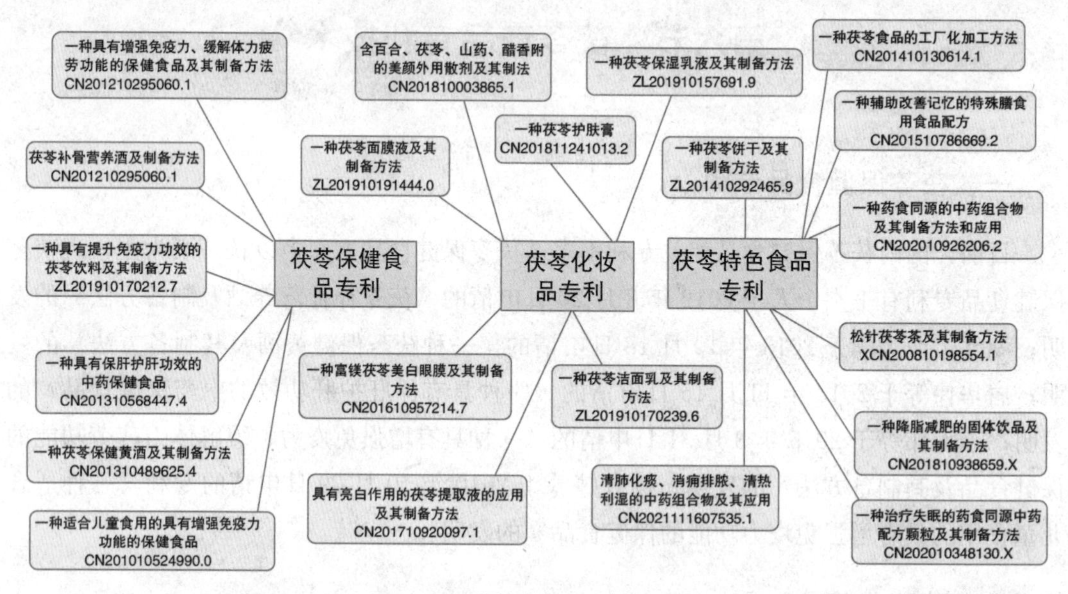

图 7－7　茯苓人用产品相关专利

四、茯苓饲料添加剂和兽药专利

茯苓中药饲料添加剂的主要作用包括以下方面：促进动物生长的营养作用；预防疾病发生的保健作用；改善畜禽产品质量；改善饲料品质。现含有茯苓的饲料添加剂专利有马鞍山市五鼓禽业专业合作社分别于 2016 年 11 月 9 日和 2017 年 1 月 4 日申请的《一种减少腹泻率茯苓发酵猪饲料添加剂》《一种增加骨骼密度茯苓发酵猪饲料添加剂》的发明，闵军个人于 2017 年 5 月 31 日申请的《一种增强胃肠道消化酶活性茯苓发酵猪饲料添加剂》的发明，江西农业大学于 2019 年 3 月 29 日申请的《白术茯苓多糖作为改善仔猪肠道健康饲料添加剂》的发明，武汉本草养正和元生物技术有限公司于 2020 年 10 月 13 日申请的《一种麦粒复合茯苓菌羊饲料》的发明（图 7－8）。

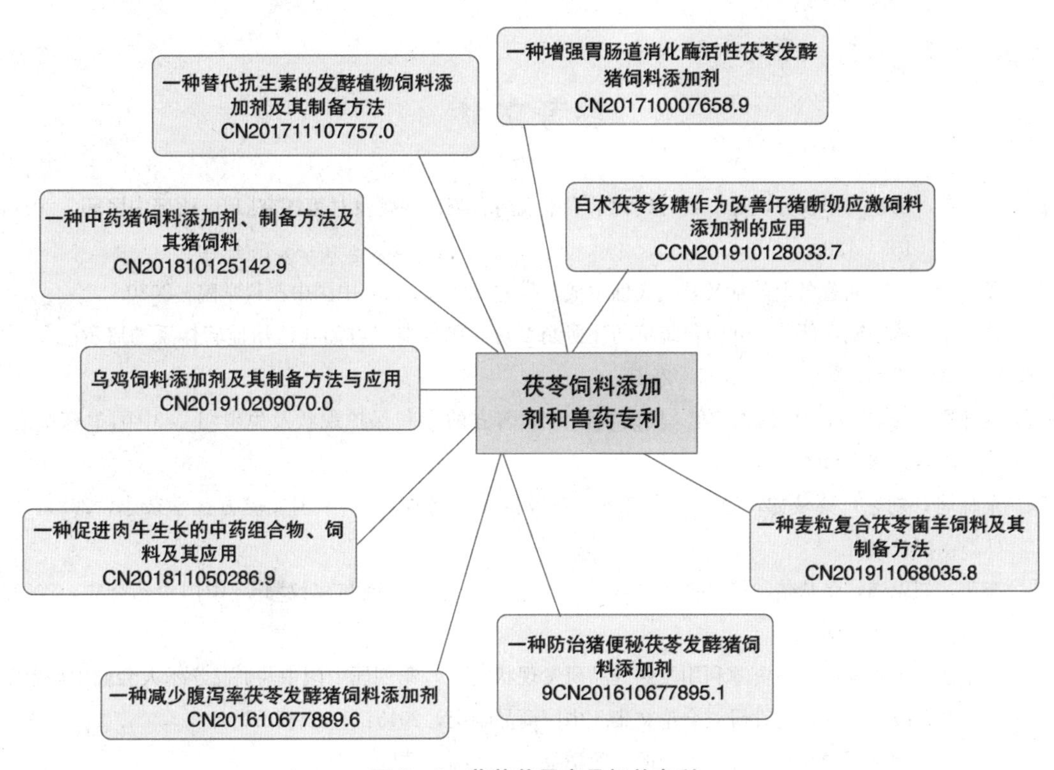

图 7－8　茯苓兽用产品相关专利

参考文献

[1] 史文君，田杨，李权芳，等. 新时代背景下中成药名英译问题及对策探究[J]. 西部中医药，2016，29（1）：135-138.

[2] 段瑶. 民国时期著名中药堂及其代表性中成药研究[D]. 北京：中国中医科学院，2020.

[3] 葛文霞，钱欣诚，邵蓉. 欧盟传统草药注册制度对我国经典名方简化注册监管体系的启示[J]. 中国药房，2020，31（23）：2817-2821.

[4] 赵帅眉，宋江秀，杜茂波，等. 浅谈我国经典名方的专利保护现状及思考[J]. 中国中药杂志，2019，44（18）：4067-4071.

[5] 董晓旭，刘艺，蔡梦如，等. 经典名方中茯苓的本草考证[J]. 中国实验方剂学杂志，2021，27（12）：176-181.

[6] 李兵，刘思鸿，张楚楚，等. 古代经典名方功能主治考证原则与建议[J]. 中国中药杂志，2021，46（7）：1846-1850.

[7] 程雅倩，孙志蓉. 茯苓资源利用及保健品研发现状[C] //第四届中国中药商品学术大会暨中药鉴定学科教学改革与教材建设研讨会论文集. 中国商品学会，2015：413-416.

[8] 杨国力. 被重用的茯苓：松树底下的一团精灵[J]. 生命世界，2020（4）：68-73.

[9] 佟琳，杨洪军，李想，等. 国家及各省份新型冠状病毒肺炎诊疗方案中治疗期古代经典名方的使用情况分析[J]. 世界中医药，2020，15（13）：2002-2007.

[10] 杨明，杨逢柱. 日本汉方药国际化路径研究及对我国中药行业发展的启示[J]. 世界中医药，2020，15（20）：3174-3178.

[11] 亓霞，赵喆，邓岩浩，等. 中药保健食品的现状及开发战略[J]. 科学咨询（科技·管理），2019（4）：62-63.

[12] 幸春容，胡彦君，李柏群，等. 大健康产业背景下中药保健食品发展浅析[J]. 中国药业，2020，29（18）：19-21.

[13] 宋卤哲，胡文忠，杨香艳，等. 中药保健食品的研究进展[C] //中国食品科学技术学会第十五届年会论文摘要集. 中国食品科学技术学会，2018：786-787.

[14] 刘淼，吴玉冰. 药食同源植物茯苓的研究现状与展望[J]. 湖南中医药大学学报，2018，38（12）：1476-1480.

[15] 吴蕾. 中药化妆品的研制开发与发展方向[J]. 科技风，2016（19）：190.

[16] 吕智，程康. 中药化妆品面临的机遇和挑战[J]. 日用化学品科学，2019，42（6）：1-4.

[17] 周莉江，肖隆祥. 初探中药在美容化妆品中的应用[J]. 海峡药学，2018，30（8）：25-27.

[18] 王晶美，李海超，黄炜. 仙草茯苓提取物在护肤品中的发展与应用研究[J]. 消费导刊，2020（39）：14.

[19] 范保瑞，张悦，刘红玉，等. 国内药食同源的产生与应用[J]. 医学研究与教育，2018，35（6）：52-64.

[20] 张宏霞，武宏伟，刘新民. 抗疲劳药食两用中药现状分析[J]. 湖南中医药大学学报，2017，37

(10)：1166－1172.
[21] 陈庆亮，单成钢，朱京斌，等. 药食同源食品起源与行业现状分析[J]. 黑龙江农业科学，2011 (7)：114－116.
[22] 邵岩岩，朱丹，杨光辉，等. 药食两用中药茯苓的研究进展[G] //中华中医药学会中药化学分会第九届学术年会论文集（第一册）. 中华中医药学会，2014：146－153.
[23] 刘安. 淮南万毕术[M]. 北京：商务印书馆，1939.
[24] 吴普. 神农本草经[M]. 北京：人民出版社，1963.
[25] 李时珍. 本草纲目[M]. 北京：人民卫生出版社，1957.
[26] 田允波，周家容. 天然植物饲料添加剂[M]. 广州：中山大学出版社，2008.
[27] 张亮，包海鹰. 中药饲料添加剂的发展概况[J]. 经济动物学报，2017，21 (3)：177－180.
[28] 张新连. 浅析中药添加剂在动物饲养中的作用[J]. 中兽医学杂志，2019 (4)：91.
[29] 刘锋，韩春杨，刘翠艳，等. 微生物发酵中药饲料添加剂的研究进展[J]. 氨基酸和生物资源，2014，36 (2)：18－22.
[30] 陈钢，王超儀，马斐斐，等. 一种中药饲料添加剂的制备工艺和抑菌试验[J]. 经济动物学报，2012，16 (2)：71－75.
[31] 高鹏辉，夏九龙，王志龙. 发酵茯苓对断奶仔猪免疫功能的影响[J]. 饲料工业，2015，36 (21)：40－44.
[32] 肖和良. 对发酵饲料中药饲料等禁抗替代产品研制的研究[J]. 畜牧业环境，2020 (3)：3－4，9.

·第八章·
茯苓质量评价、标准与追溯体系

茯苓为我国大宗药材品种，又为“药食两用”品种，其在临床及日常生活中有着广泛的应用价值。长期以来，茯苓主要为人工栽培，主产于云南省的丽江、兰坪、维西、剑川、楚雄；安徽省的金寨、霍山、岳西、太湖；湖北省的英山、罗田、麻城；河南省的商城、固始、新县；广西壮族自治区的梧州地区。此外，浙江、广东、湖南、江苏、福建、江西均有生产。华北、西北、东北等地也有分布。其中云南、湖北、安徽为茯苓的道地产区，湖南靖州茯苓为其主要商品集散地。不同产地、不同采收期的茯苓质量优劣差异较大，如何判断茯苓的优劣，选用质优的茯苓药材（饮片），广大中医药工作者做了大量的工作。采用传统和现代质量评价的方法，评价茯苓的品质，建立茯苓质量标准与溯源体系，保障优质茯苓生产和应用（图 8-1）。

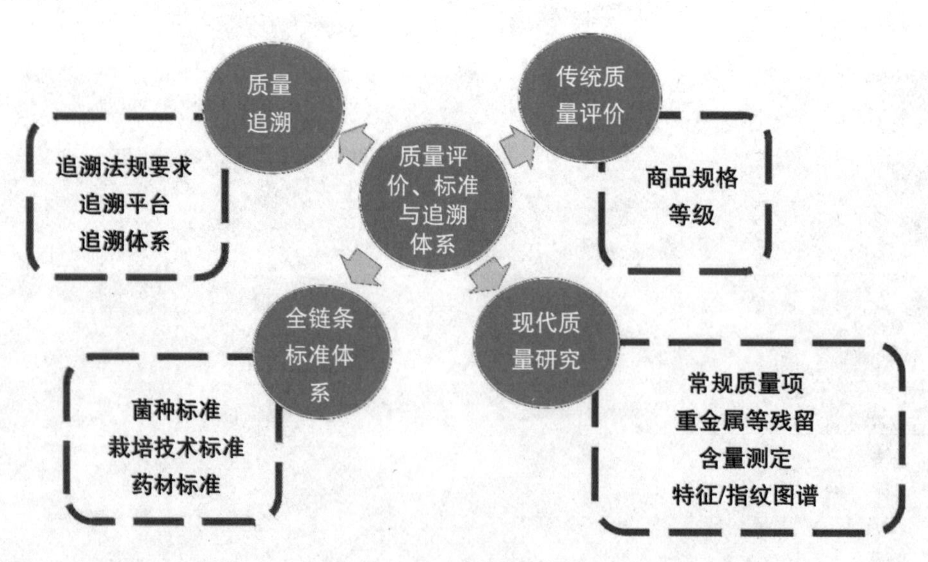

图 8-1　内容概括图

第一节　茯苓传统质量评价与商品规格等级

除了以产地的道地与否来判断茯苓的优劣之外，茯苓的传统质量评价多以人为经验，根据茯苓不同的特征如形状、大小、颜色、气味、表面特征、质地、断面等，将茯苓划分为诸多商品规格等级，以体现不同商品规格等级茯苓的品质优劣。

1984 年 3 月试行的《七十六种药材商品规格标准》[国药联材字（84）第 72 号文附件] 为个苓、白苓片、白苓块、赤苓块、茯神块、白碎苓、茯神木 7 种规格。

2018 年，中华中医药学会团体标准发布了《中药材商品规格等级　茯苓》（T/CACM 1021. 13—2018），将茯苓分为个苓、茯苓片、白苓块、白苓丁、白碎苓、赤苓块、赤苓丁、赤碎苓、茯苓卷、茯苓刨片 10 种规格（图 8－2）。在《七十六种药材商品规格标准》的基础上增加了赤苓丁、茯苓刨片、茯苓卷三个规格，删掉了茯神木的规格，将白苓片的名称改为茯苓片（白苓片）、骰方的名称改为白苓丁（表 8－1）。

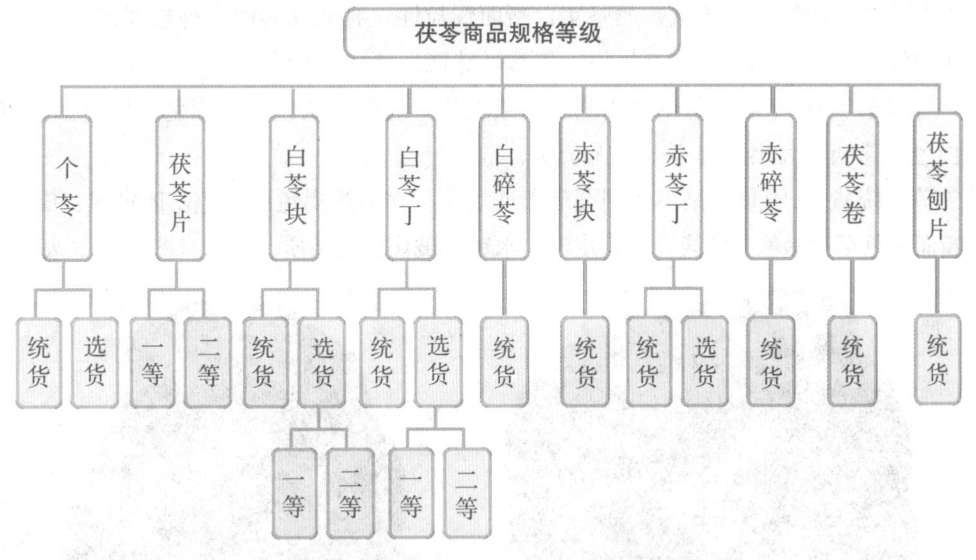

图 8－2　茯苓不同商品规格等级分类

表 8－1　不同商品规格等级标准茯苓商品规格品类对比

序号	类别	《七十六种药材商品规格标准》	《中药材商品规格等级　茯苓》（T/CACM 1021. 13—2018）
1	个苓	个苓	个苓
2	白苓片	白苓片	茯苓片
3	白苓块	白苓块	白苓块

续表

序号	类别	《七十六种药材商品规格标准》	《中药材商品规格等级 茯苓》(T/CACM 1021.13—2018)
4	散方	—	白苓丁
5	白碎苓	白碎苓	白碎苓
6	赤苓块	赤苓块	赤苓块
7	赤碎苓	—	赤碎苓
8	赤苓丁	—	赤苓丁
9	茯神块	茯神块	—
10	茯神木	茯神木	—
11	茯苓卷	—	茯苓卷
12	茯苓刨片	—	茯苓刨片

2020年版《中华人民共和国药典》(以下简称《中国药典》),按加工方法和部位,将茯苓药材分为“茯苓个”“茯苓块”“茯苓片”。

1. 个苓

呈类球形、椭圆形、扁圆形或不规则团块,大小不一。外皮薄而粗糙,棕褐色至黑褐色,有明显的皱缩纹理。体重,质坚实,断面颗粒性,有的具裂隙,外层淡棕色,内部白色,少数淡红色,有的中间抱有松根。气微,味淡,嚼之黏牙。

一等(选货):干货。呈不规则圆球形或块状。表面黑褐色或棕褐色。体坚实、皮细。断面白色。味淡。大小圆扁不分。无杂质、霉变。

二等(统货):干货。呈不规则圆球形或块状。表面黑褐色或棕色。体轻泡、皮粗、质松。断面白色至黄赤色。味淡。间有皮沙、水锈、破伤。无杂质、霉变(图8-3、表8-2)。

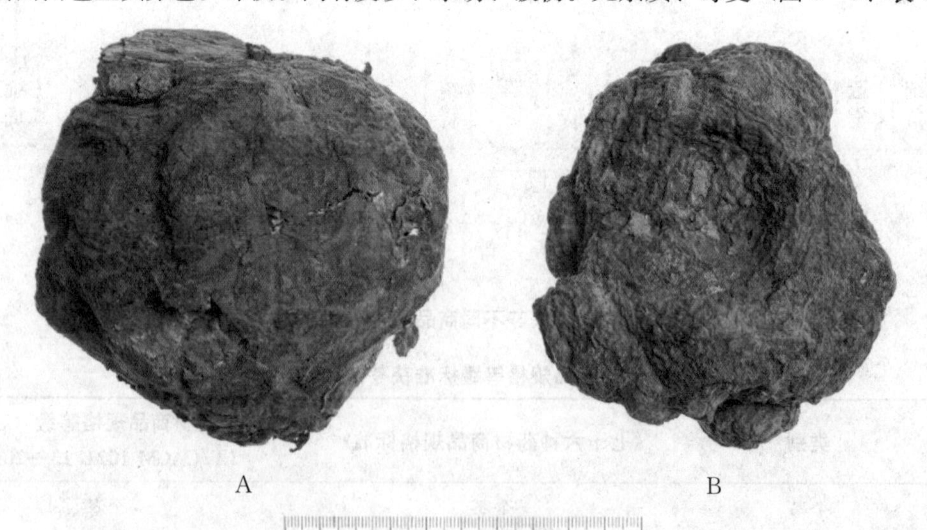

A. 统货;B. 选货

图8-3 不同个苓药材等级

图片引自:中华中医药学会团体标准《中药材商品规格等级 茯苓》(T/CACM 1021.13—2018)。

表 8-2　不同商品规格等级标准中"个苓"规格划分情况

项目	《七十六种药材商品规格标准》	《中药材商品规格等级　茯苓》(T/CACM 1021.13—2018)
定义	—	茯苓挖出后除去泥沙，堆置"发汗"后，摊开晾至表面干燥，再"发汗"，反复数次至表面现皱纹、内部水分大部散失后，阴干
等级	一等、二等	选货、统货
等级共同点	干货。呈不规则圆球形或块状。味淡。无杂质、霉变	大小不一，呈不规则圆球形或块状，表面黑褐色或棕褐色。断面白色。气微，味淡。无杂质、霉变
等级区别点	一等：表面黑褐色或棕褐色。体坚实、皮细。断面白色。大小圆扁不分	选货：体坚实、皮细，完整。部分皮粗、质松，间有土沙、水锈、破伤，不超过总数的 20%
	二等：表面黑褐色或棕色。体轻泡、皮粗、质松。断面白色至黄赤色。间有皮沙、水锈、破伤	统货：质地不一，部分松泡，皮粗或细，间有土沙、水锈、破伤

2. 白苓片（茯苓片）

为去皮后切制的茯苓，呈不规则厚片，厚薄不一。

一等：干货。为茯苓去净外皮，切成薄片。白色或灰白色。质细。毛边（不修边）。厚度每厘米 7 片，片面长宽不得小于 3 cm。无杂质、霉变。

二等：干货。为茯苓去净外皮，切成薄片。白色或灰白色。质细。毛边（不修边）。厚度每厘米 5 片，片面长宽不得小于 3 cm。无杂质、霉变（图 8-4、表 8-3）。

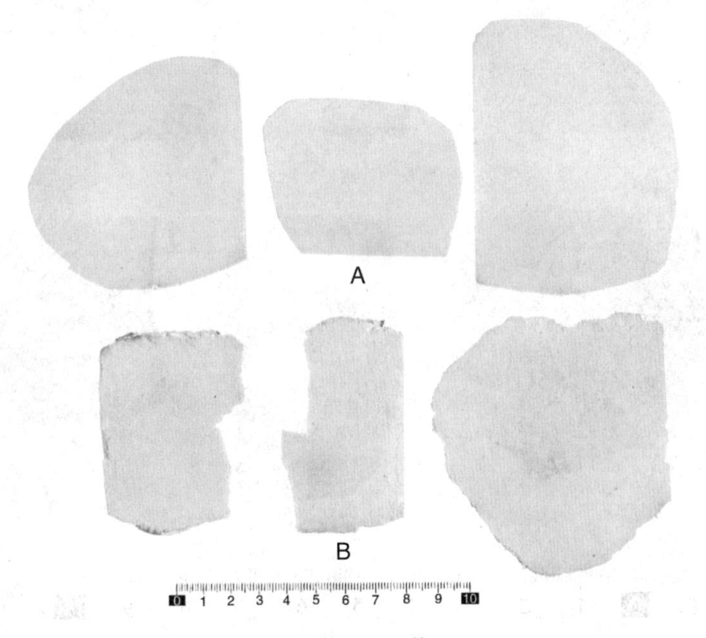

A. 一等；B. 二等。

图 8-4　不同茯苓片药材等级

图片引自：中华中医药学会团体标准《中药材商品规格等级　茯苓》(T/CACM 1021.13—2018)。

表 8-3　不同商品规格等级标准中"白苓片"规格划分情况

项目	《七十六种药材商品规格标准》	《中药材商品规格等级　茯苓》(T/CACM 1021.13—2018)
定义	—	为茯苓去净外皮，切成薄片。白色或灰白色。质细。多长方形或正方形，也有不规则多边形。修边或毛边
等级	一等、二等	选货（一等、二等）、统货
等级共同点	干货。为茯苓去净外皮，切成薄片。白色或灰白色。质细。毛边（不修边）。片面长宽不得小于 3 cm。无杂质、霉变	不规则圆片状或长方形，大小不一，含外皮，边缘整齐，厚度不小于 3 mm
等级区别点	一等：厚度每厘米 7 片	选货一等：色白，质坚实，边缘整齐 选货二等：色灰白，部分边缘略带淡红色或淡棕色，质松泡，边缘整齐
	二等：厚度每厘米 5 片	统货：色灰白，部分边缘略带淡红色或淡棕色，质地不均，边缘整齐

3. 白苓块

统货。干货。为茯苓去净外皮切成扁平方块。白色或灰白色。厚度 0.4～0.6 cm，长度 4～5 cm，边缘苓块，可不成方形。间有 1.5 cm 以上的碎块。无杂质、霉变（图 8-5、表 8-4）。

A. 一等；B. 二等。

图 8-5　不同白苓块药材等级

图片引自：中华中医药学会团体标准《中药材商品规格等级　茯苓》(T/CACM 1021.13—2018)。

表 8-4　不同商品规格等级标准中“白苓块”规格划分情况

项目	《七十六种药材商品规格标准》	《中药材商品规格等级　茯苓》(T/CACM 1021.13—2018)
定义	—	为茯苓去净外皮切成扁平方块。白色或灰白色。边缘苓块，可不成方形。间有 1.5 cm 以上的碎块。无杂质、霉变
等级	统货	选货（一等、二等）、统货
等级共同点	干货。为茯苓去净外皮切成扁平方块。白色或灰白色。厚度 0.4～0.6 cm，长度 4～5 cm，边缘苓块，可不成方形。间有 1.5 cm 以上的碎块。无杂质、霉变	呈扁平方块，边缘苓块可不成方形 无外皮，色白，大小不一，宽度最低不小于2 cm，厚度在 1 cm 左右
等级区别点	—	选货一等：质坚实 选货二等：质松泡，部分边缘为淡红色或淡棕色
	—	统货：质地不均，部分边缘为淡红色或淡棕色

4. 骰方（白苓丁）

统货。干货。为茯苓去净外皮切成立方体块。白色，质坚实。长、宽、厚在 1 cm 以内，均匀整齐。间有不规则的碎块，但不超过 10%。无粉末、杂质、霉变（图 8-6）。

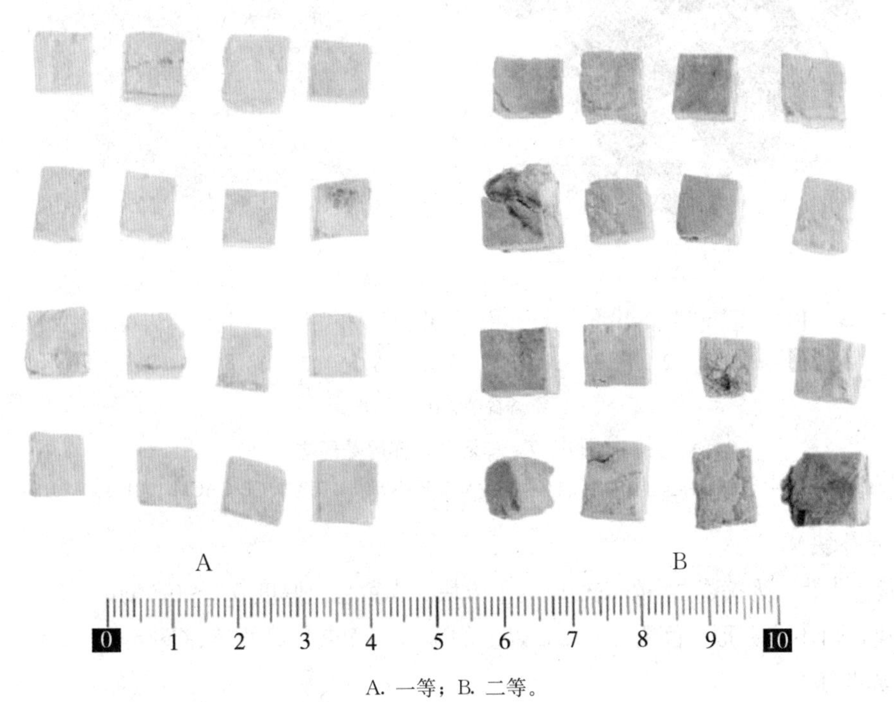

A. 一等；B. 二等。

图 8-6　不同白苓丁药材等级

图片引自：中华中医药学会团体标准《中药材商品规格等级　茯苓》(T/CACM 1021.13—2018)。

5. 白碎苓

统货。干货。为加工茯苓时的白色或灰白色的大小碎块或碎屑，均属此等。无粉末、杂质、虫蛀、霉变（表 8－5）。

表 8－5　不同商品规格等级标准中“白碎苓”规格划分情况

项目	《七十六种药材商品规格标准》	《中药材商品规格等级　茯苓》（T/CACM 1021. 13—2018）
定义	—	为加工茯苓时的白色或灰白色的大小碎块或碎屑
等级	统货	统货
特点	干货。为加工茯苓时的白色或灰白色的大小碎块或碎屑，均属此等。无粉末、杂质、虫蛀、霉变	加工过程中产生的白色或灰白色茯苓，碎块或碎屑，体轻、质松

6. 赤碎苓

统货。干货。为加工茯苓时的赤黄色大小碎块或碎屑，均属此等。无粉末、杂质、虫蛀、霉变（图 8－7）。

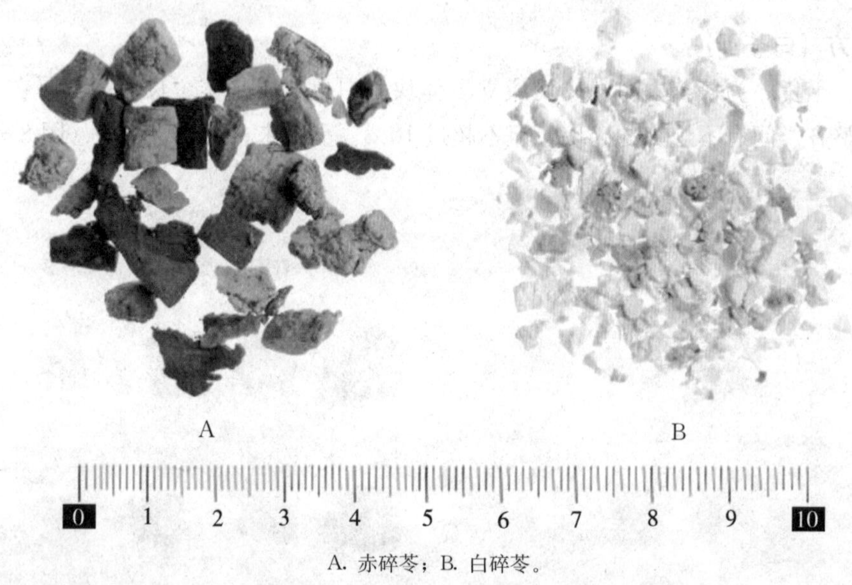

A. 赤碎苓；B. 白碎苓。

图 8－7　白碎苓、赤碎苓药材

图片引自：中华中医药学会团体标准《中药材商品规格等级　茯苓》（T/CACM 1021. 13—2018）。

7. 赤苓块

统货。干货。为茯苓去净外皮切成扁平方块。赤黄色。厚度 0.4～0.6 cm，长度 4～5 cm，边缘苓块，可不成方形。间有 1.5 cm 以上的碎块。无杂质、霉变（图 8－8、表 8－6）。

8. 赤苓丁

选货：呈立方形块，部分形状不规则，长度为 0.5～1.5 cm。色淡红或淡棕，质略坚实，间有少于 10%的不规则的碎块。

统货：呈立方形块，部分形状不规则，长度为 0.5～1.5 cm。间有不少于 20%的不规则的碎块（图 8－9）。

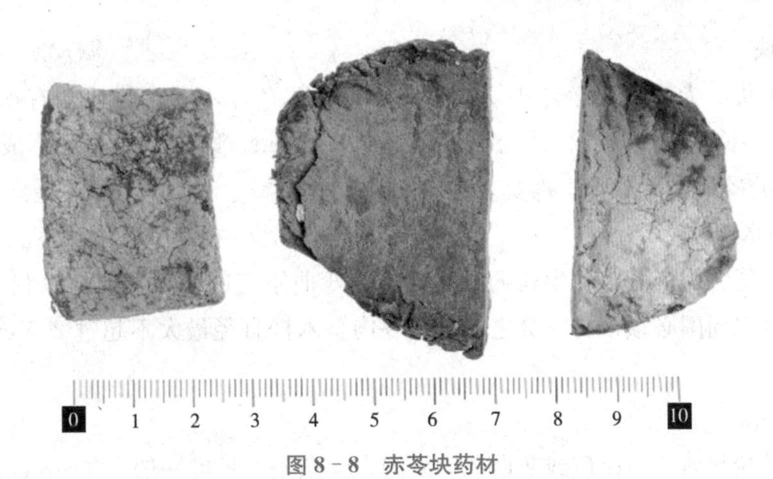

图 8－8　赤苓块药材

图片引自：中华中医药学会团体标准《中药材商品规格等级　茯苓》（T/CACM 1021.13—2018）。

表 8－6　不同商品规格等级标准中“赤苓块”规格划分情况

项目	《七十六种药材商品规格标准》	《中药材商品规格等级　茯苓》（T/CACM 1021.13—2018）
定义	—	去净外皮切成扁平方块，淡红或淡棕色，边缘苓块，可不成方形，间有1.5 cm以上的碎块。无杂质、霉变
等级	统货	统货
特点	干货。为茯苓去净外皮切成扁平方块。赤黄色。厚度0.4～0.6 cm，长度4～5 cm，边缘苓块，可不成方形。间有1.5 cm以上的碎块。无杂质、霉变	呈扁平方块，边缘苓块可不成方形，无外皮，色淡红或淡棕，质松泡，大小不一，宽度最低不小于2 cm

A. 选货；B. 统货。

图 8－9　不同赤苓丁药材等级

图片引自：中华中医药学会团体标准《中药材商品规格等级　茯苓》（T/CACM 1021.13—2018）。

9. 茯神块

统货。干货。为茯苓去净外皮切成扁平方形块。色泽不分，每块含有松木心。厚度0.4～0.6 cm，长宽4～5 cm。木心直径不超过1.5 cm。边缘苓块，可不成方形。间有1.5 cm以上的碎块，无杂质、霉变。

10. 茯神木

统货。干货。为茯苓中间生长的松木，多为弯曲不直的松根，似朽木状。色泽不分，毛松体轻。每根周围必须带有三分之二的茯苓肉。木杆直径最大不超过2.5 cm。无杂质、霉变。

11. 茯苓卷

统货。呈卷状薄片，白色或灰白色，质细，无杂质，长度一般为6～8 cm，厚度小于1 mm。

12. 茯苓刨片

统货。呈不规则卷状薄片，白色或灰白色，质细，易碎，含10%～20%的碎片（图8-10）。

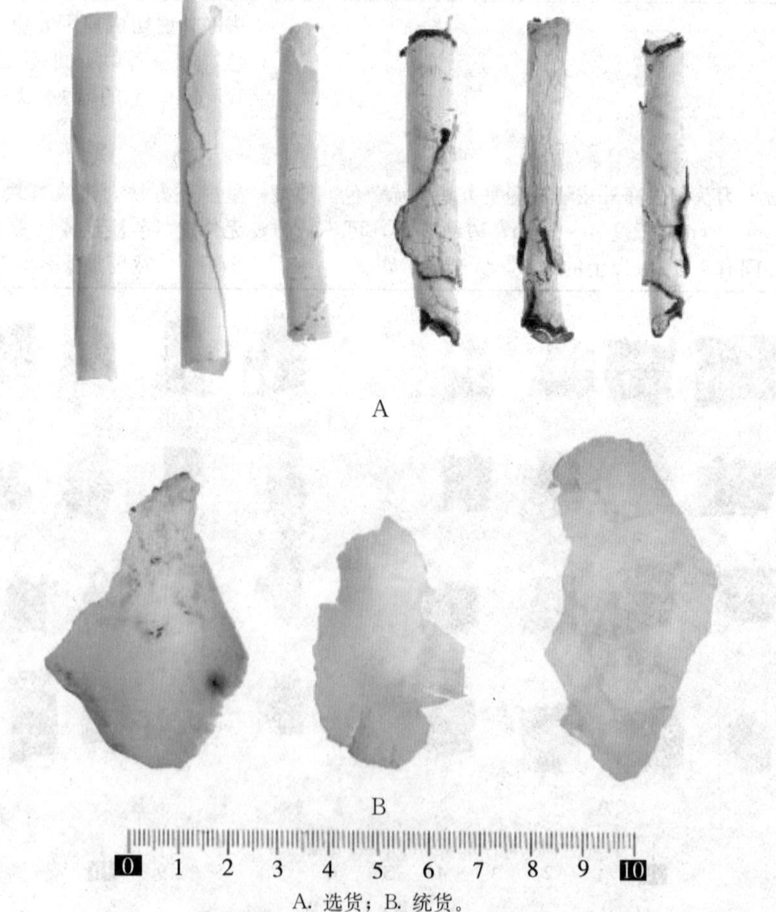

A. 选货；B. 统货。

图8-10　茯苓卷、茯苓刨片药材等级

图片引自：中华中医药学会团体标准《中药材商品规格等级　茯苓》（T/CACM 1021.13—2018）。

第二节　茯苓的现代质量研究

关于茯苓质量评价方面，文献多研究重金属、农药残留、特征/指纹图谱、含量测定等（图 8－11）。

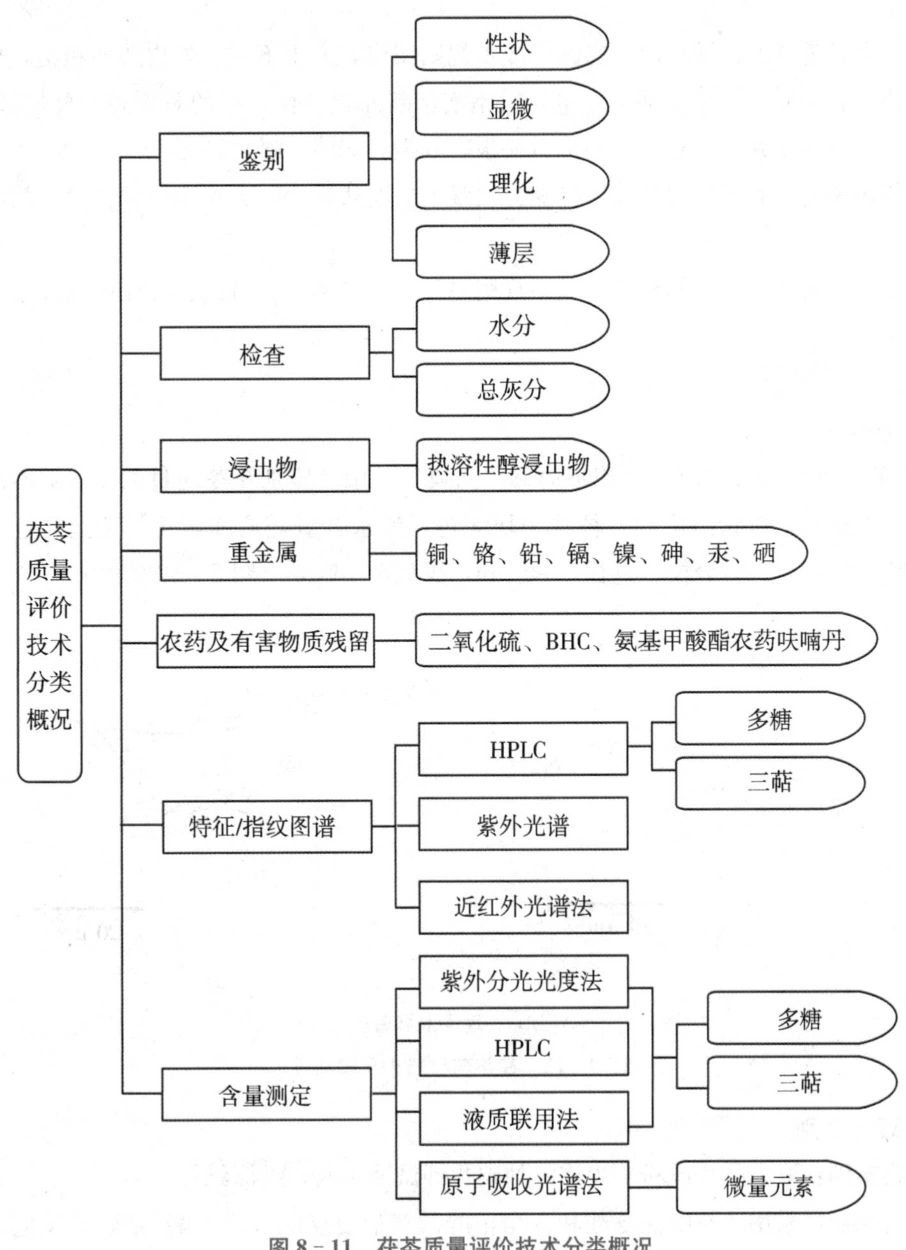

图 8－11　茯苓质量评价技术分类概况

一、来源

本品为多孔菌科真菌茯苓 *Poria cocos*（Schw.）Wolf 的干燥菌核。多于7—9月采挖，挖出后除去泥沙，堆置"发汗"后，摊开晾至表面干燥，再"发汗"，反复数次至显皱纹、内部水分大部散失后，阴干，称为"茯苓个"；或将鲜茯苓按不同部位切制，阴干，分别称为"茯苓皮"及"茯苓块"。

二、性状

茯苓个呈类球形、椭圆形、扁圆形或不规则团块，大小不一。外皮薄而粗糙，棕褐色至黑褐色，有明显的皱缩纹理。体重，质坚实，断面颗粒性，有的具裂隙，外层淡棕色，内部白色，少数淡红色，有的中间抱有松根。气微，味淡，嚼之黏牙。

茯苓块为去皮后切制的茯苓，呈立方块状或方块状厚片，大小不一。白色、淡红色或淡棕色。

茯苓片为去皮后切制的茯苓，呈不规则厚片，厚薄不一。白色、淡红色或淡棕色。

三、鉴别

1. 显微鉴别

《中国药典》(2020年版)（以下简称"药典"）中，鉴别茯苓药材的要点：本品粉末灰白色。不规则颗粒状团块和分枝状团块无色，遇水合氯醛液渐溶化。菌丝无色或淡棕色，细长，稍弯曲，有分枝，直径3～8 μm，少数至16 μm（图8-12）。

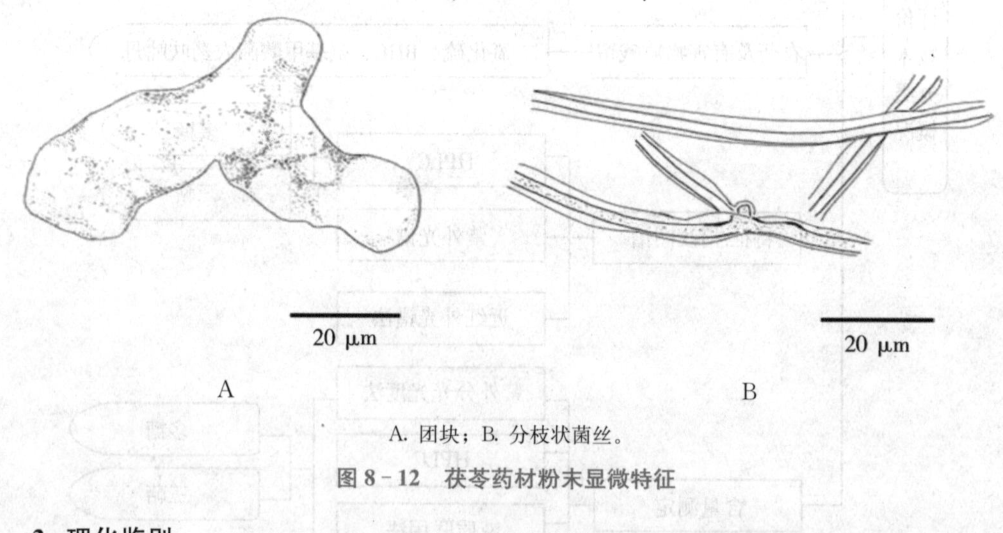

A. 团块；B. 分枝状菌丝。

图8-12　茯苓药材粉末显微特征

2. 理化鉴别

药典鉴别：取本品片或粉末少许，加碘化钾试液1滴，显深红色。

杨启德通过采用茯苓中茯苓酸和麦角甾醇的李伯曼反应（冰乙酸-浓硫酸反应）来鉴别茯苓，结果发现反应液由淡红色变为暗绿色。

阎文玫通过测定茯苓中活性成分在 200～320 nm 的紫外线吸收情况，对茯苓的正伪品进行鉴别。

洪利琴等将茯苓开水浸泡后气泡较少，崩解不明显，5 分钟后外层表面部分有膨化松散。搅拌后水液浑浊，但不显著，静置后水液澄清，底部没有粉状沉淀。取出按压不易碎裂；手搓之黏性不强，不能揉成面团状，并且大部分茯苓块内部并没有被浸润，仍显干白心。

3. 薄层鉴别

药典鉴别：取本品粉末 1 g，加乙醚 50 mL，超声处理 10 分钟，滤过，滤液蒸干，残渣加甲醇 1 mL 使之溶解，作为供试品溶液。另取茯苓对照药材 1 g，同法制成对照药材溶液。照薄层色谱法（通则 0502）试验，吸取上述两种溶液各 2 μL，分别点于同一硅胶 G 薄层板上，以甲苯-乙酸乙酯-甲酸（20∶5∶0.5）为展开剂，展开，取出，晾干，喷以 2%香草醛硫酸溶液-乙醇（4∶1）混合溶液，在 105 ℃加热至斑点显色清晰。供试品色谱中，在与对照药材色谱相应的位置上，显相同颜色的主斑点（图 8－13）。

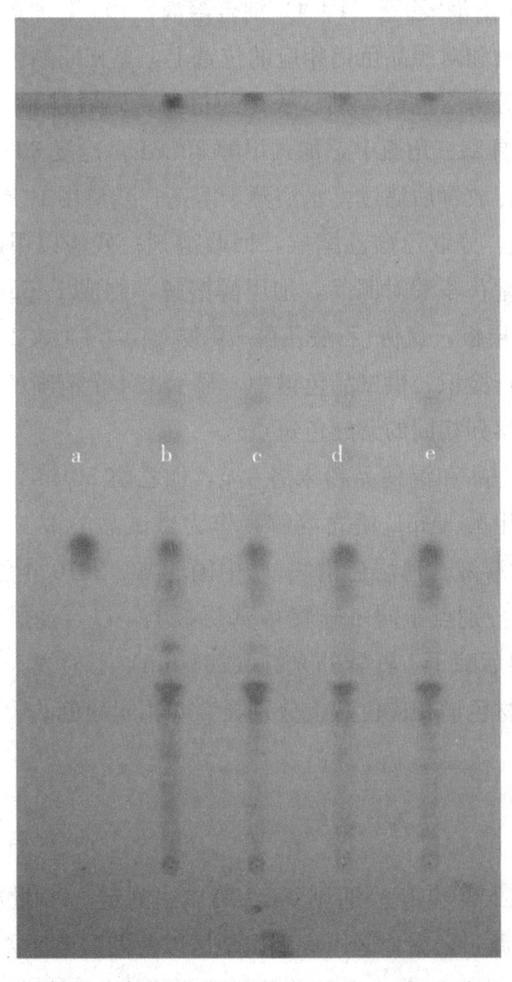

a、b、c、d、e 依次为茯苓酸、茯苓药材样品、太空 10 号、湘靖 28、5.78 菌株。

图 8－13　茯苓太空 10 号、湘靖 28 和 5.78 菌株薄层结果

肖培根等采用薄层色谱法，以 0.5%CMC 硅胶 G 薄层板为吸附剂，石油醚-乙酸乙酯（1∶1）为展开剂，4%磷钼酸乙醇溶液 100 ℃加热显色，以麦角甾醇、β-谷甾醇为对照品来鉴别。结果显示供试溶液在与对照品溶液薄层色谱相应的位置上，显相同的颜色斑点。

田双双等在 2015 年版《中国药典》标准基础上，优化了样品的提取溶剂、展开剂和显色剂，增加了茯苓酸和去氢土莫酸的鉴别，建立了对照药材和 2 个指标成分同时对照的 TLC 鉴别法。结果表明，此薄层鉴别方法灵敏度高、专属性强，可有效地对茯苓药材及饮片进行鉴别。取茯苓粉末 1 g，加无水乙醇 50 mL，超声处理 10 分钟，滤过，滤液蒸干，残渣加甲醇 1 mL 使之溶解，作为供试品溶液。另取茯苓对照药材 1 g，同法制成对照药材溶液。另取茯苓酸、去氢土莫酸对照品，加甲醇制成每 1 mL 各含 1 mg 的溶液，作为对照品溶液。照薄层色谱法（通则 0502）试验，吸取上述 4 种溶液各 2 μL，分别点于同一硅胶 GF254 薄层板上，以正己烷-乙酸乙酯-甲酸（7∶3∶0.2）为展开剂，取出后晾干，喷以 5%香草醛硫酸溶液-乙醇（1∶4）混合溶液，105 ℃加热至斑点显色清晰。供试品色谱中，在与对照药材和对照品色谱相应的位置上，显相同颜色的主斑点。

茯苓药材三萜类成分薄层色谱鉴别。茯苓药材经粉碎后过 40 目筛，取各批药材粉末 2.0 g，分别置 100 mL 具塞三角瓶中，加入甲醇 30 mL，冷浸 30 分钟，超声提取 60 分钟（中途用甲醇补足失重），放置后滤过，水浴蒸干溶剂；残渣用 10 mL 水溶解，加入乙酸乙酯 10 mL 振摇提取 3 次，分取乙酸乙酯层，回收溶剂；残渣以甲醇溶解，定容至 1 mL，即得供试品溶液。取适量茯苓酸对照品，加甲醇溶解，制成 1 mg/mL 的溶液，作为对照品溶液。使用硅胶 G 薄层板，氯仿-乙酸乙酯-甲酸（10∶1∶0.2）为展开剂，喷 10%硫酸乙醇溶液加热显色进行检识。供试品色谱中，显示出 4 个清晰的紫红色斑点；在与对照品色谱相应位置上，观察到相同的紫红色斑点。

分别称取茯苓饮片正品和混伪品粉末各 1 g，加乙醚 50 mL，超声处理 30 分钟，滤过，滤液蒸干，残渣加甲醇 1 mL 使之溶解，作为供试品溶液。另取茯苓对照药材粉末 1 g，同法制成对照药材溶液。薄层色谱法（《中国药典》2010 年版一部附录Ⅵ B），吸取上述 3 种溶液各 5 μL，分别点于同一硅胶 G 薄层板上，以石油醚-丙酮-乙酸乙酯（84∶15∶1）为展开剂，取出后晾干，置紫外光灯（365 nm）下检视。在供试品色谱中，茯苓饮片正品和茯苓对照药材色谱相应位置上分别显 2 个相同颜色的荧光斑点。

四、检查

1. 水分

按照《中国药典》（2020 年版）通则 0832 第二法测定，75 批次样品的水分测定结果如表 8-7，检测样品来源于云南地区、大别山地区以及湘黔地区。结果表明，茯苓药材中水分含量范围为 9.93%～21.09%，平均值为 14.63%。2020 年版《中国药典》规定，茯苓药材水分不得超过 18%，结果显示，12 批样品不合格（表 8-7）。

表 8-7　茯苓药材水分测定结果

序号	样品产地	水分/%	序号	样品产地	水分/%	序号	样品产地	水分/%
SFL-1	云南大理	13.33	SFL-26	云南临沧	13.37	SFL-51	湖北蕲春	13.39
SFL-2	云南大理	13.00	SFL-27	云南保山	12.86	SFL-52	湖北英山	18.33
SFL-3	云南大理	13.04	SFL-28	湖南怀化	11.19	SFL-53	安徽岳西	14.07
SFL-4	云南大理	13.20	SFL-29	湖南会同	13.15	SFL-54	安徽岳西	20.66
SFL-5	云南大理	12.74	SFL-30	湖南靖州	11.51	SFL-55	安徽岳西	19.48
SFL-6	云南大理	12.71	SFL-31	贵州黎平	13.33	SFL-56	湖北罗田	17.74
SFL-7	云南丽江	12.61	SFL-32	贵州剑河	13.86	SFL-57	安徽岳西	13.38
SFL-8	云南丽江	14.04	SFL-33	安徽岳西	12.73	SFL-58	安徽岳西	17.35
SFL-9	云南大理	13.11	SFL-34	安徽岳西	12.66	SFL-59	湖北英山	21.01
SFL-10	云南丽江	13.56	SFL-35	广西融水	13.82	SFL-60	湖北罗田	16.77
SFL-11	云南大理	13.45	SFL-36	云南保山	13.17	SFL-61	湖北英山	21.09
SFL-12	云南普洱	13.36	SFL-37	云南保山	12.57	SFL-62	湖北英山	18.02
SFL-13	云南普洱	13.18	SFL-38	云南保山	13.11	SFL-63	湖北英山	17.95
SFL-14	云南普洱	13.75	SFL-39	云南大理	11.99	SFL-64	安徽岳西	20.84
SFL-15	云南普洱	13.35	SFL-40	云南丽江	11.36	SFL-65	湖北英山	12.81
SFL-16	云南普洱	13.19	SFL-41	云南大理	12.61	SFL-66	湖北罗田	14.66
SFL-17	云南楚雄	13.77	SFL-42	云南丽江	9.95	SFL-67	湖北英山	20.79
SFL-18	云南普洱	13.71	SFL-43	云南丽江	10.36	SFL-68	湖北英山	14.42
SFL-19	云南楚雄	12.74	SFL-44	云南大理	13.31	SFL-69	湖北罗田	16.03
SFL-20	云南楚雄	13.03	SFL-45	广西融水	14.36	SFL-70	湖北英山	19.97
SFL-21	云南丽江	11.95	SFL-46	云南丽江	14.47	SFL-71	湖北蕲春	17.10
SFL-22	云南楚雄	13.25	SFL-47	云南大理	14.17	SFL-72	湖北罗田	14.39
SFL-23	云南楚雄	13.84	SFL-48	云南普洱	13.16	SFL-73	安徽岳西	20.39
SFL-24	云南大姚	13.24	SFL-49	湖北英山	17.85	SFL-74	安徽岳西	18.15
SFL-25	云南临沧	13.11	SFL-50	安徽岳西	17.99	SFL-75	湖北英山	19.91

2. 总灰分

按照《中国药典》(2020 年版) 通则 2302 测定，75 批次样品的总灰分测定结果如表 8-8。结果表明，茯苓药材总灰分含量范围为 0.08%～1.1%，平均值为 0.34%。《中国药典》(2020 年版) 规定，茯苓药材总灰分含量不得超过 1.0%，所有样品均符合要求 (表 8-8)。

表 8-8　茯苓总灰分含量测定结果

序号	样品产地	总灰分/%	序号	样品产地	总灰分/%	序号	样品产地	总灰分/%
SFL-1	云南大理	0.20	SFL-26	云南临沧	0.21	SFL-51	湖北蕲春	0.21
SFL-2	云南大理	0.15	SFL-27	云南保山	0.23	SFL-52	湖北英山	0.30
SFL-3	云南大理	0.18	SFL-28	湖南怀化	0.16	SFL-53	安徽岳西	0.13
SFL-4	云南大理	0.28	SFL-29	湖南会同	0.38	SFL-54	安徽岳西	0.25
SFL-5	云南大理	0.19	SFL-30	湖南靖州	0.21	SFL-55	安徽岳西	0.15
SFL-6	云南大理	0.32	SFL-31	贵州黎平	0.09	SFL-56	湖北罗田	0.77
SFL-7	云南丽江	0.19	SFL-32	贵州剑河	0.34	SFL-57	安徽岳西	0.60
SFL-8	云南丽江	0.22	SFL-33	安徽岳西	0.19	SFL-58	安徽岳西	1.10
SFL-9	云南大理	0.13	SFL-34	安徽岳西	0.24	SFL-59	湖北英山	0.80
SFL-10	云南丽江	0.14	SFL-35	广西融水	0.16	SFL-60	湖北罗田	0.66
SFL-11	云南大理	0.26	SFL-36	云南保山	0.21	SFL-61	湖北英山	0.23
SFL-12	云南普洱	0.24	SFL-37	云南保山	0.16	SFL-62	湖北英山	0.80
SFL-13	云南普洱	0.22	SFL-38	云南保山	0.16	SFL-63	湖北英山	0.82
SFL-14	云南普洱	0.21	SFL-39	云南大理	0.30	SFL-64	安徽岳西	0.31
SFL-15	云南普洱	0.20	SFL-40	云南丽江	0.63	SFL-65	湖北英山	0.57
SFL-16	云南普洱	0.14	SFL-41	云南大理	0.21	SFL-66	湖北罗田	0.37
SFL-17	云南楚雄	0.08	SFL-42	云南丽江	0.43	SFL-67	湖北英山	0.28
SFL-18	云南普洱	0.17	SFL-43	云南丽江	0.76	SFL-68	湖北英山	0.35
SFL-19	云南楚雄	0.36	SFL-44	云南大理	0.20	SFL-69	湖北罗田	0.28
SFL-20	云南楚雄	0.26	SFL-45	广西融水	0.51	SFL-70	湖北英山	0.36
SFL-23	云南丽江	0.30	SFL-46	云南丽江	0.28	SFL-71	湖北蕲春	0.38
SFL-22	云南楚雄	0.24	SFL-47	云南大理	0.16	SFL-72	湖北罗田	0.32
SFL-23	云南楚雄	0.28	SFL-48	云南普洱	0.57	SFL-73	安徽岳西	0.62
SFL-24	云南大姚	0.24	SFL-49	湖北英山	0.60	SFL-74	安徽岳西	0.99
SFL-25	云南临沧	0.27	SFL-50	安徽岳西	0.59	SFL-75	湖北英山	0.53

五、浸出物

按照《中国药典》（2015 年版）醇溶性浸出物测定法（通则 2201）项下的热浸法测定，溶剂用稀乙醇，75 批次样品的浸出物测定结果如表 8-9。结果表明，茯苓浸出物含量范围为 0.97%～6.68%，平均值为 2.94%。《中国药典》（2020 年版）茯苓药材项下的规定值，暂定浸出物不得少于 2.5%，28 批样品不合格（表 8-9）。

表 8-9 茯苓浸出物含量测定结果

序号	样品产地	浸出物/%	序号	样品产地	浸出物/%	序号	样品产地	浸出物/%
SFL-1	云南大理	1.795	SFL-26	云南临沧	3.470	SFL-51	湖北蕲春	1.510
SFL-2	云南大理	2.540	SFL-27	云南保山	2.890	SFL-52	湖北英山	2.310
SFL-3	云南大理	3.100	SFL-28	湖南怀化	4.750	SFL-53	安徽岳西	2.060
SFL-4	云南大理	3.510	SFL-29	湖南会同	6.440	SFL-54	安徽岳西	1.640
SFL-5	云南大理	2.740	SFL-30	湖南靖州	4.980	SFL-55	安徽岳西	3.570
SFL-6	云南大理	2.620	SFL-31	贵州黎平	2.770	SFL-56	湖北罗田	3.860
SFL-7	云南丽江	6.110	SFL-32	贵州剑河	3.490	SFL-57	安徽岳西	2.660
SFL-8	云南丽江	3.920	SFL-33	安徽岳西	2.340	SFL-58	安徽岳西	3.020
SFL-9	云南大理	3.870	SFL-34	安徽岳西	2.740	SFL-59	湖北英山	1.840
SFL-10	云南丽江	3.790	SFL-35	广西融水	1.750	SFL-60	湖北罗田	2.960
SFL-11	云南大理	3.640	SFL-36	云南保山	1.140	SFL-61	湖北英山	3.510
SFL-12	云南普洱	3.270	SFL-37	云南保山	1.780	SFL-62	湖北英山	3.520
SFL-13	云南普洱	2.500	SFL-38	云南保山	2.360	SFL-63	湖北英山	2.750
SFL-14	云南普洱	4.960	SFL-39	云南大理	2.550	SFL-64	安徽岳西	2.090
SFL-15	云南普洱	2.500	SFL-40	云南丽江	5.950	SFL-65	湖北英山	3.190
SFL-16	云南普洱	0.970	SFL-41	云南大理	2.720	SFL-66	湖北罗田	1.920
SFL-17	云南楚雄	1.470	SFL-42	云南丽江	6.680	SFL-67	湖北英山	1.570
SFL-18	云南普洱	1.920	SFL-43	云南丽江	6.000	SFL-68	湖北英山	3.060
SFL-19	云南楚雄	2.060	SFL-44	云南大理	1.840	SFL-69	湖北罗田	3.250
SFL-20	云南楚雄	3.530	SFL-45	广西融水	2.770	SFL-70	湖北英山	2.100
SFL-21	云南丽江	2.890	SFL-46	云南丽江	1.200	SFL-71	湖北蕲春	2.350
SFL-22	云南楚雄	3.870	SFL-47	云南大理	1.360	SFL-72	湖北罗田	2.550
SFL-23	云南楚雄	3.210	SFL-48	云南普洱	1.100	SFL-73	安徽岳西	1.690
SFL-24	云南大姚	3.770	SFL-49	湖北英山	1.960	SFL-74	安徽岳西	4.530
SFL-25	云南临沧	3.110	SFL-50	安徽岳西	1.950	SFL-75	湖北英山	2.410

六、重金属、农药残留等有害物

1. 重金属

采用石墨炉原子吸收法，通过微波消解和湿法消解两种方式，优化石墨炉升温程序，测定市售茯苓药材中镍的含量，结果10个批次市售茯苓药材中镍的含量低于检出限(375 ng/g)。

杨万清通过微波湿法消解，利用实验室与北京瑞利公司联合开发生产的商品化便携式钨丝电热原子吸收光谱仪测定了茯苓中铜（Cu）、铬（Cr）、铅（Pb）和镉（Cd）的含量。

结果茯苓中Cu的含量为（6.6±0.08）μg/g、Cr的含量为（0.29±0.02）μg/g、Pb的含量为（0.82±0.01）μg/g和Cd的含量为（0.04±0.002）μg/g。相较而言，所测茯苓样品中Cu含量相对较高，而Cr、Pb和Cd含量相对较低。所测茯苓样品中有害元素Pb和Cd含量均符合我国《药用植物及制剂外经贸绿色行业标准》（WM/T2—2004）（Pb＜5 μg/g，Cd＜0.3 μg/g）的要求。该方法的建立为今后野外、现场分析中药或植物中微量元素提供了可能。

朱琳等建立了用氢化物发生-原子荧光光谱法测定茯苓中的重金属砷和硒含量的方法，结果样品的总砷含量为0.55 μg/g，相对标准偏差RSD为12.3%；总硒含量0.70 μg/g，相对标准偏差RSD为4.60%。

张越等测定了安徽、云南、湖北、湖南4个产地茯苓中二氧化硫和重金属的含量。不同主产区中药材茯苓中的二氧化硫含量为0～32.28 mg/kg，均未超标；5种重金属含量较低，变化范围为：Cu 2.900～5.964 mg/kg，Pb 0.061～0.489 mg/kg，Cr 0.004～0.083 mg/kg，As 0.020～0.066 mg/kg，Hg 0.002～0.078 mg/kg。

采用湿法消解法消解（混合酸消解）茯苓样品，评价湖南靖州、贵州贵阳、安徽岳西、湖北罗田和云南姚安5个不同产地的茯苓中Pb、Cd、As、Hg元素的污染状况，并评价其安全性。其中石墨炉原子吸收光谱法测定茯苓中Pb、Cd元素。氢化物发生法测定茯苓中的As、Hg元素。结果表明，不同产地的市售茯苓样品中重金属元素含量无显著差异，茯苓样品中的Pb含量及污染指数高于其他元素，需引起重视。5种样品中Pb、Cd、As、Hg 4种元素均未超出食品安全国家标准《食品安全国家标准　食品中污染物限量》（GB 2672）及联合国粮农组织/世界卫生组织（FAO/WHO）关于有毒重金属限量标准，加标回收率在96%～108%范围内。以正常成年人每天食用50 g茯苓计算，发现没有潜在的健康风险。

收集不同来源的茯苓药材，采用浓硝酸-高氯酸（4∶1）混合溶液消解样品，用火焰原子吸收光谱法测定铜，用石墨炉原子法测定铅和镉，结果6个不同来源的茯苓药材中铜、铅和镉的含量均符合国家进出口药用植物重金属限量指标。

2. 农药及有害物质残留

张举成等建立了一种利用荧光光谱法检测中药茯苓中的氨基甲酸酯类农药异丙威的方法。结果出现了256 nm/290 nm的荧光，并且该荧光峰随着异丙威的浓度不同而随之变化。所测茯苓样品中异丙威含量在检出限以下，因此在受试茯苓中未检出异丙威。

采用气相色谱法测定云茯苓和靖州茯苓样品中有机氯农药六六六（BHC）的残留量。结果表明，云南思茅、湖南靖州所产茯苓样品中农药BHC的残留量均低于0.2 mg/L，该结果符合我国对中药材中农药BHC残留量限量要求，云南思茅产茯苓各部位农药BHC残留量与湖南靖州产的茯苓样品无明显差异。此外，两地产的茯苓皮中农药BHC残留量均比其他部位高，而白茯苓中农药BHC残留量最低。

采用《中国药典》（2010年版）中二氧化硫残留量测定方法与滴定-荧光光谱法分别对

茯苓进行二氧化硫残留量测定。结果两种方法测得茯苓中二氧化硫残留量分别为 2.265 9 mg/g、1.031 5 mg/g。相比于《中国药典》中的方法，二者二氧化硫残留量的检测结果相差明显，滴定-荧光光谱法检测值普遍高于药典方法。在实际操作中，滴定-荧光光谱法和药典方法相比更简单、有效。

秦静等研究中药材茯苓中的氨基甲酸酯农药呋喃丹残留量的毛细管气相色谱测定方法。采用正己烷-丙酮混合溶剂进行提取，通过氢火焰离子化检测器（FID）进行检测。测定结果显示，茯苓中呋喃丹的含量为 0.032 ng/g。

七、特征/指纹图谱

1. 紫外光谱指纹图谱

紫外光谱指纹图谱与 HPLC 指纹图谱相比，有方法简便快捷、多组分测定、成本低的优势，从定性分析的角度，评价中药材质量，为中药材的质量控制及产地、混淆品鉴别奠定基础。李智敏等采用紫外光谱指纹图谱与 SIMCA 定性识别分析方法结合，能快速地鉴别不同产地间药材的差异性及相似性。测定云南 4 个地区茯苓皮样品不同提取溶剂的紫外光谱。茯苓皮紫外光谱数据 SIMCA 定性识别分析，将不同地区的茯苓皮进行区分，紫外光谱信息反映出较大差异，离散现象明显。4 个地区离散聚类情况明显，不同的地理位置和生态环境使样品紫外光谱信息的主成分得分有差异。

2. HPLC 指纹图谱

（1）茯苓多糖指纹图谱

肖颖等通过高效液相色谱图（HPLC）建立 16 批不同产地茯苓多糖的指纹图谱。不同产地样品的液相色谱图相似度较高，有 8 个共有峰。通过和 9 种单糖标准品混合液的衍生化色谱图（图 8－14）比对，确定 8 个共有峰分别为葡萄糖、半乳糖、甘露糖、岩藻糖、

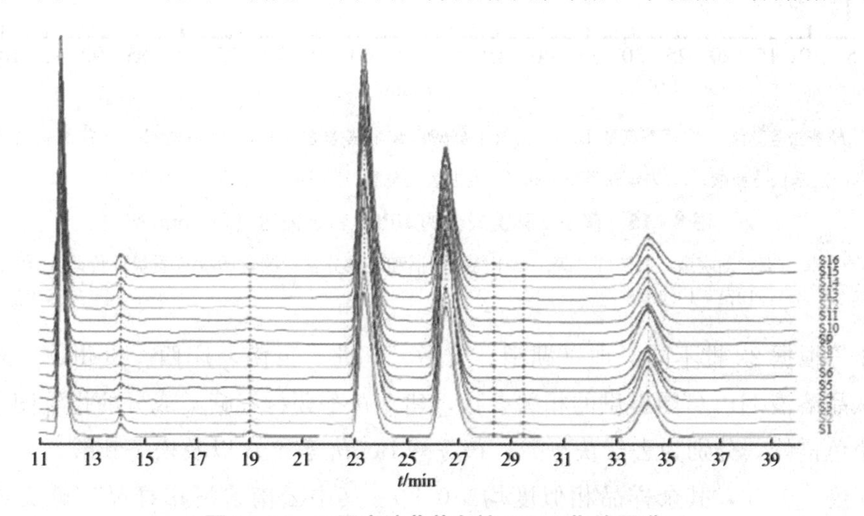

图 8－14　不同产地茯苓多糖 HPLC 指纹图谱

图片引自：肖颖，吴梦琪，张文清，等. 茯苓多糖 HPLC 指纹图谱与免疫活性的相关分析［J］. 华东理工大学学报（自然科学版），2020，46（5）：672－679.

氨基葡萄糖、葡萄糖醛酸、木糖以及阿拉伯糖。其中甘露糖、葡萄糖、半乳糖和岩藻糖的含量较高，峰面积占比之和超过98%；而氨基葡萄糖、葡萄糖醛酸、木糖和阿拉伯糖的含量很低。各产地茯苓多糖的单糖组成与对照指纹图谱相一致，但不同单糖的相对比例有较小差异。不同产地样品和对照指纹图谱的相似度在0.980～1.000之间，表明各产地茯苓多糖之间差异较小，可以采用指纹图谱评价茯苓多糖的质量。

(2) 茯苓三萜指纹图谱/特征图谱

田双双等建立了茯苓三萜类成分的HPLC特征图谱，并同时测定16α-羟基松苓新酸、茯苓新酸B、去氢土莫酸、茯苓新酸A、猪苓酸C、茯苓新酸AM、3-*O*-乙酰-16α-羟基松苓新酸、去氢茯苓酸、茯苓酸、松苓新酸10个三萜类成分的含量。茯苓中10个三萜类成分之间具有正相关；产地收集的药材中各成分的含量均高于市售饮片；湖北、云南产茯苓10个成分的总含量略高于安徽，但安徽产茯苓中各成分的含量波动范围较小。该方法重复性好，专属性强，可用于茯苓的鉴别及质量控制（图8-15）。

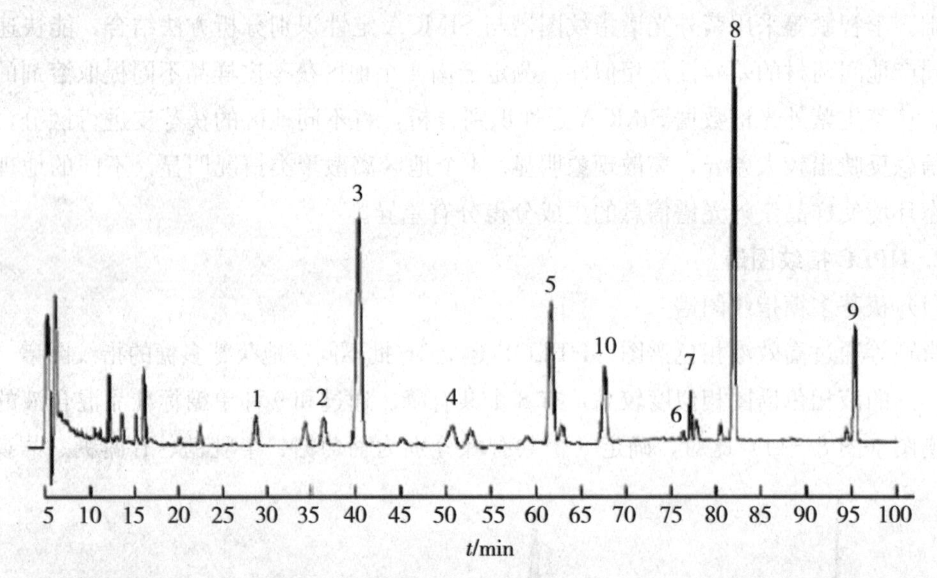

1. 16α-羟基松苓新酸；2. 茯苓新酸B；3. 去氢土莫酸；4. 茯苓新酸A；5. 猪苓酸C；6. 茯苓新酸AM；7. 3-*O*-乙酰-16α-羟基松苓新酸；8. 去氢茯苓酸；9. 3-表去氢土莫酸。

图8-15 茯苓三萜类成分的HPLC特征图谱（243 nm）

图片引自：田双双，刘晓谦，冯伟红，等. 基于特征图谱和多成分含量测定的茯苓质量评价研究[J]. 中国中药杂志，2019，44（7）：1371-1380.

宋潇等根据22批不同产地（湖南、安徽、湖北、云南、广西、贵州、广东）茯苓药材供试品溶液HPLC图提供的相关参数，建立茯苓药材三萜类成分的指纹图谱。指认其中4个色谱峰，分别为去氢茯苓酸、茯苓酸B、茯苓酸A以及松苓新酸。除3个批次样品相似度<0.90，其余样品相似度均>0.90。其中云南普洱市样品三萜类成分含量高，优于其他批次茯苓药材样品，也印证了云南作为传统茯苓道地产区的科学性（图8-16）。

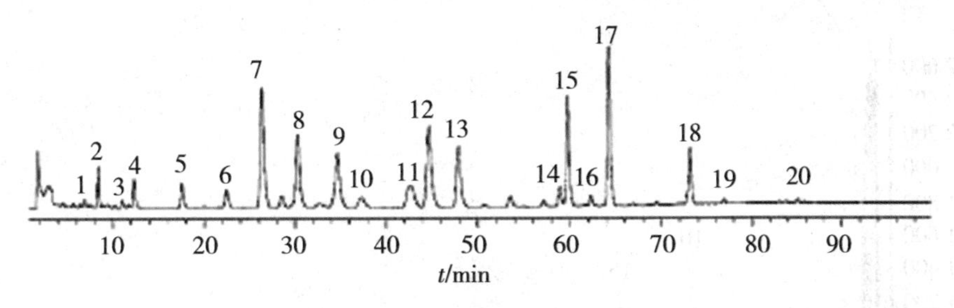

图 8-16 茯苓药材 HPLC 指纹图谱

图片引自：宋潇，谢昭明，黄丹，等. 茯苓 HPLC 指纹图谱及化学模式识别［J］. 中国实验方剂学杂志，2015，21（17）：36-39.

姚松君等采用 HPLC 指纹图谱分析方法，建立了茯苓三萜类成分的指纹图谱。13 批茯苓样品共标示出 19 个特征峰为茯苓三萜类成分的特征峰，相似度较高（0.925～0.997），提示茯苓三萜类成分质量较稳定（图 8-17）。

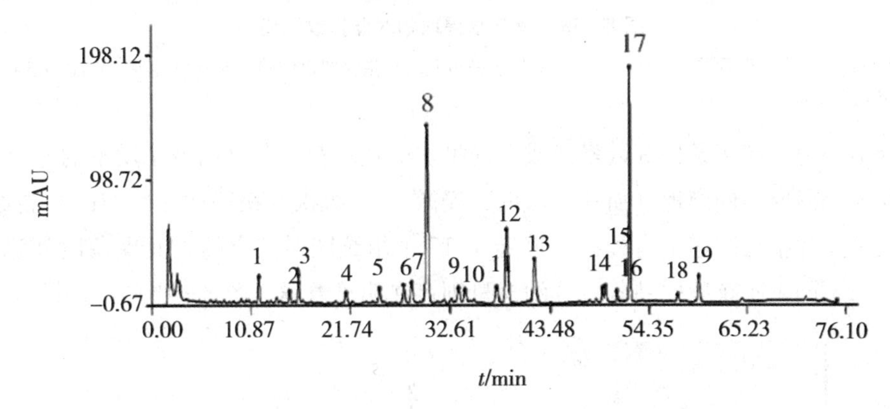

图 8-17 茯苓三萜类成分 HPLC 对照指纹图谱

图片引自：姚松君，黄绮敏，苏杰雄，等. 茯苓三萜类成分高效液相指纹图谱的优化及建立［J］. 广东药学院学报，2014，30（5）：578-582.

王天合等建立茯苓水提物的超高效液相色谱（UPLC）指纹图谱。10 批茯苓水提物共有 24 个共有峰，指认出 11 个成分，分别为 16-羟基松苓新酸（6 号峰）、16α-hydroxytrametendic acid（7 号峰）、茯苓酸 B（9 号峰）、去氢土莫酸（10 号峰）、茯苓酸 A（12 号峰）、猪苓酸 C（15 号峰）、3-*O*-乙酰基-16α-羟基松苓新酸（17 号峰）、去氢茯苓酸（20 号峰）、茯苓酸（21 号峰）、松苓新酸（22 号峰）、脱氢齿孔酸（24 号峰）（图 8-18）。

陈素娥等建立了 10 批栽培茯苓药材的反相高效液相色谱指纹图谱和栽培茯苓药材中指标成分的含量测定方法。检测波长为 242 nm（指纹图谱）和 244 nm（含量测定）。确定共有峰 18 个，不同批次相似度均≥0.926，通过与对照品比对，确认 6 号、10 号、16 号和 17 号色谱峰分别为去氢土莫酸、猪苓酸 C、去氢茯苓酸和松苓新酸。测定 10 批药材中去氢土莫酸、猪苓酸 C、去氢茯苓酸和松苓新酸 4 种指标成分的含量分别为 124.5～320.2 μg/g、99.6～123.3 μg/g、102.3～215.0 μg/g 和 11.0～70.2 μg/g。指纹图谱结果与含量测定结果一致，但是相似度存在一定的差距，指标成分的含量差异也较大，可能是

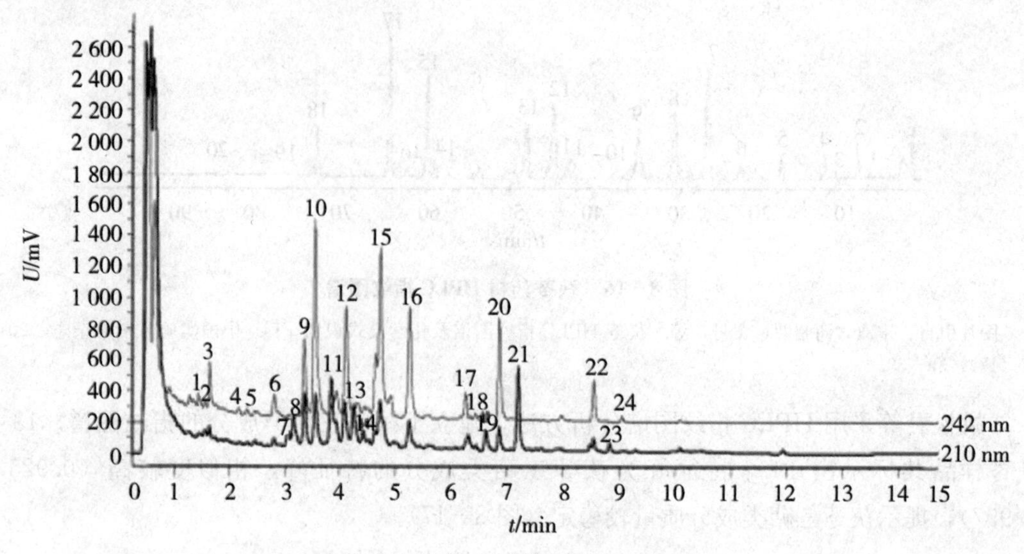

图 8-18 茯苓水提取物对照指纹图谱

图片引自：王天合，李慧君，张丹丹，等. 茯苓水提物 UPLC 指纹图谱的建立及其镇静催眠作用的谱效关系研究[J]. 中国药房，2021，32（5）：564-570.

不同的栽培环境、储存条件等因素造成不同批次的栽培茯苓药材出现了质量的差异。

宋桂萍等研究不同产地（浙江、云南、安徽 10 个批次）茯苓饮片的 HPLC 指纹图谱，建立了茯苓饮片指纹图谱共有模式，确定了 17 个指纹图谱共有峰，其保留时间稳定，无明显差异。不同批次茯苓样品各成分的含量则存在明显差异（图 8-19）。

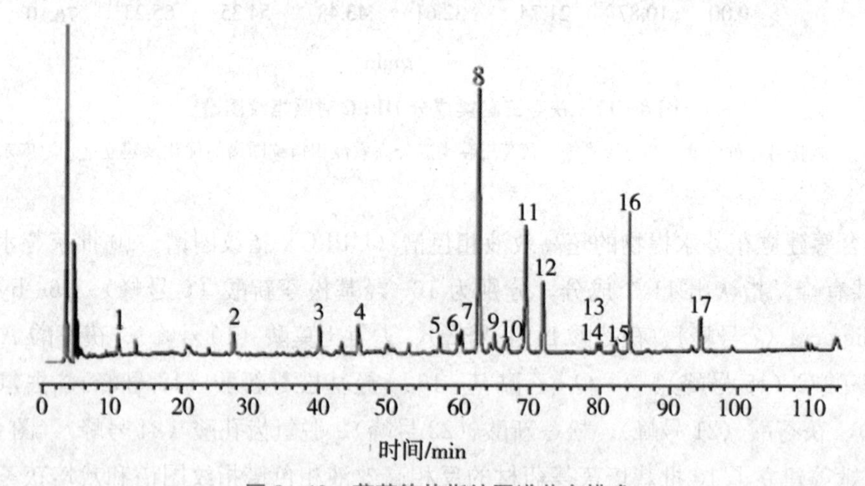

图 8-19 茯苓饮片指纹图谱共有模式

图片引自：宋桂萍，陈国宝，郑礼娟，等. 不同产地茯苓饮片的 HPLC 指纹图谱研究[J]. 世界中西医结合杂志，2013，8（1）：36-38，46.

肖雄等建立了具有 21 个共有峰的赤茯苓 HPLC 指纹图谱，15 批赤茯苓的相似度值为 0.795～0.991，存在明显差异。通过聚类分析和主成分分析方法，能明显地将云南产地赤茯苓与地理距离差异大的其他产地赤茯苓区分开来。

李红娟等采用 HPLC 法比较茯苓不同药用部位中三萜酸类成分的特征指纹图谱，结果在 22 批茯苓药材指纹图谱中标示出 16 个共有峰。白茯苓、茯神与赤茯苓不同药用部位中三萜酸类成分所含主要成分的类别较一致，非公有峰和特征指纹峰的相对比例、面积上存在一定的差异，以赤茯苓中茯苓酸的含量最高（图 8-20）。相同药用部位不同产地间药材的相似度较高，表明产地差异性较小，而不同药用部位间差异性较大，这也与中医辨证施治相吻合。

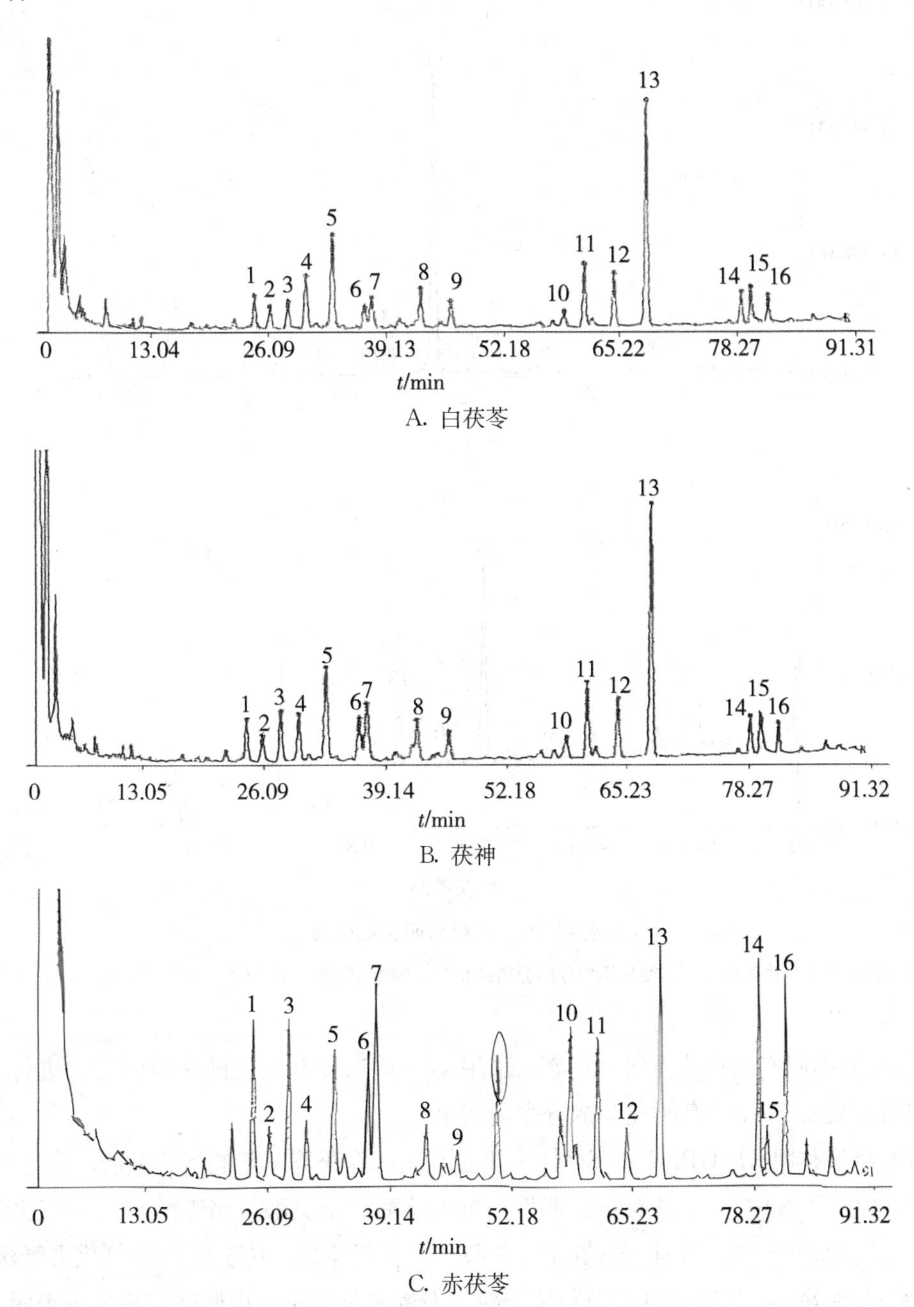

图 8-20　茯苓不同药用部位指纹图谱

图片引自：李红娟，李家春，胡军华，等．茯苓不同药用部位中三萜酸类成分 HPLC 指纹图谱研究［J］．中国中药杂志，2014，39（21）：4133-4138.

李珂建立了茯苓药材的 UPLC-UV-MS 指纹图谱，标定了 22 个色谱峰，其中 9 个峰共有且含量较高，初步归属了其中的 17 个色谱峰。相似度评价表明，不同药用部位的茯苓指纹图谱相似度有明显区别（图 8-21）。茯苓皮不同产地间样品差异不大，茯苓块不同产地间样品存在差异。

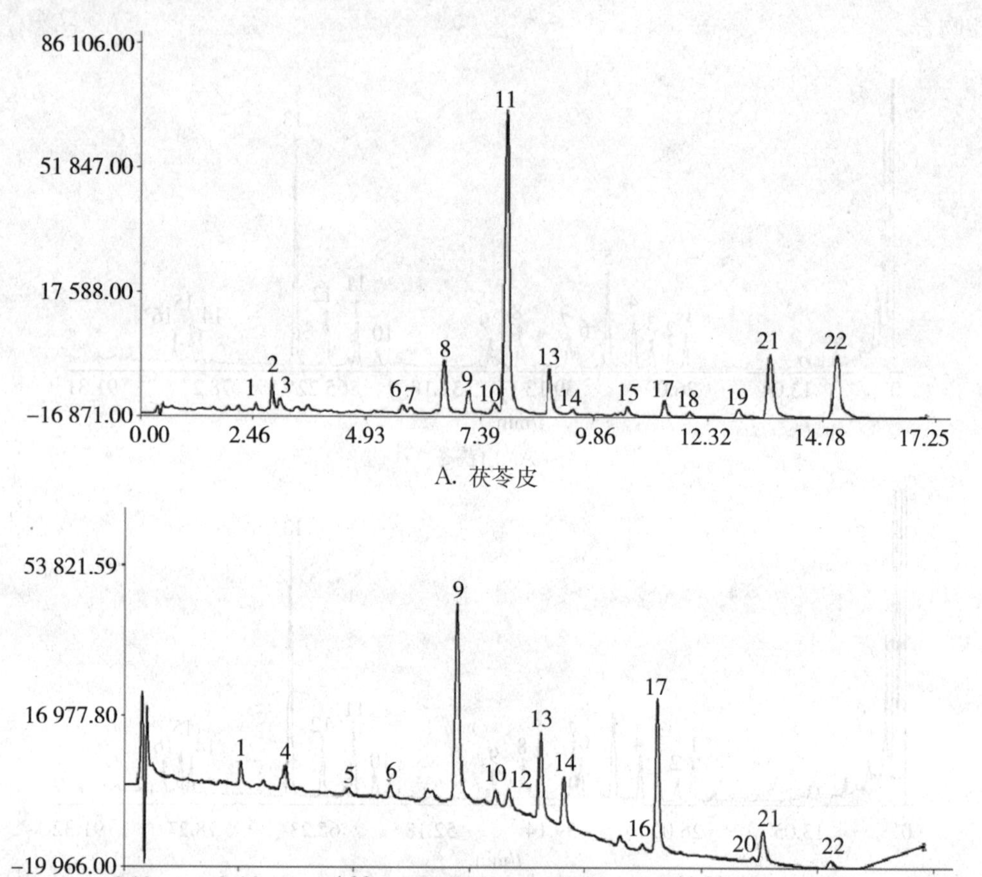

图 8-21　药材对照指纹图谱

图片引自：李珂. 茯苓皮中三萜类化学成分的分离纯化、结构鉴定及茯苓药材指纹图谱的研究［D］. 武汉：湖北中医药大学，2013.

以 20 批不同产地茯苓为研究对象，采用 UPLC 法以双波长同时检测方式进行了茯苓指纹图谱研究及 11 个三萜类化学成分含量测定。

昝俊峰等利用 RP-HPLC-ELSD 技术建立不同产地茯苓三萜的指纹图谱，确定了 18 个共有峰，标定了其中 10 个共有峰分别为去氢土莫酸、土莫酸、猪苓酸 C、3-表去氢土莫酸、3β-乙酰氧基-16α-羟基-3-氢化松苓酸、去氢茯苓酸、茯苓酸、3-氢化去氢松苓酸、3β-羟基-羊毛甾-7,9(11),24-三烯-21-酸、去氢依布里酸。相似度结果分析表明，各产地的茯苓药材质量存在差异，湖北罗田和英山所产茯苓质量优良（图 8-22）。这种差异与药材产地分布呈现一定规律，第一类为我国东南部地区以及西部横断山脉地区，第二类为我国南部云贵高原与南岭部分山区，第三类主要分布在华中地区的大别山区，大致区域分布与维度存在密切联系。

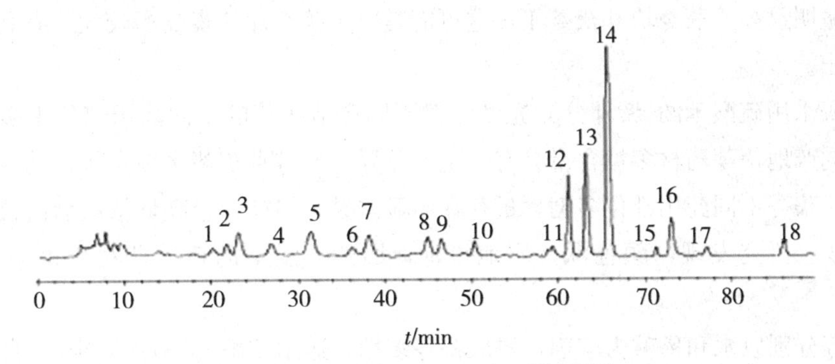

图 8-22 茯苓 ELSD-HPLC 指纹图谱

图片引自：昝俊峰，徐斌，刘军锋，等. 20 个产地茯苓三萜成分 RP-HPLC-ELSD 指纹图谱 [J]. 中国实验方剂学杂志，2013，19 (21)：65-68.

八、含量测定

1. 多糖含量

(1) 紫外分光光度法

茯苓多糖作为茯苓重要的有效成分，占茯苓菌核干重的 70%～90%，具有抗肿瘤、增强机体免疫力、抗衰老、抗炎等作用。UV-Vis 测定多糖含量采用苯酚-硫酸法。测定原理是多糖成分在硫酸作用下先水解成单糖，并迅速脱水形成糖醛衍生物，然后和苯酚生成有色化合物。以葡萄糖为对照品，检测波长约为 490 nm，可用水和稀碱为溶剂提取茯苓多糖。

张文芳等采用的多糖含量测定方法与以前仅采用苯酚-浓硫酸体系测总糖的方法不同，用苯酚-硫酸法测得总糖含量，3,5-二硝基水杨酸（DNS）法测得还原糖含量，然后两者相减即得多糖含量。提取液中不仅含有多糖，还含有一些还原糖如单糖和寡糖，由于无法直接测得溶液中多糖的含量，因此扣除了还原糖的含量，得到茯苓多糖的真实含量。建立的这个方法体系测量结果比用苯酚-浓硫酸比色法测得的多糖的结果更精确。

袁娟娟等运用苯酚-浓硫酸显色，将葡萄糖溶液作为对照品，通过紫外-可见分光光度法（UV-Vis）对选取的 8 个省 16 个产地的茯苓中茯苓多糖的含量进行比较。不同产地茯苓药材中茯苓多糖的含量有一定差异。江西省产茯苓多糖含量较低，其中樟树市为 72.1%。云南省产茯苓多糖含量最高，其中腾冲市为 91.3%，说明云茯苓质量优良，可为云南茯苓道地药材产区提供依据。目前采用基地化种植的贵州地区其茯苓多糖含量与云南地区十分接近，达到 88.2%，可能与当地推行茯苓中药材基地化种植有关，通过基地的规范化种植有效保障了中药材的质量。

胡明华比较 5 个产地茯苓和 3 种规格茯苓中水溶性多糖的提取率。提取方法采用水提醇沉法，含量测定方法采用苯酚-硫酸比色法。发现各产地中茯苓水溶性多糖的含量最高为湖北（0.431%），其他依次为浙江、安徽、湖南、云南；在不同规格的茯苓中，茯苓片的多糖含量明显高于茯苓块和茯苓丁，这可能是由于茯苓片的表面积较大，有利于水溶性多糖的溶出。

宋潇等采用硫酸苯酚-紫外分光光度法对不同产地茯苓的不同药用部位中多糖含量的比较。不同产地茯苓药材多糖含量具有一定的差异，安徽省茯苓多糖含量比其他省茯苓多糖含量高；茯苓不同药用部位多糖含量存在明显差异，多糖含量高低依次为白茯苓、赤茯苓、茯苓皮。研究发现，颜色深，质地松泡，腐烂、浸染的茯苓药材中碱溶性多糖含量低。

聂磊等分别以水和稀碱为溶剂，提取茯苓多糖，运用苯酚-硫酸法测定 10 批茯苓、茯神和茯苓皮的水溶性和碱溶性多糖，以葡萄糖为对照品，吸收波长为 486 nm。根据 10 批茯苓、茯神和茯苓皮中多糖的测定结果可知，三者碱溶性多糖含量均明显高于水溶性多糖含量；同一产地碱溶性多糖含量茯苓稍大于茯神，且均明显高于茯苓皮；茯苓、茯神和茯苓皮中碱溶性多糖范围分别为 3.50%～82.62%、63.31%～75.40%和 28.50%～47.70%。茯苓菌核内碱溶性多糖含量最高。三种茯苓饮片中水溶性多糖含量均低于 0.7%，且无规律性。

王耀登等采集湖北罗田 GAP 种植基地、安徽岳西、湖南靖州等地共 25 批茯苓药材，采用产地的规范加工方法制成茯苓饮片样品。分别以水和稀碱为溶剂，提取茯苓多糖，运用苯酚-硫酸法测定茯苓饮片的水溶性和碱溶性多糖。根据 25 批茯苓饮片的测定结果可知，茯苓饮片的碱溶性多糖含量明显高于水溶性多糖含量。同一产地不同等级的饮片的碱溶性多糖含量差异较大，其中茯苓一级饮片的碱溶性多糖含量均高于 65%。不同产地同等级的饮片碱溶性多糖含量也有差异，其中湖北产区的多糖含量明显较高，这可能与其药材生长环境、产地加工方法、采收时间、培养菌种等因素有关。

杨焕治比较野生型、湘靖 28、辐射一号 3 种不同茯苓品种多糖含量，筛选品性最优良品种。采用碱浸法提取多糖并利用紫外分光光度法测定其茯苓多糖含量，结果每克茯苓干粉末样品中能提取 60%～70%的粗多糖，其中多糖含量约 55%。含量大小关系：湘靖 28＞辐射一号＞野生型，辐射一号与其亲本的多糖含量相差不大，而比野生型高出 10%以上。

（2）HPLC 法

黄超等建立高效液相色谱-蒸发光散射检测（HPLC-ELSD）测定茯苓水溶性多糖中单糖含量的测定方法。多糖需进行水解后才可以进行 ELSD 检测，结果显示，茯苓水溶性多糖中的单糖组成大部分为葡萄糖，同时含有少量的岩藻糖、甘露糖、半乳糖、木糖等，且不同产地的茯苓中单糖含量存在一定的差异性。

王知龙等通过柱前衍生化高效液相色谱（HPLC）法分析生物降解茯苓多糖的组分。选用黑曲霉 HS-5 液体发酵，定向高产 β-葡聚糖酶为外源酶降解茯苓得到多糖溶液，

β-葡聚糖酶可最大限度地将茯苓多糖中的葡聚糖聚合体降解为还原糖和寡糖。利用红外光谱（IR）和紫外光谱（UV）分析鉴定多糖，采用PMP柱前衍生化HPLC法分析，确定其分子中的单糖组成与含量分别为甘露糖5.463%、鼠李糖8.970%、D-木糖52.809%。

（3）近红外光谱法（IR）

近红外光谱技术是根据不同物质对近红外光的吸收特性对物质的结构和组成进行定性、定量分析的一门技术，其光波波长范围为780～2 500 nm。近红外技术适用于含有C—H、N—H、O—H和C＝O等基团的茯苓中总糖的测定。康玉姿等采用积分球漫反射对样品进行红外光谱扫描，参考分光光度法获得的2种多糖的含量结果，经光谱预处理方法优选，并以Matlab R2012a软件，采用组合区间偏最小二乘法（synergy interval partial least squares regression，SIPLS）对特征波长进行了筛选，建立了通过茯苓中水溶性多糖和碱溶性多糖的近红外含量测定方法的3个省份的90个的茯苓样品，水溶性多糖的质量分数在0.63%～4.49%，含量主要分布于1.0%～2.5%，平均值为1.73%。碱溶性多糖的质量分数在51.26%～93.45%，平均值为78.26%，主要集中于80.0%～90.0%。

付小环等利用傅里叶变换近红外漫反射光谱结合化学计量学方法对茯苓不同部位进行定性判别建模，并建立茯苓多糖的定量检测模型和茯苓多糖定量分析。所建立的PLS模型能够较好地预测茯苓中多糖的含量，从预测精度、稳定性及适应性均具一定的通用性，具有良好的市场应用前景。运用主成分分析法（PCA）对不同部位茯苓的定性判别分析，建立茯苓PCA定性模型对茯苓验证集样品进行预测，同时利用茯苓定性模型对赤茯苓、茯苓皮、茯神进行预测，结果被检测的茯苓样品与建模样品相同，赤茯苓、茯苓皮与茯苓建模样品不相同，距离较远，说明与茯苓有较大的区别，茯神与茯苓建模样品距离接近，说明茯神与茯苓有一定的相似性。

王琴琴收集来自不同产地636个野生、栽培白茯苓、茯苓皮样品的高效液相色谱、中红外、近红外、紫外信息，结合Low-level、Mid-level-Boruta、Mid-level-PCA、High-level-PCA、High-level-Boruta、同一部位多个信息融合、两个部位同一信息融合等多种数据融合方法，主成分分析（PCA）、偏最小二乘回归、随机森林分析等化学计量学技术建立模型，对茯苓进行产地鉴别和三萜含量预测，并对野生、栽培品的质量、产地溯源能力进行比较，发现ATR-FTIR是一种快速区别野生、栽培茯苓的方法。光谱色谱数据融合、不同部位数据融合可用于茯苓产地鉴别。UV比FTIR能提供更多关于三萜含量的信息，FTIR比UV能提供较多对茯苓产地鉴别的信息。

Xie等采用近红外技术和化学计量学相结合的方法建立茯苓药材产品判别模型和化学成分含量定量分析模型；采集云南地区、大别山地区、湘黔地区共计138份样品，采用近红外信息和随机森林分析方法建立产地判别模型，其产地判别有效率达92.59%。与此同时，测定其水溶性浸出物、醇溶性浸出物、多糖以及5种三萜类成分总和含量，采用近红外信息和偏最小二乘回归（PLSR）建立水溶性浸出物、醇溶性浸出物、多糖以及5种三萜类成分总和定量的模型，经验证和评估，模型定量相关系数均在0.9以上，相对误差（RE）分别为4.055%、3.821%、4.344%和3.744%，说明该模型可行、适用（图8-23、图8-24）。

2. 三萜含量

茯苓三萜类化合物主要包括茯苓酸、土莫酸等。目前已经从茯苓中分离出多种三萜类化合物，按照其骨架结构可以分为羊毛甾-8-烯型、羊毛甾-7,9(11)-二烯型、3,4-开环-羊毛甾-8-烯型以及3,4-开环-羊毛甾-7,9(11)-二烯型4种类型。药理研究表明，茯苓三萜的主要药理活性为抗炎、利尿、抗氧化活性以及抑菌活性。

（1）紫外-可见分光光度法

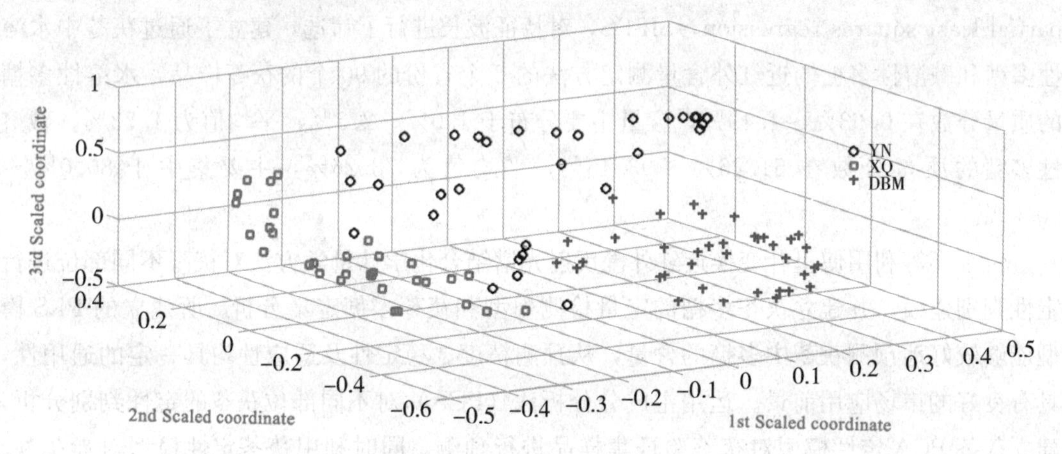

YN—云南地区；XQ—湘黔地区；DBM—大别山区域。

图8-23　茯苓三大主产区近红外分类图

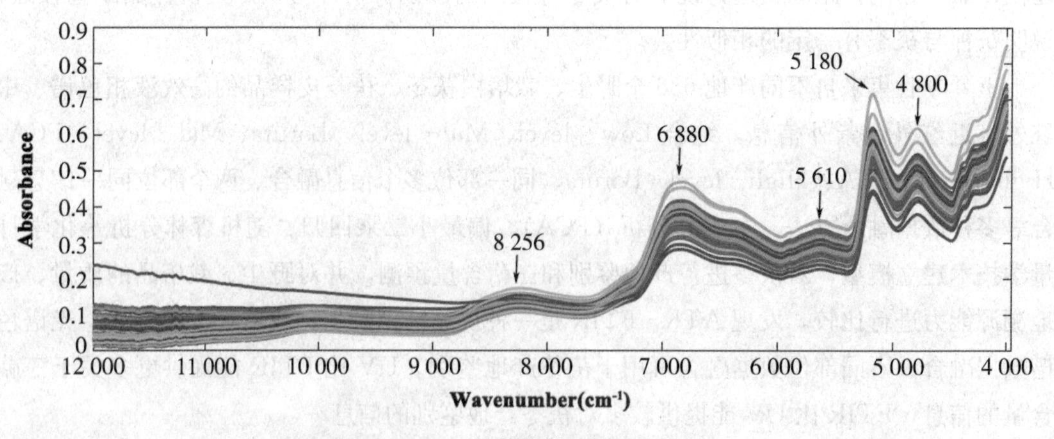

图8-24　138批茯苓样品近红外光谱图

三萜类是茯苓中主要活性成分之一，在茯苓中多以四环三萜的结构呈现。用UV-Vis测定总三萜的原理是三萜类物质在高氯酸作用下与香草醛反应产生有色物质，在540～550 nm下，其吸光度大小与三萜类物质含量成正比，以茯苓酸或多孔菌酸C为对照品，用比色法测定总三萜的含量。

崔仙红等通过正交试验筛选茯苓和茯苓皮中总三萜的最佳显色条件，筛选得到其最佳显色条件为：高氯酸用量 1 mL，5%香草醛用量 0.6 mL，70 ℃水浴 25 分钟，检测波长 550 nm，在该条件下对不同样品进行测定，不同产地的茯苓总三萜含量为 0.534%～0.919%，茯苓皮总三萜含量为 2.45%～4.53%，茯苓皮中总三萜含量是茯苓的 3.15～8.06 倍。

以药材中有效成分多孔菌酸 C 为对照品，用 50 mg/mL 香草醛-冰乙酸溶液、高氯酸显色，在 540 nm 波长处测定样品吸收度。不同产地茯苓药材中总三萜含量为 0.492%～1.02%。

徐榕等选用主成分 3,16 二羟基-羊毛甾烷- 7,9(11),24(31) 三烯- 21 -羧酸作为对照品，采用紫外分光光度法对茯苓中三萜化合物进行测定，波长（243±1）nm。6 个产地茯苓样品中福建产茯苓三萜成分含量最高，为 9.67 mg/g，南京最低，为 5.48 mg/g。

（2）HPLC 法

闫雪生等建立茯苓皮中松苓新酸的 HPLC 测定方法。不同产地茯苓皮中松苓新酸的质量分数以云南茯苓皮中最高（1.27%），安徽次之，山东的较低（0.65%）。说明不同地区的茯苓皮药材中松苓新酸的差异很大。

彭灿等建立同时测定茯苓中去氢土莫酸、去氢茯苓酸、茯苓酸和松苓新酸含量的 HPLC 方法，对栽培茯苓、野生茯苓和茯神中 4 种指标成分进行含量测定，结果显示其差异较大，其中以茯苓酸最高，为 0.399 7～1.167 1 mg/g；松苓新酸最低，为 0.022 0～0.438 9 mg/g。野生茯苓中 4 种三萜酸的含量相对于栽培品总体较高，这说明野生药材优于栽培品，为目前茯苓药材品种的选择提供了科学依据。

刘宾等比较不同产区和等级茯苓饮片的茯苓酸的含量差异，从茯苓酸测定结果可以看出，茯苓主产区中除湖北罗田含量稍低外，安徽、湖南、云南、贵州等省茯苓中茯苓酸的含量区别不明显。茯苓饮片的质量主要依据传统标准如色泽、质地进行区分，一般认为正心丁质好，价格高。但不同等级茯苓饮片中茯苓酸的测定表明，同一产地色白、质坚实的饮片（优级）与统货相比，含量反而偏低。

李习平等采用高效液相色谱法测定各种不同茯苓加工品中茯苓酸的含量。结果茯苓和茯苓皮的生切品、传统蒸切品、高压蒸切品中茯苓酸的含量范围为 0.043 3%～0.123 5%，茯苓皮中茯苓酸的含量>茯苓，且经蒸制后两者的含量均明显降低，其中生切品>传统法蒸品>高压蒸品。茯苓酸对热压不稳定，茯苓经过蒸制后，其含量降低。

万鸣等采用高效液相色谱法测定去氢土莫酸、猪苓酸 C、3 -表去氢土莫酸、3 -O -乙酰基- 16α -羟基-氢化松苓酸、去氢茯苓酸、茯苓酸、松苓新酸 7 种三萜类成分的含量。不同产地的 36 批茯苓药材之间 7 个指标成分的单一含量均存在一定差异，但总体差异不明显（多数样品总含量分布在 1.3～1.9 mg/g 之间）。聚类分析表明，仅湖北、云南、贵州地区部分茯苓药材中 7 种成分含量相对较高，且 26 批来自湖北、云南、广西、安徽等地的样品，均聚为一大类，表明大部分产区产出的茯苓药材含量均一、质量稳定，仅少量存在差异。

刘校妃等采用紫外波长转换检测的 RP－HPLC 法测定 3 批不同产地的茯苓药材中茯苓酸的去氢土莫酸的含量，0～5 分钟，241 nm（去氢土莫酸），5～16 分钟，210 nm（茯苓酸）。结果 3 个产地茯苓酸的含量无显著差异。四川西昌的茯苓药材中去氢土莫酸的含量高于其他两个产地，江西樟树中含量最少。

夏烨等用梯度洗脱法同时测定茯苓皮药材中茯苓酸 A 和 3－表去氢土莫酸的含量，液相图谱显示 5 份购自不同药店的茯苓皮样品中在成分上保持了较好的一致性，茯苓酸 A 的含量为 0.024 3%～0.040 3%；3－表去氢土莫酸的含量为 0.009 9%～0.013 7%（表 8－10）。

表 8－10　HPLC 在茯苓的三萜类成分分析中的应用

成分/指标	样品种类	提取方法	色谱条件	检测条件
松苓新酸	茯苓皮	粗粉 1.0 g，加甲醇 50 mL，加热回流 1 小时	Lichrospher C_{18} 色谱柱（200 mm×4.6 mm，5 μm），流动相：乙腈－0.5%磷酸水溶液（80∶20），流速：1.0 mL/min，柱温：30 ℃	242 nm
茯苓酸	茯苓	粗粉 0.8 g，加甲醇 25 mL，超声 60 分钟	Alltima C_{18} 色谱柱，流动相：乙腈－0.05%磷酸（78∶22），流速：1.0 mL/min	210 nm
茯苓酸	茯苓及茯苓皮	粉末 1.0 g，加甲醇 20 mL，超声 30 min	Apollo C_{18} 色谱柱（250 mm×4.6 mm，5 μm），流动相：乙腈－0.5%磷酸水溶液，流速：1.0 mL/min，柱温：30 ℃	210 nm
去氢乙酰茯苓酸	茯苓	称取茯苓 10 g，粉碎，加入 100 mL 80%乙醇液，回流提取 4 小时，过滤，收集滤液，滤渣再按前述方法重复提取 2 次，合并滤液，减压浓缩至无醇味，于 80 ℃下蒸干，即得茯苓提取物。称取茯苓提取物 10.0 mg，用甲醇定容至 5 mL，0.45 μm 滤膜过滤，滤液作为供试品溶液备用	Phenomenex Luna C_{18} 柱（4.6 mm×150 mm，5 μm），流动相为乙腈－0.05% H_3PO_4（64∶36），流速：1.0 mL/min，柱温：25 ℃	242 nm
去氢土莫酸、茯苓酸	茯苓	精密称定样品粉末（过 5 号筛，40 ℃干燥 12 小时）2 g，置具塞锥形瓶中，精密加入甲醇 20 mL，称定重量，超声处理（功率250 W，频率 33 kHz）40 分钟，放冷至室温，称定重量，用甲醇补足减失重量，摇匀，经 0.22 μm 微孔滤膜滤过，取续滤液作为供试样品溶液	ZORBAX Eclipse XDB－C_{18} 柱（4.6 mm×150 mm，5 μm），流动相为乙腈－0.05%磷酸水溶液（75∶25），流速为 1.0 mL/min，柱温为 30 ℃。	0～5 分钟，241 nm（去氢土莫酸），5～16 分钟，210 nm（茯苓酸）

续表

成分/指标	样品种类	提取方法	色谱条件	检测条件
茯苓酸 A 和 3-表去氢土莫酸	茯苓皮	取茯苓皮样品约 1 g 精密称定，置 50 mL 具塞锥形瓶中，加 20 mL 甲醇加塞称定，于超声仪中提取 30 分钟，称定，用甲醇补足质量，过 0.45 μm 微孔滤膜滤液密封备用	采用 Dikma Dimonsal C_{18} 色谱柱（250 mm×4.6 mm，5 μm），以 0.1%甲酸水溶液和乙腈为流动相，流速：1.0 mL/min，柱温：25 ℃，用梯度洗脱法	243 nm
去氢土莫酸、去氢茯苓酸、茯苓酸和松苓新酸	茯苓和茯神	取茯苓粉末（过 60 目筛）1 g，精密称定，移入 50 mL 具塞锥形瓶中后，加入 95% 甲醇 20 mL，称定质量，轻微振摇使粉末充分分散。于 40 ℃超声（360 W，40 kHz）处理 30 分钟，冷却至室温，再称定质量，用甲醇补足减失的质量，吸取上清液，滤过，即得	色谱柱为 Wonda Cract C_{18} 柱（150 mm × 4.6 mm，5 μm），以乙腈-0.2%甲酸溶液（76∶24）为流动相，流速：1.0 mL/min，柱温：32 ℃	222 nm
去氢土莫酸、猪苓酸 C、3-表去氢土莫酸、3-*O*-乙酰基-16α-羟基-氢化松苓酸、去氢茯苓酸、茯苓酸、松苓新酸	茯苓	精密称取茯苓细粉（过 80 目筛）2 g，置于 50 mL 锥形瓶中，加入甲醇 10 mL，称定质量，摇匀，超声（频率：40 kHz，功率：500 W）提取 30 分钟，静置 15 分钟后再次称定质量，用甲醇补足减失的质量，摇匀，以 0.45 μm 微孔滤膜滤过，取续滤液，即得	色谱柱为 Thermo Acclaim 120 C_{18}，流动相为乙腈-磷酸水（梯度洗脱），流速：1.0 mL/min，柱温：30 ℃，进样量：20 μL	210 nm
去氢土莫酸、土莫酸、猪苓酸 C、3-表去氢土莫酸、去氢茯苓酸、茯苓酸	茯苓	取样品粉末（过 60 目筛，40 ℃干燥 12 小时）约 0.5 g，精密称定，置具塞锥形瓶中，精密加入甲醇 10 mL，称定重量，超声处理（功率 250 W，频率 33 kHz）30 分钟，放冷至室温，称定重量，用甲醇补足减失重量，摇匀，经 0.22 μm 微孔滤膜滤过，取续滤液作为供试品溶液	采用 ACQUITY UPLC、HSS T3 色谱柱（2.1 mm×100 mm，1.8 μm），流动相为乙腈-0.05%磷酸水溶液梯度洗脱	210 nm

（3）液质联用法

茯苓中三萜的含量测定文献多采用分光光度法和高效液相色谱法进行含量测定，但是这些方法灵敏度不够高，检测不够快速。超高效液相色谱-串联质谱方法（UPLC-MS-MS）由于检测灵敏，快速可靠，已经被应用到中药及中药制剂中并作为中药成分的一种重要检测手段，近年来越来越多的科研工作者借用此方法应用到了茯苓三萜含量测定中。

李健康等采用 UPLC-MS-MS 快速测定茯苓中去氢土莫酸和茯苓酸的含量。ESI 离子源，负离子模式，多反应监测模式（MRM），检测离子对分别为茯苓酸 m/z 527.40/465.30、去氢土莫酸 m/z 483.20/421.20。测得样品溶液中茯苓酸和去氢土莫酸的平均含量分别为 0.49 mg/g、0.93 mg/g。UPLC-MS-MS 测定茯苓酸和去氢土莫酸具有很高的选择性，因此大大提高了茯苓酸和去氢土莫酸含量测定的灵敏度，茯苓酸的检测限达到 1 μg/L，定量限达到 4 μg/L，去氢土莫酸检测限 0.7 μg/L，定量限 2 μg/L。

赵秋龙等建立超高效液相色谱-串联四极杆/线性离子阱质谱法（UPLC-QTRAP-MS 法），同时测定不同产地茯苓药材中 8 个三萜酸类成分（茯苓新酸 B、去氢土莫酸、茯苓新酸 A、猪苓酸 C、去氢茯苓酸、茯苓酸、松苓新酸、去氢齿孔酸）的含量，并比较其差异。

董远文利用液质联用色谱法（HPLC-MS/MS）建立了一种灵敏度高、准确性好的方法，同时对茯苓中 7 种三萜酸类成分进行定性定量分析。利用胆酸作为内标，MRM 对分析物进行定性定量分析（表 8-11）。

表 8-11　液质联用色谱法在茯苓三萜酸类成分分析

成分/指标	样品种类	提取方法	色谱条件	检测条件
茯苓酸和去氢土莫酸	茯苓	精密称定样品粉末 0.2 g，精密加入 95% 乙醇 50 mL，浸泡 2 小时，加热回流 1 小时，过滤后再加 95%乙醇 50 mL，继续加热回流 1 小时，滤过，合并 2 次滤液挥干后加甲醇定容至 10 mL 量瓶，再用甲醇精密稀释 100 倍，经 0.22 μm 微孔滤膜滤过	ZORBAX Eclipse Plus C_{18} 色谱柱（2.1 mm×100 mm，1.8 μm），流动相乙腈-1.0 mmol/L 乙酸铵（80：20），流速：0.3 mL/min，柱温：40 ℃，进样量：5.0 μL	ESI 离子源，负离子模式，多反应监测模式（MRM），检测离子对分别为茯苓酸 m/z 527.40/465.30，去氢土莫酸 m/z 483.20/421.20
去氢土莫酸、茯苓新酸 B、茯苓新酸 A、茯苓新酸 AM、去氢齿孔酸、茯苓酸、松苓新酸	茯苓皮	称取 10 g，加入 100 mL 甲醇，超声提取 20 分钟，自然过滤，提取 3 次后合并滤液，减压浓缩后用甲醇定容至 10 mL	色谱柱：Athena C_{18}（4.6 mm × 250 mm，5 μm），流动相：A 为甲醇，B 为 0.1%甲酸的水溶液；流动相洗脱程序：0～5 分钟、65% A，5～10 分钟、65%～72% A，10～55 分钟、72%～80% A，55～90 分钟、80%～100% A，90～100 分钟、100% A；进样量：10 μL；柱温：30 ℃	电喷雾离子源（ESI）；扫描方式为正、负离子扫描（ESI^+、ESI^-）；离子源温度 300 ℃；鞘气 40 arb；辅助气 10 arb；喷雾电压：ESI^+（3.5 kV），ESI^-（3 kV）；毛细管温度 350 ℃；质量分析器：FT-MS Orbitrap；流动相采用 DAD 检测器

3. 蛋白质和氨基酸含量

茯苓是一种药食同源药材，其含有较丰富的蛋白质和氨基酸成分，因而蛋白质和氨基酸种类的测定对其质量评价具有一定的意义。杨岚等采用凯氏定氮法和考马斯亮蓝对“野生型”“湘靖 28”“辐射一号”新鲜茯苓菌核中蛋白质和氨基酸含量进行比较，发现 3 个品种的茯苓所含蛋白质、氨基酸种类齐全，辐射一号中人体所需的 8 种必需氨基酸含量最具明显优势，其游离氨基酸和总蛋白含量高于湘靖 28，蛋白质与游离氨基酸含量高低为野生型＞辐射一号＞湘靖 28。陈蓉等采用柱前衍生-高效液相色谱法测定茯苓中 18 种氨基酸的含量，12 批茯苓药材氨基酸分布趋势基本一致，各产地均以脯氨酸、蛋氨酸和丝氨酸含量为最高，三者之和占到总氨基酸量的 30%以上，不同地区的茯苓中氨基酸含量稍有差异。

4. 微量元素

张晓娟等采用湿法消解茯苓样品，火焰原子吸收光谱法测茯苓中的 Ca、Mg、Na、Cu、Fe、Mn、K、Zn 含量，发现茯苓中 K 含量最高，其次是 Mg、Ca、Fe。

李弈等利用火焰原子吸收光谱法测定了天然茯苓和液体发酵茯苓中微量元素含量。结果表明，天然茯苓和液体发酵茯苓中微量元素含量从高到低的次序完全一致，均为 K＞Mg＞Ca＞Fe＞Mn＞Cu＞Zn＞Pb＞Cr＞Cd。上述测定中，K 的含量最高，天然茯苓和液体发酵茯苓分别为 664.2 μg/g 和 572.6 μg/g。

采用微波消解-电感耦合等离子体质谱测定茯苓的白茯苓、赤茯苓及茯苓皮 3 个部位的 16 种微量元素含量，分析茯苓不同部位元素分布规律。大部分元素在茯苓皮中含量较高；不同部位中 V、Cr、Mn、Fe、Zn、Rb、Sr、Mo、Cd、Cs、Ba、Pb 元素含量差异具有统计学意义（$P<0.05$），Co、Ni、Cu、As 含量差异无统计学意义（$P>0.05$）；Cu、Cd、Zn、Ba 元素是茯苓 3 个部位的特征性元素。茯苓不同部位对不同元素的吸收具有一定的选择性。

郭惠等采用浓硝酸-高氯酸混合溶液消解样品，空气-乙炔火焰原子吸收光谱法测定茯苓中 Cu、Zn、Fe、Mn 四种微量元素的含量，发现其含量顺序为 Fe＞Zn＞Mn＞Cu。

用火焰原子吸收光谱法测定了茯苓药材微量元素，结果表明茯苓含铁量较为丰富，所测茯苓样品中含铁量达 102.69 μg/g。

第三节　茯苓生产全链条标准体系

茯苓生产全链条从茯苓菌种源开始，包含茯苓优良品种繁育、茯苓规范化种植、茯苓质量标准体系、茯苓综合开发利用（大健康产品开发）等。产业链各环节标准的建立，对保障茯苓中药材质量的稳定，促进茯苓产业转型升级，促进茯苓产业的可持续发展具有重要意义。目前茯苓产业链各环节以地方标准、团体标准、企业标准为主，尚未发布国家层级的茯苓产业链标准。因企业标准的特殊性，主要从地方标准和团体标准角度，梳理茯苓生产全链条的标准体系。

一、茯苓菌种标准

目前有湖北、湖南两省发布了与茯苓菌种相关的地方标准。其中湖南省地方标准中对靖州茯苓菌种的质量要求、包装、储运等做了规定，湖北省地方标准主要对茯苓菌种的菌种、母种、原种、栽培种生产及茯苓菌种质量标准等进行了规定，如表 8-12。

表 8-12　茯苓菌种相关地方标准收录情况

序号	发布单位	标准编号	标准名称	公布日期	状态	标准范围
1	湖南省质量技术监督局	DB43/T 842—2013	靖州茯苓菌种	2013-12-23	现行	本标准规定了靖州茯苓菌种的质量要求、试验方法、检验规则及标签、标志、包装、储运
2	湖北省质量技术监督局	DB42/T 570—2009	中药材茯苓菌种生产技术规程	2009-10-26	现行	本标准规定了茯苓菌种生产技术规程的术语和定义、菌种生产、母种生产、原种生产、栽培种生产、茯苓菌种质量标准与检验、菌种的储存与标签

二、茯苓栽培技术标准

目前有湖北、湖南、福建、贵州四省发布了与茯苓栽培相关的地方标准。主要涉及栽培技术规范、特定栽培技术（松蔸栽培、袋料栽培）、虫害防治等方面的规定，如湖北省发布了茯苓生产技术和茯苓清洁种植技术 2 项地方标准；贵州省发布了虫害防治及地理标志黎平茯苓生产技术规程 2 项地方标准（表 8-13）。

表 8-13　茯苓栽培技术相关地方标准收录情况

序号	发布单位	标准编号	标准名称	公布日期	状态	标准范围
1	福建省质量技术监督局	DB35/T 1595—2016	松蔸栽培茯苓技术规范	2016-08-22	现行	本标准规定了松蔸栽培茯苓的术语和定义、生态环境要求、松蔸的选择与预处理、接种、栽培管理、病虫害防治、采收与采后处理的技术要求。本标准适用于自然季节下以松蔸为基质的茯苓栽培
2	安徽省质量技术监督局	DB34/T 2550—2015	茯苓种植技术规程	2015-12-30	现行	本标准规定了茯苓种植的产地条件、整地、菌种生产、接种、种植管理、病虫害防治、采收与晾晒等方面的技术规程。本标准适用于安徽省茯苓人工种植

续表

序号	发布单位	标准编号	标准名称	公布日期	状态	标准范围
3	贵州省质量技术监督局	DB52/T 1056—2015	地理标志产品黎平茯苓生产技术规程	2015-07-22	现行	本标准规定了地理标志产品黎平茯苓的术语和定义、种植地环境条件、菌种培育、栽培、病虫害及防治、茯苓的采收、茯苓质量规格及质量要求
4	湖北省质量技术监督局	DB42/T 1060—2015	中药材茯苓清洁种植技术规程	2015-02-02	现行	本标准规定了中药材茯苓清洁种植技术、病虫害防治及档案管理
5	湖北省质量技术监督局	DB42/T 1006—2014	中药材茯苓生产技术规程	2014-07-08	现行	本标准规定了中药材茯苓生产技术的生态环境要求、菌种制备、培养料准备、备场、接菌、田间管理、病虫害防治、采收与加工以及包装、储藏、运输
6	湖南省质量技术监督局	DB43/T 843—2013	靖州茯苓袋料栽培技术规程	2013-12-23	现行	本标准规定了靖州茯苓袋料栽培的定义、环境条件、原料、辅料、制袋、灭菌、接种、培养发菌、栽植管理和茯苓采收的要求

三、茯苓药材标准

1. 中国药典标准

从1963版《中国药典》开始收载茯苓，从2010版《中国药典》开始收载茯苓皮。《中国药典》2020年版收载茯苓和茯苓皮主要包括：来源、性状、鉴定（显微鉴定、理化鉴定）、杂质检查（水分、灰分）、浸出物检查。茯苓皮与茯苓药材相比，多了酸不溶性灰分。

2. 地方标准

目前有湖北地方标准对其地标产品九资河茯苓进行了规定。湖南地方标准对靖州茯苓的鲜品和干品分别做了相关规定（表8-14）。

3. 团体标准

湖北英山县药材商会发布《英山茯苓》（T/YSYSH 001—2020）、中华中医药学会发布《中药材商品规格等级　茯苓》（T/CACM 1021.131—2018）（表8-14）。

4. 其他国家或地区药典标准

在国际上，茯苓已被主要应用国家和地区的药典，例如欧洲药典、英国药典、日本药典和韩国药典收载。但不同国家和地区间茯苓标准没有统一，质量标准存在较大差异。

（1）欧洲药典（英国药典）

《欧洲药典》（10.0 版）收载茯苓药材，主要对其显微鉴别、薄层鉴别、理化鉴别、其他鉴别、水分、总灰分、净度、水溶性浸出物等进行了质量要求。

（2）日本药典

《日本药典》（17 版）收载茯苓药材，主要对其显微鉴别、理化鉴别、总灰分等进行了质量要求。

表 8－14　茯苓药材地方标准、团体标准收录情况

序号	标准类型	发布单位	标准编号	标准名称	公布日期	状态	标准范围
1	地方标准	湖南省质量技术监督局	DB43/T 844—2013	靖州鲜茯苓	2013－12－23	现行	本标准规定了靖州鲜茯苓的定义与术语、分类与规格、质量要求、检验方法、检验规则、标志、包装、储运
2	地方标准	湖南省质量技术监督局	DB43/T 845—2013	靖州干茯苓	2013－12－23	现行	本标准规定了靖州干茯苓的定义与术语、分级、要求、检验方法、检验规则、标志、包装、储运
3	地方标准	湖北省质量技术监督局	DB42/T 353—2011	地理标志产品 九资河茯苓	2011－12－08	现行	本标准规定了地理标志产品九资河茯苓的保护范围、术语和定义、自然环境和生产、要求、试验方法、检验规则及标志、包装、运输、储存
4	团体标准	英山县药材商会	T/YSYSH 001—2020	英山茯苓	2021－03－09	现行	本标准规定了英山茯苓的术语和定义、地域范围、立地条件、栽培管理、加工工艺、规格等级和感官要求、理化要求、安全卫生要求、净含量、检验方法、检验规则及标志、标签、包装、储存和运输
5	团体标准	中华中医药学会	T/CACM 1021.131—2018	中药材商品规格等级　茯苓	2020－04－17	现行	本标准规定了茯苓的商品规格等级

（3）韩国药典

《韩国药典》（12 版）收载茯苓药材，主要对其理化鉴别水分、总灰分等进行了质量要求。

5. 主要国家和地区茯苓质量标准比较

在上述已收载了茯苓品种的国家和地区的药典中，针对茯苓的质量标准要求有一定的

差异。不同地区和国家间茯苓标准没有统一，质量标准存在较大差异。性状描述上，各国和地区基本一致，但是具体规格上存在差异。鉴别方法不统一，例如日本、韩国没有采用薄层色谱鉴别，中国和欧洲的药典虽然都采用了薄层色谱鉴别法，但具体显色和对照品不同。在检测项中，水分、灰分的质控参数也存在差异。浸出物的指标上，中国药典采用的是醇溶性浸出物，而欧洲药典采用的是水溶性浸出物。不同国家和地区茯苓的二氧化硫、铅、砷、汞、镉重金属含量和农药残留限量参考值上也存在较大差异，其中，韩国进行了最为严格的限量要求。

（1）基原和性状异同

不同国家和地区认为茯苓药材都是茯苓的菌核，但各国对茯苓基原的拉丁名略有不同，中国和韩国较为一致，其唯一拉丁名是 *Poria cocos*（Schw.）Wolf。在日本其拉丁名为 *Wolfiporia cocos* Ryvarden et Gilbertson（*Poria cocos* Wolf）。欧洲药典的茯苓基原标示为 *Wolfiporia extensa*（Peck）Ginns，同时补充标示了其异名形式，即 *Poria cocos*（Schw.）Wolf 和 *Wolfiporia cocos*（F. A. Wolf）Ryvarden & Gilb.。各国和地区标准对茯苓的性状描述基本一致，对茯苓的性状、大小、气味、色泽等作出描述性规定。中国药典对茯苓个、茯苓块和茯苓皮进行了区分描述，还规定了茯苓块、茯苓片的具体尺寸范围，即长 3～4 cm，厚约 7 mm。日本药典和韩国药典规定的茯苓较小，直径 10～30 cm，质量 0.1～2 kg；日本药典除了有茯苓的记载，还单独增加了茯苓粉标准（表 8-15）。

表 8-15 不同国家和地区茯苓的基原和性状描述比较分析

国家/地区	基原	性状描述	参考药典
中国	*Poria cocos*（Schw.）Wolf 菌核	①茯苓个：呈类球形、椭圆形、扁圆形或不规则团块，大小不一。外皮薄而粗糙，棕褐色至黑褐色，有明显的皱缩纹理。体重，质坚实，断面颗粒性，有的具裂隙，外层淡棕色，内部白色，少数淡红色，有的中间抱有松根。气微，味淡，嚼之黏牙。 ②茯苓块：去皮后切制的茯苓，呈立方块状或方块状厚片，大小不一。白色、淡红色或淡棕色。 ③茯苓片：去皮后切制的茯苓，呈不规则厚片，厚薄不一。白色、淡红色或淡棕色	国家药典委员会. 中华人民共和国药典：一部，2020.
日本	*Wolfiporia cocos Ryvarden et Gilbertson*（Poria cocos Wolf）菌核	团块，直径 10～30 cm，质量可达 0.1～2 kg；通常呈碎块或切片状；白色或略带红白色；带有外皮的菌核为深棕色至深红棕色，粗糙，开裂；质地坚硬，但易碎。气微，无味，有少许黏液	日本药局方编辑委员会. 日本药典：17 版，2016.
韩国	*Poria cocos* Wolf 菌核	块状，通常为块或片状，未破裂的直径为 10～30 cm，质量为 0.1～2 kg。剩下的外层是深棕色到暗红褐色，粗糙，有裂缝。内部是白色或淡红白色。质地坚硬，但易碎。茯苓几乎没有气味，味道很淡，有少许黏液	韩国食品药品安全部. 韩国药典：12 版，2022.

续表

国家/地点	基原	性状描述	参考药典
欧洲	*Wolfiporia extensa* (Peck) *Ginns* (syn.) *Poria cocos* (Schw.) *Wolf*; *Wolfiporia cocos* (F. A. Wolf) Ryvarden & Gilb. 菌核	方形、长方形或多面体碎片，或薄片，长度和厚度不同；呈现淡棕色的白色，平滑；方形、矩形或多面体碎片，无褐色外皮，不易破碎；薄片易破碎，粗糙，有颗粒状或粉质结构	欧洲药品质量管理局. 欧洲药典：10.0版，2019.

注：基原拉丁名为各国和地区药典原形式。

(2) 鉴别比较分析

不同国家对茯苓的鉴别规定存在差异。中国药典、欧洲药典对茯苓进行了显微鉴别的规定，日本药典对茯苓药材没有规定显微鉴别，在茯苓粉标准中规定了显微鉴别。菌丝直径略有差异，中国药典和欧洲药典规定的茯苓菌丝直径为 3～16 μm，日本药典规定的菌丝直径范围较大（2～30 μm）。中国药典和欧洲药典含有薄层鉴别，不过方法存在差异，中药药典以茯苓对照药材为参考，薄层色谱喷以香草醛硫酸溶液-乙醇混合溶液显色。欧洲药典以 4-氨基苯甲酸、香豆素和百里酚溶液为参考，薄层色谱在254 nm 的紫外光下检测。中国、日本、韩国和欧洲药典中都有碘化钾反应。日本和韩国药典还载有样品加入丙酮提取后加入醋酸酐中，然后加硫酸的显色反应。欧洲药典含有黏性鉴别，即样品用水润湿并压入研钵时，样品会粘在杵上（表 8-16）。

表 8-16　不同国家和地区茯苓鉴别比较分析

国家/地区	显微鉴别	薄层鉴别	理化鉴别	其他鉴别	参考药典
中国	水合氯醛：菌丝无色或淡棕色，细长，稍弯曲，有分支，直径 3～8 μm，少数至 16 μm	以茯苓对照药材为参考，薄层色谱喷以香草醛硫酸溶液-乙醇混合溶液显色	加碘化钾显深红色	—	中国药典 2020 年版
日本	细小菌丝，直径 2～4 μm；厚菌丝，通常 10～20 μm，可达 30 μm	—	①加碘化钾显深红色。②加入丙酮温水浴振动提取，滤液蒸干加入醋酸酐中，然后加硫酸：呈淡红色，立即变成深绿色	—	日本药典 17 版
韩国	—	—	同上	—	韩国药典 12 版
欧洲	①水合氯醛：不规则形状和偶尔分支的无色颗粒。②氢氧化钾：菌丝碎片，无色，纤细，稍弯曲，有时具隔，分支，直径 3～16 μm	以 4-氨基苯甲酸、香豆素和百里酚溶液为参考，薄层色谱在 254 nm 紫外光下观察	加碘化钾显深红色	样品用水润湿并压入研钵时，样品会黏在杵上	欧洲药典 10.0 版

注："—"表示在相应药典中没有参考值。

（3）检查和浸出物比较

各国药典共有的检查项是灰分，中国药典规定的灰分不超过 2.0%，日本、韩国和欧洲药典规定不超过 1.0%。欧洲药典对净度进行了要求，还规定棕色外皮和树根不超过 0.1%，其他异物不超过 2%。中国药典、韩国药典和欧洲药典对水分和浸出物做了规定，但要求存在差异。中国药典和韩国药典规定的水分含量不超过 18.0%，欧洲药典规定的不超过 13.0%。中国药典规定的是醇溶性浸出物不得少于 2.5%，而欧洲药典采用的是水溶性浸出物，含量不得少于 1.5%（表 8－17）。

表 8－17　不同国家和地区茯苓的水分、总灰分、酸不溶性灰分、浸出物和茯苓酸含量参考值

国家/地区	水分	总灰分	酸不溶性灰分	净度	醇溶性浸出物	水溶性浸出物	茯苓酸	参考药典
中国	≤18.0%	≤2.0%	—	—	≥2.5%	—	—	中国药典 2020 年版
日本	—	≤1.0%	—	—	—	—	—	日本药典 17 版
韩国	≤18.0%	≤1.0%	—	—	—	—	—	韩国药典 12 版
欧洲	≤13.0%	≤1.0%	—	棕色外皮和树根≤0.1%，其他异物≤2%	—	≥1.5%	—	欧洲药典 10.0 版

注：“—”表示在相应药典中没有参考值。

（4）重金属、农药残留和二氧化硫比较

中国药典和欧洲药典对于 SO_2、重金属和农药残留的含量没有提出明确规定。日本药典规定了重金属中铅不得超过 10 mg/kg，砷不得超过 5 mg/kg。韩国药典有较为严格的规定，包括 SO_2、重金属和农药残留。韩国药典规定的重金属包括 4 项指标，分别是铅（≤5 mg/kg）、砷（≤3 mg/kg）、汞（≤0.2 mg/kg）和镉（≤0.3 mg/kg）。韩国药典也要求 SO_2 的含量不得超过 30 mg/kg。同时，韩国药典规定的农药残留包括 5 项指标，分别是总 DDT（≤0.1 mg/kg）、地特灵（Dieldrin）（≤0.01 mg/kg）、总 BHC（≤0.2 mg/kg）、艾氏剂（Aldrin）（≤0.01 mg/kg）和异狄氏剂（Endrin）（≤0.01 mg/kg）。韩国也是这几个国家和地区中唯一在药典中明确提出了茯苓农药残留的国家（表 8－18）。

表 8－18　不同国家和地区茯苓的二氧化硫、铅、砷、汞和镉含量参考值

国家/地区	二氧化硫/(mg/kg)	铅/(mg/kg)	砷/(mg/kg)	汞/(mg/kg)	镉/(mg/kg)	农药残留/(mg/kg)	参考药典
中国	—	—	—	—	—	—	中国药典 2020 年版
日本	—	≤10	≤5	—	—	—	日本药典 17 版
韩国	≤30	≤5	≤3	≤0.2	≤0.3	①总 DDT≤0.1 ②地特灵≤0.01 ③总 BHC≤0.2 ④艾氏剂≤0.01 ⑤异狄氏剂≤0.01	韩国药典 12 版
欧洲	—	—	—	—	—	—	欧洲药典 10.0 版

注：“—”表示在相应药典中没有参考值。

第四节 茯苓质量追溯现状

一、我国中药质量追溯的意义与法规要求

我国中草药资源丰富，种类繁多，常见名贵药材有38种，常用中药材和饮片的品种有769种。现多数中药材的原料取自于栽培/养殖，生产过程长且流程复杂，从栽培种植、采收、炮制加工、包装、运输、储藏到最终的市场销售，每个环节都可能影响中药材的质量。近年来，国内药材生产中诸多质量事件的发生将中药安全性问题推上了风口浪尖，如药材加工炮制不规范、以假乱真、以次充好、人为添加等，使我国中药材的安全性面临着严峻的考验。为保证中药的质量，保证中医药行业赖以生存的优质药材资源，业界人士提出了建设中药质量追溯体系的建议，希望通过中药质量追溯和责任追究体系的建立，能够实现中药种植、加工、销售全过程的产品信息可查询、流向可跟踪、质量可追溯，能够提高生产经营主体的安全、责任意识，确保中药材质量；能促进原料生产基地、物流基地建设，引导企业集约化、规模化生产经营，促进企业优胜劣汰、有序竞争，提升企业品牌信誉和行业影响力，对扩展海外市场具有十分重要的意义；使中药材商品“优质优价”，有助于经销商经营活动，消费者明白消费，形成良性循环；能为政府监管部门提供分析、决策和指导的依据，提高监管力度，规范中药材市场秩序，对于推动我国中药现代化与国际化进程具有重要的作用。

中药材质量可追溯体系的概念最早于2010年11月在第3届中医药现代化国际科技大会上提出。2012年10月，国家多个部委联合颁布了《关于开展中药材流通追溯体系建设试点的通知》，将中药材质量可追溯体系的建设提升到了国家战略高度。2013年，商务部、食品药品监督管理总局等8部门下发了《关于进一步加强中药材管理的通知》，提出要进一步建设中药材的流通溯源体系。

2015年，国务院办公厅发布了《关于加快推进重要产品追溯体系建设的意见》（国办发〔2015〕95号）。国务院办公厅转发工业和信息化部、国家中医药管理局等12部门联合颁发的《中药材保护和发展规划（2015—2020年）》，其作为第一个关于中药材保护和发展的国家级专项规划，对当前和今后一个时期我国中药材资源保护和中药材产业发展进行全面规划部署。该规划明确了七项主要任务，第五条指出要构建中药材质量保障体系，提高和完善中药材标准，完善中药材生产、经营质量管理规范；建立覆盖主要中药材品种的全过程追溯体系，完善中药材质量检验检测体系，再次强调了建立中药材质量溯源体系的重要性。

2016年国务院发布《中医药发展战略规划纲要》（2016—2030年），提出要构建现代中药材流通体系。其中就包括要建设可追溯的初加工与仓储物流中心，与生产企业供应商

管理和质量追溯体系紧密相连，实施中药材质量保障工程，建立中药材生产流通全过程质量管理和质量追溯体系。目前，还没有专门针对构建中药材质量溯源体系的法律法规出台。国家食品药品监督管理局发布了《关于推动食品药品生产经营者完善追溯体系的意见》（食药监科〔2016〕122号）。

2017年2月，商务部、食品药品监督管理总局等七部门联合发布《关于推进重要产品信息化追溯体系建设的指导意见》（商秩发〔2017〕53号），将中药材追溯体系建设列为药品追溯体系建设的重点之一。

2018年10月31日，国家药品监督管理局发布了《关于药品信息化追溯体系建设的指导意见》（国药监药管〔2018〕35号）。

2019年5月31日，商务部、工业和信息化部、农业农村部、海关总署、国家市场监督管理总局、国家中医药管理局、国家药品监督管理局联合印发了《关于协同推进肉菜中药材等重要产品信息化追溯体系建设的意见》（商秩字〔2019〕5号，以下简称《意见》）。该《意见》指出：追溯体系建设是强化质量安全监管、保障放心消费和公共安全、服务消费升级的重要举措。还提出七个协同要求：推进追溯工作机制协同，推进追溯信息平台协同，推进追溯应用协同，推动追溯建设运行投入协同，推动追溯法规制度建设协同，推动追溯政策配套协同，推动追溯培训宣传协同。中医药管理部门结合中药标准化工作，推动中药材生产经营企业履行追溯主体责任、建设中药材质量追溯体系。商务部门发挥国家重要产品追溯体系建设牵头作用，会同工业和信息化、农业农村、海关、市场监管、中医药、药监等部门完善工作协同推进机制……推动完成肉菜中药材流通追溯体系建设试点的地区履行运行管理主体职责，建立健全全程追溯协同工作机制和正常投入保障机制，加强资产管理和处置，积极与上游种植养殖环节农产品追溯体系对接，发挥追溯体系应有作用。农业农村、市场监管、中医药管理、药品监督等部门分头推进食用农产品、食品、中药材、药品等重要产品各领域的追溯专用标准制修订和应用推广工作。

在2019年8月26日修订的《药品管理法》也指出中药饮片生产企业履行药品上市许可持有人的相关义务，对中药饮片生产、销售实行全过程管理，建立中药材质量安全追溯平台，保证中药饮片安全、有效、可追溯。

2020年，国家药品监督管理局发布了《关于促进中药传承创新发展的实施意见》（国药监药注〔2020〕27号），指出要推进中药监管体系和监管能力现代化，强化技术支撑体系建设，推动相关部门共同开展中药材信息化追溯体系建设，进一步提高中药材质量安全保障水平（表8-19）。

表8-19 国家及各省中药溯源法规体系

序号	法规名称	发布机构	发行时间
1	《国家中药材流通追溯体系建设规范》	商务部	2012-10-23
2	《关于开展中药材流通追溯体系建设试点的通知》	商务部办公厅	2012-10-22

续表

序号	法规名称	发布机构	发行时间
3	《中药材保护和发展规划（2015—2020年）》	国务院办公厅	2015-04-14
4	《关于加快推进重要产品追溯体系建设的意见》	国务院办公厅	2015-12-30
5	《关于推进重要产品信息化追溯体系建设的指导意见》	商务部、食品药品监督管理总局等七部门联合	2017-02-16
6	《药品生产质量追溯体系建设指导意见（试行）》	安徽省食品药品监督管理局	2018-10-23
7	《关于药品信息化追溯体系建设的指导意见》	国家药品监督管理局	2018-10-31
8	《甘肃省道地中药材追溯体系建设方案》	甘肃省政府办公厅	2019-03-10
9	《关于协同推进肉菜中药材等重要产品信息化追溯体系建设的意见》	商务部等七部门联合	2019-05-31
10	《药品追溯系统基本技术要求》	国家药品监督管理局	2019-08-26
11	《贵州省中药材质量追溯体系建设实施方案》	贵州省十大工业产业健康医药产业发展领导小组办公室	2020-09-03
12	《关于将中药饮片纳入药品流通追溯范围的通知》	河北省药品监督管理局	2020-09-16
13	《关于促进中医药传承创新发展的实施意见》	国家药品监督管理局	2020-12-21
14	《关于促进山东省中药产业高质量发展的若干措施》	山东省药品监督管理局	2021-03-10
15	《贵州省中药材质量追溯体系管理办法（试行）》	贵州省中医药管理局	2021-08-01

二、现有中药质量追溯平台

1. 中药溯源专业委员会

2017年7月，中国中药协会中药追溯专委会在广州成立。专委会由从事中药（药材、饮片、成药、健康食品等）种植、生产、流通企业和科研院所、地方中药协会等联合组成。作为中国中药协会的职能机构，其主要职责是：建平台、定标准、促追溯、护品牌。中药追溯专委会便联合行业内率先开展中药追溯试点的中药企业和追溯系统开发单位起草中药追溯相关团体标准。起草组从2018年3月批准立项，经过一年多的时间，认真研究设计出追溯标准编制的指导思想和工作思路，确立了中药追溯标准体系，率先完成了具有通用指导和专项示范作用的三项标准，符合国家标准规范和中药行业的实际需要。

这三项团体标准分别是《中药追溯体系实施指南》（T/CATCM 005—2019）、《中药追溯信息要求　中药材种植》（T/CATCM 006—2019）和《中药追溯信息要求　中药饮片生产》（T/CATCM 007—2019）。标准已于2019年5月14日发布，8月14日起实施。

2. 国家中药材流通追溯系统

2012年以来，国家分三批支持18个省市建设中药材流通追溯体系。初步建成了以中央、地方追溯管理平台为核心，以中药材种植和养殖、中药材经营、中药材专业市场、中药饮片生产、中药饮片经营和中药饮片使用六大环节追溯子系统为支撑的流通追溯体系。

目前我国中药材现代流通体系专项建设进展顺利，到 2018 年底，在全国道地药材产区规划建设的 88 个物流基地已经布局完成，已经上线运营的实验基地 11 家，已通过评审正在建设之中的物流基地 55 家，还有 20 多个将在 2019 年全部落地并开始建设。但这些中药材物流基地全部是企业自己投资建设的，国家虽然鼓励发展中药材现代流通体系，有政策却没有具体方案落实，笔者认为国家应建立专项资金支持中药材流通追溯体系建设，加大力度使项目尽快全部落地。

（1）第一批中药材流通追溯体系试点城市

2012 年 10 月 22 日国家多个部委联合颁布了《关于开展中药材流通追溯体系建设试点的通知》，将在河北省保定市、安徽省亳州市、四川省成都市和广西壮族自治区玉林市，确定为开展中药材流通追溯体系建设的试点，旨在提高中药材流通的现代化水平，增强中药材质量安全保障能力。目前，这四个城市中药材流通追溯体系建设工作都已取得积极进展，制度标准体系初步建立，已进入攻坚实施阶段，但中药材专业市场功能衰退、市场份额下降，给溯源工作推进带来难度，也给继续投资创新带来不确定性。

广西玉林：作为首批试点城市之一，玉林市中药材流通追溯体系建设项目于 2013 年动工建设，2014 年基本建成并投入运行，随后又成立了玉林中药材流通追溯体系管理中心，用体系提升药品质量。如今，中药材流通追溯体系已在玉林市铺开实施，涵盖了玉林中药材流通的 6 个环节，以期达到中药材“来源可知、去向可追、质量可查、责任可究”的目的。通过一些基本电子信息系统的操作，中药材流通追溯体系将一切进入市场的中药材都像西药商品一样进行“身份证”式的管理，不论流向市场、公司、生产厂家还是医院，都能在有效的监督之下。同时玉林中药材流通追溯体系的建立及其管理中心入驻中药港，则能通过科技手段有效地鉴别人参、冬虫夏草等贵重药材。

（2）第二批中药材流通追溯体系建设省份

2013 年，在中央财政支持下，商务部选取甘肃、云南、吉林、湖南、河南、江西、广东 7 个省份继续开展这项工作，计划到 2016 年底实现覆盖全国的目标。《关于进一步加强中药材管理的通知》明确提出要建设中药材流通追溯体系，鼓励和引导中药饮片、中成药生产企业逐步使用可追溯的中药材为原料，同时要求各地区要充分发挥主观能动性，逐步形成可追溯的倒逼约束机制。

甘肃：2015 年 10 月 9 日，甘肃省人民政府办公厅印发《甘肃省道地中药材追溯体系建设方案》，要求整合全省现有各类中药材溯源资源，运用现代信息技术，建立道地中药材从种植养殖、加工、收购、储存、运输、销售到使用全过程的质量责任可追溯链条。

甘肃中药材交易中心先行先试。在“互联网＋”、大数据等高新技术背景下，电子商务等新兴业态不断兴起，甘肃中药材交易中心作为中药材大宗现货交易的专业第三方公共服务平台，通过建设中药材标准化基地、推广使用中药材编码规则、搭建中药材资源监测网络等方式，不断致力于推动中药材供应链的数字化、信息化、标准化、规范化。

为提高道地中药材生产流通环节质量安全，给产业上下游客户营造有保障的中药材交易环境，交易中心正积极对接道地药材产区农民合作社，建立中药材标准化基地，并联合首溯科技等药品质量追溯服务平台，力争快速搭建起一套中药材质量可追溯体系，确保道地药材的来源可知、去向可追、质量可查、责任可究；保证中药材质量，规范中药材市场秩序，实现从“田间”到“舌尖”的中药全产业链管控和质量追溯服务。

此外，交易中心还将在相关政府部门的指导下，在国家药典和中药材甘肃省地方标准的基础上，结合市场需求，制定和完善中药材质量应用标准，并进行大力推广和应用，解决甘肃省中药材质量标准不统一的问题。

甘肃省定西市是甘肃省乃至全国药材的主要产区之一和贸易大市。目前，定西市已建成1个市级、3个县级、46个乡镇级和16家生产经营主体平台。建成生产有记录、信息可查询、流向可跟踪、责任可追究、产品可召回、质量有保障的道地中药材质量安全追溯体系，实现道地中药材生产、收购、储存、运输各环节的有效监管。总体来看，定西市通过综合运用经济、法律、行政等手段和现代信息技术，建立追溯平台，创新市场经营交易行为监管方式，规范中药材标准化生产等举措，依托生产经营主体龙头试点建设中药材质量安全追溯体系，在定西市道地中药材产业发展过程中取得了较好的应用成效。

在陇西县文峰镇、首阳镇、岷县、渭源县的4个中药材集贸市场和16家中药材生产经营企业先行试点，开展道地中药材质量安全追溯应用示范。其中，陇西县选择带动能力强的国通药业、腾达药业、千金药业、森源药业、普尔康药业、中天药业、雯盛中药材农民专业合作社等7家生产经营主体；岷县选择顺兴和公司、当归城集团和九州天润中药产业有限公司等3家；渭源县选择鑫源药业有限公司和康荣中药材专业合作社2家。以甘肃省中药材流通追溯体系平台为基础，制定统一技术标准和建设方案，开发统一的应用软件，建成全省道地中药材门户网站（含查询终端）系统，包含产地、经营企业、专业市场、饮片生产、饮片经营、饮片使用6个子系统的道地中药材追溯系统，以及统计分析系统和监管辅助系统。通过该追溯平台，药品企业在定西市种植的地道中药材产品上粘贴二维条码或RFID（射频识别）标签，实现信息资源互联共享和产品生产、流通、使用全过程可追溯查询，逐步形成从种植到加工、销售等的全产业链追溯体系。既显著提升产品质量，也能够建立消费者对中药产品质量安全的信心，提高中药相关产品竞争力。未来，该追溯体系将进一步在奇正藏药、甘肃中天药业等11个药品企业试点应用，进一步实现数据的实时综合利用。

另外，围绕中药材质量安全追溯体系建设，在公司的产地管理模式基础上，制定中药材标准化示范基地创建办法，对道地中药材产地的生态环境，包括土壤成分、气候条件、环境污染、生态平衡等，选种栽培过程中的种子种苗、施肥灌溉、病虫害防治和田间管理等，以及采收和初加工涉及的适时采收以及分拣、清洗、干燥等进行全面规范。同时，对规模化种植的中药材实行产地批次登记，分散的农户实行合作社登记，“公司＋农户”经营模式的企业实行“企业＋产地”登记，将追溯范围延伸至中药材产地和责任人。

吉林：吉林省商务厅以道地长白山人参主产地的区域优势，将中药材流通追溯平台建设与振兴人参产业拉动区域经济发展相结合，提升中国人参在国际市场的竞争力，以建立现代中药产业链、保障中医药疗效为目标，不断提高中药产业和产品创新能力，为市场提供疗效确切、品质优良、安全方便、质量可控的中药产品，为培育健康产业服务。将市场监管与追溯监管结合、电子商务平台与追溯平台结合。建立“政府为主导、市场化运营、公司化运作”的模式，依托抚松万良长白山人参交易市场，以人参等贵细药材为主要品种，从业务流程上贯通种植和养殖、流通、生产和使用等各环节，建立“倒逼”机制。加强政策引导和制度建设，推动以中药材或中药饮片为原料的企业使用可追溯中药材，调动各类市场主体建设追溯体系的积极性；强化中药材经营者和市场开办者的质量安全第一责任人意识，促使其自觉落实追溯管理制度；通过建立中药材流通追溯体系，促进、引导生产企业按规范标准培育中药材，遵循易用性、经济实用性、功能完善性、稳定性、安全性和可扩展升级的原则。

（3）第三批中药材流通追溯体系建设省份

2014 年 8 月，第三批实行体系建设的省份包括：山西、内蒙古、辽宁、山东、湖北、青海、宁夏。

湖北站：“国家中药材流通追溯系统（湖北站）”下有五大子系统，分别为“药材种植系统、饮片生产系统、药食同源系统、药材流通系统、饮片流通系统”，实现从药材种质种源、种植环节、地块、采收、粗加工、分包赋码、打印标签、质检、养护、库存、出入库、储运等全环节追溯。各个系统均实现与企业生产、经营系统自动对接，率先实现中药追溯全产业链贯通。

1）药材品种、品规管理：实现了对入驻企业的经营范围精细化管控，对每批药材采收、采购、初加工均可以管控到品规等级。包括企业经营的药材品种、企业生产中衍生的药材规格。

2）仓库资料管理：实现了所有药材采收、采购、初加工必先入库，从业务管控上杜绝无限制出库。

3）储运资料管理：系统支持第三方委托配送机构配送运输，实现了药材运输全程记录，更加符合 GAP 种/养殖管理规范。

4）种源管理-种质来源：将种质来源划分为外采、自留两种模式，更加符合 GAP 种/养殖管理规范，包括新增管理种质来源、管理种质鉴定。

5）药材种植-农事任务审核：对上传的相关数据将以文件形式呈现，更加符合 GAP 种/养殖管理规范的第十章内容，包括农事任务、审核农事任务。

6）采收管理-计划采收审核：对采收计划、采收任务、采收成本进行管理，登记其基源信息，更加符合 GAP 种/养殖管理规范，包括管理和新增采收计划。

7）粗加工-初加工任务审核：对上传的相关数据将以文件形式呈现，更加符合 GAP 种/养殖管理规范的第十章内容，包括计划和任务审核。

8）质量管理药材养护：将实际药材养护的数据进行登记备案，更加符合 GAP 种/养殖管理规范，包括管理药材养护、新增药材养护。

9）仓储管理-运输记录：药材运输的环境、卫生、司机身体情况进行备案，更加符合GAP种/养殖管理规范，包括管理储运、新增药材储运。

10）药材种植-批量下发农事任务：对农事任务及初加工任务进行批量下发，系统按任务的开始和结束日期提醒任务执行人。

11）粗加工-初加工药材变更：支持特殊中药材初加工后药材信息的变更管理，以及初加工计划所消耗的成本信息管理。

12）质量管理-药材检验：查看本企业药材检测数据，药材采购及药材初加工后，支持自检，检验环节的数据更加完整。新增药材检验，登记本批药材的质量检验信息，支持第三方检验机构，并上传质检报告书。

山西：山西省近年试点推行“中药材流通追溯体系”，截至目前，省内有12个种植基地、5个大型仓库、3种中成药及数十种道地药材饮片已获“身份证”。山西省自2016年起试点这一政策，逐步建成了以“两个中心，四个地市”为框架，七个企业为试点的“中药材流通追溯体系”，并在全国首创了三种中成药的全流程可追溯体系。

3. 各省中药材质量溯源平台搭建

（1）河北省中药材全产业链大数据服务平台（http：//www. zhiliangzs. com. cn/）

河北省2016年开始支持研究开发省级中药材质量追溯平台，目前已实现中药材大县和500亩以上规模基地全覆盖。为完善中药材质量控制体系，河北省在建立省级中药材质量追溯平台的基础上，还建设完善了中药材全产业链大数据信息服务平台，包含饮片、投入品、金融、物流等板块，已覆盖种植基地1 579家、中药及饮片企业124家、服务机构58家。实现种子、种苗产品平台无货币虚拟采购功能，撮合在线交易2.5亿元（图8-25）。

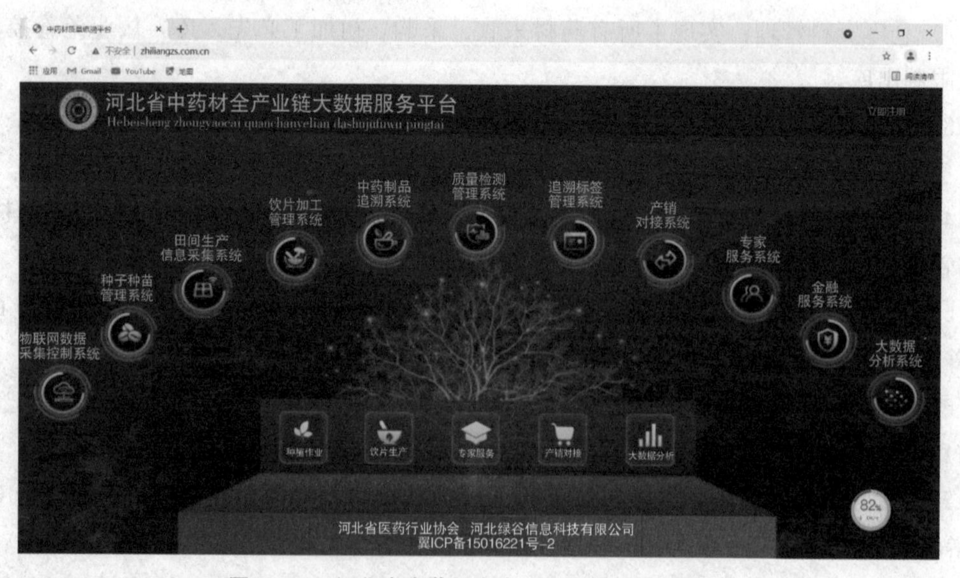

图8-25 河北省中药材全产业链大数据服务平台

(2) 贵州省中药材质量追溯平台

为认真贯彻落实《中共中央　国务院关于促进中医药传承创新发展的意见》，全面推进中药材质量提升工程，贵州省率先以省级名义制定出台了《贵州省中药材质量追溯体系建设实施方案》等系列文件，全力推动中药材、中药饮片、中成药生产流通使用全过程追溯体系建设。由省中医药管理局紧紧围绕信息发布、电商交易、质量检测和质量可追溯四个方面的重点任务，建设具有中药材全过程质量追溯功能体系的信息化公共服务平台，对以中药材为原料的产品目录进行动态管理，健全完善涵盖中药材及其产品信息编码、对象标识、信息识别和监督管理等溯源要素，做到来源可知、去向可追、质量可查、责任可究，并能进行数据汇聚、交换、共享的“互联网+中药材质量追溯”信息服务平台，营造安全放心的消费环境。

目前，已经有 1 017 家单位入驻贵州省中药材质量追溯平台，覆盖中药材种养殖、初加工、生产（含保健用品企业）、流通以及医疗机构全产业链各环节企业和单位，其中，包括贵州省的 37 家定制药园，311 个种植基地，追溯药材品种已有 52 种，可追溯种植面积 49.47 万亩。同时，第三方质检机构也将通过数据交换的方式入驻平台，接收企业的委托完成产品质量检测和出具质检单。

4. 圣启中药材质量追溯云平台

中药材质量追溯云平台，主要功能涵盖了基地追溯、饮片追溯、专家服务、产销对接、大数据分析等。追溯云平台是基于物联网技术，应用于医药、食品、快消等多领域的大型综合支撑云平台，是企业面向产业链上下游的数据整合平台和连接外部数据的接口。平台可实现原料进厂、产品生产、仓储物流、终端销售、市场消费的全链可视化管理，协助企业快速建立满足国家与市场监管要求的追溯体系，帮助政府、协会、企业、个人实现中药材大数据生态系统信息化管理，完善企业供应链各环节在计划、协同、操作、优化的活动与过程，并可实现高效、精准、灵活的策略分析与决策。

实现中药材药源管理需求任务为根本出发点。要求中药材本系统可以记录下农田信息、地理信息、合同信息、田间管理信息、采购信息、质量控制信息、生产加工信息。通过扫描最后的药材成品批号，可以对种植历史信息进行追溯查询。同时，系统还可以根据某一品种，在某一区域内，某一时间的农田种植情况进行统计和评分。对于农田统计信息和细节信息可以导出数据报表。

圣启中药材质量追溯云平台（http：//www.shengqisy.com：90/#/base）能够辅助专职业务部门进行基地土地情况核查、合同管理、中药材种植过程监督、入库质量控制、采购管理、初加工生产管理、人员管理等一系列管理工作。大量使用条码扫描，记忆上次录入等技术，简化录入方式。根据需求自定义检验项目，自动生成检验单。支持种植、野生两种类型的原药材生产管理。自动识别两种类型原药材，生成不同的统计表格和细节表格。生成标准化编码，用于标识及扫描。基于网联网传输方式，系统配置简单，操作便捷（图 8-26）。

图 8-26 圣启中药材质量追溯云平台

通过中药材质量追溯云平台，使用现代的手段重新诠释道地性，解决了传统中药材产区的变迁带来的中药材考证与现代产区的差异问题。能够建立购买者对中药农业产品质量控制的信心，提高中药材相关产品竞争力。成品一旦出现问题，可以及时追回所有相关成品，挽回损失，有效地指导种植策略的变化。本系统同时也是现代中药产业质量控制的一个创新性的组成部分，为中药材走向世界提供了有力的支持，具有十分重大的社会意义。

三、茯苓质量追溯现状

我国茯苓作为药食两用的传统中药，历史悠久，20 世纪 50 年代其野生资源十分丰富，由于各种历史原因，松林被乱砍滥伐，野生茯苓药材过度采挖，导致野生茯苓资源极其稀少，濒临灭绝。我国现在茯苓药材的需求绝大多数依赖人工种植，因此建立茯苓人工种植质量溯源系统是保障茯苓药材质量的有效手段和重要工具。结合企业前期探索，已初步建立茯苓中药材供应保障系统，并建立全信息化数字系统，在茯苓菌种生产、茯苓种植、茯苓田间管理、茯苓采收、茯苓初加工、茯苓仓储物流等主要操作环节均有多向摄像头采集信息。后期加入操作环境技术说明，采用影视合成技术，制成可视化信息系统。同时，健全完善了质量追溯管理相关制度，配置了电脑、二维码打印机、扫码枪、农残速测仪、冰箱、档案柜等追溯仪器设备，打造了标准化农残检测室和追溯示范点，农产品生产、收购、储存、运输全程质量控制记录并及时录入追溯平台，初步实现了农产品记录可查阅、信息可查询、流向可追踪、质量有保障，确保了农产品质量安全可追溯（图 8-27）。

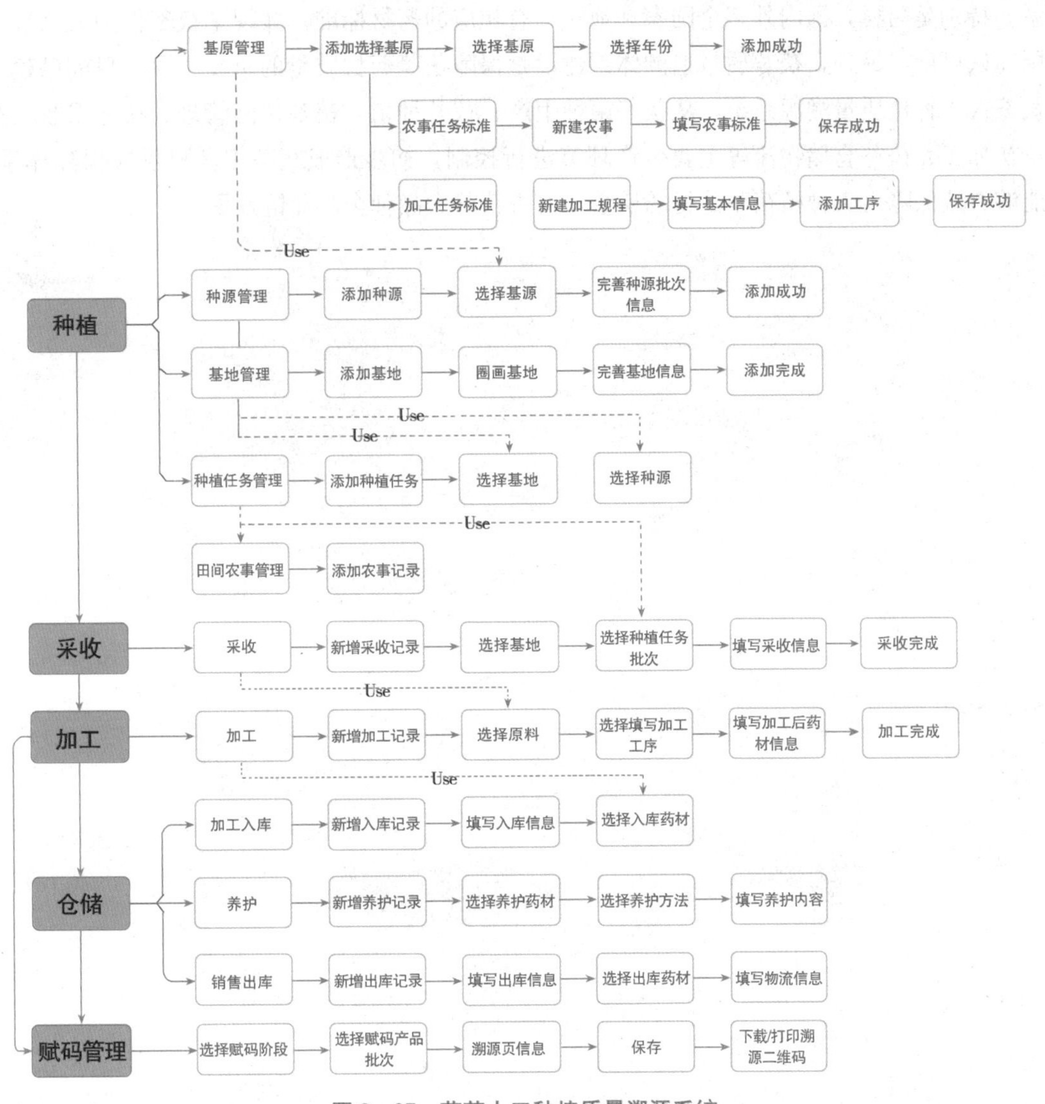

图 8 - 27　茯苓人工种植质量溯源系统

茯苓临床应用广泛，《中药大品种科技竞争力研究报告》显示茯苓在常用中药材及饮片品种中排名前 10 位。然而其质量评价体系尚不完善，《中国药典》（2020 年版）中仅有简单的鉴别、检查和浸出物，何为“优质”药材和饮片尚无统一的现代化评价指标界定，目前其品质优劣的主流判断方式依然是依据传统性状的商品规格等级。

近年来，针对茯苓质量现代评价的研究越来越多，指纹图谱及有效成分含量测定成为重要评价手段，形成了以茯苓多糖和三萜类物质为主要对象的质量研究趋势。基于质量标志物及有效成分群的现代化质量评价方式也运用到了茯苓质量研究中。然而存在其药效和临床疗效脱节的问题，基于茯苓药效与临床应用的质量评价模式亟待探索。

茯苓生产全链条的质量保障体系相对完善，主要从标准体系和质量溯源体系两个大方向保驾护航。质量保障标准先行，茯苓从菌种、栽培技术及药材三个维度均有建立标准体系。特别是药材，国内外多个国家和地区均有相应的药材标准，体现了茯苓作为大品种的国际认可度。另外，茯苓质量追溯体系建设是保障茯苓药材质量的重要手段。目前已建立茯苓人工种植质量溯源系统，从茯苓菌种生产、茯苓种植、茯苓田间管理、茯苓采收、茯苓初加工、茯苓仓储物流等主要生产环节进行控制，初步形成茯苓中药材供应保障体系，能够有效保障人工种植茯苓药材的质量，促进茯苓大品种全产业链发展。

参考文献

[1] 国家药典委员会. 中华人民共和国药典：2020 年版一部[M]. 北京：中国医药科技出版社，2020：251.

[2] 杨启德. 中药理化鉴别（五）[J]. 中药材，1982（3）：48.

[3] 阎文玫. 中药材真伪鉴定[M]. 北京：人民卫生出版社，1993.

[4] 洪利琴，王圣泉. 掺伪品茯苓的鉴别[J]. 内蒙古中医，2011，30（4）：33.

[5] 吴兵，李敏，黄博，等. 市售大黄、半夏、红花、茯苓掺伪的快速鉴别方法[J]. 中国现代中药，2012，14（4）：18-21.

[6] 肖培根，李大鹏，杨世林. 新编中药志[M]. 北京：化学工业出版社，2002.

[7] 田双双，赵晓梅，刘勇，等. 茯苓药材和饮片质量标准研究[J]. 中国中药杂志，2020，45（8）：1734-1744.

[8] 易中宏. 茯苓药材质量标准研究[D]. 重庆：重庆大学，2005.

[9] 陶贤琦. 中药饮片茯苓及其混伪品的鉴别[J]. 现代中药研究与实践，2011，25（1）：14-16.

[10] 金波，马辰. 茯苓等 10 种药食同源药材中重金属镍含量测定及评价[J]. 中药新药与临床药理，2013，24（2）：180-183.

[11] 杨万清，高英，范广宇，等. 便携式原子吸收光谱法测定茯苓中的铜铬铅镉[J]. 中国测试，2011，37（3）：43-44，77.

[12] 朱琳，曾晓丹. 原子荧光光谱法测定茯苓中的重金属砷、硒[J]. 化工技术与开发，2020，49（12）：34-36，50.

[13] 张越，尹孝莉，常月月，等. 不同主产区中药材茯苓中二氧化硫和重金属的含量测定[J]. 中南药学，2019，17（10）：1703-1706.

[14] 欧国腾，尹欢，方伟. 不同产区茯苓中重金属含量的检测[J]. 现代食品，2019（17）：164-167，182.

[15] 李婧，胡久梅，胡烜红，等. 茯苓中铜、铅和镉的含量测定[J]. 安徽农业科学，2011，39（26）：15941-15942.

[16] 张举成，刘超，刘卫，等. 荧光光谱法检测中药茯苓中的异丙威[J]. 光谱实验室，2012，29（2）：1072-1075.

[17] 刘文山. 茯苓产地炮制方法研究及主要有害物质分析[D]. 长沙：湖南中医药大学，2009.

[18] 王靓，杜会茹，张之东. 滴定-荧光光谱法与药典方法对中药材中二氧化硫残留量检测比较[J]. 黑龙江畜牧兽医，2016（19）：281-283.

[19] 秦静，肖波，李娜，等. 中药材茯苓中呋喃丹含量的测定研究[J]. 现代中药研究与实践，2014，28（2）：58-59.

[20] 李智敏，王元忠，王瀚墨，等. 不同产地茯苓皮紫外指纹图谱的分析与鉴别[J]. 云南大学学报（自然科学版），2015，37（6）：902-908.

[21] 肖颖，吴梦琪，张文清，等. 茯苓多糖 HPLC 指纹图谱与免疫活性的相关分析[J]. 华东理工大学

学报（自然科学版），2020，46（5）：672－679.

[22] 田双双，刘晓谦，冯伟红，等．基于特征图谱和多成分含量测定的茯苓质量评价研究[J]．中国中药杂志，2019，44（7）：1371－1380.

[23] 宋潇，谢昭明，黄丹，等．茯苓 HPLC 指纹图谱及化学模式识别[J]．中国实验方剂学杂志，2015，21（17）：36－39.

[24] 姚松君，黄绮敏，苏杰雄，等．茯苓三萜类成分高效液相指纹图谱的优化及建立[J]．广东药学院学报，2014，30（5）：578－582.

[25] 王天合，李慧君，张丹丹，等．茯苓水提物 HPLC 指纹图谱的建立及其镇静催眠作用的谱效关系研究[J]．中国药房，2021，32（5）：564－570.

[26] 陈素娥，孙红，朱琳，等．茯苓药材高效液相色谱指纹图谱及多指标成分定量研究[J]．中南药学，2020，18（9）：1507－1512.

[27] 宋桂萍，陈国宝，郑礼娟，等．不同产地茯苓饮片的 HPLC 指纹图谱研究[J]．世界中西医结合杂志，2013，8（1）：36－38，46.

[28] 肖雄，丁若雯，杨磊，等．化学计量学结合指纹图谱评价不同产地赤茯苓的质量[J]．中华中医药杂志，2020，35（6）：3166－3169.

[29] 李红娟，李家春，胡军华，等．茯苓不同药用部位中三萜酸类成分 HPLC 指纹图谱研究[J]．中国中药杂志，2014，39（21）：4133－4138.

[30] 李珂．茯苓皮中三萜类化学成分的分离纯化、结构鉴定及茯苓药材指纹图谱的研究[D]．武汉：湖北中医药大学，2013.

[31] 罗心遥．基于谱效关系的茯苓健脾药效物质基础研究[D]．武汉：湖北中医药大学，2020.

[32] 昝俊峰，徐斌，刘军锋，等．20 个产地茯苓三萜成分 RP－HPLC－ELSD 指纹图谱[J]．中国实验方剂学杂志，2013，19（21）：65－68.

[33] 曹颖．茯苓多糖药理作用的研究[J]．中国现代药物应用，2013，7（13）：217－218.

[34] 李习平，庞雪，周逸群，等．不同加工方法对茯苓及茯苓皮中茯苓酸含量的影响[J]．中国药师，2015，18（9）：1453－1455.

[35] 卫华，赵声兰，赵荣华，等．云南不同产地茯苓中多糖的含量测定[J]．云南中医学院学报，2009，32（4）：25－27，36.

[36] 张文芳，陈丹红．茯苓中多糖含量的测定方法研究[J]．福建轻纺，2015（5）：35－39.

[37] 袁娟娟．茯苓中茯苓多糖含量与产地关系的对比探讨[J]．中国处方药，2016，14（12）：18－19.

[38] 胡明华，梁永威，彭川丛．不同产地不同规格的茯苓水溶性多糖含量比较[J]．中国药业，2012，21（7）：10－12.

[39] 宋潇，谢昭明，黄丹，等．茯苓不同产地、不同药用部位多糖含量比较[J]．山东中医药大学学报，2015，39（2）：186－189.

[40] 聂磊，盛昌翠，宋世伟，等．茯苓、茯神及茯苓皮多糖的含量比较研究[J]．时珍国医国药，2014，25（5）：1075－1076.

[41] 王耀登，安靖，聂磊，等．不同产地茯苓饮片的多糖的含量比较研究[J]．时珍国医国药，2013，24（2）：321－322.

[42] 杨焕治，袁涛，唐娟，等．3 个茯苓品种的加工性能与多糖含量比较研究[J]．湖南中医杂志，

2018，34（6）：160-162.

[43] 黄超，万鸣，陈树和，等. HPLC-ELSD法同时测定茯苓水溶性多糖中多种单糖[J]. 中国药师，2020，23（1）：148-150.

[44] 王知龙，张梦梦，高帆，等. 生物降解九资河茯苓多糖的HPLC图谱分析[J]. 中国酿造，2016，35（7）：139-142.

[45] 康玉姿，王维皓. 近红外漫反射法测定茯苓中水溶性多糖及碱溶性多糖[J]. 中国实验方剂学杂志，2016，22（24）：80-83.

[46] 付小环，胡军华，李家春，等. 应用近红外光谱技术对茯苓药材进行定性定量检测研究[J]. 中国中药杂志，2015，40（2）：280-286.

[47] 王琴琴. 基于HPLC-IR-UV融合技术的云茯苓资源评价研究[D]. 昆明：云南中医药大学，2020.

[48] 邓桃妹，彭代银，俞年军. 茯苓化学成分和药理作用研究进展及质量标志物的预测分析[J]. 中草药，2020，669（51）：2703-2717.

[49] 张先淑，胡先明. 茯苓三萜化合物的药理作用及临床应用研究进展[J]. 重庆工贸职业技术学院学报，2011，24（4）：46-50.

[50] 崔仙红，张鹏，朱笛，等. 不同产地茯苓及茯苓皮中总三萜含量比较[J]. 河南中医，2020，40（12）：1926-1929.

[51] 易中宏，郑一敏，胥秀英，等. 分光光度法测定茯苓中总三萜类成分的含量[J]. 时珍国医国药，2005（9）：847-848.

[52] 徐榕，许津. 紫外分光光度法测定茯苓中三萜成分[J]. 药物分析杂志，2005，25（4）：449-451.

[53] 闫雪生，赵许杰，韩媛媛. HPLC法测定茯苓皮中松苓新酸[J]. 现代药物与临床，2014，29（2）：166-168.

[54] 彭灿，余生兰，张静，等. HPLC同时测定茯苓中4种三萜酸的含量[J]. 中药材，2017，40（7）：1643-1646.

[55] 刘宾，王耀登，聂磊，等. 不同产地茯苓饮片中茯苓酸的含量比较分析[J]. 时珍国医国药，2014，25（4）：805-806.

[56] 万鸣，黄超，杨玉莹，等. 不同产地茯苓中7种三萜类成分含量的测定及聚类分析[J]. 中国药房，2020，31（17）：2101-2106.

[57] 刘校妃，李健康，唐怡，等. 茯苓中去氢土莫酸和茯苓酸含量的高效液相色谱波长切换法同时测定[J]. 时珍国医国药，2016，27（3）：516-518.

[58] 夏烨，杨春华，刘静涵，等. RP-HPLC法测定中药茯苓皮中茯苓酸A和3-表去氢土莫酸的含量[J]. 药学进展，2009，33（6）：271-273.

[59] 易中宏，胥秀英，郑一敏. RP-HPLC法测定茯苓中去氢乙酰茯苓酸的含量[J]. 食品科学，2005，26（7）：198-199.

[60] 张靓琦，贾英，罗洁，等. 超高效液相色谱法同时测定茯苓中去氢土莫酸等6种活性成分的含量[J]. 中国药学杂志，2012，47（13）：1080-1083.

[61] 李健康，张敏，刘校妃，等. HPLC-MS/MS快速测定茯苓中去氢土莫酸和茯苓酸的含量[J]. 中国实验方剂学杂志，2017，23（4）：85-88.

[62] 赵秋龙，张丽，卞晓坤. UPLC - QTRAP - MS 分析不同产地茯苓药材中 8 个三萜酸类成分[J]. 药物分析杂志，2020 (7)：1169 - 1177.
[63] 董远文. 茯苓中三萜的分离纯化及含量测定研究[D]. 武汉：湖北中医药大学，2014.
[64] 方潇，丁晓萍，陈林霖，等. 茯苓皮中三萜类化学成分的 HPLC - LTQ - Orbitrap 分析[J]. 时珍国医国药，2019，30 (9)：2117 - 2121.
[65] 杨岚，尹火青，唐娟，等. 三个茯苓品种氨基酸与蛋白质的含量比较[J]. 中国食物与营养，2018，24 (6)：44 - 46.
[66] 陈蓉，张超，顾倩. 柱前衍生- HPLC 法同时测定不同产地茯苓中 18 种氨基酸含量[J]. 药物分析杂志，2017 (2)：297 - 303.
[67] 张晓娟，江海，唐洁. 原子吸收光谱法测定茯苓中微量元素的含量[J]. 光谱实验室，2010，27 (2)：637 - 640.
[68] 李羿，杨万清. 火焰原子吸收光谱法测定茯苓中微量元素[J]. 化学研究与应用，2011 (9)：1278 - 1280.
[69] 丁泽贤，姜悦航，范小玉，等. 茯苓不同部位 16 种元素分布规律研究[J]. 安徽中医药大学学报，2021，40 (4)：83 - 88.
[70] 郭惠，张柯瑶，王媚. 火焰原子吸收光谱法测定六种药材中微量元素的含量[J]. 现代中医药，2016，36 (5)：93 - 96.
[71] 赖鹤鋈，衷明华. 火焰原子吸收光谱法测定几种清泻祛湿药材的微量元素[J]. 光谱实验室，2011，28 (4)：1866.
[72] 张辰露，梁宗锁，冯自立，等. 我国中药材溯源体系建设进展与启示[J]. 中国药房，2015，26 (16)：2295 - 2298.
[73] 李西文，陈士林，王一涛. 中药质量系统评价研究进展Ⅰ：中药质量可追溯技术研究[C] //中国科学技术协会. 中药与天然药物现代研究学术研讨会论文集. 贵阳，2013.
[74] 蔡勇，胡豪，倪静云，等. 中药质量追溯体系发展现状研究[J]. 中国中药杂志，2013，38 (22)：3829 - 3833.
[75] 陈必琴. 定西市中药材质量安全追溯体系建设与应用[J]. 农技服务，2018，35 (3)：110 - 111.